国家级工程训练实验教学示范中心系列规划教材

工程训练

主　编　张艳蕊　王明川　刘晓微

副主编　王铁成　毕海霞　王海涛

主　审　李世杰

科　学　出　版　社

北　京

内 容 简 介

为了培养学生在现代化工程训练过程中的工程素质和综合能力，建立大机械、大制造、大工程的概念，本书按照适应现代化大工程背景下工程训练的要求而编写。本书分为四篇共 17 章，包括工程训练总论篇的工程训练概述、工程训练基础知识；传统加工篇的铸造、锻压、焊接、车削加工、铣削加工、刨削加工、磨削加工、钳工；现代加工篇的数控加工技术基础知识、数控车削加工、数控铣削加工、数控电火花线切割加工、特种加工技术；工程创新启迪篇的创新基本理论、产品方案设计。

本书可供高等院校机械类和非机械类专业学生参加工程训练实践教学使用，也可供大专、职专、技校以及其他工程技术人员使用。

图书在版编目（CIP）数据

工程训练/张艳蕊，王明川，刘晓微主编．—北京：科学出版社，2013.7
国家级工程训练实验教学示范中心系列规划教材
ISBN 978-7-03-038116-3

Ⅰ. ①工⋯ Ⅱ.①张⋯②王⋯③刘⋯ Ⅲ.①机械制造工艺—高等学校—教材
Ⅳ. ① TH16

中国版本图书馆 CIP 数据核字（2013）第 149116 号

责任编辑：邓　静 / 责任校对：宣　慧
责任印制：霍　兵 / 封面设计：迷底书装

科 学 出 版 社 出版
北京东黄城根北街 16 号
邮政编码：100717
http://www.sciencep.com
文林印刷厂 印刷
科学出版社发行　各地新华书店经销
*
2013 年 7 月第　一　版　开本：787×1092 1/16
2018 年 7 月第九次印刷　印张：18.5
字数：492 000
定价：38.00 元
（如有印装质量问题，我社负责调换）

前　　言

随着现代科学技术的迅猛发展，整个社会对人才的需求发生着深刻的变化，高等教育对学生的培养目标也发生着很大的转变。工程训练实践教学作为高等教育的一个重要环节，为了适应时代的需求，在工程训练的实践教学中，逐步实现由传统的金工实习向现代工程训练的教学方向转化，由单一技能训练向综合化、拓展化、网络化、系统化的集成技术训练方向转化，由操作技能训练向技能与管理、技能与创新实践相结合的方向转化。为了培养学生在现代化工程训练过程中的工程素质和综合能力，建立大机械、大制造、大工程的概念，本书按照适应现代化大工程背景下工程训练的要求而编写。

本书结合编者多年的教学经验，在编写过程中体现出以下特点：

（1）本书根据教育部制定并实施的"高等教育面向 21 世纪教学内容和课程体系改革计划"的精神，以"学习工艺知识，提高工程素质，培养创新精神"为宗旨，探索现代工程训练的内涵和方式，遵循实践教学的特点而编写；

（2）加强基本知识的介绍，以更好地帮助学生理解各工艺方法的实质，使学生在工程训练实习过程中可以有意识地完成各种操作，达到培养实践能力的目的；

（3）加强了对先进制造技术和新工艺、新材料内容的介绍，以扩展学生的眼界和知识面；

（4）注重对学生工程素质和综合能力的培养，在介绍各种工艺方法和设备的同时，还注意帮助学生建立质量、经济、安全、环保、市场等意识。

本书可供高等院校机械类和非机械类专业参加工程训练教学使用，也可供大专、职校、技校以及工程技术人员使用。全书共分为四篇，由张艳蕊、毕海霞、王铁成、王海涛编写第一篇和第四篇，由刘晓微、邢军、李华年、刘磊、张啸、王跃华、路莉、安伟、王力、张桂芳、吴顺利、杨瑾编写第二篇，由王明川、张玉珮、王伟、马玉琼、由希雨编写第三篇。李世杰教授对本书进行了细致的审阅，并提出很多宝贵意见，在此表示衷心感谢。

在本书的编写过程中，参考了许多有关的教材和资料，借鉴了一些高校近年来金工实习教学改革的成果，在此一并致以谢意。由于编者水平有限，书中疏漏和不妥之处在所难免，敬请读者和同行们批评指正。

编　者
2012 年 12 月

目　　录

第一篇 工程训练总论

第1章 工程训练概述

1.1 工程训练的学习目的和学习方法

1. 工程实践与训练的学习目的

工程实践与训练是高等院校各专业教学计划中一个重要的实践性教学环节，是学生获得工程实践知识、建立工程意识、训练操作技能的主要教育形式；是学生接触实际生产、获得生产技术及管理知识，进行工程师基本素质训练的必要途径。其学习目的是：

（1）建立起对机械制造生产基本过程的感性认识，学习机械制造的基础工艺知识，了解机械制造生产的主要设备。

在实训中，学生要学习机械制造的各种主要加工方法及其所用主要设备的基本结构、工作原理和操作方法，并正确使用各类工具、夹具、量具，熟悉各种加工方法、工艺技术、图样文件和安全技术，了解加工工艺过程和工程术语，使学生对工程问题从感性认识上升到理性认识。这些实践知识将为以后学习有关专业技术基础课、专业课及毕业设计等打下良好的基础。

（2）培养实践动手能力，进行工程师的基本训练。

工科院校是工程师的摇篮。为培养学生的工程实践能力，强化工程意识，学校安排了各种实验、实习、设计等多种实践性教学环节和相应的课程。工程训练就是其中一门重要的实践性教学课程。在实训中，学生通过直接参加生产实践，操作各种设备，使用各类工具、夹具、量具，独立完成简单零件的加工制造全过程，以培养学生对简单零件具有初步选择加工方法和分析工艺过程的能力，并具有操作主要设备和加工作业的技能，初步奠定工程师应具备的基础知识和基本技能。

（3）全面开展素质教育，树立实践观点、劳动观点和团队协作观点，培养高质量人才。

工程实践与训练一般在学校工程培训中心的现场进行。实训现场不同于教室，它是生产、教学、科研三结合的基地，教学内容丰富，实习环境多变，接触面宽广。这样一个特定的教学环境正是对学生进行思想作风教育的好场所、好时机。例如，增强劳动观念、遵守组织纪律、培养团队协作的工作作风；爱惜国家财产、建立经济观点和质量意识、培养理论联系实际和一丝不苟的科学作风；初步培养学生在生产实践中调查、观察问题的能力，以及学会理论联系实际、运用所学知识分析问题、解决工程实际问题的能力。这都是全面开展素质教育不可缺少的重要组成部分，也是工程实践与训练为提高人才综合素质、培养高质量人才需要完成的一项重要任务。

2. 工程训练的学习方法

本课程通过参观、现场教学、综合训练、实验、实习报告、作品考核、理论考试等多种方式开展教学。学习本课程时要注意以下几点。

（1）首先应高度重视安全问题。本课程与先前所学习的各课程的最大不同是教学主要在工厂环境下进行。人身安全和设备安全成为需要高度关注的问题。学生在实习时要注意遵守各项规定，注意看设备上的提示；一般实习场所还放置有关的安全提示或操作规程展示板，务必注意观看。

（2）虽然本课程实践性非常强，现场教学主要以师傅们的言传身教为主，但课前还是应该注意预习本教材或实习前发放的各种教学资料，以提高学习效率。

（3）学生学习时要善于观察，积极思考，将已经学过的或正在学习的理论知识应用到自己的实习中，去分析实习中所碰到的各种问题和现象。

（4）要高度重视本教材附录的各章复习思考题或指导教师指定的作业。这些内容都是经过精心设计的，应认真对待。

（5）要注意培养自己的创新意识和创新能力。例如，思考哪些实习设备、工具等有需要改进的地方。对于指导教师所指定的具有开放性、创新性设计要求的作业或训练，应积极思考，认真完成。同时，注意观看、体会实习场所关于大学生创新实践活动的相关展示，以期对自己能有所启发和激励。

一般来说，工程训练（特别是钳工实习）劳动强度大，很多同学从来没有这样的体验，心理上会出现一些波动，这时应主动调节自己的心态，克服怕苦、怕脏、怕累的思想。

1.2 工程训练总则

1.2.1 工程训练必须注意事项

（1）学生在工程训练中心实训期间，必须遵守中心制定的各项规章制度和安全操作规程。

（2）进入车间实训，必须穿工作服或紧身服，上衣下摆不能敞开，袖口要扎紧，严禁戴手套，不准穿凉鞋、拖鞋、裙子、戴围巾等进入车间。不得在开动的机床旁脱换衣服，以防被机器绞伤。女同学必须戴工作帽，将长发或辫子纳入帽内。

（3）参加实训的学生（学员）必须在指导老师的指导下使用加工设备。任何人使用机床时，必须严格遵守该机床的操作规程。

（4）学生（学员）除在指定的设备上进行实训外，其他一切设备、工具等未经同意不准私自动用。工具、材料不能带出中心，否则将按中心有关规定处理。

（5）学生必须听从指导人员的教学安排，必须按指导人员的布置进行操作，不许做与工程训练无关的事情。

（6）学生在工程训练过程中应了解各工种的工艺过程、设备结构情况、熟悉机床的操作、工装卡具的使用等，努力做到理论与实践相结合，提高自己的创新意识和创新能力。

（7）在操作过程中不得将自己所操作的机床、设备擅自让给别人操作。不准两个或两个以上同学同时操作同一台机床，以免发生意外。

（8）操作机床时必须思想集中，不准与别人谈话、阅读书刊、背诵外文单词和收听广播等。

（9）操作机床时，手、身体或其他物件不能靠近正在运转的机械设备。头不能靠工件太近，以防切屑或其他物件飞入眼中或撞伤面部；不得用手触摸未冷却的工件；不可用手直接清除切屑，应用专用钩子或其他物件清除；装夹零件、测量零件及清除切屑时，必须在机械设备停止运转时进行。

（10）严禁在车间内追逐、打闹、喧哗，走路要当心。

（11）启动电钮时必须注意前后、左右是否有人或物件阻碍，若有人必须通知对方，有物件必须搬开后方可启动电钮。

（12）夹具、工件、刀具必须装夹牢固后才能开车，以防其飞出伤人。

（13）工、夹、量具应放在适当的位置，以免损坏。

（14）现场教学和参观时，必须服从组织安排，注意听讲，不得随意走动。

（15）工作完毕，养成随时切断机床设备电源的好习惯，做好设备、量具、工具等的整理。

（16）实施5S，做到文明实习，保持实习场地及设备的清洁，坚持每日及时清理打扫实习场所及设备的卫生。

（17）对与违反中心的有关规定，不听劝阻者，视情节轻重分别给予以下处理：批评教育、取消实习资格、实习成绩以零分计等，特别严重者交有关部门处理。

（18）要爱护公物。丢失或损坏公物者，要照价赔偿；因违反操作规程而造成的经济损失由本人负责。

1.2.2　工程训练实习考勤制度

（1）学生实习期间一般不得请事假；确实需请假者半日内向指导教师请假，半日以上需持学院准假单送工程训练中心教学组；一般不准事后补假。

（2）实习期间不得迟到、早退或擅自脱离实习岗位，累计在两次以上者实习成绩予以降级处理。

（3）有病需请病假者，要持医生证明方可准假；并需将证明交工程训练中心教学组，并通知指导教师和学生。

（4）因公请假者需由所属学院批准，并将假条交工程训练中心教学组，同时通知指导教师和学生。

（5）凡未经批准或逾假不归、无故不参加实习者，一律按旷课处理，不给实习成绩；该学生除要在所在班组进行公开检查外，还需通知所属学院，并按教育部《全日制普通高等学校学生学籍管理办法》和该校贯彻此办法的细则予以处理。

（6）学生在某工种的实习时间（因病，事假，公假）不满二分之一者，该工种不给实习成绩。

（7）学生实习期间的考勤情况，由指导教师计入学生教学记录表。

1.2.3　实习考核参考评分标准

（1）学生的实习总成绩由教学部根据学生的工种实习成绩、实习作业和理论考核三个方面评定；其中各工种实习成绩占60%，理论考核占30%，实习作业占10%。

（2）学生每个工种的实习成绩，由各工种指导教师，根据学生平时操作及个人表现按"优"、"良"、"中"、"及格"、"不及格"五级评分（实习期间一日以内（不包括一日）按及格、不及格评分）；各工种实习成绩由指导教师负责记入学生教学记录表。表1-1为工种实习评分标准。

（3）实习期间，凡迟到、早退或擅离实习岗位累计两次以上者，成绩降级评定；无故旷工者不给成绩。

（4）实习期间，病、事假累计达该工种实习总时间的二分之一的学生，该工种不给成绩。

（5）工程训练实习未取得成绩或主要工种不及格者，一律不予补作；个别情况可由学院、教务处、工程训练中心共同研究，在允许的条件下方可补作。

（6）学生实习期间违反劳动纪律，影响很坏或违反操作规程造成较大或重大事故者，其成绩应予降级或不及格处理。

（7）学生实习期间出现顶替现象，按考试作弊处理。

表 1-1　工种实习评分标准

序号	项目	分值	细则	计分要点
1	完成实习任务情况	35	（1）全部完成实习加工零件，质量符合要求	得 35 分
			（2）质量基本符合图样要求	得 30 分
			（3）工件报废	扣 10～35 分
2	创新能力、动手能力	40	（1）机床操作熟练，工、量具使用正确，独立工作能力强，设计新颖	得 35～40 分
			（2）需适当指导，动手能力一般，设计制作一般	得 30 分
			（3）需重点指导，动手能力较弱	得 20 分
			（4）出现问题较多，动手能力差	得 15 分
3	安全操作	10	（1）无事故或事故苗头	得 10 分
			（2）有小事故或事故苗头	得 5 分
			（3）导致较大事故	扣 10 分
			（4）导致重大事故并造成严重后果	严肃处理
4	文明生产	5	（1）工具柜（箱）内工具放置整齐	全部合乎要求得 5 分，否则扣 5 分
			（2）机床干净	
			（3）工作场地清洁	
5	实习态度	10	（1）能够严格遵守《学生实习守则》的各项规定	得 10 分
			（2）不听从老师指导，迟到或早退 2 次累计时间达 10 分钟	扣 5～10 分
			（3）严重违反实习纪律，造成不良后果	严肃处理

注：本标准只是一个参考标准，具体执行因学校、工种和具体的指导人员的不同而有所不同。

第 2 章　工程训练基础知识

工程训练涉及一般机械制造生产的全过程。因此，在学习工艺知识、训练动手能力的同时，还要全方位地了解与机械产品的设计、制造及生产的组织与管理等有关的各种基本知识，从而全面提高包括市场意识、质量意识、管理意识、经济意识、环保意识、安全意识和创新意识等在内的工程素质。

2.1　机械产品设计与制造

2.1.1　产品设计

现代工业产品设计，是根据市场的需求，运用工程技术方法，在社会、经济和时间等因素的约束范围内所进行的设计工作。产品设计是一种有特定目的的创造性行为，它应该基于现代技术因素，不但要注重外观，更要注意产品的结构和功能；它必须以满足市场需要为目标，追求经济效益，最终使消费者与制造者都感到满意。

产品设计是一个做出决策的过程，是在明确设计任务与要求以后，从构思到确定产品的具体结构和使用性能的整个过程中所进行的一系列工作。对机械产品而言，在图 2-1 所示的产品的整个寿命周期中，最为关键的是设计阶段。因为设计既要考虑使用方面的各种要求，又要考虑制造、安装、维修的可能和需要，既要根据研究试验得到的资料来进行验证，又要根据理论计算加以综合分析，从而将各个阶段按照它们的内在联系统一起来。

对工业企业来讲，产品设计是企业经营的核心，产品的技术水平、质量水平、生产率水平及成本水平等，基本上确定于产品设计阶段。

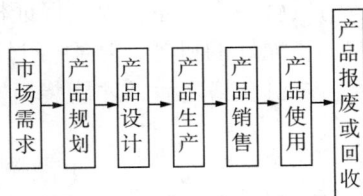

图 2-1　产品的寿命周期

2.1.2　机械产品制造过程

任何机器或设备，如汽车或机床，都是经由产品设计、零件制造及相应的零件装配而获得的。只有制造出合乎要求的零件，才能装配出合格的机器设备。某些尺寸不大的轴、销、套类零件，可以直接用型材，经机械加工制成；一般情况下，则要将原材料经铸造、锻压、焊接等方法制成毛坯，然后由毛坯经机械加工制成零件；有许多零件还需在毛坯制造和机械加工过程中穿插不同的热处理工艺。

因此，一般机械产品主要的生产制造过程如图 2-2 所示。

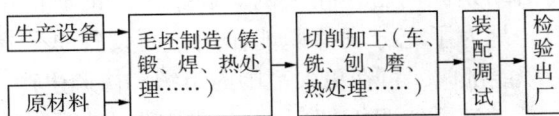

图 2-2　机械产品的制造过程

由于企业专业化协作的不断加强，机械产品许多零部件的生产不一定完全在一个企业内完成，可以分散在多个企业间进行生产协作。很多标准件，如螺钉、轴承等的加工常常由专业生产厂家完成。

2.1.3 机械产品的制造方法

1. 零件的加工

机械零件的加工根据各阶段所达到的质量要求的不同，可分为毛坯加工和切削加工两个主要阶段。

（1）毛坯加工　毛坯成形加工的主要方法有铸造、锻造和焊接等，它们可以比较经济和高效地制作出各种形状（包括比较复杂的形状）和尺寸的工件。铸造、锻造、焊接等加工方法，因加工时往往要对原材料进行加热，所以通常称这些加工方法为热加工。

（2）切削加工　切削加工是用切削刀具从毛坯或工件上切除多余的材料，以获得所要求的几何形状、尺寸和表面质量的加工方法，主要有车削、铣削、刨削、钻削、镗削、磨削等，分为机械加工和钳工加工两大类。其中，机械加工占有最重要的地位。对于一些难以适应切削加工的零件，如硬度过高的零件、形状过于复杂的零件或刚度较差的零件等，则可以使用特种加工方法来进行加工。一般，毛坯要经过若干道机械加工工序才能成为成品零件。由于工艺的需要，这些工序又可分为粗加工、半精加工与精加工等。

在毛坯制造及机械加工过程中，为便于切削和保证零件的力学性能，还需在某些工序之前（或之后）对工件进行热处理。热处理之后，工件可能有少量变形或表面氧化，所以精加工（如磨削）常安排在最终热处理之后进行。

2. 装配与调试

加工完毕并检验合格的各零件，按机械产品的技术要求，用钳工或钳工与机械相结合的方法，按一定的顺序组合、连接、固定起来，成为整台机器，这一过程称为装配。装配是机械制造的最后一道工序，也是保证机械产品达到各项技术要求的关键工序之一。

装配好的机器，还要经过试运转，以观察其在工作条件下的效能和整机质量。只有在检验、试机合格之后，才能装箱发运出厂。

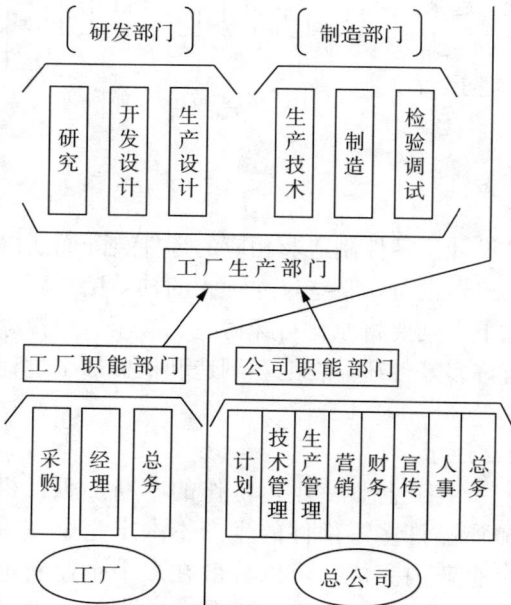

图 2-3　机械制造企业组织示例

2.1.4 企业生产制造过程的组织与管理

要制造出合乎要求的产品，并不只是生产加工的问题，还有如何科学有序地组织和管理生产过程的问题。生产过程组织与管理水平的高低，关系到企业能否有效地发挥其生产能力，能否为用户提供优质的产品和服务，能否取得良好的经济效益。

1. 企业组织

典型的机械制造企业是在总公司下面设立若干事业部门，并且设有若干工厂，由工厂执行实际的生产活动。图 2-3 所示为机械制造企业组织的示例，它反映了机械产品制造各个部门的活动是如何密切相关的。设置工厂的职能部门，是为了充分发挥职能作用；而设置总公司的职能部门，可在更大范围内组织和协调生产。

在工厂的职能部门中，采购部门负责采购原材料、各种外购零件，以及所必需的各种物资；经理部门负责管理各种资金；总务部门负责处理日常运转问题。

　　总公司通常集中了与生产有关的更多的职能部门，用以处理作为一个企业需要解决的许多问题。例如制定企业整体活动计划的计划部门，生产的管理部门，收集用户意见、销售产品的营销部门，以及财务部门、人事部门等。

2. 生产制造过程的组织与管理

　　要制造一种产品，必须先由研发部门汇集与之有关的各种知识和信息，然后设计部门应用这些知识和信息，设计出产品的结构和尺寸，再由制造部门根据设计部门提出的要求，具体地进行制造。广义的制造部门可分为：处理生产中的技术问题并决定生产方法的生产技术部门；直接进行产品生产的狭义的制造部门；对产品的性能进行检验的检验部门等。通过这些部门的活动，进行产品的生产。

　　在公司职能机构给制造部门下达了生产数量、使用设备、人员等的总体制造计划之后，研发部门需要给制造部门提供以下资料：标明每个零件制造方法的零件图、标明装配方法的装配图、作业指示书等。生产技术部门据此制定产品的生产计划和工艺技术文件（如工艺图、工装图、工艺卡等）。制订生产计划时，应确定制造零件的件数和外购零件、外购部件等的数量，以及交货期限等。如轴承、密封件、螺栓、螺母等都是最常见的外购零件，而电动机、减速器、各种液压或气动装置等都是典型的外购部件。

　　按照生产技术部门下达的任务，由制造部门进行制造。首先将生产任务分配给各加工组织（如生产车间或班组等），确定毛坯制造方法、机械加工方法、热处理方法和加工顺序（也称加工路线），进而确定各加工组织的加工方法和要使用的设备，然后确定每台机床的加工内容、加工时间等，制订详细的加工日程。制造零件时，通常加工所花的时间较短，而准备（刀具的装卸、毛坯的装卸等）时间则较长。此外，制成一个零件所需的时间大部分不是花在加工上，而是花在各工序间的输送和等待上。因此缩短这些时间，提高生产效率，缩短从制订生产计划到制成产品的过程，使生产计划具有柔性，是生产过程管理的主任务。对加工完成的零件进行各种检查以后，要移交到下面的装配工序。

　　装配完毕的机器通过性能检验合格后，即完成了制造任务。

　　随着机械制造系统自动化水平的不断提高，以及为适应生产类型从传统的少品种大批量生产向现代的多品种变批量生产的演进，人们正在不断开发出一些全新的现代制造技术和生产系统，如柔性制造系统（FMS）、计算机集成制造系统（CIMS）、精良生产（LP）、并行工程（CE）、敏捷制造（AM）、智能制造（IM）和虚拟制造（VM）等。这些新技术和生产系统的不断推广和发展，使制造业的面貌发生了巨大的变化。

2.2　切削加工基础知识

2.2.1　切削加工概述

1. 切削加工的实质和分类

　　切削加工是利用切削刀具（或工具）和工件作相对运动从毛坯（铸件、锻件、型材等）上，切除多余的金属层，以获得尺寸精度、形状和位置精度、表面质量完全符合图样要求的机器零件的加工方法。经过铸工、锻工、焊工所加工出来的大多为零件的毛坯，很少能在机器上直接使用，一般机器中绝大多数的零件要经过切削加工才能获得。因而，切削加工对保证产品质量和性能、降低产品成本有着重要的意义。

切削加工分为钳工和机械加工（简称机工）两大部分。

钳工一般是指通过工人手持工具对工件进行的切削加工，其主要内容有划线、錾削、锯切、锉削、刮削、研磨、钻孔、扩孔、铰孔、攻螺纹、套螺纹、机械装配和修理等。钳工使用的工具简单、方便灵活，能完成机工不便完成的工作，是机械制造、装配和修理工作中不可缺少的重要工种。随着生产的发展，钳工机械化的内容也逐渐丰富起来。

机械加工是指通过工人操纵机床对工件进行切削加工，其主要加工方式有车削、钻削、镗削、铣削、刨削、磨削等（图 2-4），所使用的相应为车床、钻床、镗床、铣床、刨床、磨床等。

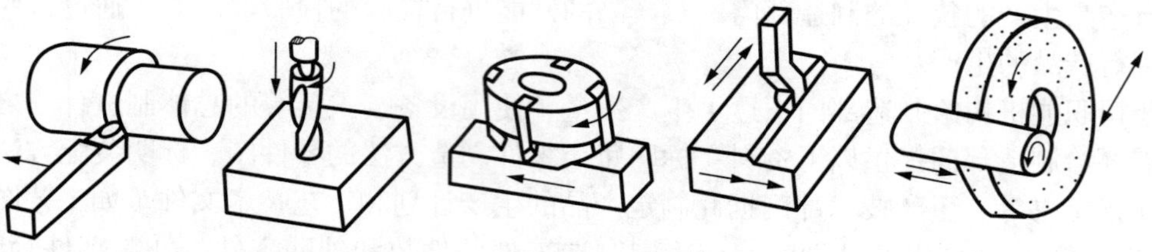

（a）车削　　（b）钻削　　（c）铣削　　（d）刨削　　（e）磨削

图 2-4　机械加工的主要方式

2. 切削运动

切削加工是靠刀具和工件之间的相对运动来实现的。各种机床为实现加工所必需的加工刀具与工件间的相对运动称为切削运动。根据在切削过程中所起的作用不同，切削运动分为主运动和进给运动。

（1）主运动　主运动是提供切削可能性的运动。若没有这个运动，就无法切削。其特点是在切削过程中速度最高，消耗动力最大。如图 2-4 中车削时的工件、铣削时的铣刀、磨削时的砂轮、钻削时的钻头的旋转运动，刨削时刨刀的往复直线运动都是主运动。

（2）进给运动（又称走刀运动）　进给运动是提供继续切削可能性的运动。若没有这个运动，就不能连续切削。其特点是切削过程中速度低、消耗动力小。

如图 2-4 所示，车刀、钻头及铣削时工件的移动，牛头刨刨削时工件的间歇移动，磨削外圆时工件的旋转和往复轴向移动及砂轮周期性横向移动都是进给运动。

切削加工中主运动只有一个，进给运动则可能是一个或多个。

主运动和进给运动可以由刀具单独完成（如钻床上钻孔），也可以由刀具和工件分别完成（如铣削、车床上钻孔）。主运动和进给运动可以同时进行（如车削、铣削、钻削、磨削），也可交替进行（如刨削）。

3. 切削用量三要素

切削运动使工件产生三个不断变化的表面（图 2-5）：待加工表面是工件上有待切除的表面；已加工表面是工件上经刀具切削后产生的新表面；过渡表面（又称切削表面）是工件上由切削刃形成的那部分表面。

切削用量三要素是指切削速度、进给量和背吃刀量（旧称切削深度）。它表示切削时各运动参数的数量，是切削加工前调整机床运动的依据。车削外圆、铣削平面和刨削平面时的切削用量三要素如图 2-5 所示。

（1）切削速度　切削速度是切削刃选定点相对于工件的主运动的瞬时速度；用符号 v_c 表示，其单位为 m/s。

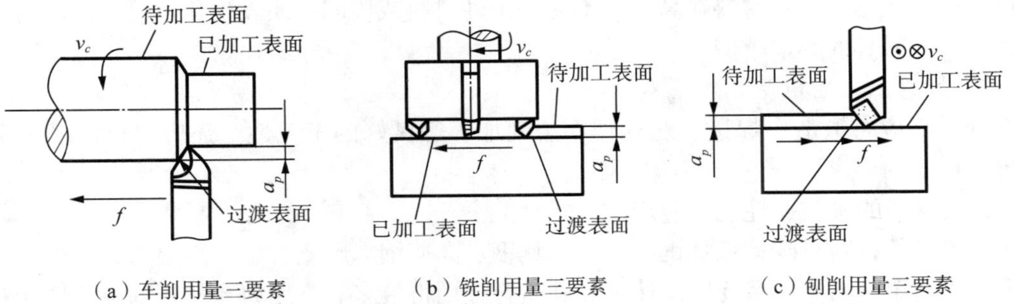

（a）车削用量三要素　　　（b）铣削用量三要素　　　（c）刨削用量三要素

图 2-5　车、铣、刨时的切削用量三要素

（2）进给量　进给量是刀具在进给运动方向上相对工件的位移量；可用刀具或工件每转或每行程的位移量来表述和度量；用符号 f 表示，其单位为 mm/r 或 mm/行程。

（3）背吃刀量　背吃刀量是在通过切削刃基点并垂直于工作平面的方向上测量的吃刀量；用符号 a_p 表示，其单位为 mm。

切削用量三要素是影响加工质量、刀具磨损、生产率及生产成本的重要参数。

粗加工时，一般以提高生产率为主，兼顾加工成本，可选用较大的背吃刀量和进给量，但切削速度受机床功率和刀具耐用度等因素的限制而不宜太高。

半精、精加工时，在首先保证加工质量的前提下，需考虑经济性，可选较小的背吃刀量和进给量，一般情况下选较高的切削速度。在切削加工时可参考切削加工手册及有关工艺文件来选择切削用量。

2.2.2　刀具材料

刀具是切削加工中影响生产率、加工质量和生产成本的最重要的因素。材料方面的知识，有关刀具其他知识将在后面几章中分别介绍。

1. 刀具材料应具备的性能

在切削过程中，刀具切削部分是在较大的切削压力、较高的切削温度以及剧烈摩擦条件下工作的。在切削余量不均匀或有断续的表面时，刀具会受到很大的冲击与振动。因此，刀具切削部分的材料必须具备下列性能。

1）高硬度和高耐磨性

硬度是指刀具材料抵抗其他物体压入其表面的能力。刀具要从工件上切除多余的金属，其硬度必须大于工件材料硬度。一般常温下硬度应超过 60HRC。

耐磨性是指材料抵抗磨损的能力。耐磨性与硬度有密切关系，硬度越高，均匀分布的细化碳化物越多，则耐磨性越好。

2）足够的强度和韧度

切削时刀具主要承受各种应力与冲击。一般用抗弯强度 σ_{bb} 和冲击韧度 a_K 来衡量刀具材料的强度和韧度的高低，它们能反映刀具材料抗断裂、崩刀的能力。但是，强度与韧度高的材料，必然引起其硬度与耐磨性的下降。

3）高的耐热性与化学稳定性

耐热性是指在高温下刀具材料保持硬度、耐磨性、强度和韧度的能力。可用高温硬度表示，也可用红硬性（维持刀具材料切削性能的最高温度限度）表示。

耐热性越好，材料允许的切削速度越高。它是衡量刀具材料性能的主要指标。

化学稳定性是指刀具材料在高温下不易与工件材料或周围介质发生化学反应的能力。化学稳定性越好，刀具的磨损越慢。

4）良好的工艺性和经济性

刀具材料应有锻造、焊接、热处理、磨削加工等良好的工艺性，还应尽可能满足资源丰富、价格低廉的要求。

2. 刀具材料的种类、性能与应用

切削刀具的材料有碳素工具钢、合金工具钢、高速钢、硬质合金、涂层刀具、陶瓷、立方氮化硼和人造金刚石等，目前以高速钢和硬质合金用得最多。常用刀具材料的主要性能和用途如表 2-1 所列。

表 2-1　常用刀具材料的主要性能、牌号和用途

种类	硬度/HRC	红硬温度/℃	抗弯硬度/10^3MPa	工艺性能	常用牌号		用途
碳素工具钢	60～64	200	2.5～2.8	可冷、热加工成形，切削加工和热处理性能好	T8A T10A T12A		仅用于少数手动刀具，如锉刀、手用锯条等
合金工具钢	60～65	250～300	2.5～2.8	同上	9SiCr CrWMn		用于低速刀具，如锉刀、丝锥、板牙等
高速钢	62～67	550～600	2.5～4.5	同上	W18Cr4V W6Mo5Cr4V2		用于形状复杂的机动刀具，如钻头、铰刀、铣刀、齿轮刀具等
硬质合金	74～82	850～1000	0.9～2.5	不能切削加工，只能粉末压制烧结成形，磨削后即可使用。不能热处理	钨钴类	YG3 YG6 YG8	一般做成刀片镶嵌在刀体上使用，如车刀、刨刀的刀头等。钨钴类用于加工铸铁、有色金属与非金属材料。钨钛钴类用于加工钢件。钨钛钽（铌）类既适用于加工脆性材料又适用于加工塑性材料
					钨钛钴类	YT5 YT15 YT30	
					钨钛钽（铌）类	YW1 YW2	

3. 刀具的磨损和切削液的使用

在切削过程中，切屑和刀具、刀具和工件之间存在着强烈的摩擦和挤压作用，使刀具处在高温高压的作用下，切削刃由锋利逐渐变钝以致失去正常切削能力。

刀具磨损会使切削力增大，切削温度升高，切削时产生振动，最终使零件表面质量降低，并导致刀具急剧磨损或烧坏。刀具过早磨损会直接影响生产率、加工质量和加工成本。在生产中，常常根据切削过程中出现的异常现象，如工件表面粗糙度增加、切屑变色发毛、切削力突然增大、切削温度上升、发生振动和噪声显著增大等，来大致判断刀具是否已经磨钝。刀具磨钝后要及时刃磨。

减少刀具磨损的重要措施之一是切削过程中使用切削液。切削液有冷却、润滑、洗涤与排屑、防锈四大作用，生产中常用的切削液主要有水基、油基两种，其分类及适用范围如表 2-2 所列。

正确使用切削液，可使切削速度提高 30% 左右，切削温度下降 100～150℃，切削力减少 10%～30%，可使刀具寿命延长 4～5 倍。合理使用切削液，还可以减小工件变形，提高加工精度、已加工表面的质量和生产率。

（1）合成切削液又称水溶液，合成切削液标准为 GB 6144—1985。

（2）乳化油标准 SH/T 365—1992 规定乳化油分为 1 号、2 号、3 号、4 号；4 号是透明型的，适用于精磨工序。

（3）硫化切削油标准为 SH/T 364—1992。

表 2-2　切削液的分类及适用范围

类别			主要组成	性能	适用范围	备注
水基切削液	合成切削液（水溶液）	普通型	在水中添加亚硝酸钠等水性防锈添加剂，加入碳酸钠或磷酸三钠，使水溶液微带碱性	冷却性能、清洗性能好，有一定的防锈性能。润滑性能差	粗磨、粗加工	
		防锈型	在水中除添加水溶性防锈添加剂外，再加表面活性剂、油性添加剂	冷却性能、清洗性能、防锈性能好，兼有一定的润滑性能，透明性较好	对防锈性要求高的精加工	
		极压型	再加极压添加剂	有一定极压润滑性	重切削和强力磨削	
		多效型		除具有良好冷却、清洗、防锈、润滑性能外，还能防止对铜、铝等金属的腐蚀性能	适用于多种金属（黑色金属、铜、铝）的切削及磨削加工，也适用于极压切削或精密切削加工	
	乳化液	防锈乳化液	常用 1 号乳化油加水稀释成乳化液	防锈性能好，冷却性能、润滑性能一般，清洗性能稍差	适用于防锈性要求较高的工序及一般的车、铣、钻等加工	
		普通乳化液	常用 2 号乳化油加水稀释成乳化液	清洗性能、冷却性能好，兼有防锈性能和润滑性能	应用广泛，适用于磨削加工及一般切削加工	
		极压乳化液	常用 3 号乳化油加水稀释成乳化液	极压润滑性能好，其他性能一般	适用于要求良好的极压润滑性能的工序，如拉削、攻螺纹、铰孔以及难加工材料的加工	
油基切削液（切削油）		矿物油	5 号、7 号高速机械油，10 号、20 号、30 号机械油，煤油等	润滑性能好，冷却性能差，化学稳定性好，透明性好	适用于流体润滑，可用于冷却、润滑系统合一的机床，如多轴自动车床、齿轮加工机床、螺纹加工机床	有时需加入油溶性防锈添加剂
		动、植物油	豆油、菜油、棉籽油、蓖麻油、猪油、鲸鱼油、蚕蛹油等	润滑性能比矿物油更好。但易腐败变质，冷却性能差，黏附在金属上不易清洗	适用于边界润滑，可用于攻螺纹、铰孔、拉削	逐渐被极压切削油代替
		复合油	以矿物油为基础再加若干动、植物油	润滑性能好，冷却性能差	适用于边界润滑，可用于攻螺纹、铰孔、拉削	逐渐被极压切削油代替
		极压切削油	以矿物油为基础再加若干极压添加剂、油性添加剂及防锈添加剂等，最常用的有硫化切削油、含硫氯、硫磷或硫氯磷的极压切削油	极压润滑性能好，可代替动、植物油或复合油	适用于要求良好的极压润滑性能的工序，如攻螺纹、铰孔、拉削、滚齿、插齿以及难加工材料的加工	

　　用高速钢刀具对碳钢、合金钢进行粗加工和用普通砂轮磨削碳钢、合金钢时，可选 2%～5% 的乳化液做切削液。精车、精铣、铰孔、滚齿和插齿时，可选用柴油或含硫和氯的极压切削油做切削液。

　　用硬质合金刀具加工时，因其耐热性好，可以不用切削液；如果要用就一定要连续大量地使用，以防止硬质合金刀具因忽冷忽热而产生裂纹甚至破裂。

　　加工铸铁件时，因铸铁中的石墨具有润滑作用，故一般不用切削液，以利于对机床的清理和维护。

　　在铸铁上钻孔、铰孔和攻螺纹时，常用煤油做切削液，以提高加工表面的质量。

2.2.3　机床基本知识

1. 机床的分类和编号

机床是切削加工的主要设备。为适应不同的加工需要，机床的种类很多。为了便于区别、使用和管理，需对机床加以分类并编制型号。

机床主要是按其加工性质和所用的刀具进行分类。根据是国家制定的机床型号编制方法（GB/T 15375—2008）。

目前将机床分为11类：车床、钻床、镗床、磨床、齿轮加工机床、螺钉加工机床、铣床、刨插床、拉床、锯床和其他机床。

在每一类机床中，又按工艺特点、布局形式和结构特性等不同，分为若干组，每一组又细分为若干系（系列）。

除上述基本分类方法外，机床还可按其他特征进行分类。

按照工艺范围（通用程度），机床可分为通用机床、专门化机床和专用机床。

按照加工精度的不同，同类型机床可分为普通精度级机床、精密级机床和高精度级机床。

按照自动化程度不同，机床可分为手动、机动、半自动和自动机床。

按照质量和尺寸不同，机床可分为仪表机床、中型机床、大型机床、重型机床和超重型机床。

此外，机床还可以按其主要工作部件的多少，分为单轴、多轴或单刀、多刀机床等，而且随着机床的发展，其分类方法也在不断地发展。

表 2-3、表 2-4 分别为金属切削机床类、组划分类和通用特性代号。

表 2-3　金属切削机床类、组划分类

类别＼组别		0	1	2	3	4	5	6	7	8	9
车床 C		仪表车床	单轴自动车床	多轴自动、半自动车床	回轮、转塔车床	曲轴及凸轮轴车床	立式车床	落地及卧式车床	仿形及多刀车床	轮、轴、辊、锭及铲齿车床	其他车床
磨床	M	仪表磨床	外圆磨床	内圆磨床	砂轮机	坐标磨床	导轨磨床	刀具刃磨床	平面及端面磨床	曲轴、凸轮轴、花键轴及轧辊磨床	工具磨床
	2M		超精机	内圆珩磨床	外圆及其他珩磨机	抛光机	砂带抛光及磨削机床	刀具刃磨及研磨机床	可转位刀片磨削机床	研磨机	其他磨床
	3M		球轴承套圈沟磨床	滚子轴承套圈滚道超精研机	轴承套圈超精机		叶片磨削机床	滚子加工机床	钢球加工机床	气门、活塞及活塞环磨削机床	汽车、拖拉机修磨机床
钻床 Z			坐标镗钻床	深孔钻床	摇臂钻床	台式钻床	立式钻床	卧式钻床	铣钻床	中心孔钻床	其他钻床
镗床 T				深孔镗床		坐标镗床	立式镗床	卧式铣镗床	精镗床	汽车、拖拉机修理镗床	其他镗床
齿轮加工机床 Y		仪表齿轮加工机		锥齿轮加工机	滚齿及铣齿机	剃齿及珩齿机	插齿机	花键轴铣床	齿轮磨齿机	其他齿轮加工机	齿轮倒角及检查机
螺纹加工机床 S				套螺纹机	攻螺纹机		螺纹铣床	螺纹磨床	螺纹车床		
铣床 X		仪表铣床	悬臂及滑枕铣床	龙门铣床	平面铣床	仿形铣床	立式升降台铣床	卧式升降台铣床	床身铣床	工具铣床	其他铣床
刨插床 B			悬臂刨床	龙门刨床		插床	牛头刨床			边缘及磨具刨床	其他刨床
拉床 L				侧拉床	卧式外拉床	连续拉床	立式内拉床	卧式内拉床	立式外拉床	键槽、轴瓦及螺纹拉床	其他拉床
锯床 G				砂轮片锯床		卧式带锯床	立式带锯床	圆锯床	弓锯床	锉锯床	
其他机床 Q		其他仪表机	管子加工机床		刻线机	切断机	多功能机床				

表2-4　通用特性代号

通用特性	高精度	精度	自动	半自动	数控	加工中心（自动换刀）	仿形	轻型	加重型	简式或经济型	柔性加工单元	数显	高速
代号	G	M	Z	B	K	H	F	Q	C	J	R	X	S
读音	高	密	自	半	控	换	仿	轻	重	简	柔	显	速

2. 机床的运动

在金属切削机床上切削工件时，工件与刀具间的相对运动，就其运动性质而言，有旋转运动和直线运动两种。但就机床上运动的功能来看，则可划分为表面成形运动、切入运动、分度运动、辅助运动、操纵及控制运动和校正运动等。

（1）表面成形运动　表面成形运动简称成形运动，是保证得到工件要求的表面形状的运动。表面成形运动是机床上最基本的运动，是机床上的刀具和工件为了形成表面发生线而作的相对运动。

成形运动按其在切削加工中所起的作用，又可分为主运动和进给运动。主运动是切除工件上的被切削层，使之转变为切屑的主要运动；进给运动是依次或连续不断地把被切削层投入切削，逐渐切出整个工件表面的运动。主运动的速度高，消耗的功率大；进给运动的速度较低，消耗的功率较小。任何一种机床，必须有主运动，且通常只有一个，但可能有多个。主运动和进给运动可能是简单的成形运动，也可能是复合的成形运动。

（2）切入运动　切入运动用以实现使工件表面逐步达到所需尺寸的运动。

（3）分度运动　当加工若干个完全相同的均匀分布的表面时，为使表面成形运动得以周期地连续进行的运动称为分度运动。

分度运动可以是回转的分度，如车多头螺纹，车完一个螺纹表面后，工件相对刀具要回转 $1/k$ 转（k 为螺纹头数）才能车削另一条螺纹表面，这个工件相对刀具的旋转运动就是分度运动。分度运动也可以是直线移动，如车多头螺纹时，在车完一条螺纹后，刀架移动一个螺距进行分度。

分度运动可以是间歇分度，如自动车床的回转刀架的转位；也可以是连续分度，如插齿机、滚齿机的工件分度等，此时分度运动包含在表面成形运动之中。

分度运动可以分为手动的、机动的和自动的。

（4）辅助运动　为切削加工创造条件的运动称为辅助运动。如工件或刀具的调位、快速趋近、快速退出和工作行程中空程的超越运动，以及修整砂轮、排除切屑、刀具和工件的自动装卸和夹紧等。

辅助运动虽然不直接参与表面成形过程，但对机床整个加工过程却是不可缺少的，同时还对机床的生产率、加工精度和表面质量有较大的影响。

（5）操纵及控制运动　操纵及控制运动包括启动、停止、变速、换向，部件与工件的夹紧、松开、转位以及自动换刀、自动测量、自动补偿等运动。

（6）校正运动　在精密机床上，为了消除传动误差的运动称为校正运动。如精密螺纹车床或螺纹磨床中的螺距校正运动。

3. 机床的传动形式

为了实现加工过程中所需的各种运动，机床必须具备三个基本部分：执行件、运动源和传动装置。

（1）执行件是执行机床运动的部件，如主轴、刀架、工作台等，其任务是装夹刀具或工件，直接带动它们完成一定形式的运动（旋转或直线运动），并保证其运动轨迹的准确性。

（2）运动源是为执行件提供运动和动力的装置，如交流异步电动机、直流或交流调速电动机和伺服电动机等。可以几个运动共用一个运动源，也可以每个运动有单独的运动源。

（3）传动装置（传动件）是传递运动和动力的装置，通过它把执行件和运动源或有关的执行件联系起来，使执行件获得一定速度和方向的运动，并使有关执行件之间保持某种确定的相对运动关系。机床的传动装置有机械、液压、电气、气压等多种形式。传动装置还有完成变换运动的性质、方向、速度的作用。

机械传动形式工作可靠、维修方便，目前在机床上应用最广泛。其常用的传动副有传动带、齿轮、蜗杆蜗轮、齿轮齿条和丝杠螺母等。

1）齿轮传动

齿轮传动是目前机床中应用最多的一种传动方式。它的传动种类很多，其中最常用的是直齿圆柱齿轮传动，如图2-6所示。

齿轮传动中的主动轮每转一个齿，被动轮也转一个齿。设主动轮的齿数为 z_1，转速为 n_1，被动轮的齿数为 z_2，转速为 n_2，则传动比 i 为

$$i = \frac{n_2}{n_1} = \frac{z_1}{z_2}$$

2）带传动

带传动是利用胶带与带轮之间的摩擦作用，将主动带轮的转动传到另一个被动带轮上去。目前在机床传动中，一般用V带传动，如图2-7所示。

3）蜗杆蜗轮传动

在机床传动中，这种方式是以蜗杆为主动件，将运动传给蜗轮，如图2-8所示。

4）齿轮齿条传动

齿轮齿条传动可以将旋转运动变为直线运动（齿轮为主动），也可以将直线运动变为旋转运动（齿条为主动），如图2-9所示。

5）丝杠螺母传动

丝杠螺母传动可使旋转运动变为直线移动，如在车床上车螺纹，当开合螺母闭合在旋转的丝杠上时，刀架便作纵向移动，如图2-10所示。

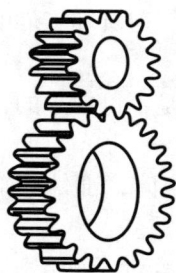

图2-6 直齿圆柱齿轮传动   图2-7 V带传动   图2-8 蜗杆蜗轮传动

4. 各种传动件的符号

为了便于绘制和识看机械传动系统图，特规定一些示意性的符号来代表各种传动件，如表2-5所列。表中给出机床传动系统图中常用的部分符号，通过这些符号的组合，可以表明机械的传动系统及传动路线。

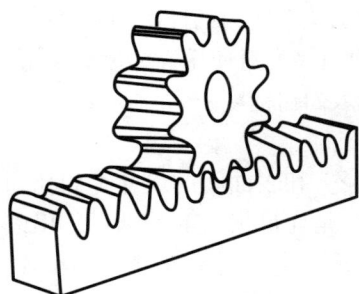

图 2-9 齿轮齿条传动

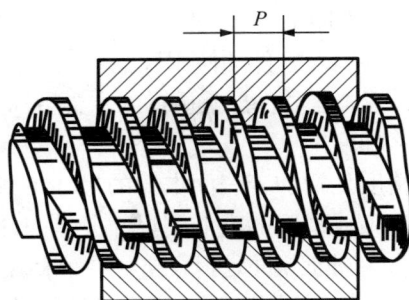

图 2-10 丝杠螺母传动

表 2-5 传动系统中常用的符号

名称	符号	名称	符号	名称	符号
电动机		轴		滑动轴承	
深沟球轴承		推力轴承		圆锥滚子轴承	
零件与轴活动连接		零件与轴导向键连接		零件与轴固定键连接	
零件与轴花键连接		牙嵌离合器		V 带传动	
齿轮传动		锥齿轮传动		蜗杆蜗轮传动	
齿轮齿条传动		整体螺母传动		开合螺母传动	

2.2.4 零件的加工质量

零件的加工质量包括加工精度和表面质量。加工精度是指工件在加工后，其实际的尺寸、形状和位置等几何参数与理想几何参数相符合的程度。相符合的程度越高，即偏差（加工误差）越小，则加工精度越高。加工精度包括尺寸精度、形状精度和位置精度。表面质量是指工件经过切削加工后的表面粗糙度、表面层的冷变形强化程度、表面层残余应力的性质和大小以及表面层金相组织等。它们对零件的使用性能有很大影响，其中表面粗糙度对使用性能的影响最大。因此，一般说来，标志着零件加工质量的主要指标是加工精度和表面粗糙度。

1. 尺寸精度

尺寸精度是指加工表面本身的尺寸（如圆柱面的直径）和表面间的尺寸（如孔间距离）的精确程度。尺寸精度的高低用尺寸公差来体现。尺寸公差是允许尺寸的变动量，用以控制尺寸误差的大小，判断工件是否合格。在公称尺寸相同的情况下，尺寸公差越小，则尺寸精度越高，如图 2-11 所示，尺寸公差等于上极限尺寸与下极限尺寸之差，或等于上偏差与下偏差之差。

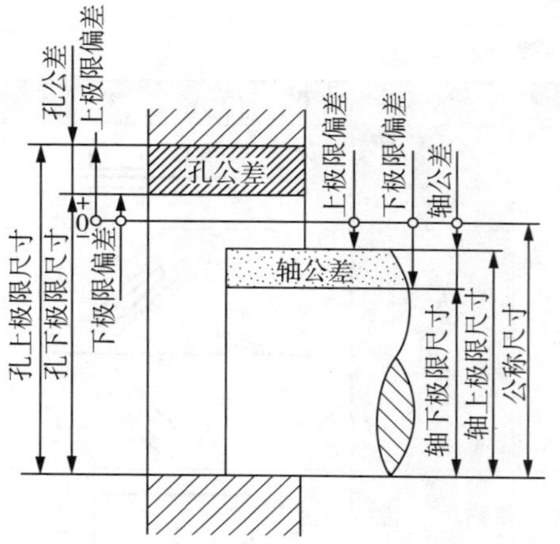

图 2-11　尺寸公差的概念

例如，$\phi 45_{-0.064}^{-0.025}$ 中的 $\phi 45$ 是公称尺寸，-0.025 是上偏差，-0.064 是下偏差，因此

上极限尺寸 =（45 - 0.025）mm = 44.975mm

下极限尺寸 =（45 - 0.064）mm = 44.936mm

尺寸公差 = 上极限尺寸 - 下极限尺寸

　　　　 =（44.975 - 44.936）mm = 0.039mm

或尺寸公差 = 上极限偏差 - 下极限偏差

　　　　　 =（- 0.025 - 0.064）mm = 0.039mm

国家标准将确定尺寸精度的标准公差等级分为 20 级，分别用 IT01、IT0、IT1、IT2、…、IT18 表示。其中，IT01 的公差值最小，尺寸精度最高；IT18 级最低。

切削加工所获得的尺寸精度一般与使用的设备、刀具和切削条件等密切相关。尺寸精度越高，零件的工艺过程越复杂，加工成本也越高。因此，在设计零件时，在保证零件使用性能的前提下，应选用较低的尺寸精度。表 2-6 为各种加工方法在正常操作情况下所达到的尺寸公差等级。表 2-7 为加工的尺寸公差等级与生产成本的大致关系。

表 2-6　各种加工方法在正常操作情况下所达到的尺寸公差等级

加工方法	IT 等级	加工方法	IT 等级
研磨	IT1~IT5	铣	IT8~IT11
珩磨	T4~IT7	刨、插	IT10~IT11
周磨、端磨	T5~IT8	钻	IT10~IT13
金刚石车	T5~IT7	冲压	IT10~IT14
金刚石镗	T5~IT7	压铸	IT9~IT14
拉削	T5~IT8	砂型铸造、气割	IT14~IT15
铰孔	T6~IT10	自由锻	IT14~IT16
车削、镗削	IT7~IT12	粉末冶金成形	T5~IT10

表 2-7　尺寸公差等级与加工成本

尺寸	加工方法	IT 等级													
		2	3	4	5	6	7	8	9	10	11	12	13	14	15
外径	普通车削														
	六角车床车削														
	自动车削														
	外圆磨														
	无心磨														

尺寸	加工方法	IT 等 级													
		2	3	4	5	6	7	8	9	10	11	12	13	14	15
内径	普通车削														
	六角车床车削														
	自动车削														
	钻														
	铰、镗														
	精镗、内圆磨														
	研磨														
端面	普通车削														
	六角车床车削														
	自动车削														
	铣														

注：同一种加工方法相比，双线、单实线、虚线表示成本比例为 1 : 2.5 : 5。

2. 形状精度和位置精度

形状精度是指零件上的线、面要素的实际形状相对于理想形状的准确程度。位置精度是指零件上的点、线、面要素的实际位置相对于理想位置的准确程度。形状和位置精度用形状公差和位置公差（简称几何公差）来表示。GB/T 1182—2008 中规定的控制零件几何公差的项目，如表 2-8 所示。

表 2-8　几何公差项目及符号

分类		项目	符号	分类		项目	符号
形状公差	形状	直线度	—	位置公差	定向	平行度	∥
		平面度	▱			垂直度	⊥
		圆度	○			倾斜度	∠
		圆柱度	⌭		定位	同轴（同心）度	◎
						对称度	≡
						位置度	⊕
形状或位置公差	轮廓	线轮廓度	⌒		跳动	圆跳动	↗
		面轮廓度	⌓			全跳动	↗↗

3. 表面粗糙度

在切削加工中，由于振动、刀痕以及刀具与工件之间的摩擦，在工件已加工表面上不可避免地产生一些微小的峰谷，即使是光滑的磨削表面，放大后也会发现高低不同的微小峰谷。将表面这些微小峰谷的高低程度称为表面粗糙度，也称微观不平度。

GB/T 1031—2009 规定了表面粗糙度的评定参数和评定参数允许值数系，其中最为常用的是轮廓算术平均偏差 Ra。

如图 2-12 所示，在取样长度 l 内，轮廓偏距绝对值的算术平均值，称为轮廓算术平均偏差 Ra。即

$$Ra = \frac{1}{l} \int_0^l |y(x)| dx \approx \frac{1}{n} \sum_{i=1}^n |y_i|$$

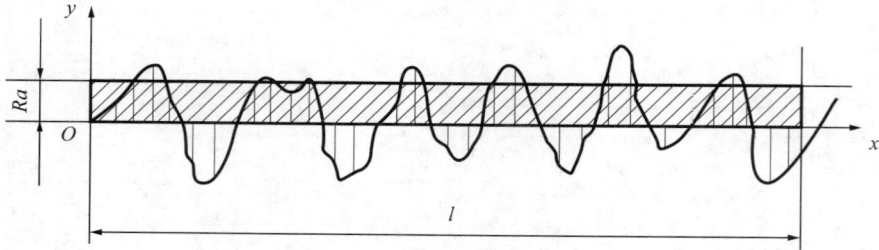

图 2-12 轮廓算术平均偏差

表面粗糙度对零件的尺寸精度和零件之间的配合性质、零件的接触刚度、耐腐蚀性、耐磨性以及密封等均有很大的影响。在设计零件时，要根据具体条件合理选择 Ra 的允许值。Ra 值越小，加工越困难，成本越高。表 2-9 为表面粗糙度 Ra 允许值及其对应的表面特征。

表 2-9 不同表面特征的表面粗糙度 Ra 值

表面要求	表面特性	$Ra/\mu m$	旧国标光洁度代号	加工方法
不加工	毛坯表面清除毛刺	∇	∿	钳工
粗加工	明显可见刀痕	50	▽1	钻孔、粗车、粗铣、粗刨、粗镗
	可见刀痕	25	▽2	
	微见刀痕	12.5	▽3	
半精加工	可见加工痕迹	6.3	▽4	半精车、精车、精铣、精刨、粗磨、精镗、铰孔、拉削
	微见加工痕迹	3.2	▽5	
	不见加工痕迹	1.6	▽6	
精加工	可辨加工痕迹的方向	0.8	▽7	精铰、刮削、精拉、精磨
	微辨加工痕迹的方向	0.4	▽8	
	不辨加工痕迹的方向	0.2	▽9	
精密加工	暗光泽面	0.1	▽10	精密磨削、珩磨、研磨
	亮光泽面	0.05	▽11	
	镜状光泽面	0.025	▽12	
	雾状光泽面	0.012	▽13	
	镜面	<0.012	▽14	

4. 尺寸精度与表面粗糙度的关系

一般说来，零件尺寸精度越高的表面，其表面粗糙度 Ra 值越小。

但表面粗糙度 Ra 值小的表面，其尺寸精度不一定高。如机床的手柄及自行车、缝纫机上的一些外露零件，应着重考虑其外观与清洁，故表面粗糙度的 Ra 值很小，但尺寸不要求很精确。

2.2.5 工艺和夹具基本知识

1. 机械加工工艺过程基本知识

（1）生产过程：制造一台机器，必须经过毛坯制造、零件加工、机器装配、质量检验、厂内运输等几个过程。这种按一定顺序将原材料制成各种零件并装配成机器的全部过程，称为生产过程。

（2）工艺过程：在生产过程中直接改变原材料（或毛坯）的形状、尺寸和材料性质，使之

变成成品的过程。

（3）机械加工工艺过程：利用机械加工方法直接改变毛坯的形状、尺寸和表面质量，使之变为机械零件的过程。机械加工工艺过程，是由一系列工序组成，而每一道工序又包含安装、工步和走刀等内容。

① 工序：指一个（或一组）工人在一台机床上对一个（或同时对几个）零件，所连续完成的那一部分工艺过程。

② 安装：工件在一次装夹中，所完成的那部分工艺过程。

③ 工步：是指在加工表面、切削刀具和切削用量中主轴转速和走刀量不变的情况下，所连续完成的那部分工艺过程。

④ 走刀：在工步中，刀具切去一层金属的加工过程。

2. 制订零件加工工艺的内容和要求

零件加工工艺就是零件加工的方法和步骤。制订零件加工工艺的内容包括：安排加工工序（包括毛坯制造、切削加工、热处理和检验工序），确定各工序所使用的机床、加工方法、测量方法、工夹量具、加工余量等，并将这些内容填入机械加工工艺卡片。制订零件加工工艺的要求包括：安全有保障；保证零件的全部技术要求；生产效率高；生产成本低；劳动条件好。

3. 制订零件加工工艺的步骤

零件是由多个表面组成的，生产中往往需要经过若干加工步骤才能由毛坯加工出成品。零件形状越复杂，精度和表面粗糙度要求越高，则需要加工的步骤也越多。不少适宜车床加工的零件，还需经过铣、刨、磨、钳和热处理等工种方能完成。因此，制订零件机械加工工艺时，必须综合考虑，合理安排加工步骤。

（1）在制订零件加工工艺之前，要看懂零件图样，了解全部技术要求，如零件的形状、尺寸、尺寸精度、表面粗糙度、材料、热处理和数量等。

（2）根据零件的形状、结构、材料和数量确定毛坯的种类，如棒料、锻件或铸件等。

（3）确定零件的加工顺序，包括热处理方法的确定及安排等。

（4）确定每一加工步骤所用的机床及零件的安装方法、加工方法、度量方法、加工尺寸和为下一步所留的加工余量。

（5）成批生产的零件还要确定每一步加工时所用的切削用量。

为此，在制订零件加工工艺之前，要看懂零件图样，做到既要了解全部技术要求，又要抓住技术关键。具体制订零件加工工艺时还要紧密结合本厂、本车间的实际生产条件，有时还要从技术与经济两方面考虑是否需要外协加工。

4. 夹具基本知识

金属切削加工时，工件在机床上的安装方式一般有找正安装和机床夹具安装两种。成批、大量生产时常用机床夹具安装。机床夹具就是机床上用以装夹工件的一种装置，它使工件相对于机床或刀具获得正确的位置，并在加工过程中保持位置不变。工件在夹具中的安装包括工件的定位和工件的夹紧。

工件的定位就是采取适当的约束措施，使工件在加工中有确定的位置。

工件的夹紧就是在已经定好的位置上将工件可靠地夹住，以防止其在加工过程中因受到切削力、离心力、惯性力及重力等外力的影响，发生不应有的位移而破坏了定位。

（1）机床夹具的分类：可按其使用特点来分类，又可按其使用的机床来分类，还可按夹具采用的夹紧动力源来分类。图 2-13 所示为机床夹具分类表。

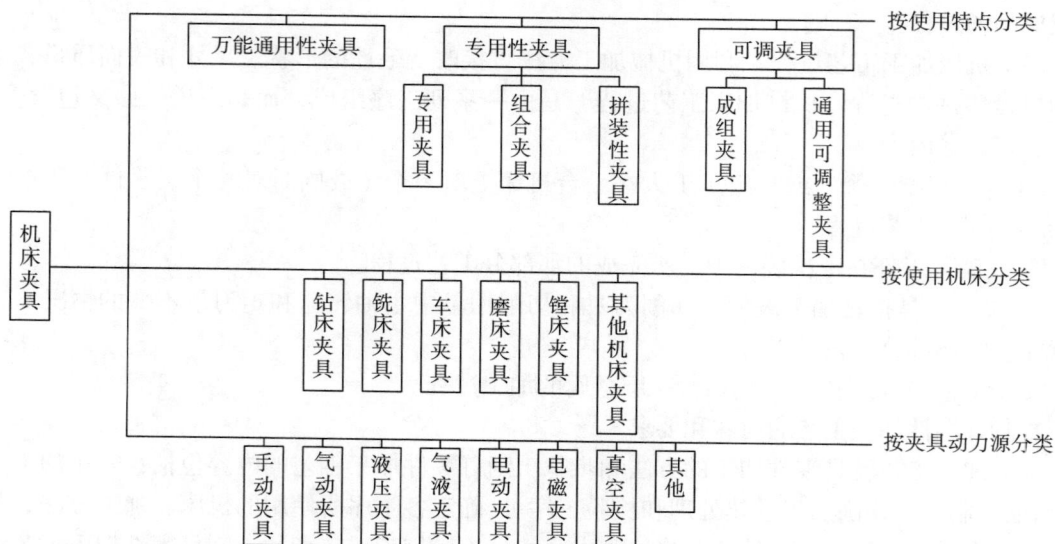

图 2-13　机床夹具分类表

（2）机床夹具的组成：机床专用夹具的基本组成部分及其与机床、工件、刀具的相互关系，如图 2-14 所示。

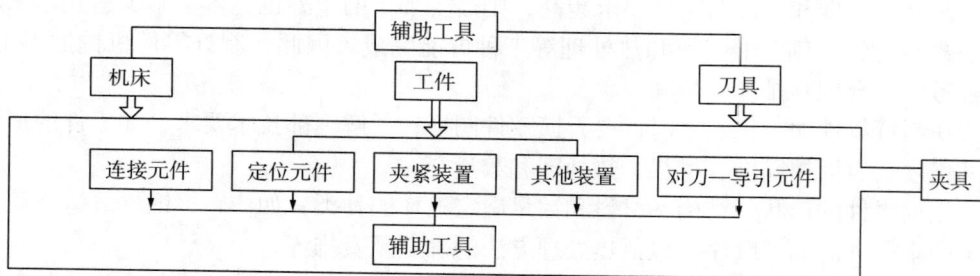

图 2-14　机床专用夹具的组成及其与机床、工件、刀具的相互关系

（3）夹紧的基本要求：

① 夹紧时不能破坏工件定位时所获得的正确位置。

② 夹紧应可靠和适当。既要保证加工过程中工件不发生松动或振动，又不允许工件产生不适当的变形和表面损伤。

③ 夹紧操作应方便、省力、安全。

④ 夹紧机构的自动化程度和复杂程度应与工件的生产批量及工厂的生产条件相适应。

⑤ 加紧机构应具有良好的结构工艺性，应尽量使用标准件。

2.3　技术测量基本知识

2.3.1　技术测量的基本概念

1. 测量的一般概念

技术测量主要是研究对零件的几何参数进行测量和检验的一门技术。所谓"测量"就是将一个待确定的物理量，与一个作为测量单位的标准量进行比较的过程。它包括四个方面的因素，即：测量对象、测量方法、测量单位和测量精度。"检验"具有比测量更广泛的含义。例如表面疵病的检验，金属内部缺陷的检验，在这些情况下，就不能采用测量的概念。

2. 长度单位基准及尺寸传递系统

为了保证测量的准确度，首先需要建立统一可靠的测量单位。公制的基本长度单位为米（m），机械制造中常用的公制单位为毫米（mm），精密测量时，多用微米（μm）为单位，它们之间的换算关系为：1m=1000mm、1mm=1000μm。使用光速作为长度基准，虽然可以达到足够的准确，但却不便于直接应用在生产中的尺寸测量。为保证长度基准量值能够准确地传递到生产中去，在组织上和技术上都必须建立一套系统，这就是尺寸传递系统。

3. 测量工具的分类

测量工具可按其测量原理、结构特点及用途分以下四类。

（1）基准量具：包括定值基准量具、变值量具。

（2）通用量具和量仪：可以用来测量一定范围内的任意值，按结构特点可分为七种：①固定刻线量具；②游标量具；③螺旋测微量具；④机械式量仪；⑤光学量仪；⑥气动量仪；⑦电动量仪。

（3）极限规：为无刻度的专用量具。

（4）检验量具：是量具量仪和其他定位元件等的组合体，用来提高测量或检验效率，提高测量精度，在大批量生产中应用较多。

4. 测量方法的分类

（1）由于获得被测结果的方法不同，测量方法可分为：直接量法、间接量法。

（2）根据测量结果的读值不同，测量方法可分为：绝对量法（全值量法）、相对量法（微差或比较量法）。

（3）根据被测件的表面是否与测量工具有机械接触，测量方法可分为：接触量法、不接触量法。

（4）根据同时测量参数的多少，可分为：综合量法、分项量法。

（5）按测量对机械制造工艺过程所起的作用不同，测量方法分为：被动测量、主动测量。

5. 测量工具的度量指标

度量指标指的是测量中应考虑的测量工具的主要性能，它是选择和使用测量工具的依据。

（1）标尺间隔 C：简称刻度，是标尺上相邻两刻线之间的实际距离。

（2）分度值 i：标尺上每一刻度所代表的测量数值。

（3）标尺的示值范围：量仪标尺上全部刻度所能代表的测量数值。

（4）测量范围：①标尺的示值范围；②整个量具或量仪所能量出的最大和最小的尺寸范围。

（5）灵敏度：能引起量仪指示数值变化的被测尺寸的最小变动量。灵敏度说明量仪对被测数值微小变动引起反应的敏感程度。

（6）示值误差：量具或量仪上的读数与被测尺寸实际数值之差。

（7）测量力：在测量过程中量具或量仪的测量面与被测工件之间的接触力。

（8）放大比（传动比）：量仪指针的直线位移（或角位移）与被测量尺寸变化的比。这个比等于刻度间隔与分度值之比。

6. 测量误差

（1）测量误差：是指被测量的实测值与真实值之间的差异。即

$$\delta = X - Q$$

式中，δ 为测量误差；X 为实际测得的被测量；Q 为被测值的真实尺寸。

由于 X 可能大于或小于 Q，因此，δ 可能是正值、负值或零。这样，上式可写成 $\delta = X \pm Q$。

（2）测量误差产生的原因（即测量误差的组成）：测量仪器的误差、基准件误差、测量力引起的变形误差、读数误差、温度变化引起的误差。

（3）测量误差的分类：可分为系统误差、随机误差、粗大误差。

① 系统误差：有一定变化规律的误差。

② 随机误差：变化无规律的误差。随机误差的特性及处理将在以后介绍。

③ 粗大误差：由于测量时疏忽大意（如读数错误、计算错误等）或环境条件突变（冲击、振动等）造成的某些较大的误差。

2.3.2　常用量具

零件在加工过程中，是否已达到规定的加工要求，需要使用量具进行检测。根据不同的检测要求，所用的量具也不同。生产中常用的检测量具除金属直尺、卡钳、内卡钳外，还有以下几种。

1. 游标卡尺

游标卡尺是一种比较精密的量具，它可以直接量出工件的内径、外径、宽度、深度等。按照读数的准确度，游标卡尺可分为 1/10、1/20 和 1/50 三种，它们的读数准确度分别是 0.1mm、0.05mm 和 0.02mm。游标卡尺的测量范围有 0～125mm、0～200mm、0～300mm 等多种规格。

图 2-15 所示为以 1/50 的游标卡尺为例，说明它的刻线原理和读数方法。

刻线原理：当尺框与内外量爪贴合时，游标上的零线对准尺身的零线（图 2-16a），尺身每一小格为 1mm，取尺身 49mm 长度在游标上等分为 50 格，即尺身上 49mm 刚好等于游标上 50 格。

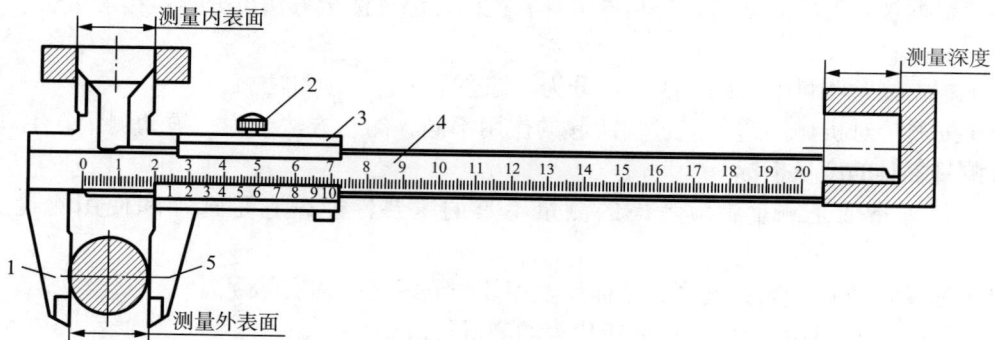

图 2-15　游标卡尺

1- 尺框；2- 制动螺钉；3- 游标；4- 尺身；5- 内外量爪

游标每格长度 = 49/50mm = 0.98mm。尺身与游标尺每格之差 = 1mm − 0.98mm = 0.02mm。

读数方法（图 2-16b），可分为三个步骤：

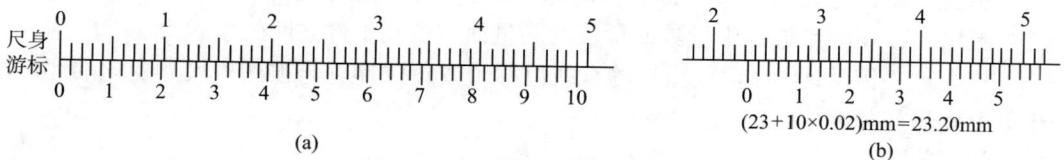

(23 + 10 × 0.02)mm = 23.20mm

(a)　　　(b)

图 2-16　1/50 游标卡尺的度数及示例

（1）根据游标零线以左的尺身上的最近刻度读出整毫米数。

（2）根据游标零线以右与尺身上刻线对准的刻线数乘上 0.02mm 读出小数。

（3）将上面整数和小数两部分尺寸加起来，即为总尺寸。

用游标卡尺测量工件时，应使内外量爪逐渐与工件表面靠近，最后达到轻微接触（图 2-17）。还要注意游标卡尺必须放正，切忌歪斜，以免测量不准。

(a) 测量外表面尺寸   (b) 测量内表面尺寸

图 2-17 用游标卡尺测量工件

图 2-18 所示是专用于测量高度和深度的游标高度尺和游标深度尺。游标高度尺除用来测量工件的高度外，也可用来作精密划线用。

使用游标卡尺应注意下列事项：

① 校对零点。先擦净尺框与内外量爪，然后将其贴合，检查尺身、游标零线是否重合。若不重合，则在测量后应根据原始误差修正读数。

② 测量时，内外量爪不得用力紧压工件，以免量爪变形或磨损，降低测量的准确度。

③ 游标卡尺仅用于测量已加工的光滑表面。表面粗糙的工件和正在运动的工件都不宜用它测量，以免量爪过快磨损。

2. 千分尺

千分尺旧称百分尺、分厘卡尺或螺旋测微器。它是比游标卡尺更为精确的测量工具，其测量准确度为 0.01mm。

千分尺按它的测量范围有 0～25mm、25～50mm、75～100mm、100～125mm 等数种规格。图 2-19a 是测量范围为 0～25mm 的千分尺。其测微螺杆和微分筒连在一起，当转动微分筒时，测微螺杆和微分筒一起向左或向右移动。千分尺的刻线原理和读数如图 2-19b 所示。

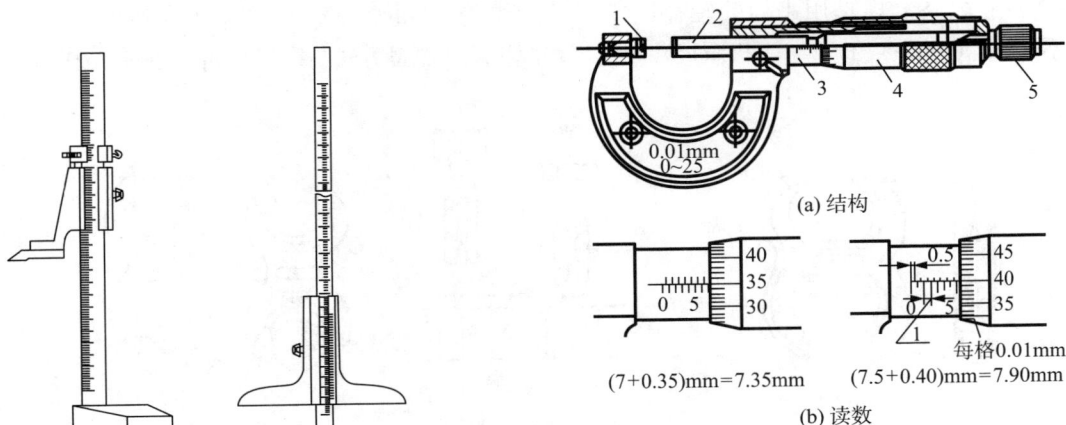

图 2-18 游标高度尺与游标深度尺

(a) 结构

(7+0.35)mm=7.35mm   (7.5+0.40)mm=7.90mm

每格0.01mm

(b) 读数

图 2-19 千分尺结构与读数

1- 砧座；2- 测微螺杆；3- 固定套筒；4- 微分筒；5- 棘轮

刻线原理：千分尺的读数机构由固定套筒和微分筒组成（相当于游标卡尺的尺身和游标）。固定套筒在轴线方向上刻有一条中线，中线上下方各刻一排刻线，刻线每小格间距均为 1mm，上下两排刻线相互错开 0.5mm；在微分筒左端锥形圆周上有 50 等分的刻度线。因测微螺杆的螺距为 0.5mm，即螺杆转一周同时轴向移动 0.5mm，故微分筒上每一小格的读数 = 0.5/50mm = 0.01mm。

当千分尺的螺杆左端与砧座表面接触时，同时圆周上的零线应与中线对准。

测量时，微分筒左端的边线与轴向刻度线的零线重合，读数方法可分三步：

（1）读出距边线最近的轴向刻度线数（应为 0.5mm 的整数倍）。

（2）读出与轴向刻度中线重合的圆周刻度数。

（3）将上两部分读数加起来即为总尺寸。

使用千分尺应注意以下事项：

① 校对零点。将砧座与测微螺杆接触，看圆周刻度零线是否与中线零点对齐，如有误差，应记住差值。在测量时，根据误差值修正读数。

② 当测微螺杆快要接触工件时，必须使用端部棘轮（严禁使用微分筒，以防用力过大引起测微螺杆或工件变形，造成测量不准确）。当棘轮发出"嘎嘎"打滑声时应停止转动。

③ 工件测量表面要擦干净，并准确放在千分尺测量面间，不得偏斜。

④ 测量时，不能先锁紧测微螺杆，后用力卡过工件，否则，将导致测微螺杆弯曲或测量面磨损，从而降低准确度。

⑤ 读数时提防读错 0.5mm。

3. 量规

量规是一种间接量具，是适用于成批大量生产的一种专用量具。量规的种类很多，可以根据工作的需要而自行制作。常用量规有五种：①检验内径的塞规；②检验外径的卡规和环规；③检验螺纹的螺纹量规；④检验间隙的塞尺；⑤检验半径的量规。

现以检验内径的塞规和检验外径的卡规为例作一简单介绍。

（1）塞规　塞规是用来检验孔径或槽宽的，如图 2-20a 所示。它的一端长度较短，其直径等于工件的上极限尺寸，称为"不过端"（止端）；另一端较长，其直径等于工件的下极限尺寸，称为"过端"。检验工件孔径时，当"过端"能过去，"不过端"进不去，则说明工件的实际尺寸在公差范围之内，是合格的，否则就是不合格的，如图 2-21a 所示。

（2）卡规　卡规是用来检验轴径或厚度的，如图 2-20b 所示。它和塞规相似也有"过端"和"不过端"（止端），但上、下极限尺寸规定与塞规相反。测量方法与塞规相同，如图 2-21b 所示。

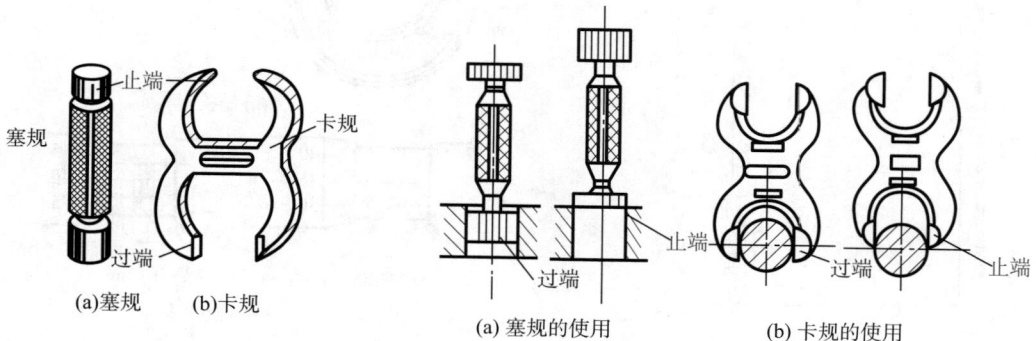

图 2-20　塞规和卡规

图 2-21　塞规和卡规的使用

4. 90° 角尺

90° 角尺如图 2-22 所示。它的两边成 90° 角，用来检查工件的垂直度。当 90° 角尺的一边与工件一面贴紧，工件另一面与 90° 角尺的另一边之间露出缝隙，用塞尺可量出垂直度误差。

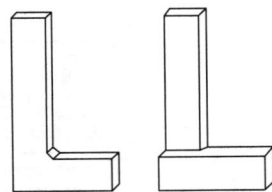

图 2-22　90° 角尺

5. 千分表

千分表是精密测量中用途很广的指示式量具。它属于比较量具，只能测量出相对的数值，不能测出绝对数值。千分表主要用来测量工件的几何公差（如圆度、平面度、垂直度、圆跳动等），也常用于工件的精密找正。

按分度值来分，千分表有 0.01mm、0.005mm、0.002mm 及 0.001mm 几种。分度值为 0.01mm 的数量较多，因此把这种千分表称为百分表。其他仍称为千分表。

从千分表的传动原理考虑，千分表的结构可分为齿轮传动、杠杆齿轮传动及杠杆螺杆传动等几种。

（1）百分表　百分表的结构如图 2-23 所示，属齿轮传动结构。

当测量杆向上移动 1mm 时，通过齿轮传动系统带动大指针转一圈，小指针转一格。刻度盘在圆周上有 100 个等分刻度线，其每格的读数值为 $\frac{1}{100}$ mm = 0.01mm ；小指针每格读数为 1mm。测量时，大小指针所示读数之和即为尺寸变化量。

小指针处的刻度范围，即为百分表的测量范围。刻度盘可以转动，供测量时调整大指针对准零位刻线用。

百分表使用时常装在专用百分表架上，如图 2-24 所示。

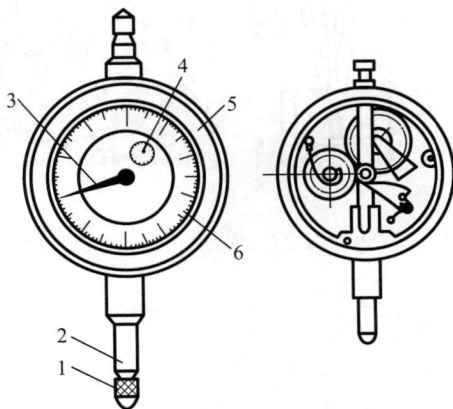

图 2-23　百分表

图 2-24　百分表架

1- 测量头；2- 测量杆；3- 大指针；4- 小指针；5- 表壳；6- 刻度盘

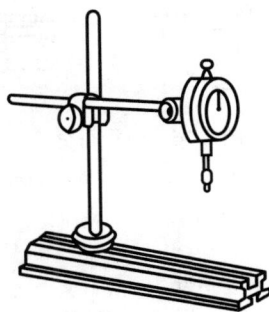

百分表应用举例，如图 2-25 所示。

（2）内径百分表　内径百分表是用来测量孔径及其形状精度的一种精密的比较量具。

图 2-26 所示是内径百分表的结构。它附有成套的可换插头，其读数准确度为 0.01mm。测量范围有 6～10mm、10～18mm、18～35mm、35～50mm、50～100mm、100～160mm 等几种。

内径百分表是测量公差等级 IT7 以上孔的常用量具。使用内径百分表的方法如图 2-27 所示。

(a) 检查外圆对孔的圆跳动，端面对孔的圆跳动

(b) 检查工件两面的平行度

(c) 内圆磨床上用四爪单动盘安装工件时找正外圆

图 2-25　百分表应用举例

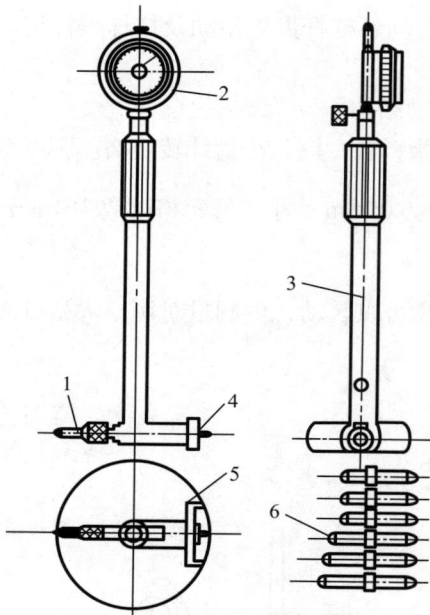

图 2-26　内径百分表

1- 可换插头；2- 百分表；3- 接管；4- 活动量杆；

5- 定心桥；6- 可换插头

图 2-27　内径百分表使用方法

6. 量具的保养

量具保养的好坏，直接影响到它的使用寿命和零件的测量精度。因此，必须做到以下几点：

（1）量具在使用前、后必须擦干净。

（2）不能用精密量具去测量毛坯或运动着的工件。

（3）测量时不能用力过猛、过大，也不能测量温度过高的工件。

（4）不能把量具乱扔、乱放，更不能当工具使用。

（5）不能用脏油洗量具或注入脏油。

（6）量具用完后应擦洗干净、涂油，并放入专用量具盒内。

第二篇 传统加工

第3章 铸 造

温馨提示——安全规则

（1）工作时要穿好工作服，戴好工作帽及其他防护用品。

（2）造型时不要用嘴吹砂子。

（3）开炉与浇铸时，必须听从指导老师的指导，浇铸者注意包内溶液，参观同学要远离熔炉与浇包。

（4）不要直接用手或脚触及未冷铸件。

（5）清理铸件时要注意周围环境，以免伤人。

（6）认真听看指导师傅的讲解和示范，认真操作练习，工作中不准打逗，乱扔砂子。

（7）操作中铲砂或搬箱时注意不要碰撞其他同学。

（8）不要乱动车间内的机、电设备和工具以免发生意外。

（9）爱护模样、砂箱及各种造型工具。下班前应检查整理好所用工具等，清扫环境卫生。

3.1 铸 造 概 述

铸造是将液态金属浇入与零件形状相适应的铸型型腔中，待其冷却后获得毛坯或零件的成形方法。

铸造属于液态成形，和其他成形方法相比具有如下优点：①应用范围广，铸造材料不受限制；②可以生产形状复杂，特别是内腔复杂的毛坯及零件，如各种箱体、机架、床身等；③铸件轮廓尺寸可以从几毫米到几十米，质量可以从几克到几十吨，甚至上百吨；④投资少，工艺简单，成本低，材料利用率高；⑤工艺适用性广，既可以用于单件生产，也可以用于大量生产。

由于铸造生产工艺的特点是液态成形，铸造的工序多，铸件在浇铸、凝固和固态冷却过程中，受许多因素影响，故铸件往往出现组织疏松，晶粒粗大，内部易产生缩孔、缩松、气孔等缺陷，力学性能较低；精度难以控制，质量不够稳定；生产条件差，工人劳动强度高。

铸造的缺点和不足，给该行业的发展带来一定的困难。然而，优点是主要方面，缺点和不足正随着新的铸造合金、新的铸造工艺技术的发展而不断地克服和解决。这就使铸造成为当前金属成形的主导性工艺，广泛应用于制造、动力、交通运输、轻纺机械、冶金机械等方面。

常用的铸造方法有砂型铸造和特种铸造两大类，目前最常用和最基本的铸造方法是砂型铸造。砂型铸造的生产过程如图 3-1 所示。先根据零件的形状和尺寸，设计制造模样和型芯盒，配制好型砂和芯砂，然后用模样制造铸型（在砂型铸造中称为砂型），用型芯盒制造型芯，再把烘干的型芯装入铸型并合型，将熔化的液态金属浇入铸型，待凝固后经落砂、清理、检验即得铸件。

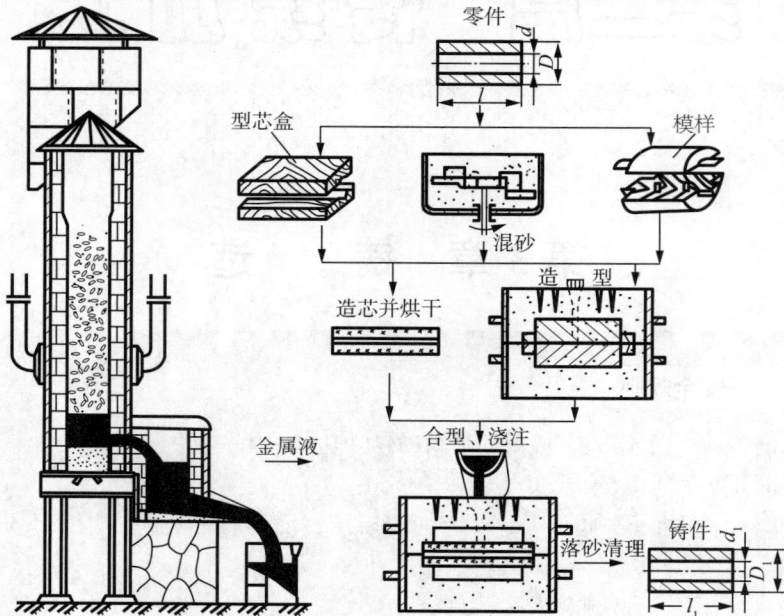

图 3-1　砂型铸造生产过程示意图

3.2　铸型与造型材料

3.2.1　砂型及其组成

1. 砂型与型腔

（1）砂型　砂型是用型砂作为造型材料而制成的铸型，包括形成铸件形状的空腔、型芯和浇冒口系统的组合整体。砂型用砂箱支撑时，砂箱也是铸型的组成部分。

（2）型腔　型腔指铸型中造型材料所包围的空腔部分。金属液经浇铸系统充满型腔，冷凝后获得所要求的形状和尺寸的铸件。因此，型腔的形状和尺寸要和零件的形状和尺寸相适应。

2. 砂型的组成

砂型一般由上型（浇铸时铸型的上部组元）、下型（浇铸时铸型的下部组元）、型芯、型腔和浇铸系统等组成，如图 3-2 所示。其中上型和下型间的接合面称为分型面，出气孔则将浇铸时产生的气体排出。

通常使用的砂型有湿型、干型和自硬型。湿型是造型后不烘干即用于浇铸的砂型，铸造过程快速、经

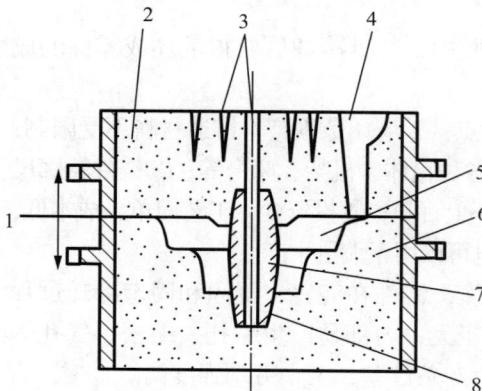

图 3-2　砂型组成示意图

1- 分型面；2- 上型；3- 出气孔；4- 浇铸系统；
5- 型腔；6- 下型；7- 型芯；8- 芯头

济，适宜形状简单的中、小型铸件，特别适宜用造型机生产的大批量铸铁件的生产，但是湿型的强度不高，在合型、搬运时易碰坏铸型。另外，浇铸时湿型中水分汽化，易使铸件产生气孔。干型则是在一定温度下烘干，去除砂型中的水分，以提高其强度和透气性的砂型，适用于需较大金属浇铸压力的大型铸件和浇铸温度较高的铸钢件。干型尺寸精度较高，但铸型退让性差，易使铸件产生裂纹，且成本高，生产周期长。在有条件的铸造车间，干型已逐渐被自硬型所代替。

3.2.2 模样与芯盒

1. 模样

模样是用来形成铸型型腔的工艺装备，它决定铸件的外部形状和尺寸，因而模样的形状和尺寸受零件的形状和尺寸制约，但并非完全一致。制造模样时，在零件的形状和尺寸的基础上增加如下内容：①在零件的加工表面上，模样对应表面应加上加工余量；②为了便于起模，模样上垂直于分型面的立壁要作出起模斜度（拔模斜度）；③铸件冷却时要产生收缩，模样的尺寸要比零件尺寸加大一个收缩量；④为了便于造型和避免铸件产生缺陷，模样壁与壁之间以圆角连接；⑤零件上的孔在模样对应部位不仅要做成实心的，还要向外突出一部分，以便在铸型中作出存放芯头的空间（芯座）。

模样一般是用木材、金属或其他材料制成。

2. 芯盒

芯盒是用以制作型芯的工艺装备。型芯在铸型中用以形成铸件的空腔。因此芯盒的内腔应与零件的内腔相适应。制作芯盒时，除和制作模样一样考虑上述问题以外，芯盒中还要制出作芯头的空腔（亦称为芯头），以便作出带有芯头的型芯。芯头是型芯端部的延伸部分，它不形成铸件轮廓，只是落入芯座内，用于定位和支撑型芯。

3.2.3 型（芯）砂

型砂及型芯砂是制作砂型及砂芯的主要材料，其性能好坏将直接影响铸件的质量。

1. 型（芯）砂的组成

型砂一般是由原砂、黏结剂、水及附加物按一定配比混制而成。

（1）原砂 原砂是组成型砂的主体，主要成分是石英（SiO_2），其熔点达 1713℃，能承受一般铸造合金的高温作用。原砂颗粒的大小、形状等对型砂的性能影响很大。

（2）黏结剂 黏结剂的作用是使砂粒粘结成具有一定可塑性及强度的型砂。在砂型铸造中所用黏结剂多为黏土类黏结剂，包括普通黏土和膨润土两类，前者多用于干型，后者多用于湿型。原砂和黏结剂再加入一定量的水混制后，就在砂粒表面包上一层黏土膜，如图 3-3 所示，经紧实后就使型砂具有一定的强度和透气性。

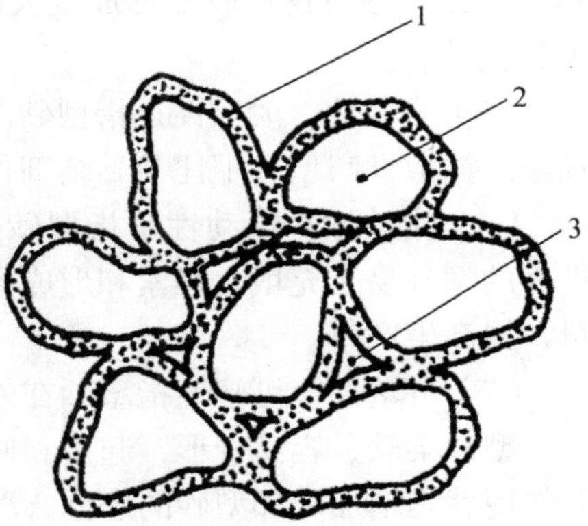

图 3-3 型砂结构示意图
1- 黏土膜；2- 砂粒；3- 空隙

除黏土类黏结剂外，常用黏结剂还有水玻璃、树脂、合脂等。

（3）水 型砂中的水分对型砂性能和铸件质量影响极大。干态黏土类黏结剂是不能将砂粒黏结在一起的，只有被水湿润后，才能发挥其黏结作用。加入水量要适中，水分过多，易形成流动的黏土浆，不仅型砂强度降低，而且造型时易粘模；水分过少则型砂干而脆，造型时不易起模，型砂易于脱落，也给造型操作带来一定的困难。合适的黏土、水分比为 3：1。

（4）附加物　附加物是为了改善型（芯）砂的某些性能而加入的材料。如加入煤粉，由于其在高温金属液的作用下燃烧形成气膜，隔离了液态金属与铸型内腔表面的直接作用，防止铸件产生粘砂缺陷，提高铸件的表面质量。而型砂中加入木屑，烘烤后被烧掉，可增加型砂的孔隙率，提高其透气性。

2. 型（芯）砂应具备的性能

高质量型砂应当具有为铸造出高质量铸件所必备的各种性能。

（1）强度　型砂的强度是指型砂抵抗外力而不破坏的能力。型砂具有一定的强度，可使铸型在起模、翻型、搬运及浇铸金属液时不致损坏。若强度不足，则易使铸型发生塌型、冲砂，铸件产生砂眼、变形等缺陷。但强度过高，则会影响砂型的透气性和铸件的收缩，使铸件产生气孔、裂纹等。

黏土砂中黏土的含量越高，型砂的紧实度越高，砂粒的颗粒越细，则型砂强度就越高。水分含量过多和过少都会降低型砂强度。

（2）透气性　透气性是指气体通过型砂中空隙的能力。如果型砂的透气性不足，铸型在浇铸高温金属液时产生的大量气体就不能及时顺利排出型腔，则可能造成铸件的呛火、气孔和浇不足等缺陷。

原砂颗粒粗大、均匀且为圆形，黏土含量少，型砂紧实度低，均可使型砂透气性提高；而水分过多和过少都降低型砂透气性。

（3）耐火性　耐火性是型砂承受金属液体高温作用而不熔化、不烧结的性能。若耐火性差，则浇铸后砂粒会黏结于铸件表面形成硬皮，给清理和切削加工带来困难，严重时还将导致铸件报废。

原砂中 SiO_2 的含量越高，颗粒越大，则型砂的耐火性就越强。有时为弥补型砂耐火性的不足，常采用防粘砂材料（如石墨涂料）涂刷在型腔表面。

（4）退让性　退让性是型砂随铸件的冷凝收缩而被压缩退让的性能。若型砂的退让性不足，则型砂对铸件收缩形成较大的阻力，使铸件产生内应力、变形甚至裂纹。型砂越紧实，退让性越差。

（5）溃散性　溃散性是指型砂浇铸后容易溃散的性能。溃散性好可以节省落砂和清砂的劳动量。溃散性与型砂配比及黏结剂种类有关。

（6）流动性　流动性是指型砂在外力或本身质量作用下，砂粒间相对移动的能力。流动性好的型砂易于充填、春紧和形成紧实度均匀、轮廓清晰、表面光洁的型腔，可减轻紧砂劳动量，提高生产率。

（7）可塑性　可塑性指型砂在外力作用下变形、去除外力后仍保持所获现状的能力。韧性好，型砂柔软、容易变形，起模和修型时不易破碎及掉落。手工起模时在模样周围砂型上刷水的作用就是增加局部型砂的水分，以提高型砂韧性。

由于浇铸时型芯受到液态金属的强烈冲击，同时型芯四周被高温金属液所包围，因此芯砂必须具备更高的强度、耐火性、透气性、退让性和溃散性等。为了满足这些要求，需要采用特殊配制的型芯砂，其中包括增加黏土和新砂的含量以提高强度和耐火性。对于形状复杂、强度要求较高的型芯要用桐油砂、合脂砂和树脂砂等。对于复杂的大砂芯往往要加入锯末以增加退让性。

3. 型（芯）砂的制备与检验

为使型砂中各种组分混合均匀及砂粒表面均匀包覆一层黏结剂膜，生产中一般要用混砂机配制型砂。图 3-4 是常用的碾轮式混砂机。

型砂的混制过程是：在混砂机中按比例加入新砂、旧砂、黏土和附加物等材料，先干混 2～3min，再加水湿混 10min 左右，使每颗砂粒上均匀地包覆一层黏结剂膜，形成砂粒间的相互黏结，混好后即可从卸料口出砂。生产中为了节省材料降低成本，主要是利用旧砂配制型砂，加入的新砂比例较少。但是使用过的旧砂必须经过一定处理才能回用，因为浇铸时砂型表面受高温金属液的作用，部分砂粒烧损变细，附加物燃烧分解，使型砂中灰分增多，透气性降低，部分黏土丧失黏结能力，且型砂中常混有造型和浇铸后残留的铁钉、铁豆等杂质，使型砂性能变坏。配制芯砂时一般全用新砂。

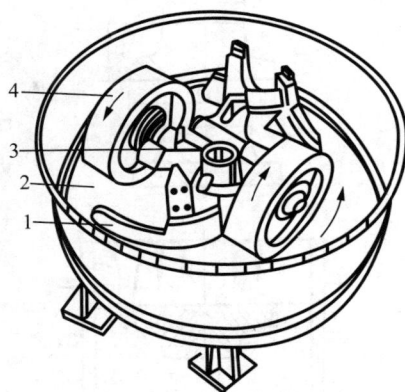

图 3-4 碾轮式混砂机
1- 刮板；2- 碾盘；3- 主轴；4- 碾轮

配好的型砂需经检测合格后才能使用。有条件的铸造生产车间常用专门的型砂性能测试仪进行检测。有经验的工人有时也用手捏砂团的办法粗略地进行检测。如果手捏时感到柔软易变形，砂团不松散、不粘手，手纹清晰，折断时，断面没有碎裂现象，则说明型砂湿度适当，并有足够的强度，性能合格。

目前，现代化的砂处理系统已实现微机控制电子秤配料，严格地控制了型（芯）砂的质量。

3.3 造型、造芯、合型

3.3.1 造型

用造型材料、模样（模板）和砂箱等工艺装备制造铸型的过程称为造型。造型是铸造生产中最基本的工序。造型方法可分为手工造型和机器造型。手工造型操作灵活，工艺装备简单，但生产率低，劳动强度大，适用单件小批量生产。机器造型生产率高，但需专用设备及工装，一次性投资较大，只适用于大批量或专业化生产。

1. 手工造型

手工造型指用手工完成紧砂、起模、修型及合箱等主要操作的造型过程。手工造型工具简单，如图 3-5 所示。手工造型方法很多。按砂箱特征可分为两箱造型、三箱造型、脱箱造型和地坑造型等。按模样的结构特征可分为整模造型、分模造型、活块造型、挖砂造型、假箱造型和刮板造型等。以下介绍常见的几种手工造型方法。

（1）整模造型 整模造型是用一个呈整体结构的模样来造型。造型时整个模样放置在一个砂箱（一般为下砂箱）内，分型面是平面。其造型过程如图 3-6 所示。整模造型操作简便，容易获得形状和尺寸精度较高的型腔。它适用于形状简单、最大截面在一端的零件，如齿轮、轴承及盖等。

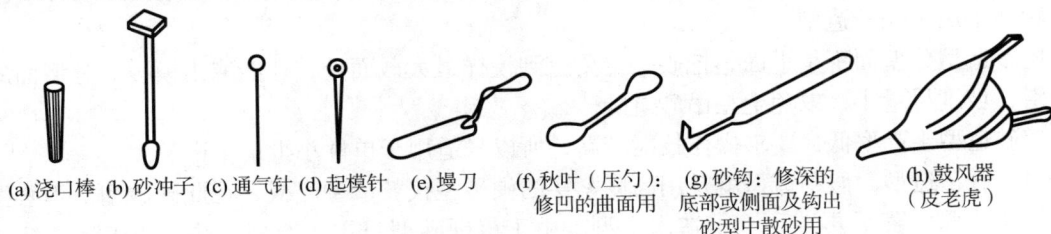

(a) 浇口棒 (b) 砂冲子 (c) 通气针 (d) 起模针 (e) 墁刀 (f) 秋叶（压勺）：修凹的曲面用 (g) 砂钩：修深的底部或侧面及钩出砂型中散砂用 (h) 鼓风器（皮老虎）

图 3-5 常用手工造型工具

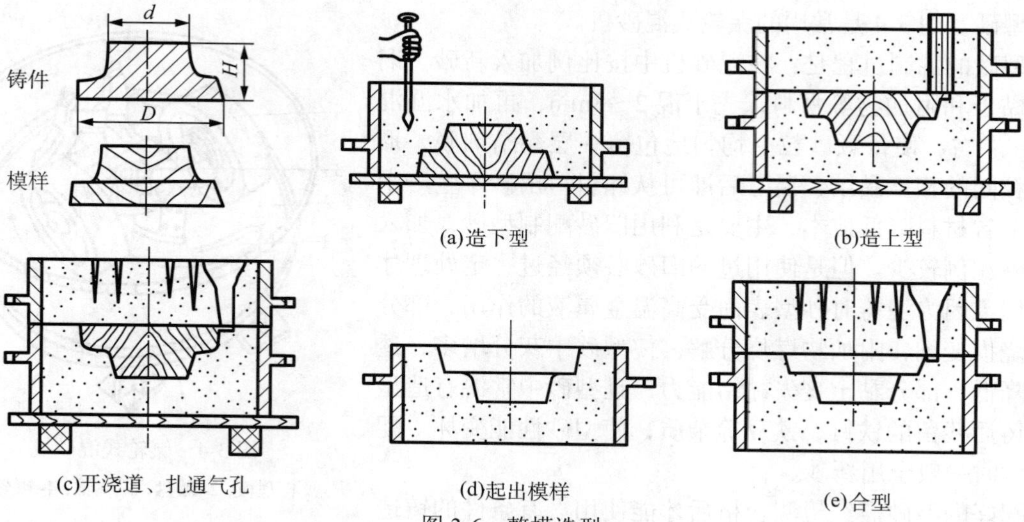

图 3-6　整模造型

（2）分模造型　分模造型是造型方法中应用最广的一种。当铸件最大截面不是在一端，而是在中部，这时如果模样还是做成一个整体，造型时模样就会取不出来。因此需将模样沿最大截面处分成两半，并用定位销加以定位，这种模样称为分开模。分模造型时，模样分别放在上下箱内，分型面为一平面。分模造型操作较简便，又适用于形状较复杂的铸件，如套筒、管子、阀体等。其造型过程如图 3-7 所示。

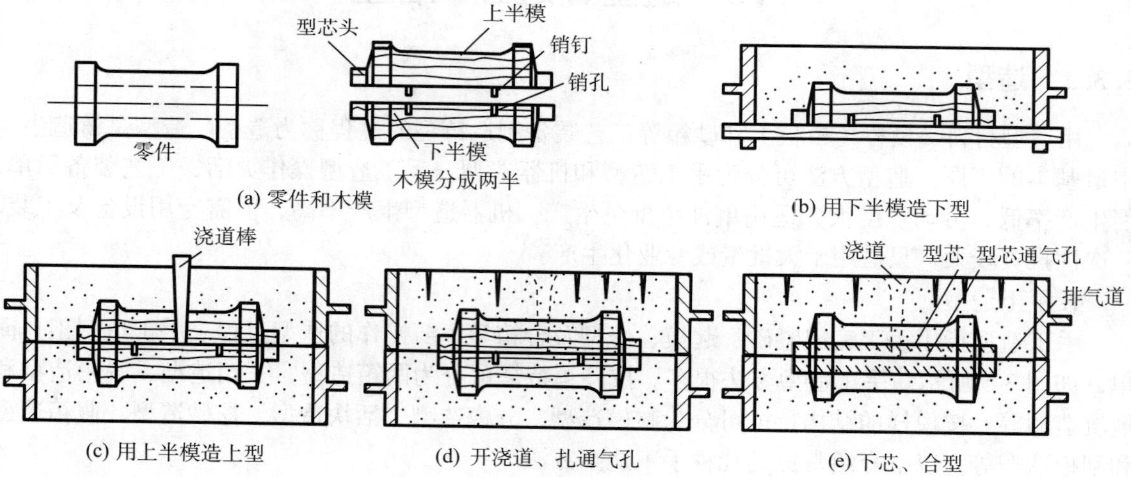

图 3-7　分模造型

（3）挖砂造型　挖砂造型用于当铸件的最大截面不在端部，而模样又不便分开时，常将模样做成整体结构，造型时把妨碍起模的型砂挖掉，造上型时再把挖掉的部分做出。图 3-8 所示的手轮即采用了挖砂造型。

挖砂造型分型面不是平面，挖砂一定要挖到模样最大截面处，才能取出模样。分型面应平整光滑，坡度尽量小，以免上型吊砂过陡。

挖砂造型生产率低，要求操作技能较高，所以只适用于单件小批量生产。

（4）假箱造型　假箱造型就是用高度紧实的硬砂型代替造型底板，在此硬砂型上不必挖砂就可造出下型，然后再在下型上造出上型。由于该硬砂型只用于造型，并不用于浇铸液体金属，故称为假箱。其造型过程如图 3-9 所示。大批量生产时，则用木材、塑料或金属材料制成成型模板作为假箱，如图 3-10 所示。

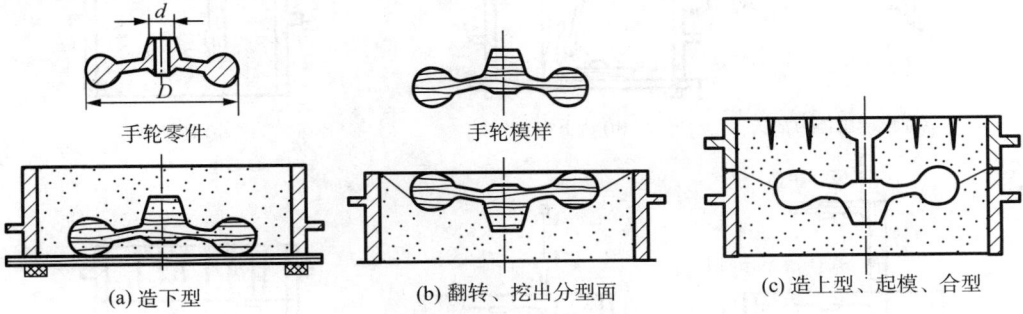

图 3-8 挖砂造型

(a) 造下型 (b) 翻转、挖出分型面 (c) 造上型、起模、合型

手轮零件 手轮模样

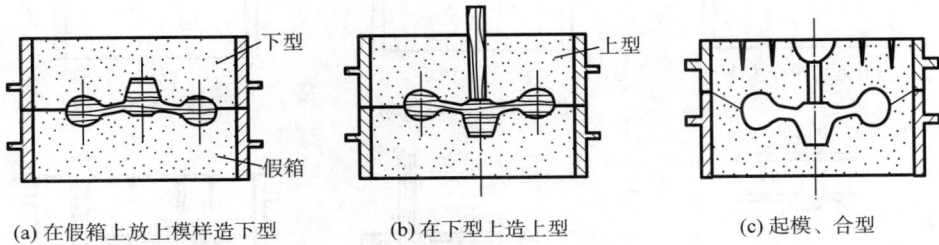

图 3-9 假箱造型

(a) 在假箱上放上模样造下型 (b) 在下型上造上型 (c) 起模、合型

下型 上型 假箱

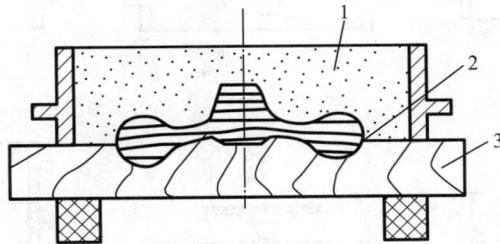

图 3-10 成型模板

1- 下型；2- 最大分型面；3- 成型模板

（5）活块造型 活块造型用于当铸件的侧面有局部凸起阻碍起模时，可把凸起部分做成活块。活块用销子或燕尾榫与模样主体连接。造型时先起出模样主体，然后再从侧面将活块取出。其造型过程如图 3-11 所示。

活块造型要求工人技术水平较高，而且生产率低，仅适用于单件小批量生产。大批量生产时则需要采用外部型芯，做出凸台空腔。

（6）三箱造型 用三个砂箱制造铸型的过程称为三箱造型。前述各种造型方法都是使用两个砂箱，操纵简便。但有些铸件，如两端截面尺寸大于中间截面时，需要用三个砂箱，从两个方向分别从中型内取出模样。其造型过程如图 3-12 所示。

三箱造型方法复杂，生产率低，只适用于单件小批量生产。当批量较大或机器造型时，可用外部型芯将三箱造型改为两箱造型。

（7）刮板造型 刮板造型用于生产尺寸较大的旋转体铸件，如带轮、飞轮、大齿轮等，由于生产数量较少，为节省模样材料费用，缩短制模时间，可采用刮板造型。刮板是一块和铸件断面形状相适应的木板。造型时将刮板绕着固定的中心轴旋转，刮制出所需要的型腔。

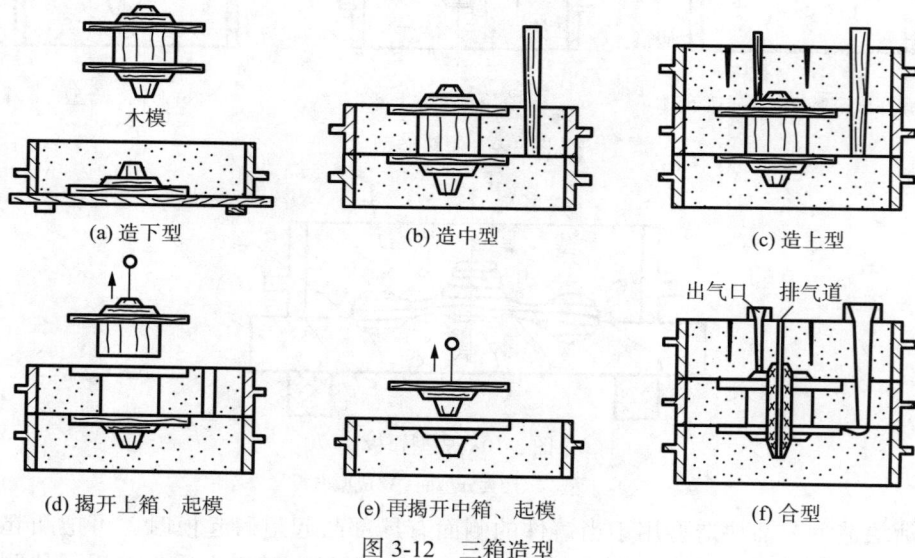

模样主体　要捣紧　避免撞紧活块

(a) 模样主体与活块　(b) 造下型　(c) 造上型

模样主体　活块留在砂型中　活块

(d) 起出模样主体　(e) 起出活块　(f) 开浇道、合型

图 3-11　活块造型

木模

(a) 造下型　(b) 造中型　(c) 造上型

出气口　排气道

(d) 揭开上箱、起模　(e) 再揭开中箱、起模　(f) 合型

图 3-12　三箱造型

图 3-13 所示为带轮铸件的刮板造型过程。在选好的砂箱内，先捣实一部分型砂，使刮板轴能定位并转动自如，用刮板的小端 *fghij* 面刮制下砂型，再用刮板的大端 *abcde* 面刮制上砂型，挖制好浇道后合型即得所需砂型。

（8）地坑造型　地坑造型是在地面挖一个砂坑代替下砂箱进行造型的方法，如图 3-14 所示。将模样放入地坑中填砂造型，上砂型靠定位楔与地坑中的砂型定位。地坑造型主要用于大、中型铸件的单件小批量生产。铸造大铸件时，常以焦炭垫底造型，再插入管子，以便将气体排出。

2. 机器造型

机器造型是用机器全部或部分地完成造型操作的方法。由于机器造型以机械运动代替人工紧砂和起模等，从而减轻工人的劳动强度，提高生产率。同时，机器起模比较平稳，模板振动量小，可以显著提高铸件尺寸精度。此外，机器造型对工人操作技术要求不高，易于掌握。常见的机器造型方法详见表 3-1。

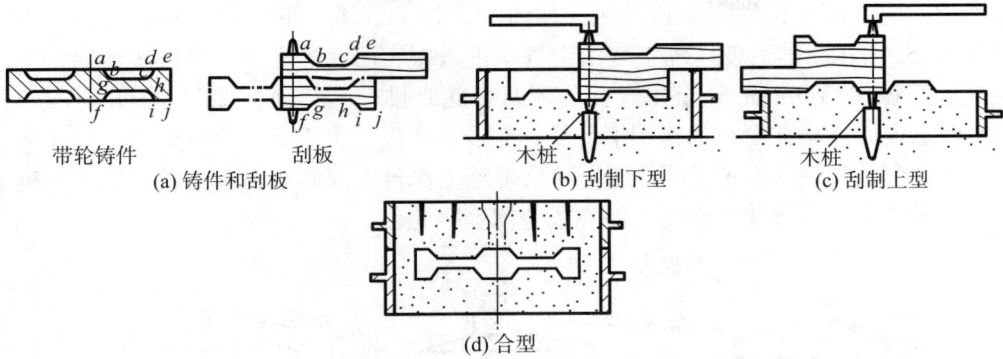

(a) 铸件和刮板　　(b) 刮制下型　　(c) 刮制上型

(d) 合型

图 3-13　刮板造型

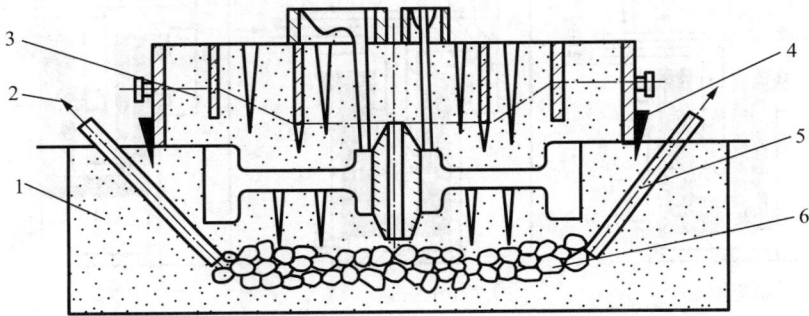

图 3-14　地坑造型

1- 地坑；2- 气体；3- 上砂型；4- 定位楔；5- 通气管；6- 焦炭

表 3-1　常见的机器造型方法

紧实方法	成型原理及特点	适用范围
振击	靠机械振击赋予型砂动能和惯性紧实成型，铸型上松下紧，常需补压	用于精度要求不高的中小铸件成批、大量生产
压实	型砂借助于压头或模样所传递的压力紧实成形，按比压大小可分为低压、中压、高压三种	中、低压用于精度要求不高的简单铸件中、小批生产。高压用于精度要求高、较复杂铸件的大量生产
振压	振压加压实，砂型密度的波动范围小，可获得紧实度较高的砂型	用于精度要求高、较复杂铸件的大量、成批生产
抛砂	借旋转的叶片把砂团高速抛出，打在砂箱内的砂层上，使型砂逐层紧实。砂团的速度越大，砂型紧实度越高。若供砂情况和抛头移动速度稳定，则各部分紧实度均匀	用来紧实中、大件的砂型或砂芯，单件、小批、成批生产均可使用，但铸件精度较低
静压	在砂箱内填砂（模板上有通气孔），然后对型砂施以压缩空气进行气流加度，通入的压缩空气穿过型砂经通气塞排出，最后用压实板在型砂上部压实，使其上下紧实度均匀。此法砂箱吃砂量较小，起模斜度较小	可用于精度要求高的各种复杂铸件的大量生产
气流冲击	具有一定压力的气体瞬时碰撞释放出来的冲击波作用在型砂上使其紧实。其砂型特点是紧实度均匀且分布合理，靠模样处的紧实度高于铸型背面	可用于精度要求高的各种复杂铸件的大量生产，比静压铸造具有更大的适应性

　　机器造型应用模板造型。固定模样、浇铸系统的底板称为模板。模板上的定位销用以固定砂箱的位置。根据紧砂方式的不同，机器造型有振压式造型、射压式造型、抛砂式造型等。

　　1）振压式造型

　　振压式造型是通过振击和压实过程实现紧实型砂的。图 3-15 所示为振压式造型机的工作原理。

造型时，把单面模板固定在造型机工作台上，扣上砂箱，将定量的型砂由贮砂斗加入砂箱，如图 3-15a 所示。然后使压缩空气由上气口进入振实活塞的底部，将振实活塞、工作台及砂箱顶起。当振实活塞底部升至排气孔位置时，此时排气孔接通，如图 3-15b 所示，开始排气，振实活塞连同砂箱在自重的作用下复位，完成一次振实。重复多次直到型砂紧实为止。再使压实汽缸进气，如图 3-15c 所示，压实活塞带动工作台连同砂箱一起上升，与造型机上的压板接触，将砂箱上部较松的型砂压实而完成全部紧砂工作。

图 3-15　振压式造型机紧砂过程

振压式造型机的起模方式是顶箱起模。依靠穿过工作台面的四根顶杆在起模油缸的驱动下同步上升，同时由振动器振动模板，将砂箱平稳脱离模板。

2）射压造型

射压造型是通过射砂方法将型砂射入砂箱或型框内，然后压实使型砂成型。射压造型分为无箱射压和有箱射压、水平分型和垂直分型。国内应用较多的是垂直分型无箱射压造型。其造型过程如图 3-16 所示。先打开气罐阀门，向闭合的造型室射砂；压实油缸柱塞向左推动压实模板，将型砂压实；反压模板向左退出并向上转 90° 起模；油缸柱塞继续左移，将砂型推出进行合型；压实模板随油缸柱塞退回，实现起模；反压模板向下转 90° 并复位，闭合造型室，这样就完成了一个造型过程。

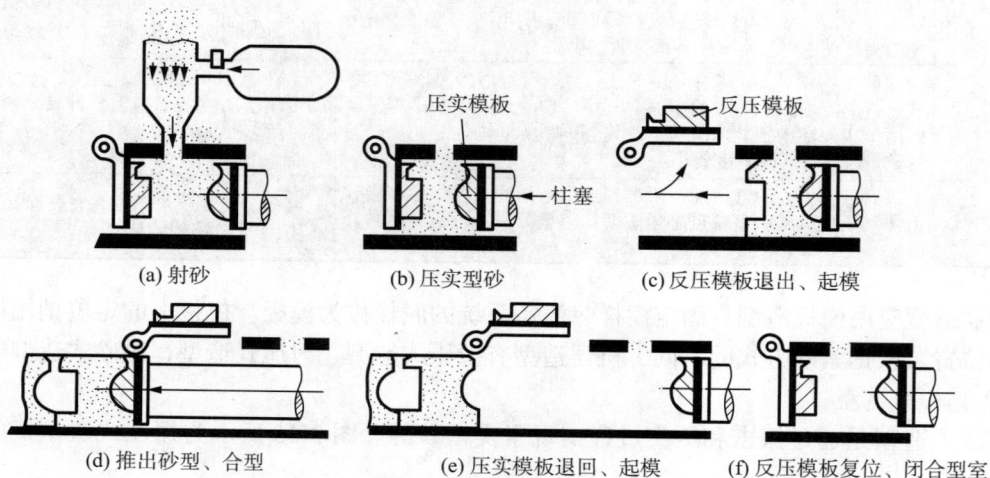

图 3-16　垂直分型无箱射压造型工作示意图

　　射压造型,一次射压,型块两面成型,生产率很高。若配上自动浇铸,能构成自动生产系统,生产率更高,但只适合较简单铸件的生产。

　　3)抛砂造型

　　对不适宜采用振压造型、射压造型的大、中型铸件,常采用抛砂机抛砂紧实的方法造型。抛砂紧实是将型砂高速抛入砂箱内,同时完成填砂、紧实的一种紧砂方法。图 3-17 所示为抛砂机抛砂紧实工作示意图。装在抛砂机头内转子上的叶片,将送砂胶带送来的型砂沿弧板以很高的速度从切线方向经出砂口抛入砂箱内,完成填砂和紧实。通过移动抛砂头的位置可使砂箱内各处型砂均匀分布并均匀紧实。

图 3-17　抛砂紧实工作示意图

1- 抛砂机头;2- 型砂入口;3- 砂团出口;4- 被紧实砂团;5- 砂箱

　　4)造型生产线

　　造型生产线是根据生产铸件的工艺要求,将造型机、翻型机、合型机、落型机、压铁机等按一定的工艺流程,用铸型输送机、辊道等联系起来,并采用适当的控制方法而组成的机械化、自动化生产系统。

　　图 3-18 所示为造型生产线示意图。其工艺流程为:造型机分别造上、下型;下型翻转后由落型机送到铸型输送机小车上,在行进中下芯,由合型机合型、压铁机放压铁后,铸型被送到浇铸工部浇铸,然后进入冷却室;冷却后压铁机取走压铁,铸型被捅箱机推到落砂机上;落砂后,旧砂和铸件被分别送到砂处理和清理工部,空砂箱被送回造型机处继续造型。

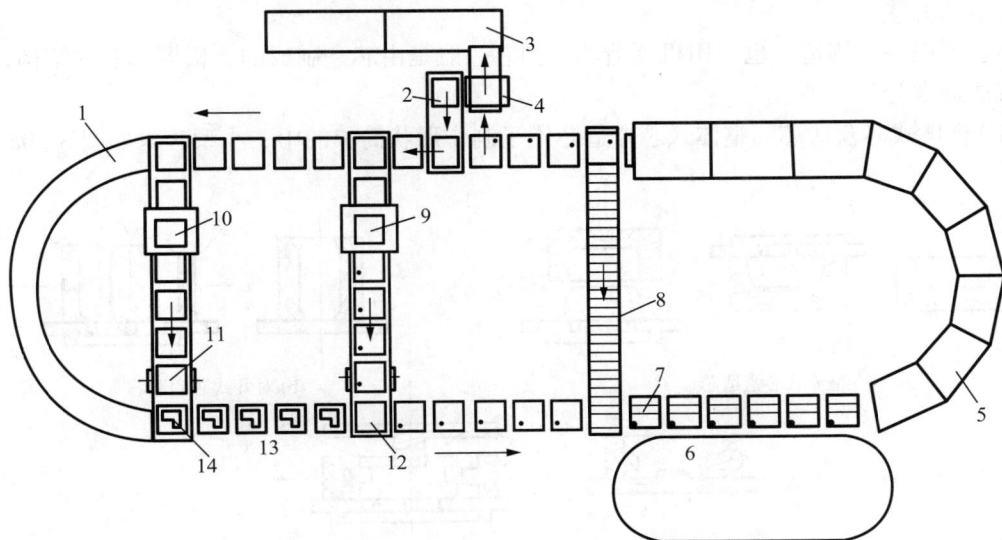

图 3-18　造型生产线示意图

1- 铸型输送机;2- 空砂箱;3- 落砂机;4- 捅箱机;5- 冷却室;6- 浇铸工部;7- 压铁;8- 压铁机;

9- 上型造型机;10- 下型造型机;11- 翻箱机;12- 合型机;13- 下芯工部;14- 落型机

3.3.2 造芯

型芯的主要作用是形成铸件的内腔，有时也形成铸件外形上妨碍起模的凸台和凹槽，甚至有些铸件，如水轮机转子，其铸型全部由型芯组成。

1. 造芯工艺

（1）放芯骨　型芯中应放入芯骨以提高型芯的强度（如同钢筋混凝土中的钢筋），小型芯的芯骨可用铁丝制成，较大的由铸铁浇制成。为了吊运型芯方便，往往在芯骨上做出吊环，如图 3-19 所示。

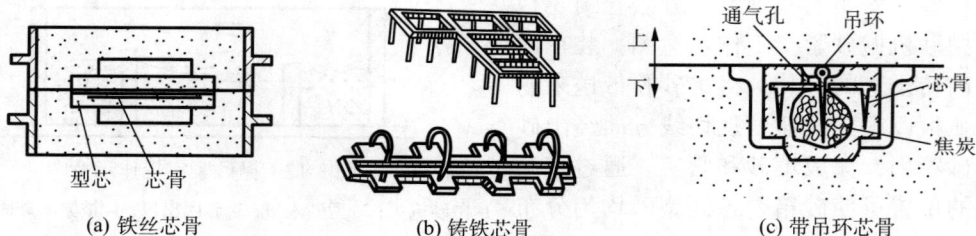

图 3-19　芯骨

(a) 铁丝芯骨　　　(b) 铸铁芯骨　　　(c) 带吊环芯骨

（2）开通气孔　型芯中必须做出连贯的通气孔，以提高型芯的透气性。形状简单的型芯可用气孔针扎出排气孔。形状复杂的型芯，可在两半型芯上挖出通气槽。体积大的型芯内部常放入焦炭，以便于排气，如图 3-19c 所示。

（3）刷涂料　在型芯表面刷一层涂料，以提高其耐高温性能，防止铸件粘砂。铸铁件多用石墨粉做涂料，而铸钢件多用石英粉做涂料。

（4）烘干　型芯烘干的目的是为了提高其强度和透气性。黏土砂芯烘干温度为 250～350℃，油砂芯为 180～240℃，保温 3～6h 后缓慢冷却。

2. 造芯方法

型芯可用手工制造，也可用机器造芯。型芯一般是由芯盒制成的。根据芯盒的结构，手工造芯方法通常分为三种。

（1）整体式芯盒造芯　整体式芯盒造芯用于制作形状简单的中、小型芯，如图 3-20a 所示。

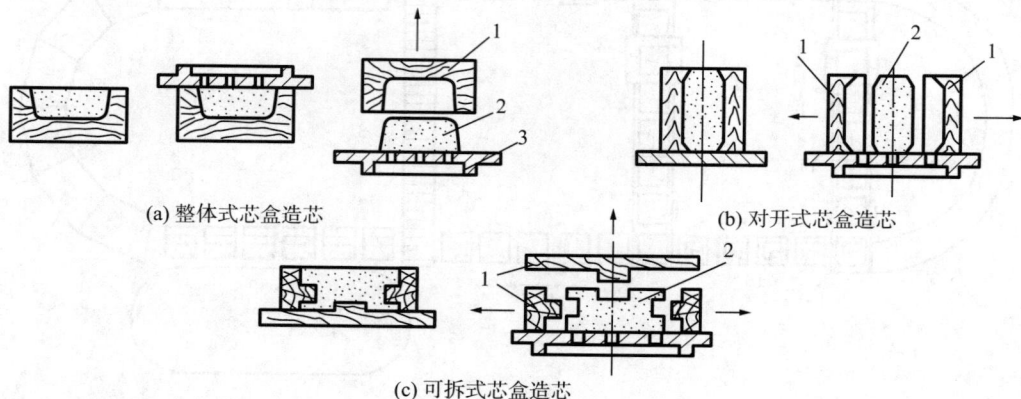

(a) 整体式芯盒造芯　　　　(b) 对开式芯盒造芯

(c) 可拆式芯盒造芯

图 3-20　芯盒造芯

1- 芯盒；2- 型芯；3- 烘干板

（2）对开式芯盒造芯　对开式芯盒造芯用于制作圆柱形或形状对称的型芯，如图 3-20b 所示。

（3）可拆式芯盒造芯　可拆式芯盒造芯用于制作形状复杂的大、中型芯，如图 3-20c 所示。

成批大量生产时可用机器造芯。黏土、合脂砂芯多用震击式造芯机，水玻璃砂芯和树脂砂芯可用射芯机。

3.3.3 合型

砂型的装配称为合型。合型是制造铸型的最后一道工序，是决定铸型型腔形状及尺寸精度的关键。若合型操作不当，会引起跑火、错型、偏芯、塌型、砂眼等缺陷。合型的工作包括铸型的检验、装配和紧固。

1. 铸型的检验和装配

首先按图样检查型腔和型芯的形状及尺寸是否准确，铸型和型芯是否有破损，排气孔是否通畅，并清除其表面的浮砂。然后开始下芯，下芯应平稳、准确，把型芯排气孔引出铸型并与大气相通，同时还要把芯头与芯座之间的间隙用泥条或干砂密封，防止金属液钻入芯头而堵死通气孔。最后，平稳地合上上型，形成如图 3-2 所示的装配图。

2. 铸型的紧固

上、下砂型应紧固，以免浇铸时由于铁液浮力将上型抬起，造成跑火。单件、小批量生产时可以使用压铁来压住砂箱，压铁重量按经验一般为铸件重量的 3～5 倍。成批、大量生产时可使用压铁、卡子或螺栓紧固铸型。紧固砂型时应注意使砂型受力均匀、对称，压铁应压在砂箱箱壁上，不能直接压在砂型上。

3.4　熔炼、浇铸、落砂与清理

3.4.1 合金的熔炼

铸造合金的熔炼是铸件生产的主要工序之一，是获得优质铸件的关键，若熔炼控制不当，会使铸件因成分和力学性能不合格而报废。

1. 铸铁的熔炼

铸铁是应用最多的铸造合金。对铸铁熔炼的基本要求是：铁液应有足够的温度；符合要求的化学成分，且含有较少的气体和夹杂物；烧损率低；金属消耗少。

熔炼铸铁可用冲天炉、电弧炉、感应电炉等，目前应用较多的是冲天炉。

1）冲天炉熔炼

冲天炉的大小是以每小时熔化的铁液量来表示的，通常冲天炉每小时可熔化铁液量为 1.5～10t。

（1）冲天炉的构造　冲天炉主要是由钢板外壳和耐火砖内衬构成。整个炉子可分为炉身、炉缸、前炉、炉底和烟囱等部分，如图 3-21 所示。

炉身是冲天炉的主要工作部分，其高度自加料口下沿至第一排风口中心线位置。炉身的内腔称为炉膛。炉身的作用是完成炉料的预热、熔化和形成铁液的过热。炉身下部设有环形风带，由鼓风机鼓入的空气经风带、风口进入炉内。

炉缸是第一排风口中心线至炉底的部分。熔化的铁液在此汇集后由过桥流入前炉。

前炉用于贮存铁液以备浇铸。前炉下方设有出铁口，侧上方有出渣口。

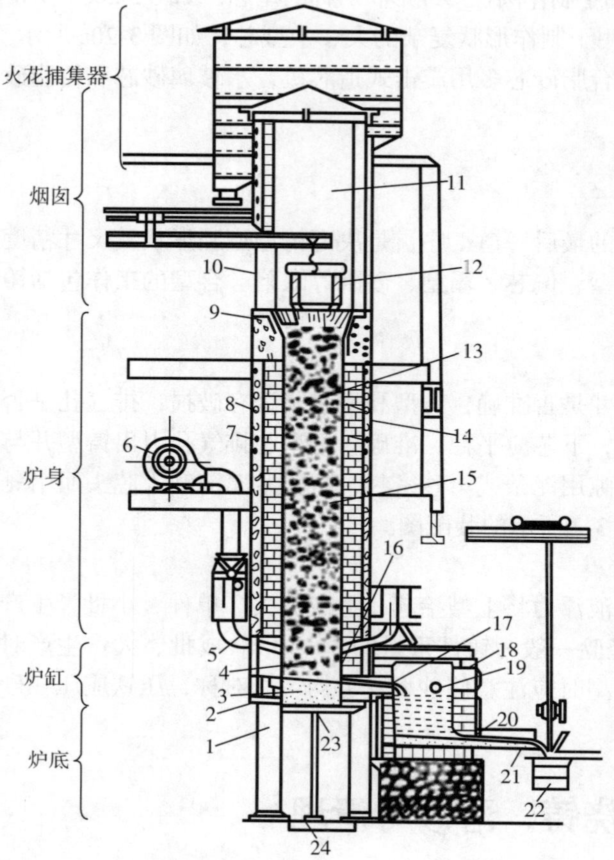

图 3-21 冲天炉的构造

1- 支柱；2- 底板；3- 炉床；4- 底焦；5- 风带；6- 鼓风机；7- 耐火砖；
8- 炉壳；9- 铁砖；10- 加料口；11- 加料桶；12- 加料装置；13- 氟石；
14- 层焦；15- 层铁；16- 风口；17- 过桥；18- 前炉；19- 出渣口；
20- 出铁口；21- 出铁槽；22- 浇包；23- 炉底门；24- 基础

炉底也称支撑部分或炉脚，是由四根支柱通过炉底板支撑炉缸及其以上部分。炉底板中央有两扇半圆形带铰链的金属炉门，停止熔炼后，及时打开炉门可清除炉内余料，以便以后的修炉操作。

烟囱的作用是引出废气，防止火花和灰尘的飞散，减少环境污染。烟囱上装有火花捕集器，用湿式除尘法扑灭火花。

（2）冲天炉所用炉料　冲天炉所用炉料包括金属炉料、燃料和熔剂三部分。

金属炉料包括高炉生铁（即生铁锭）、回炉料（浇冒口、废铸件等）、废钢及少量硅铁、锰铁、铬铁和稀土合金等。高炉生铁是金属炉料的主要组成部分，加入废钢可降低铁液的含碳量，提高铸件的力学性能。各种铁合金的作用是调整铁液的化学成分或配制合金铸铁等。

冲天炉的主要燃料是焦炭。用于熔铁的焦炭含固定碳要多，含挥发物、灰分要少，块度适中且均匀。炉中底层最先加入的焦炭称为底焦，以后随每批炉料加入的焦炭称为层焦。

常用的熔剂是石灰石（$CaCO_3$）和萤石（CaF_2）。其作用是与炉料中产生的氧化物、焦炭中的灰分和炉衬的被侵蚀物等结合形成密度小、流动性好的炉渣，以便和铁液分离后从前炉出渣口排出。

（3）冲天炉熔炼原理　冲天炉熔炼铸铁是利用对流传热原理进行的。熔炼时，高温炉气自下而上运动，低温炉料自上而下移动。在此对流过程中，炉料不断吸收炉气的热量，当金属炉料下降到底焦顶面时被熔化。熔化后的铁液沿底焦缝隙滴入炉缸。

（4）冲天炉操作过程　冲天炉每次连续熔炼 4～8h，具体操作过程是：修炉、烘干、点火、加底焦、加料、熔炼、出铁、出渣、停炉。

修炉。用耐火材料将前次熔炼时损坏的炉膛、炉缸、前炉内壁修好，关闭炉底门，用型砂捣实炉底，炉底面向过桥方向稍倾斜。

烘干、点火。修炉后应烘干炉壁，烘烤工作与点火同时进行。从工作门加入刨花和部分木柴引火后，关闭工作门，从加料口加入其余木柴，烧旺。前炉也要用木柴引火烘干。

加底焦。木柴烧旺后加入一半底焦，燃着后再加入其余底焦，底焦高度应控制在适当的位置。底焦全部燃着后，鼓风几分钟，吹掉灰分并烧旺底焦。

加料。每批炉料按熔剂、金属炉料、层焦的次序加入，直到加料口下沿为止，以保证炉料充分预热。

熔炼。先打开风口放出 CO 气体，待炉料预热 15～30min 后，鼓风，半分钟后关闭风口。鼓风 5～10min 后，从主风口可以看到铁液滴落，说明底焦高度合适。熔炼过程中始终保持底焦高度不变，其消耗由层焦补充。

出铁、出渣。当前炉内积存较多铁液时，可通过出渣口放出熔渣，然后捅开出铁口放出铁液以备浇铸。以后隔一定时间出渣、出铁。

停炉。先打开风口，停止鼓风，出净铁液和炉渣，打开炉底门，使熔化炉料落下，喷水熄灭。

冲天炉结构简单，连续熔炼，生产率较高，熔炼成本较低；但熔炼时合金元素烧损较多，铁液质量不够稳定，劳动条件较差。随着我国电力工业的发展，感应电炉的应用愈来愈多。

2）感应电炉熔炼

感应电炉是利用感应电流加热和熔炼金属的炉子，其结构示意图如图 3-22 所示。金属炉料盛于由耐火材料制成的坩埚内，坩埚外面绕有内通水冷却的感应线圈。

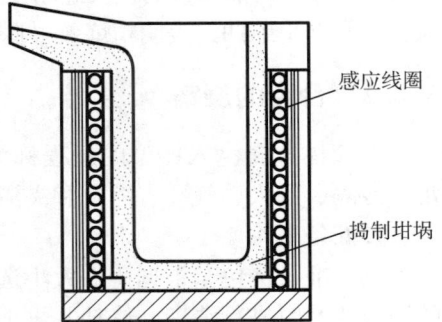

图 3-22　感应电炉

当感应线圈通以交变电流时，产生交变磁场，置于坩埚内的金属炉料就会产生感应电流，并产生很高的电阻热使金属料熔化和过热。

感应电炉熔炼速度快、热效率高、合金元素烧损少、易于控制合金液的化学成分和温度，且环境污染小；但设备投资较大、耗电较多。

2. 铸钢的熔炼

机械零件的强度、韧性要求较高时可采用铸钢件。铸钢可采用电弧炉、感应电炉等熔炼。目前铸钢车间多采用三相电弧炉，其结构如图 3-23 所示。电弧炉的上端垂直地装有三根石墨电极，通入三相电流后，电极与炉料间产生电弧，由电弧热进行熔化和精炼。电弧炉的容量是以一次熔化金属量表示的。一般容量为 2～10t，国外最大的电弧炉容量达 400t。

电弧炉熔炼时，温度容易控制，熔炼质量好，熔炼速度快，开炉、停炉方便。它既可以熔炼碳素钢，也可以熔炼合金钢。

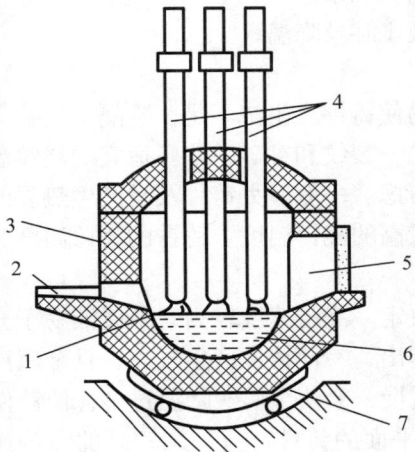

图 3-23　三相电弧炉

1- 电弧；2- 出钢口；3- 炉墙；4- 电极；

5- 加料口；6- 钢液；7- 倾斜机构

3. 有色合金的熔炼

铸造有色合金包括铝合金、铜合金、镁合金、锌合金等，其中应用最多的是铝合金和铜合金。由于它们大多熔点低，熔炼时吸气和氧化严重，所以一般要在坩埚炉中进行熔炼。坩埚炉可以用焦炭、燃油（气）或电阻加热，所用坩埚主要有铸铁和石墨两种。焦炭坩埚炉的结构如图 3-24 所示。熔炼前，坩埚、所炼合金及所用工具（钟罩、搅棒、扒渣勺）

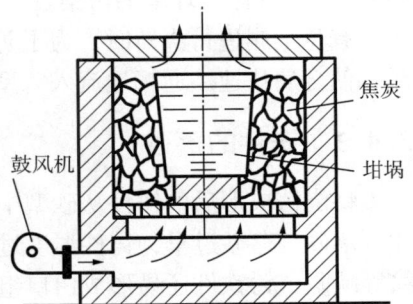

图 3-24　焦炭坩埚炉

等均要预热，这样既可提高熔炼速度，降低合金氧化的程度，又可防止水蒸气和挥发气体等被带入合金液中。许多合金要在熔炼过程中用熔剂覆盖（熔炼铜合金时，常用木炭、碎玻璃、硼砂等覆盖），使合金和炉气分离，起到保护作用。在合金出炉前，要用精炼剂进行精炼，以去除有害气体和夹杂物。铝合金和铜合金常用的精炼剂一般是氯盐和氯化物（如氯化锌、氯化锰、六氯乙烷、四氯化碳等）。精炼剂一般是用钟罩压入合金液中，并搅拌均匀。也可以用向合金液中通入氯气或氮气的方法进行精炼。对于含硅量大于 6% 的铝硅合金，精炼后还要进行变质处理，以细化可能出现的粗大硅晶粒。精炼完毕，立即取样浇铸试块，如试块上表面不是向外发胀，而是向里缩凹，表明精炼效果良好，即可向铸型中进行浇铸。

3.4.2 合金的浇铸

把液体金属浇入铸型的过程称为浇铸。浇铸对铸件质量影响很大，操作不当会引起浇不足、冷隔、跑火、气孔、缩孔和夹渣等缺陷。

1. 准备工作

（1）准备浇包 根据铸件大小选择合适的浇包，一般中小件用抬包，大件用吊包。对用过的浇包要及时进行清理、修补并烘干。

（2）清理通道 浇铸时行走的道路要畅通，不能有杂物和积水。

（3）烘干用具 避免因挡渣钩、浇包等潮湿而引起铁液飞溅及降温。

2. 浇铸工艺

（1）浇铸温度 浇铸温度过低，金属液的流动性差，易使铸件产生浇不足、冷隔、气孔等缺陷；浇铸温度过高，使铸件收缩增大，易形成缩孔、缩松、裂纹和粘砂缺陷。适宜的浇铸温度应根据合金种类、铸件质量、壁厚和结构复杂程度综合考虑。一般厚大铸件及易产生热裂的铸件应选择较低的浇铸温度；结构复杂的薄壁铸件应选择较高的浇铸温度。铸铁的浇铸温度为 $1260 \sim 1400\,^{\circ}\!\text{C}$，铝合金的浇铸温度为 $620 \sim 730\,^{\circ}\!\text{C}$。

（2）浇铸速度 浇铸速度应根据铸件的形状和大小来决定。浇铸速度较高，金属液易于充满铸型型腔，减少氧化。但速度过快，型腔中气体来不及跑出，易使铸件产生气孔，且金属液对铸型的冲击力增大，易造成冲砂和抬型等。若浇铸速度过慢，会使金属液降温过多，使铸件产生冷隔和浇不足等缺陷。对于薄壁、形状复杂和具有大平面的铸件，应采用较高的浇铸速度；形状简单的厚大铸件，可采用较低的浇铸速度。

3. 浇铸技术

浇铸时，金属液流应对准浇口杯，且不得断流；挡渣钩应挡住浇包嘴附近，防止浇包中熔渣随金属流入浇道；应及时用挡渣钩等点燃砂型中逸出的气体，加速砂型内气体的排出及减少 CO 等有害气体对环境的污染。

有色金属进行浇铸时，为了防止氧化，浇铸一定要平稳。同时，浇铸系统应能防止金属飞溅，使金属快速、通畅地流入铸型。

3.4.3 铸件的落砂

将浇铸成形后的铸件从砂型中分离出来的工序称为落砂。铸件在砂型中应冷却到一定温度才可落砂。落砂过早，铸件温度过高，暴露于空气中急速冷却，易形成铸造内应力、变形和裂纹等缺陷，铸铁件还易形成白口组织。但落砂过晚，将长期占用生产场地和砂箱，使生产率降低。一般说来，应在保证铸件质量的前提下尽早落砂。铸件在砂型中合适的停留时间与铸件形状、大小、壁厚及合金种类等有关。形状简单、小于 10kg 的铸件，可在凝固后立即落砂；10～30kg 的铸件浇铸后 1h 左右即可落砂。

落砂的方法有手工落砂和机器落砂两种。大量生产中采用各种落砂机落砂。

3.4.4 铸件的清理

铸件落砂后仍带有浇铸系统、冒口、披缝、毛刺、表面粘砂等，必须经清理工序去除，以满足铸件外表面的要求。

（1）切除浇冒口 中小型铸铁件的浇冒口可直接用手锤敲掉，对于大型铸铁件的浇冒口，先在其根部锯槽，再用重锤敲掉。铸钢件由于其韧性较好，不易敲掉，要用气割切除。有色合金则一般用锯割方法切除，大量生产时，可用专用剪床切除。

（2）清砂 清砂是清除铸件表面粘砂及内部芯砂的操作。常用清砂方法有手工清砂、水力清砂和水爆清砂等。

水力清砂是用高压水枪喷射铸件表面及型腔内部，将型砂冲刷掉。水爆清砂是将仍保留一定温度的铸件浸入水中，利用水急剧汽化和增压而发生爆裂将型砂震落。

（3）表面精整 表面精整是铸件清理的最后阶段。小型铸件广泛采用清理滚筒式或抛丸清理。中、大型铸件可采用抛丸室或抛丸转台等进行清理。

对铸件的披缝、毛刺和浇冒口根部可用手提砂轮机、固定砂轮机或风铲等去除。

3.5 砂型铸造工艺设计

铸造工艺设计包括选择与确定分型面和浇铸位置、浇铸系统及工艺参数等内容。铸造工艺一经确定，模样、芯盒、铸型的结构及造型方法也就随之确定下来。铸造工艺是否合理直接影响铸件质量和生产率。

3.5.1 分型面和浇铸位置

分型面是指上砂型和下砂型的分型面，往往也是模样的分模面。浇铸位置是指铸件浇铸时在铸型中所处的位置。分型面与浇铸位置密切相关，在确定分型面的同时，一般铸件的浇铸位置也同时予以考虑确定。

确定分型面和浇铸位置的原则如下：

图 3-25 分型面应选在最大截面处

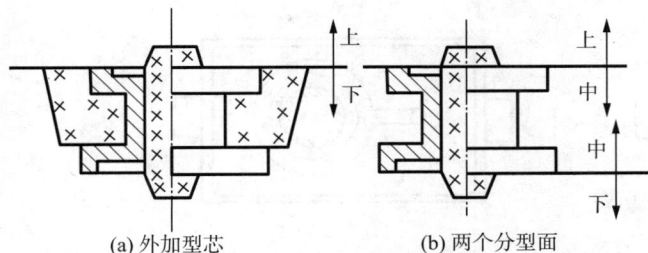

（1）分型面应选择在铸件的最大截面处，最好为平面，以便于造型时顺利取出模样，如图 3-25 所示。

（2）应使分型面数量尽可能少。大批量生产时，要采用外加型芯将两个分型面改为一个分型面，从而实现机器造型，如图 3-26 所示。

（3）应使铸件的重要加工面朝下

图 3-26 外加型芯减少分型面数目

或侧立。这是因为浇铸时，金属液中混杂的熔渣、气体等都易上浮，容易在铸件的上表面形成气孔、渣孔、砂眼、夹渣等缺陷。而朝下的表面或侧立面质量较好。

（4）应尽可能将整个铸件或铸件的大部分处于下砂型内，以防止和减少错型，提高铸件精度。

（5）应使铸件需要补缩的厚大部位置于铸型顶部或侧面，以利于安放冒口；而使铸件的宽大面积或大面积薄壁部分置于铸型底部，以防止宽大平面产生夹砂、薄壁处产生浇不足、冷隔等缺陷。

3.5.2　浇铸系统

浇铸系统是为液体金属填充型腔而开设于铸型中的一系列通道。其作用是：保证液体金属连续而平稳地流入型腔；避免冲坏型壁和型芯；防止熔渣、砂粒或其他夹杂物进入型腔；调节铸件的凝固顺序，补给铸件在冷却和凝固收缩时所需的金属液。正确选择浇铸系统的位置及各部分的形状、尺寸，对于获得合格铸件、减少金属液的消耗具有重大意义。若浇铸系统设计不合理，铸件易产生冲砂、砂眼、渣孔、浇不足、气孔和缩孔等缺陷。

1. 浇铸系统的组成及作用

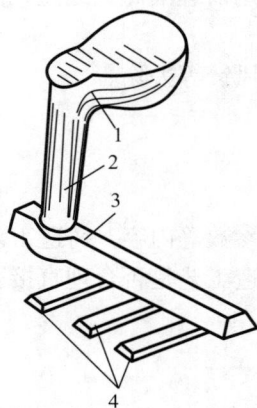

图 3-27　浇铸系统的组成
1- 外浇道；2- 直浇道；
3- 横浇道；4- 内浇道

浇铸系统一般由外浇道、直浇道、横浇道和内浇道组成，如图 3-27 所示。对于形状简单的小铸件，可以省去横浇道。

（1）外浇道　又称浇口杆，一般为漏斗形，较大铸件可用盆形。它的作用是缓和金属液浇入的冲击力并分离熔渣，使金属液平稳地进入直浇道。

（2）直浇道　为了便于起模，直浇道一般做成带锥度的圆柱体。它的作用是使金属液产生一定的静压力，使金属液迅速充满型腔。如果直浇道高度太小，会使铸件产生浇不足等缺陷。

（3）横浇道　截面形状多为梯形，一般都开在上型。它的作用是挡渣、分配金属液流入内浇道及减缓金属液流的流速。

（4）内浇道　是金属液直接流入铸型型腔的通道，其截面多为扁梯形、浅半圆形，有时也用三角形。它的作用是控制液体金属流入型腔的方向和速度，调节铸件各部分的冷却速度。因此内浇道的形状、位置、数量及导入金属液的方向，是决定铸件质量的关键之一。开设内浇道时应注意如下几点。

① 内浇道一般不应开在铸件的重要部位（如重要加工面）。因为内浇道附近的金属冷却慢，晶粒粗大，力学性能较差。

② 内浇道应使液体金属顺着型壁流动，避免直接冲击砂芯和砂型的突出部位，如图 3-28 所示。

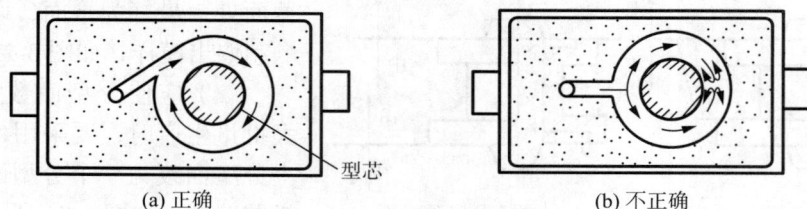

(a) 正确　　　　　　　　　　　　　　　(b) 不正确

图 3-28　圆盘类铸件内浇道位置

③ 内浇道的形状应便于清理。内浇道和铸件的接合处应带有缩颈，以便去除浇铸系统时不致损坏铸件。

④ 开设内浇道时应考虑对铸件凝固顺序的要求。对于壁厚相差不大、收缩小的合金铸件（如灰口铸铁），其内浇道多开在薄壁处，使铸件各部分同时凝固和收缩，有利于防止铸件变形和裂纹；而对于壁厚相差较大、收缩较大的合金铸件（如铸钢、球墨铸铁、白口铸铁等），其内浇道应开在厚壁处，使铸件实现由薄壁到厚壁的顺序凝固和收缩，有利于防止缩孔；对于大平面的薄壁铸件，应多开几个内浇道，以确保金属液迅速充满型腔。

2. 浇铸系统的类型

按内浇道的开设位置，浇铸系统分为顶注式浇铸系统、底注式浇铸系统、中间注入式浇铸系统和阶梯式浇铸系统四种类型；如图 3-29～图 3-32 所示。按各浇道截面的关系，浇铸系统又分为封闭式浇铸系统、半封闭式浇铸系统、开放式浇铸系统。各种系统的特点和应用如表 3-2 所列。

图 3-29　顶注式浇铸系统

图 3-30　底注式浇铸系统

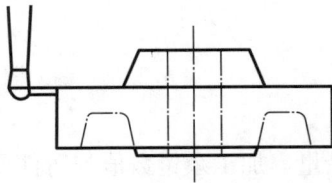

图 3-31　中间注入式浇铸系统

图 3-32　阶梯式浇铸系统

1- 外浇道；2- 直浇道；3- 横浇道；4- 内浇道；5- 冒口；6- 铸件

表 3-2　各种浇铸系统的特点及应用

浇铸系统类型		特点	应用
按内浇道的开设位置	顶注式	容易充满薄壁铸件，补缩作用好，金属消耗少，但容易冲坏铸型和产生飞溅	用于不太高而形状简单、薄壁及中等壁厚的铸件
	底注式	金属液流动平稳，不易冲砂，但是，补缩作用较差，薄壁铸件不易浇满	用于厚壁、形状较复杂、高度较大的大、中型铸件和某些易氧化的合金铸件（如铝合金、镁合金等）
	中间注入式	多从分型面引入金属液，此种系统开设方便，应用最为普遍	多用于一些不很高、水平尺寸较大的中型铸件
	阶梯式	能使金属液自下而上地逐步进入型腔，兼有顶注式和底注式的优点	用于高大铸件

续表

浇铸系统类型		特点	应用
按各浇道截面的关系	封闭式	$F_直 > F_横 > F_内$，金属液可以在横浇道内停留一段时间，使渣子上浮，挡渣效果好。但金属液流入型腔时冲击力较大，对型腔的冲刷较为严重	一般用于中小铸件
	开放式	$F_直 < F_横 < F_内$，优点是金属液充满铸型较快，冲击力较小，缺点是挡渣效果差	适用于薄壁、尺寸较大的铸件
	半封闭式	$F_内 < F_直 < F_横$，内浇口流出金属液的速度慢，飞溅较少，有一定的挡渣能力	在一般铸件和球墨铸铁中及表面干型中使用广泛

3.5.3 冒口

高温金属液浇入铸型后，由于冷却凝固将产生体积收缩，使铸件最后凝固部位产生缩孔。为了获得完整的铸件，必须在可能产生缩孔的部位设置冒口，如图 3-33a 所示。冒口是铸型中特设的贮存补缩用金属液的空腔，凝固后的冒口是铸件上的多余部分，清理铸件时则要切除掉。

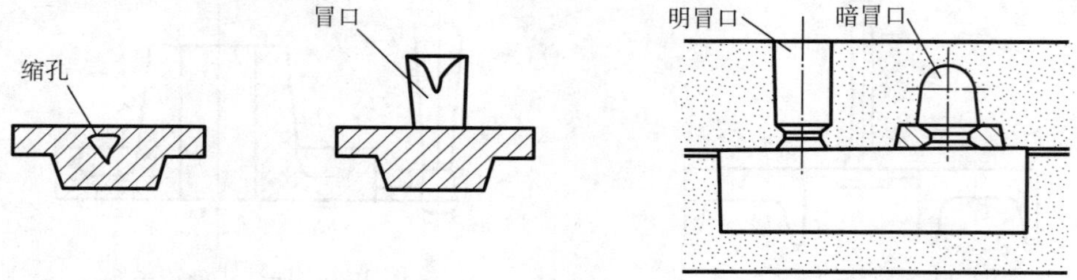

(a) 冒口设置部位   (b) 明冒口和暗冒口

图 3-33 冒口设置

冒口一般分为明冒口和暗冒口两类，如图 3-33b 所示。明冒口在高度上贯通上型顶面，有利于型内气体排出，浇铸时便于观察金属液的充型情况，及时补充高温金属液，是一种常用的冒口形式。

3.5.4 铸造工艺参数

1. 加工余量

铸件上凡需要加工的表面，均应留有适当的加工余量。加工余量数值与铸件尺寸、合金种类、造型方法等有关。单件小批量生产的小型铸件的加工余量为 4～6mm。

2. 不铸出的孔和槽

对于过小的孔、槽，从经济角度考虑，一般不予铸出，而是由机加工完成。不铸出的孔、槽最大尺寸与合金种类、生产条件有关。单件小批量生产的小型铸铁件孔径小于 30mm 时一般不予铸出。

3. 起模斜度

凡垂直于分型面的立壁上都应加上起模斜度，便于造型时顺利取出模样。起模斜度的数值与模样高度有关，模样矮时（≤100mm）为 3° 左右，模样高时为 0.5°～1°。

4. 收缩余量

金属液冷凝时由于线收缩，铸件尺寸比模样尺寸要略微缩小些，其缩小的尺寸即为收缩余量。其大小一般由合金的收缩率来确定，灰铸铁的收缩率为 0.7%～1%，铸钢的收缩率为 1.6%～2%，铝合金的收缩率为 1%～1.2%。

制造模样时，为了简化尺寸计算过程，模样车间使用专门制造模样的"缩尺"来度量。缩尺是把合金的收缩量放大到尺的刻度中制成的，如收缩率为1%的缩尺上100mm代表实际尺寸101mm。

3.5.5 铸造工艺图

铸造工艺图是在零件图上用各种工艺符号表示出铸造工艺方案的图形，包括浇铸位置、分型面、型芯结构、浇铸系统和各种工艺参数等。单件小批量生产时，铸造工艺图用红、蓝线条按规定的符号和文字标注在零件图上，是用于指导铸造生产和检验铸件是否合格的重要技术性文件。图3-34所示为轴承支架的铸造工艺图（未画出浇铸系统）及模样图等。

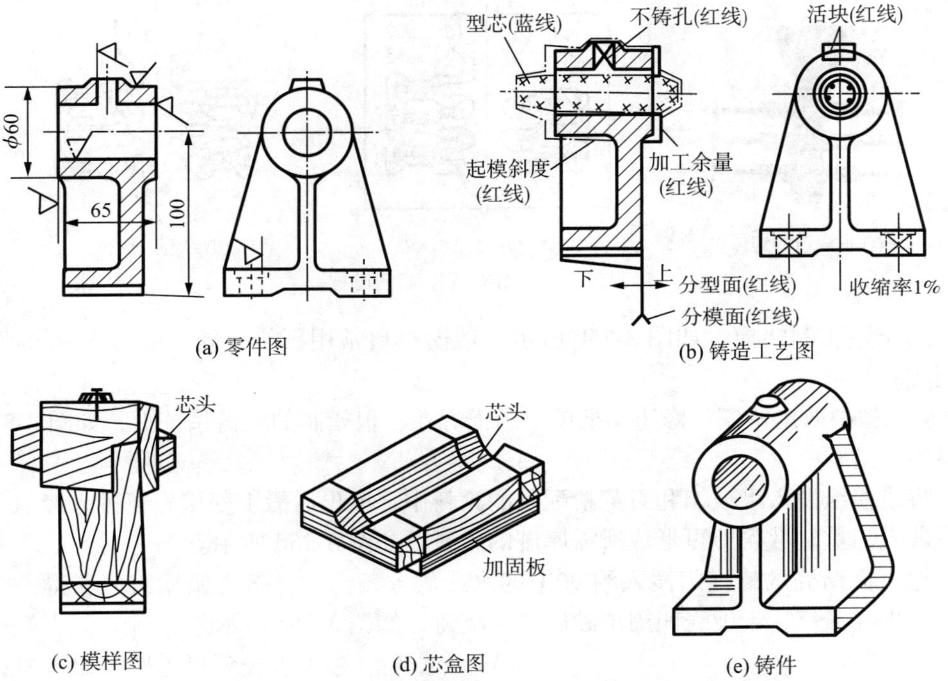

(a) 零件图

(b) 铸造工艺图

(c) 模样图

(d) 芯盒图

(e) 铸件

图 3-34 轴承支架铸造工艺图及模样图等

3.6 特种铸造及铸造新技术

3.6.1 特种铸造

特种铸造是指砂型铸造以外的其他铸造方法。砂型铸造应用虽广，但铸件尺寸精度差、表面较粗糙、力学性能较低，工人劳动条件较差等。随着生产技术的发展，特种铸造也得到了日益广泛的应用。目前应用较多的有熔模铸造、金属型铸造、压力铸造和离心铸造等。

1. 熔模铸造

熔模铸造是用易熔材料（如蜡料）制成精确的模样，在模样上包覆若干层耐火涂料，制成型壳，用熔化的方法使模样从型壳中流失后，型壳经高温焙烧、浇铸而获得铸件的方法。由于熔模铸造常用的制模材料为蜡质材料，故又称为"失蜡铸造"。熔模铸造的工艺过程如下。

（1）制作压型，如图3-35a所示。压型是压制蜡模的模具。根据生产批量、技术要求不同可用钢、铝合金、易熔合金及石膏制成。

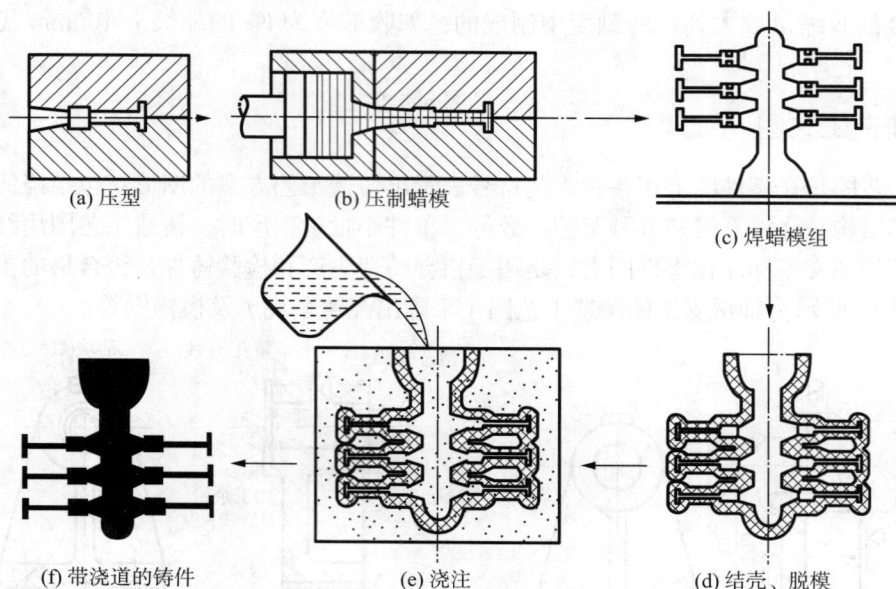

(a) 压型　　　　　(b) 压制蜡模　　　　　(c) 焊蜡模组

(f) 带浇道的铸件　　　　(e) 浇注　　　　(d) 结壳、脱模

图 3-35　熔模铸造工艺过程

（2）用压型压制蜡模，如图 3-35b 所示。熔模材料常用石蜡、硬脂酸各 50% 的低熔点模料配制而成。

（3）从压型中取出蜡模、修边，把单个蜡模焊在一根蜡制的浇铸系统上，如图 3-35c 所示，成为蜡模组。

（4）将蜡模组浸入水玻璃和石英粉配制的涂料中，取出后撒上一层石英砂，经氯化铵硬化后便形成薄壳，重复数次即可形成所需厚度的硬壳，如图 3-35d 所示。

（5）把表面结壳的蜡模组浸入约 90℃ 的水或放入蒸汽中，熔去蜡模组便获得一个无分型面的铸型；再经焙烧，于硬壳四周填砂后便可浇铸，如图 3-35e 所示。

（6）待冷凝后，敲去外壳获得铸件，如图 3-35f 所示。

熔模铸造的壳型没有分型面，壳型内表面又很光洁，因而可做出形状很复杂的铸件，且铸件的表面粗糙度很低，尺寸精度很高，一般可以不再进行机械加工。它适用于各种合金，尤其适用于高熔点合金及难切削加工合金的复杂件生产，如耐热合金钢、磁钢等。但熔模铸造的工艺过程复杂，生产成本较高，只适合小型铸件生产。

2. 金属型铸造

金属型铸造是将液态金属浇入用金属材料制成的铸型而获得铸件的方法。一套金属型可以反复使用，所以又称为永久型。

金属型一般用铸铁或铸钢制成。为了方便地从金属型中取出铸件，金属型常做成可分式的。图 3-36 所示为铸造铝合金活塞的金属型简图。金属型和砂型相比，没有透气性，耐火性也比砂型低，同时金属型散热较砂型快得多，

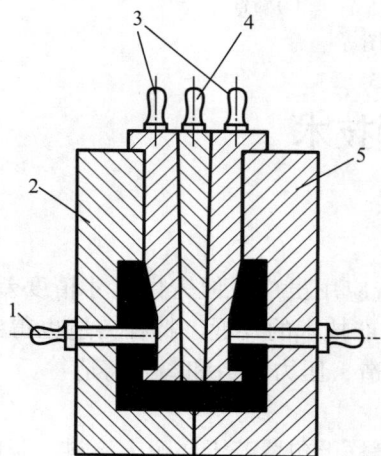

图 3-36　铸造铝合金活塞金属型简图

1- 金属型芯; 2- 左半型;

3、4- 组合金属型芯; 5- 右半型

对铸件有激冷作用。因此应在金属型上开设通气槽，浇铸前应将金属型预热，并要在型腔内表面涂上涂料，用以保护铸型和降低冷却速度，防止产生气孔、裂纹、白口和浇不足等缺陷。

金属型铸造实现了一型多铸，生产率高。由于冷却速度较快，所得铸件的晶粒细小，因而其力学性能得到了提高，只适用于大量生产的有色金属铸件，且铸件的形状和壁厚都应受到限制。

3. 压力铸造

压力铸造（简称压铸）是将金属液在压力的作用下，快速压入压铸型中，并在压力作用下冷凝获得铸件的方法。

压铸时所用的压力一般为几至几十兆帕（MPa），充型时间仅为 0.05～0.15s。所用的压铸型一般是由耐热合金钢制造。

压铸过程是在压铸机上进行的。压铸机有热压室式和冷压室式两类。应用较多的是卧式冷压室压铸机。其生产工艺过程如图 3-37 所示。动型向左移合型，用定量勺将金属液注入压缸，如图 3-37a 所示；活塞左行，将液态金属压入铸型，如图 3-37b 所示；稍停片刻，芯棒退出，压型分开，如图 3-37c 所示；活塞退回，铸件被推杆推出，如图 3-37d 所示。

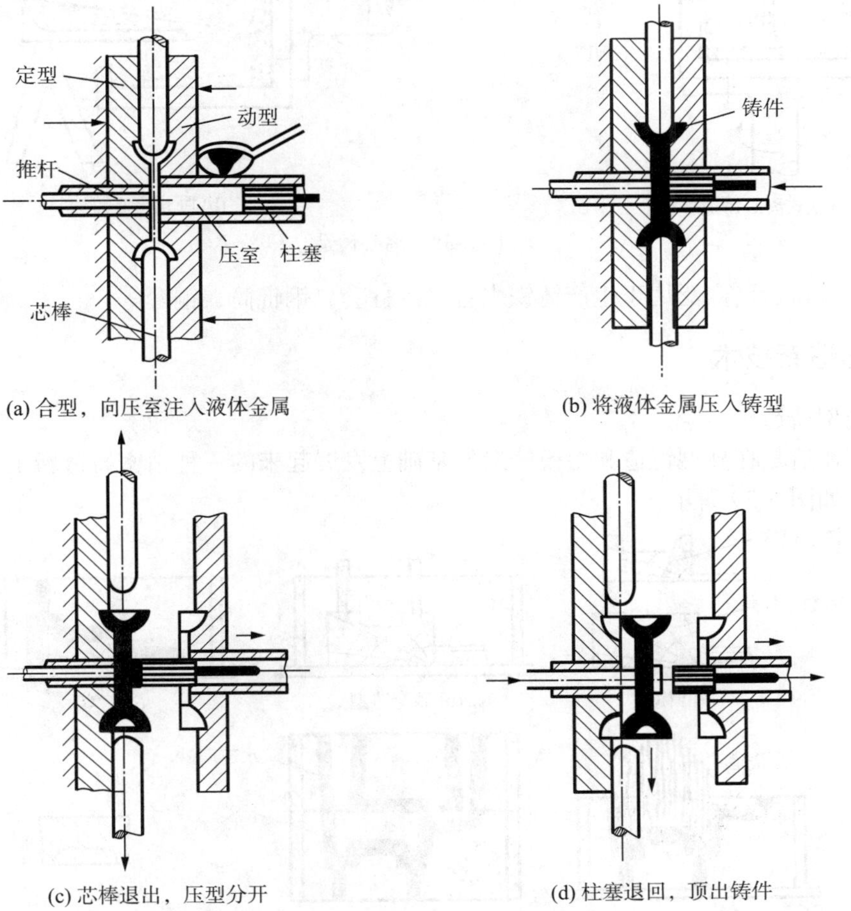

(a) 合型，向压室注入液体金属　　　　　　　　(b) 将液体金属压入铸型

(c) 芯棒退出，压型分开　　　　　　　　(d) 柱塞退回，顶出铸件

图 3-37 卧式冷压室压铸机工作示意图

压铸是在高压快速下进行的，因而提高了液态金属的充型能力，可生产形状复杂的薄壁铸件，而且生产率很高。另外，因其铸型为金属型，故压铸件尺寸精确，表面粗糙度低，力学性能好。但压铸机价格昂贵，铸型结构复杂，铸件容易生成分散的细小气孔。因此，压力铸造主

要用于大量生产形状复杂的薄壁小型有色金属铸件。

4. 离心铸造

离心铸造是将液体金属浇入到以一定速度旋转的铸型中，并在离心力的作用下凝固成型的铸造方法，其原理如图 3-38 所示。

离心铸造一般都是在离心机上进行的。铸型多采用金属型。铸型可以绕垂直轴旋转，如图 3-38a 所示，也可以绕水平轴旋转，如图 3-38b 所示。

离心铸造的铸件是在离心力的作用下结晶，组织致密，没有缩孔、气孔、夹杂物等缺陷，提高了铸件的力学性能。铸造管型铸件可省去型芯和浇铸系统，提高了金属利用率。但用离心铸造铸出的铸件内表面较粗糙，内孔尺寸误差较大，需采用较大的加工余量。

(a) 立式离心铸造　　　　　　　　　　(b) 卧式离心铸造

图 3-38　离心铸造

目前离心铸造已广泛用于生产铸铁水管、汽缸套、钢辊筒、铜套等。

3.6.2　铸造新技术

1. 陶瓷型铸造

陶瓷型铸造是在砂型铸造和熔模铸造的基础上发展起来的一种精密铸造新工艺。陶瓷型铸造工艺过程如图 3-39 所示。

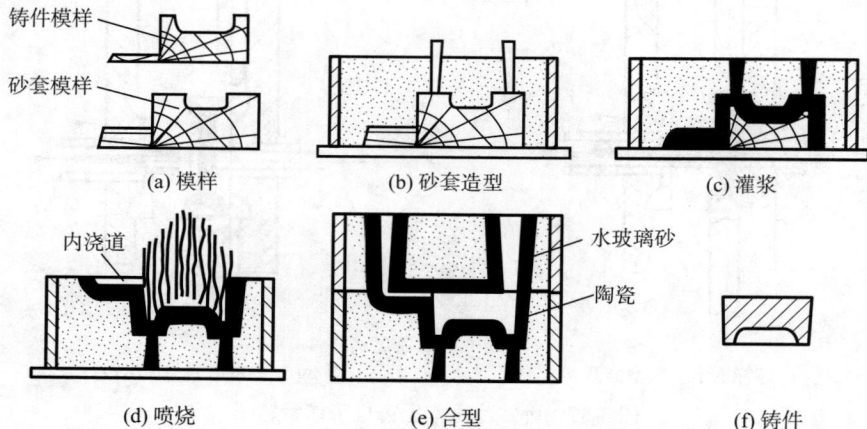

(a) 模样　　　　(b) 砂套造型　　　　(c) 灌浆

(d) 喷烧　　　　(e) 合型　　　　(f) 铸件

图 3-39　陶瓷型铸造工艺过程

（1）砂套造型　为了节省昂贵的陶瓷材料和提高铸型的透气性，通常先用水玻璃砂制出砂套。制造砂套的木模要比铸件的木模大一个陶瓷料的厚度，如图 3-39a 所示。砂套的制造方法与砂型铸造相同，如图 3-39b 所示。

（2）灌浆与胶结 灌浆与胶结即制造陶瓷面层。其过程是将铸件模样固定于模底板上，刷上分型剂，扣上砂套，将配制好的陶瓷浆从浇铸口注满，如图 3-39c 所示。经数分钟后，陶瓷浆料便开始结胶。

（3）起模与喷浇 灌浆 5～15min 后，趁浆料尚有一定弹性便可起出模样。为加速固化过程，提高铸型强度，必须用明火喷烧整个型腔，如图 3-39d 所示。

（4）焙烧与合型 陶瓷型要在浇铸前加热到 350～550℃，焙烧 2～5h，以烧去残存的水分，并使铸型的强度进一步提高。

（5）浇铸 浇铸温度可略高，以便获得轮廓清晰的铸件。

陶瓷型铸造由于是在陶瓷层处于弹性状态下起模，同时陶瓷面层耐高温且变形小，故铸件的尺寸精度和表面粗糙度与熔模铸造相近；陶瓷型铸件的大小不受限制，可从几千克到数吨；在单件小批量生产的条件下，投资少，生产周期短。但不适于生产批量大、重量轻或形状复杂的铸件，且生产过程难以实现机械化和自动化。

目前陶瓷型铸造广泛用于生产厚大的精密铸件，如铸造冲模、锻模、玻璃器皿模、压铸型模和模板等，也可用于生产中型铸钢件。

2. 挤压铸造

挤压铸造是用铸型的一部分直接挤压金属液，使金属液在压力作用下成形、凝固而获得铸件的工艺方法。

挤压铸造工艺过程如图 3-40 所示。

（1）铸型准备 清理铸型、型腔内喷涂料、预热等，使铸型处于待注状态。

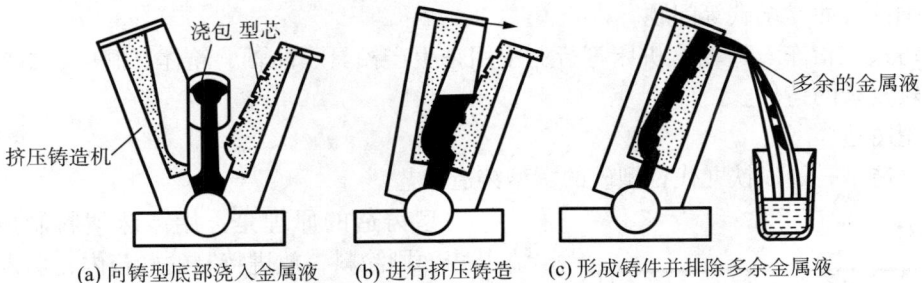

(a) 向铸型底部浇入金属液　(b) 进行挤压铸造　(c) 形成铸件并排除多余金属液

图 3-40 挤压铸造工艺过程

（2）浇铸 向敞开的铸型底部浇入定量的金属液。

（3）合型 加压逐渐合拢铸型，液态金属被挤压上升，并充满铸型，而多余的金属液由铸型顶部挤出。同时，金属液中所含的气体和杂质也随同一起挤出，进而升压并在预定的压力下保持一定时间，使金属液凝固。

（4）卸压、开型、取出铸件。

挤压铸造由于无需设浇、冒口，故材料利用率高；由于金属液在压力下结晶，铸件组织致密，晶粒细小，力学性能较高；同时其工艺简单，节省能源和劳力，容易实现机械化和自动化。

挤压铸造可用于生产强度要求较高、气密性好、薄板类型的铸件。如各种阀体、活塞、机架、轮毂、耙片和铸铁锅等。

3. 实型铸造

实型铸造是用泡沫塑料模制造铸型后不取出模样，浇铸的金属液使模样气化消失而获得铸件的铸造方法，又称消失模铸造。

实型铸造的原理是：用泡沫塑料代替木模或金属（包括浇、冒口系统）模进行造型，造型后模样不取出，铸型呈实体，浇入金属液后，模样在高温金属液的作用下，燃烧气化消失，金属液则取代了原来泡沫塑料模样所占据的空间位置，待其冷却凝固后即可获得所需的铸件。其工艺过程如图 3-41 所示。

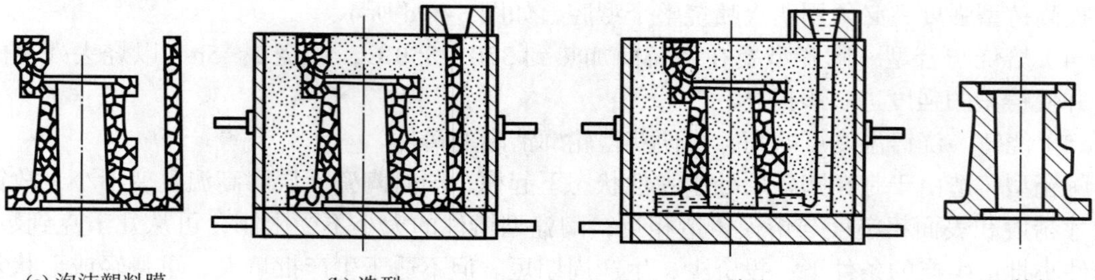

| (a) 泡沫塑料膜 | (b) 造型 | (c) 浇注 | (d) 铸件 |

图 3-41　实型铸造工艺过程

实型铸造由于不用起模、不分型，因而不需要铸造斜度和活块等，同时也避免了普通砂型铸造因起模、组芯及合型等所引起的铸件尺寸误差，提高了铸件的尺寸精度；实型铸造简化了铸件生产工序，缩短了生产周期，提高了劳动生产率；同时它增大了设计铸造零件的自由度，改变了砂型铸造时铸件结构工艺性的内涵，很多砂型铸造难以解决的问题，用实型铸造时则可轻而易举得到解决。

实型铸造被国内外铸造界誉为"21 世纪的铸造新技术"。但实型铸造存在模样气化时污染环境、铸钢件表面易增碳等问题。

实型铸造在汽车、造船、机床等行业中用来生产模具、曲轴、箱体、阀门、缸座、缸盖、刹车盘等较复杂的铸件。

4. 磁型铸造

磁型铸造是一种以铁丸代替型砂的实型铸造工艺。

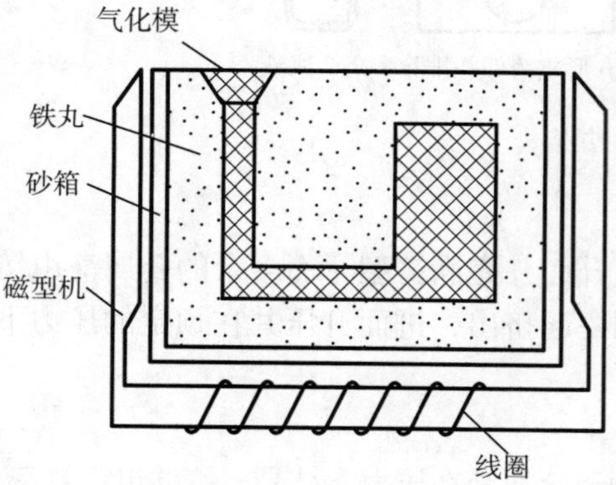

图 3-42　磁型铸造原理示意图

磁型铸造的原理是：用泡沫塑料制成气化模，在其表面刷涂料，放进特制的砂箱内，填入铁丸（又称磁丸）并微振实，再将砂箱放在磁型机里通电，铁丸被磁化而相互吸引，形成强度高、透气性好的铸型。待浇铸完金属液，冷却凝固后解除磁场，铁丸恢复原来的松散状，从而可方便地取出铸件。其铸造原理示意图如图 3-42 所示。

磁型铸造和实型铸造相比，造型材料不用型砂，无硅尘危害；铁丸流动性、透气性好，不用黏结剂，造型、清理方便；铁丸冷却速度快，铸件晶粒更细小，力学性能更高。

但磁型铸造不宜铸造厚大、复杂的铸件。主要用于形状不十分复杂的中、小型铸件，以浇铸黑色金属为主。已在机车车辆、拖拉机、兵器、农业机械、化工机械等制造业得到成功的应用。

5. 连续铸造

连续铸造又称连铸，它是往水冷金属型（结晶器）中连续浇铸金属液，凝固成金属型材的铸造方法。

按结晶器的轴线位置，连续铸造可分为立式连铸和水平连铸两类，如图 3-43 所示。

结晶器是使铸件成型并迅速凝固结晶的特殊铸型，其内腔截面形状决定了铸件的断面形状。结晶器可采用钢、铸铁或阴极铜来制造。

当采用立式连铸铸造铁管时，金属液经浇杯进入内、外结晶器间的型腔中，凝固成形后在结晶器的下部被拉出结晶器，至管长达到要求后停止浇铸，即可从铸管机上取下铁管，如图 3-43a 所示。

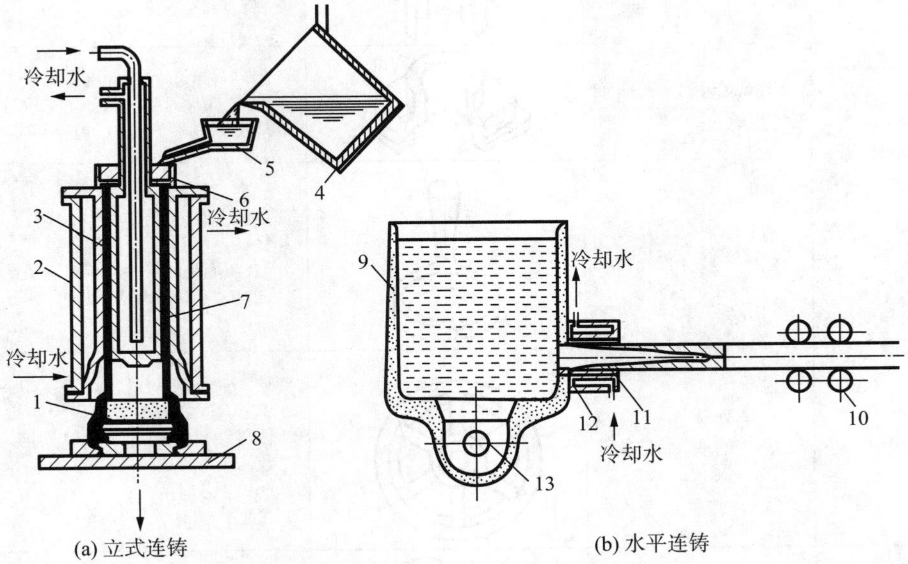

(a) 立式连铸　　　　　　　　(b) 水平连铸

图 3-43　连续铸造原理示意图

1- 承口型芯；2- 外结晶器；3- 内结晶器；4- 浇包；5- 浇杯流槽；6- 转动浇杯；

7- 铸铁管；8- 引管板；9- 保温炉；10- 拉拔装置；11- 结晶器；12- 水冷套；13- 感应圈

连续铸造工艺简便、生产效率高；铸件组织致密、晶粒细小且无夹杂物、气孔、缩孔等缺陷；铸件精度高、表面粗糙度低、材料利用率高。但此方法只能铸造等截面的长铸件，且水平连铸只适于大量生产。

连续铸造主要用于铸钢、铸铁、铜合金和铝合金等的等截面长铸件的批量生产，如铸铁管、型材等。

3.7　铸件质量分析与控制

铸造生产是一项较为复杂的工艺过程，影响铸件质量的因素很多，因此在对铸件进行质量检验时，往往会发现各种各样的铸造缺陷。有缺陷的铸件，有的经过修补还可使用，有的则只能作为次品或废品处理。因此，分析铸件产生缺陷的原因，提高铸件质量，降低废品率是铸造生产必须研究解决的问题。

3.7.1　常见铸件缺陷及分析

常见铸件缺陷及产生原因如表 3-3 所列。

表 3-3　铸件常见缺陷及产生原因

类别	缺陷名称	特征	缺陷形态图例	主要原因分析
孔洞类	气孔	出现在铸件内部，孔壁圆而亮		① 铸型透气性差，紧实度过高 ② 起模刷水过多，型砂过湿 ③ 浇铸温度偏低 ④ 型芯、浇包未烘干
	缩孔	出现在铸件厚大部位，孔壁粗糙		① 结构设计不合理，壁厚不均匀 ② 浇、冒口设计不合理，冒口尺寸太小 ③ 浇铸温度太高
	砂眼	出现在铸件表面或内部，孔内带有砂粒		① 型砂强度不够或局部掉砂、冲砂 ② 型腔、浇铸系统内散砂未吹净 ③ 浇铸系统不合理，冲坏砂型、砂芯
裂纹冷隔类	冷隔	铸件上有未完全融合的缝隙。边缘呈圆角		① 浇铸温度过低 ② 浇铸速度过慢 ③ 内浇道截面尺寸过小，位置不当 ④ 远离浇口的铸件壁过薄
	裂纹	在铸件夹角或薄厚交接处的表面或内部产生裂纹	裂纹	① 型（芯）砂的退让性差，阻碍铸件收缩而引起过大的内应力 ② 铸件设计不合理，壁厚不均匀，收缩不一致 ③ 浇铸温度太高 ④ 合金含磷、硫量较高
形状差错类	错型	铸件在分型面处相互错开		① 合型时上、下型错位 ② 造型时上、下模有错移 ③ 上、下砂箱未夹紧 ④ 定位销或泥号不准
	偏芯	铸件内腔和局部形状偏斜		① 下芯时偏斜 ② 型芯变形 ③ 型芯未固定好，浇铸时被冲偏
	变形	铸件向上、向下或向其他方向弯曲变形		① 铸件结构设计不合理，壁厚不均匀 ② 铸件冷却时，收缩不均匀 ③ 落砂过早
表面缺陷类	粘砂	铸件表面粘附着一层砂粒	粘砂	① 型砂选用不当，耐火性差 ② 浇铸温度太高，金属液渗透力大 ③ 砂型紧实度太低，型腔表面不致密 ④ 砂粒过粗，砂粒间空隙过大
残缺类	浇不足	铸件形状不完整，金属液未充满铸型		① 合金液流动性差或浇铸温度太低 ② 浇铸速度过慢或断流 ③ 浇铸系统尺寸太小或铸件壁太薄 ④ 未开出气口，金属液的流动受型内气体阻碍

3.7.2 铸件缺陷的检验

1. 外观缺陷检验

通过直接观察，可发现铸件的宏观缺陷，如缩孔、浇不足、气孔、砂眼和粘砂等。还可利用各种量具、工作台直接测量或划线，检查铸件的形状和尺寸等。

2. 铸件表面缺陷检验

铸件表面缺陷检验常用渗透法和磁粉探伤法。渗透法是将铸件浸入荧光液或着色液中，利用毛细管作用，从而确定有无缺陷和缺陷具体位置的一种方法。磁粉探伤法是利用铁粉在磁场作用下产生的磁场线来检查磁性材料缺陷的一种方法。当铸件表层有裂纹、孔隙时，因磁阻增大，磁场线弯曲，从而发现缺陷的存在和位置。

3. 内部缺陷检验

铸件内部缺陷常用超声波探伤和射线探伤。超声波探伤是利用超声波在固体中传播遇到缺陷界面时能够反射的原理来探测铸件内部缺陷的。探测时，在显示屏上可以看到始脉冲和底脉冲，若铸件内部存在缺陷，则在显示屏上出现缺陷脉冲。射线探伤是利用电磁波（x 射线或 y 射线等）穿透金属时会有不同程度衰减的特性来探测铸件内部缺陷的。如果铸件存在缺陷，则会使衰减变小，在底片上感光较强，从而显示出缺陷形状、尺寸和位置。

3.7.3 铸件质量控制

进行铸件质量控制，就是要预防和消除铸件缺陷的产生，使铸件各指标达到技术要求。如前所述，由于铸造工艺过程复杂，影响铸件质量的因素很多，因此，对铸件进行质量控制就必须对铸造生产工艺过程的各个环节的质量进行系统的、科学的、全面的管理。

1. 型（芯）砂配制方面

造型材料应选择、配制恰当，否则易使铸件产生气孔、粘砂、夹砂、砂眼等缺陷。因此，应选用适宜的原砂，控制黏结剂、水分、附加物的加入量，用科学的方法进行检测，保证型（芯）砂应具备的各项性能。

2. 砂型工艺方面

砂型工艺包括模样和芯盒的设计制造、造型和造芯的方法、浇铸系统和冒口设置等。为了保证砂型工艺的质量，必须根据铸件的特点、技术条件、生产批量等，从造型工艺和操作上进行全面分析，制订出合理的工艺方案，防止铸件产生缩孔、缩松、浇不足、冷隔、气孔等缺陷。

3. 合金熔炼方面

必须进行严格的工艺操作，控制熔炼过程，以保证获得化学成分和温度合乎要求的金属液。当使用冲天炉熔炼铸铁时，应加强炉料配置、加料顺序、炉前操作等的控制。使用坩埚炉熔炼有色金属时，应加强保护和熔炼温度的控制，并严格进行精炼和除气等。

4. 浇铸及落砂方面

控制好浇铸温度、浇铸速度及落砂时间也是铸件质量控制中不可忽视的环节，它对防止铸件产生粘砂、缩孔、气孔、浇不足、冷隔、裂纹等缺陷具有重要的作用。

第4章 锻 压

4.1 锻压概述

锻压是机械制造中的重要加工方法，它不仅能使金属材料成形，还能提高其力学性能。

锻压是利用外力使金属坯料产生塑性变形，从而获得预定形状、尺寸和性能的制件（毛坯或零件）的加工方法。

锻压是锻造和冲压的总称，以金属锭或棒料为原材料时（在热态下）为锻造；以板料为原材料时（在冷态下）为冲压。机械锻造是现代锻造生产的主要方式，根据所用设备和工具不同，成形方式不同，常用锻造方法可分为自由锻造和模型锻造两大类。冲压可分为分离工序和变形工序两大类。

金属锭料经过锻压后，不仅形状、尺寸发生改变，其内部组织也更加致密，铸锭内部的疏松组织以及气孔、微裂纹等也被压实和焊合，同时晶粒细化，因而力学性能得到提高。因此，承受重载荷和冲击载荷的重要机器零件和工、模具，如主轴、连杆、齿轮、刀杆和锻模等，大都采用锻造的毛坯。冲压件则具有质量轻、刚度和强度高等优点，并且生产率高，易于实现机械化和自动化，广泛应用于汽车、电力、电子、仪表、航空及家用制品的生产当中。但是，冲压生产必须使用专用模具，只有在大批量生产的条件下，才能发挥其优势。

4.2　锻造生产过程

用于锻压的材料应具有良好的塑性，所以，具有良好塑性的钢，铜、铝及其合金可用于锻造。由于铸铁塑性差，锻造时易碎裂，故不宜锻造。生产中常用的锻造材料有低碳钢和中碳钢，生产有特殊要求的重要零件时，采用合金钢。为了提高金属材料的塑性和降低其变形抗力，锻压成形前，一般先将金属加热。因此，锻压生产一般包括下料、坯料加热、锻造成形、锻件冷却以及检验和热处理等工序。

1. 下料

下料是根据锻件的形状、尺寸和质量，从选定的原材料上截取相应的坯料。锻件的下料方法主要有剪切、锯割、氧气切割等。

2. 加热坯料

1）加热目的与锻造温度

在常温下，某些塑性好的金属材料也能锻造成形，但变形量受到一定限制，而且变形抗力很大，甚至难以达到预期的成形要求。金属材料通过加热，可以使其塑性提高，强度降低。因此，锻造前对金属坯料进行加热是锻造工艺过程中的一个重要环节。

对坯料进行加热的目的是提高金属的塑性和降低其变形抗力，以改善其锻造性能。坯料加热后锻造，可以用较小的锻打力而产生较大的变形而不破裂，锻后获得良好的组织。

但是，加热温度不能太高，若加热不当，会出现加热缺陷，使锻件质量下降，甚至造成废品。因此，为了保证金属在变形时具有良好的塑性，又不致产生热缺陷，锻造必须在合理的温度范围内进行。

金属材料锻造时，所允许加热的最高温度称为始锻温度。毛坯在锻造过程中，随着热量的散失，温度不断下降，因而塑性越来越差，变形抗力越来越大，温度下降到一定程度后，不仅难以继续变形，且易断裂，必须及时停止锻打，重新加热。金属材料不宜再锻的温度称为终锻温度。从始锻温度到终锻温度称为锻造温度范围。几种典型钢材的锻造温度范围如表 4-1 所列。

表 4-1　常见金属材料锻造温度范围

材料种类	牌号举例	始锻温度 /℃	终锻温度 /℃
低碳钢	Q195，Q215，Q235，10，15，20，25	1200～1250	700～800
中碳钢	30，35，40，45，50，55	1150～1200	800～850
合金结构钢	30Mn2，35SiMn，40Cr，30CrMo	1100～1180	800～850
高速工具钢	W18Cr4V，W12Cr4V4Mo	1150～1200	800～850
不锈钢	1Cr13，0Cr18Ni9，1Cr18Ni9，1Cr18Ni9Ti	1150～1200	850～900
铝合金	2A50，2B50，6061，6063	450～500	350～380
铜合金	CuSn8P，CuZn31Si1，CuAl9Fe4Ni4	800～900	650～700

金属在加热和锻造过程中的温度变化可用仪表（热电高温计或光学高温计）测量，在实际生产中锻工也常用观察金属火色的方法来判断，如碳钢的始锻温度为亮黄色，终锻温度为樱红色。

2）常见加热缺陷及其防止

坯料在加热过程中的缺陷有过热、过烧、氧化、脱碳和加热裂纹等。

（1）过热　如果坯料的加热温度过高或在始锻温度下保温时间过长，会使晶粒过分长大，这种现象称为过热。过热的锻件晶粒粗大，金属塑性下降，锻造时容易产生裂纹。对于已产生过热但尚未锻造的坯料，可用冷却后重新加热的方法挽救。若锻后发现粗晶组织，可通过热处理如正火的方法细化晶粒。

（2）过烧　如果坯料的加热温度更高（高于过热温度），或已过热的坯料长时间在高温下停留，会使晶粒间低熔点物质熔化；同时，由于炉中的氧化性气体的渗入，使晶粒边界物质氧化，从而削弱晶粒间的联系，一经锻打就会破碎而成为废品，这种现象称为过烧。过烧缺陷无法进行挽救，只有严格控制加热温度、加热速度以及坯料在高温下停留时间来加以防止。

（3）氧化与脱碳　金属坯料加热时，其表层与炉气中的氧化性气体（CO_2、O_2、H_2O 和 SO_2 等）发生化学反应生成氧化皮，造成金属的烧损，这种现象称为氧化。氧化皮的形成不仅造成金属材料的损耗，而且影响锻件的质量和腐蚀加热炉。在模锻时，由于氧化皮使锻模磨损加剧，造成锻件表面质量下降。每加热一次，由于氧化而造成的烧损量占坯料质量的 2%～3%。

金属坯料在加热过程中，其表层的碳在高温下与 O_2、H_2、H_2O 和 CO_2 等进行化学反应，造成表层碳分降低的现象称为脱碳。脱碳后的金属材料，其性质变软，强度和耐磨性降低。如果脱碳层深度小于锻件加工余量时，对零件使用没有什么危害，否则就会严重影响其使用性能。

对于一般火焰加热炉，防止氧化和脱碳的方法大体相同，可采用如下工艺措施：

尽量采用高温装炉的快速加热法，少装勤装，缩短坯料在高温下停留的时间。

由于过多的空气会加速氧化过程，因此应控制进入炉内的空气量，在完全燃烧的条件下，尽可能减少过剩空气量，并减少燃料中的水分。

保温时炉膛应保持不大的正压力，防止冷空气进入炉膛。

加热前将坯料涂刷保护层或在保护性气氛中加热等，实现少氧化、无氧化加热，并减少脱碳。

（4）加热裂纹　坯料加热时，由于表里温度差造成的温度应力，组织变化伴随着体积变化造成的组织应力，坯料内部原有的残余应力等这些应力的联合作用，可能会导致加热裂纹的产生。加热裂纹一旦出现，坯料即报废，无法挽救。一般中、小型锻件，以轧材为坯料时，不会产生加热裂纹。而对大型钢锭加热，尤其对高碳钢和合金钢锭坯料加热，要注意防止产生加热裂纹。可采用缓慢加热、分段加热或对坯料进行预热等手段防止裂纹的产生。

3）加热设备

（1）手锻炉　手锻炉是最简单的火焰加热炉，其结构如图 4-1 所示。手锻炉的炉膛是敞开的，热量损失大，氧化烧损严重，热效率低，炉温不易调节，且不稳定，加热温度不均匀。其优点是结构简单、体积小、升温快，生火、停炉方便。小件、局部加热的锻件以及修理车间等适用此炉。

（2）反射炉　反射炉也是一种常用的燃煤火焰加热炉，其结构如图 4-2 所示。燃烧室中产生的火焰和炉气越过火墙进入炉膛加热坯料，其温度可达 1350℃ 左右。废气经烟道排出，坯料从炉门装取。使用反射炉，金属坯料不与固体燃料直接接触，加热均匀，且可以避免坯料受固体燃料的污染。同时炉膛封闭，热效率高。一般锻造车间普遍采用此炉。

（3）油炉和煤气炉　油炉和煤气炉分别以重油和煤气为燃料进行加热，其结构大致相同，仅喷嘴结构有所差别。它们都没有专门的燃烧室，加热时利用压缩空气将重油或煤气由喷嘴直接喷射到加热室（即炉膛）内进行燃烧加热坯料，生成的废气由烟道排出。调节重油或煤气及压缩空气的流量，便可以控制炉膛的温度。室式重油炉如图 4-3 所示。此种炉加热比较均匀，生产率较高，可与钢件模锻设备配合使用。

图 4-1 手锻炉结构示意图

1- 烟囱；2- 炉罩；3- 炉膛；4- 风门；5- 风管

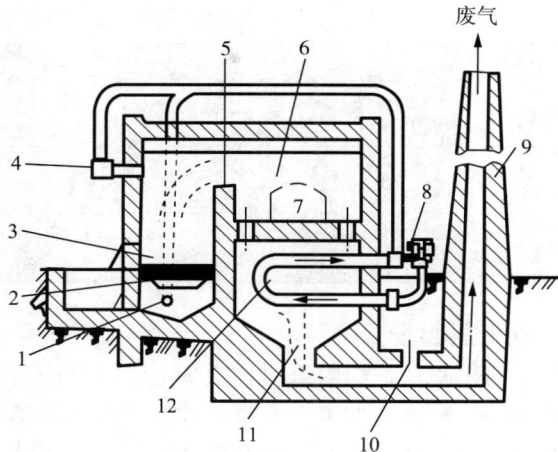

图 4-2 反射炉结构示意图

1- 一次送风管；2- 水平炉箅；3- 燃烧室；4- 二次送风管；5- 火墙；6- 加热室；
7- 装出炉料门；8- 鼓风机；9- 烟囱；10- 烟闸；11- 烟道；12- 换热器

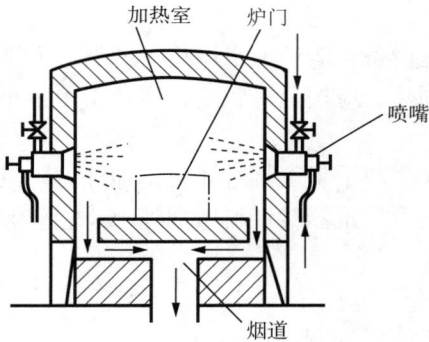

图 4-3 室式重油炉结构示意图

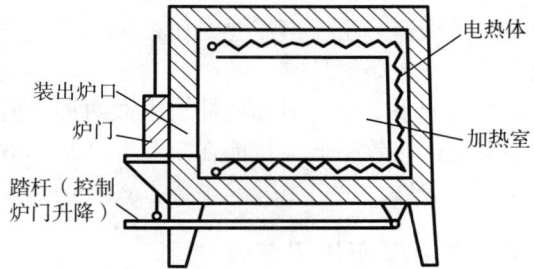

图 4-4 中温箱式电阻炉结构示意图

（4）电阻炉 电阻炉是利用电流通过分布在炉膛壁上的电热元件产生的电阻热为热源，通过辐射和对流加热坯料的设备。电阻炉通常为箱形，有中温箱式电阻炉和高温箱式电阻炉两种。电阻炉结构简单、体积小、操作简便、温度控制准确、加热质量高，且可通入保护性气体控制炉内气氛，以防止和减少坯料加热时的氧化；但耗电多、费用高。此种炉主要用于精密锻造及高合金钢、有色金属等加热质量要求高的场合。中温箱式电阻炉的结构如图 4-4 所示。

此外还有电接触加热（图 4-5）、感应加热、盐浴炉和真空炉加热等。

图 4-5 电接触加热原理

3. 冷却锻件

由于终锻温度一般较高，若不采取措施保证锻件缓慢冷却，会因热应力和组织应力而使锻件出现变形、裂纹等缺陷。因此，锻件冷却是保证锻件质量的重要环节。

通常，锻件中的碳及合金元素含量越多，锻件体积越大、形状越复杂，冷却速度越要缓慢，否则会造成表面过硬不易切削加工、变形和裂纹等。工业生产中常用的冷却方法如表 4-2 所列。

表 4-2 锻件常用冷却方法及应用场合

冷却方法	概念	应用场合
空冷	锻后将锻件在无风的空气中放在车间干燥的地面上自然冷却的方法	一般低、中碳钢和低合金钢中的中、小型锻件及大型锻件
坑冷	将锻件埋在充填有石灰、干砂或炉灰的坑中冷却的方法	合金钢的中、小型锻件；碳素工具钢锻件应先空冷至 650～700℃，然后再坑冷
炉冷	将锻件放在 500～700℃ 的加热炉中随炉缓慢冷却的方法	尺寸较大的合金钢锻件

4. 锻件热处理

为了细化晶粒，均匀组织，减少锻造残余应力，调整硬度，改善机械加工性能，为最终热处理做准备，在机械加工之前，锻件一般需进行热处理。

常用的热处理方法有正火及各种退火等。具体热处理工艺要根据锻件材料的种类、化学成分及对锻件的要求选择。

4.3 自 由 锻 造

自由锻造通称自由锻，是指采用通用工具直接在锻造设备（锻锤或水压机）的上、下砧铁之间进行的锻造。由于不需要专用模具，故生产准备时间短，应用范围较广，适合于单件小批量生产，也是大型锻件唯一的生产方法。

自由锻分手工自由锻和机器自由锻两种。前者是靠人力和手工工具对坯料施加外力，只能生产小型锻件，效率低，目前在工业上已基本被淘汰；后者靠机器对坯料施加外力，能够锻造各种大小的锻件，是自由锻的主要方式。

4.3.1 自由锻所用设备及工具

1. 自由锻所用设备

自由锻所用的设备有两大类，一类是以冲击力使金属坯料产生塑性变形的锻锤，如空气锤、蒸汽－空气锤；另一类是以静压力使金属坯料产生塑性变形的液压机，如水压机。

1）空气锤

空气锤是生产小型锻件的常用设备，可用于锻造中、小型锻件。它既可进行自由锻造，又可进行胎模锻造。其外形及工作原理如图 4-6 所示。

空气锤由锤身、压缩缸、工作缸、减速机构、操作机构、落下部分及砧座部分等组成。

锤身用来安装和固定锤的其他部分，工作缸和压缩缸与锤身铸为一体。减速机构由带轮、齿轮减速装置及曲柄连杆等组成。操纵机构包括踏杆（或手柄）、连接杠杆、上旋阀和下旋阀，在下旋阀中装有一个只准空气作单向流动的逆止阀。落下部分由工作活塞、锤头和上砧铁组成。空气锤的规格用落下部分的质量表示，如 65kg 的空气锤，是指其落下部分的质量为 65kg。砧座部分由砧座、砧垫和下砧铁组成，用以支持工件及工具，并承受锤击。

空气锤可以实现如下动作。

（1）空转 压缩缸和工作缸的上、下部分都与大气相通，锤的落下部分靠自重停在下砧铁上，这时压缩缸活塞虽能上、下运动，但锤头不工作。

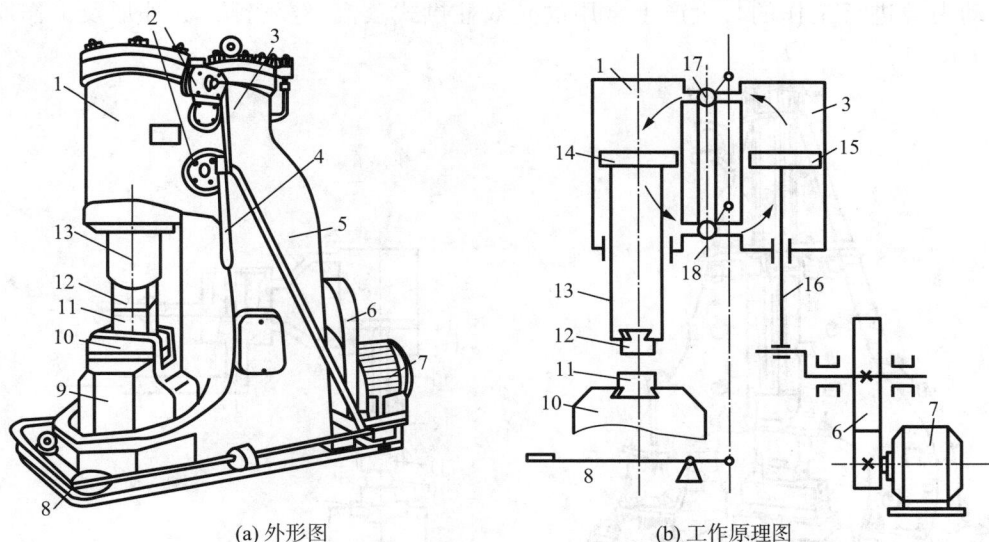

(a) 外形图　　　　　　　　　　(b) 工作原理图

图 4-6　空气锤结构示意图

1- 工作缸；2- 旋阀；3- 压缩缸；4- 手柄；5- 锤身；6- 减速机构；7- 电动机；8- 脚踏板；9- 砧座；10- 砧垫；
11- 下砧铁；12- 上砧铁；13- 锤杆；14- 工作活塞；15- 压缩活塞；16- 连杆；17- 上旋阀；18- 下旋阀

（2）上悬　压缩缸和工作缸的上部都经上旋阀与大气相通，压缩空气只能经下旋阀进入工作缸下部。下旋阀中的逆止阀可防止压缩空气倒流，因此，气体的压力足以将工作活塞顶起，使锤头上悬。此时可在锤上进行各种辅助工作，如摆放锻件、工具和检查锻件尺寸等。

（3）锤头压紧　压缩缸上部和工作缸下部与大气相通，压缩空气经逆止阀进入工作缸上部，使锤头向下压紧锻件。此时可进行弯曲或扭转等工作。

（4）连续锻打　上、下旋阀与大气连通的气道全部隔断，把两个气缸的上部与下部分别经上、下旋阀连通，压缩空气交替地进入工作缸的上部和下部，推动锤头上、下往复运动（此时逆止阀不起作用），实现连续锻打。

（5）单次锻打　将踏杆踩下后立即抬起，或将手柄由锤头上悬位置快速移向连续锻打位置，即称为单次锻打。

上述五种动作，基本满足了生产中的使用要求，其中单次锻打和连续锻打力量的大小是通过下旋阀调节的。手柄（或脚踏杆）扳动角度小，通气孔开启小，由压缩缸进入工作缸的压缩空气量少，打击力就小；反之，打击力就大。

生产上常用的空气锤锻造能力如表 4-3 所列。

表 4-3　空气锤规格选用参考数据

锻件 \ 规格 /kg	65	75	150	200	250	400	560	750	1000
能锻方钢最大断面边长 /mm	50	65	130	150	175	200	270	270	280
能锻圆钢最大直径 /mm	60	85	145	170	200	220	280	300	400
锻件最大质量 /kg	2	4	6	8	10	26	45	62	84

2）蒸汽-空气锤

蒸汽-空气锤是生产大、中型锻件常用的设备，它是用 0.6～0.9 MPa 的压力蒸汽或压缩空气作为动力源进行工作的。生产上常用的是双柱拱式蒸汽–空气锤，其外形及工作原理如图 4-7 所示。

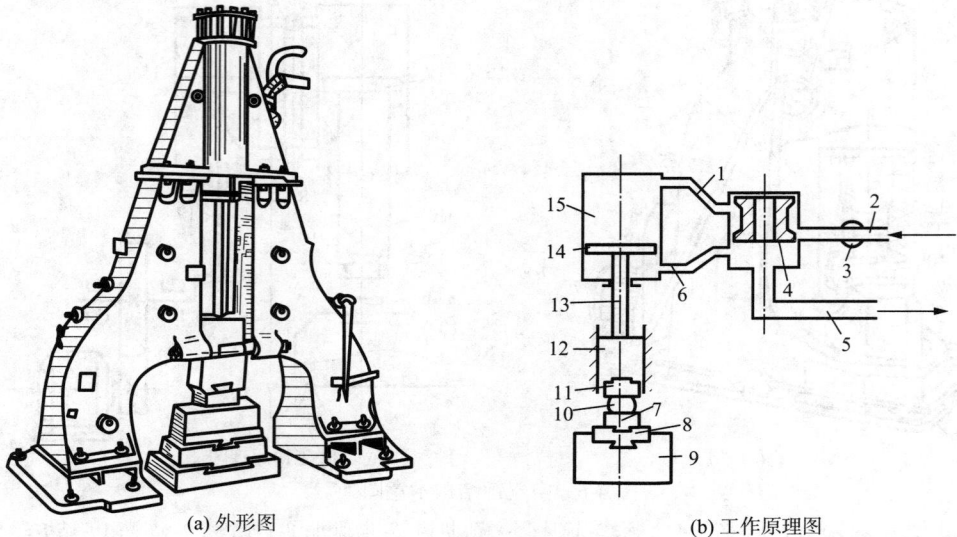

(a) 外形图　　　　　　　　　(b) 工作原理图

图 4-7　双柱拱式蒸汽–空气锤

1- 上气道；2- 进气管；3- 节气阀；4- 滑阀；5- 排气管；6- 下气道；7- 下砧铁；

8- 砧垫；9- 砧座；10- 坯料；11- 上砧铁；12- 锤头；13- 锤杆；14- 活塞；15- 工作缸

蒸汽–空气锤是由机架、气缸、落下部分、配气操纵机构及砧座等部分组成。机架即锤身，由左右两个立柱，通过螺栓固定在底座上。气缸和配气机构的阀室铸成一体，用螺栓与锤身的上端面相连接。落下部分是锻锤的执行机构，由活塞、锤杆、锤头和上砧铁组成。配气操纵机构由滑阀、节气阀、进气管、操纵杠杆组成。砧座由下砧铁、砧垫、砧座组成。为提高打击效果，砧座质量为落下部分的 15 倍，以保证锤击时锻锤的稳定。

蒸汽–空气锤也是通过操作手柄，使滑阀处于不同位置或上下运动，而完成锻锤的上悬、压紧、单次锻打和连续锻打动作。其规格是以落下部分的质量大小来表示。

3）水压机

水压机是生产大型锻件常用的设备，是以高压水泵所产生的高压水（15～40MPa）为动力进行工作的。水压机广泛采用三梁四柱式传动机构，并带有活动工作台。其典型结构如图 4-8 所示。

水压机主要由固定系统和活动系统两部分组成。固定系统由上梁、下梁、工作缸、回程缸和立柱组成。工作缸和回程缸固定在上横梁上，下横梁上面装有下砧铁。上、下横梁和四根立柱组成一个封闭的刚性机架，工作时，机架承受全部工作载荷。活动系统由工作活塞、活动横梁、回程

图 4-8　水压机

1、2- 管道；3- 回程柱塞；4- 回程缸；5- 回程横梁；6- 拉杆；

7- 密封圈；8- 上砧铁；9- 下砧铁；10- 下横梁；11- 立柱；

12- 活动横梁；13- 上横梁；14- 工作柱塞；15- 工作缸

柱塞和拉杆组成，活动横梁的下面装有上砧铁。

水压机的基本动作是：当高压水沿管道 1 进入工作缸时，工作柱塞带动活动横梁沿立柱下行，对坯料进行锻压。当高压水沿管道 2 进入回程缸下部时，则推动回程柱塞上行，通过回程小横梁的拉杆将活动横梁提升离开坯料，从而完成锻压与回程一个循环。

水压机的规格是以水压机产生的静压力的大小表示的。

2. 自由锻所用工具

除了锻锤和水压机外，锻造还需要一些锻造工具。工业上常用锻造工具如图 4-9 所示。

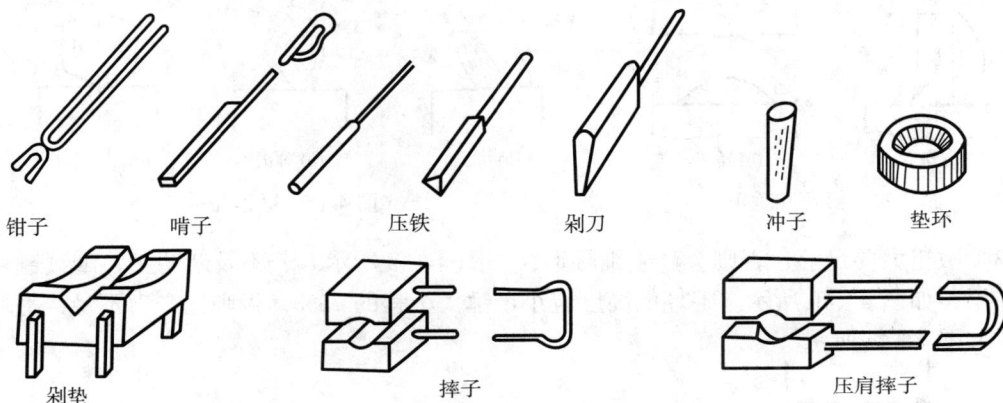

| 钳子 | 啃子 | 压铁 | 剁刀 | 冲子 | 垫环 |

剁垫　　　　　　　　　　　摔子　　　　　　　　　　压肩摔子

图 4-9　锻造工具

4.3.2　自由锻基本工序及其操作

将金属毛坯锻造成一定形状和尺寸的锻件过程由一系列工序组成。自由锻生产工序可分为基本工序、辅助工序及精整工序。基本工序是使毛坯产生塑性变形，以达到所需形状和尺寸的锻件的工艺过程，包括镦粗、拔长、冲孔、弯曲、扭转、错移和切割等；辅助工序是为基本工序操作方便而进行的预变形工序，如切肩、压钳口等；精整工序是为修整锻件形状而进行的工序，如平整、校直等。

1. 镦粗

镦粗是使坯料的截面增大，高度减小的工序，一般用来制造盘类锻件，如圆盘、齿轮、凸缘等。镦粗也往往是锻造环类和套筒类等空心件在冲孔前的预备工序。它可分为完全镦粗和局部镦粗两类。将坯料直立在下砧铁上锻打，使其沿整个高度产生变形称为完全镦粗，如图 4-10 所示。局部镦粗又分端部镦粗与中间镦粗，这需借助漏盘或胎模等工具实现，如图 4-11 所示。

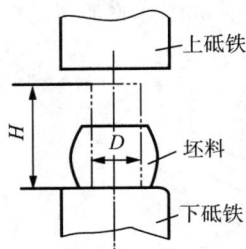

图 4-10　完全镦粗

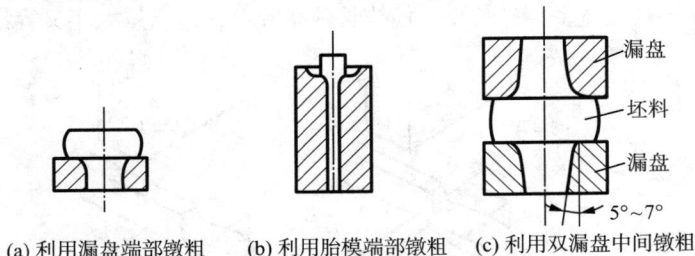

(a) 利用漏盘端部镦粗　(b) 利用胎模端部镦粗　(c) 利用双漏盘中间镦粗

图 4-11　局部镦粗

镦粗时，由于圆柱形毛坯的上下端面受上下砧铁的冷却作用及其间摩擦阻力的影响，毛坯端部向四周移动比较困难，而毛坯中部金属则不受其约束，向外挤出较多。结果，圆柱形毛坯变成了鼓形，这属正常变形情况。镦粗操作及注意事项如下：

（1）毛坯的高径比 H/D（局部镦粗时为镦粗部分的高径比）不应大于 2.5。否则容易镦弯，如图 4-12a 所示。镦弯后应将工件放平，轻轻锤击矫正，如图 4-12b 所示。

（2）镦粗前应使坯料的端面平整并与轴线垂直，否则会镦歪。镦歪后应将工件斜立，轻打镦歪的斜角，然后放直，再继续锻打，如图 4-13 所示。

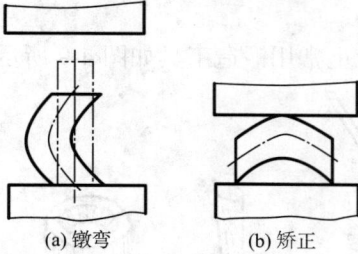

(a) 镦弯　　(b) 矫正

图 4-12　镦弯和矫正

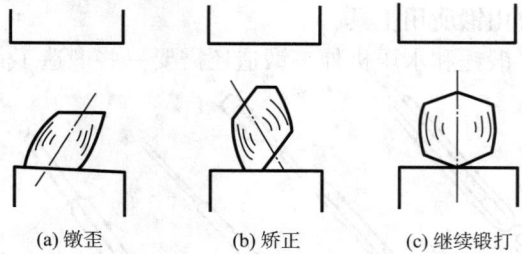

(a) 镦歪　　(b) 矫正　　(c) 继续锻打

图 4-13　镦歪和矫正

（3）墩粗力要足够，否则会产生细腰形，如图 4-14a 所示。若不及时矫正，继续镦粗就会产生夹层，如图 4-14b 所示。毛坯的高度应小于锤头全程的 75%，否则锤击力不足，毛坯变形不匀，如图 4-14c 所示。

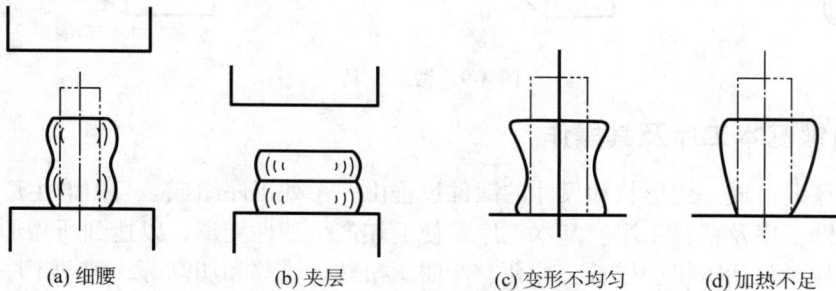

(a) 细腰　　　(b) 夹层　　　(c) 变形不均匀　　(d) 加热不足

图 4-14　变形不匀

（4）镦粗应加热到该种材料所允许的最高始锻温度，并应整体均匀加热，否则变形不匀，如图 4-14d 所示。

2. 拔长

拔长是使坯料的截面积减小，长度增加的工序，多用于锻造轴类、杆类和长筒类零件。拔长的操作及注意事项如下：

（1）毛坯沿砧铁宽度方向送进，每次进给量 L 应为砧铁宽度 B 的 0.3～0.7 倍。进给量太大，坯料展宽多，延长小，使拔长效率降低；进给量太小又容易产生夹层，如图 4-15 所示。

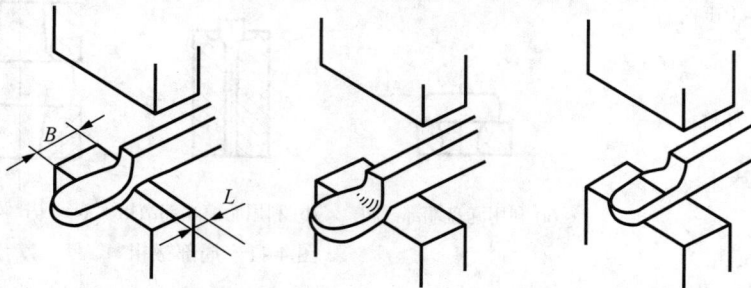

(a) 进给量合适　　(b) 进给量太大，效率低　　(c) 进给量太小，产生夹层

图 4-15　拔长时的送进方向和进给量

（2）拔长过程中应不断翻转工件，使其截面经常保持近似方形。拔长时锻件的翻转方法如图 4-16 所示。

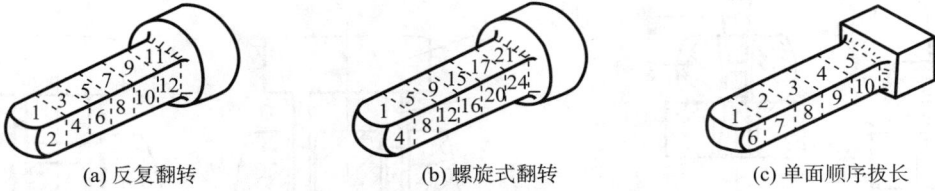

(a) 反复翻转　　　　(b) 螺旋式翻转　　　　(c) 单面顺序拔长

图 4-16　拔长时锻件的翻转方法

（3）圆截面坯料拔长成直径较小的圆截面锻件时，须先将坯料锻打成方形截面，再进行拔长，直到接近锻件的直径时，再锻打成八角形，最后滚打成圆形，如图 4-17 所示。

（4）局部拔长锻造台阶轴时，拔长前应先在截面分界处压出凹槽，以便做出平整和垂直拔长的过渡部分，如图 4-18a 所示。

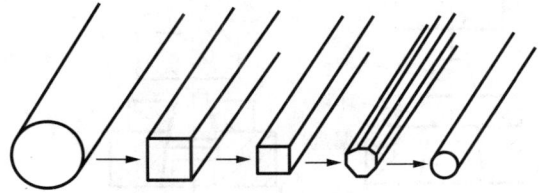

图 4-17　圆截面坯料拔长时的变形过程

（5）拔长套筒类锻件时，一般先冲孔，然后套在心轴上拔长，如图 4-18b 所示。

（6）锻件拔长后需要修整，使表面平整光滑，尺寸准确。方形或矩形截面的锻件用平锤修整；圆形截面的锻件用型锤或摔子修整，如图 4-19 所示。

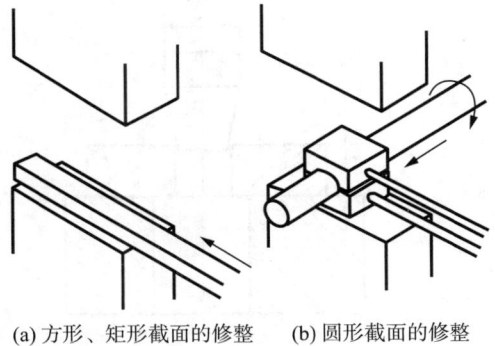

(a) 局部拔长　　　　(b) 心轴拔长

图 4-18　局部拔长和心轴拔长

(a) 方形、矩形截面的修整　　(b) 圆形截面的修整

图 4-19　拔长后的修整

3. 冲孔

冲孔是用冲头在坯料上冲出通孔或不通孔的工序。它可分为实心冲头冲孔和空心冲头冲孔。实心冲头冲孔又分双面冲孔和单面冲孔，如图 4-20 所示。空心冲头冲孔的冲头是一个空心圆环，大多用于冲孔径大于 400mm 的孔，如图 4-21 所示。

冲孔操作应注意，坯料加热要均匀，防止因塑性变形不匀而将孔冲歪。冲孔前还应检查冲头，冲头不得有裂纹，且端面要平整并与中心线垂直。坯料端面也应平整、洁净且无缺陷。双面冲孔时先轻轻试冲，检查位置正确后再冲出浅坑，在坑内撒些煤粉，以便冲头容易从深坑中拔出。在冲孔过程中，冲头应随时浸水冷却，以免受热变软。单面冲孔或空心冲头冲孔时，只要试冲找正后，在漏盘上将孔冲穿即可。

对于大直径的环形锻件，可采用先冲孔、再扩孔的方法进行。常用的扩孔方法有两种，一是用扩孔冲子扩孔，如图 4-22 所示；另一种是用马杠扩孔，如图 4-23 所示。

(a) 双面冲孔

(b) 单面冲孔

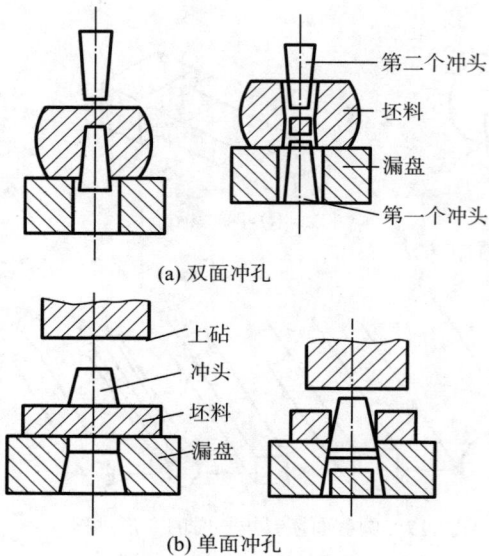

图 4-20 实心冲头冲孔

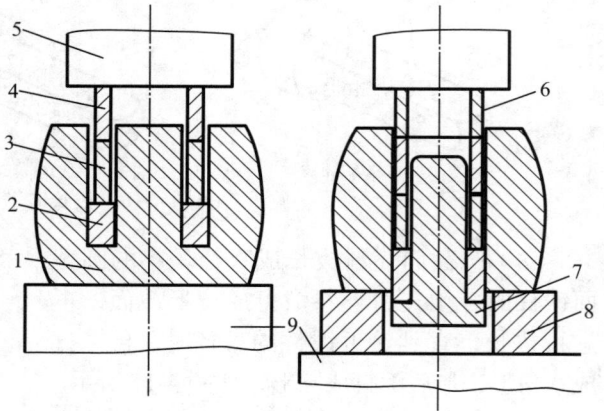

图 4-21 空心冲头冲孔

1- 钢锭冒口端；2- 空心冲头；3- 第一节套筒；4- 第二节套筒；

5- 上砧铁；6- 第三节套筒；7- 芯料；8- 垫圈；9- 垫板

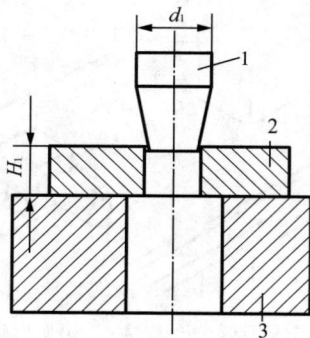

图 4-22 扩孔冲子扩孔

1- 扩孔冲子；2- 坯料；3- 垫环

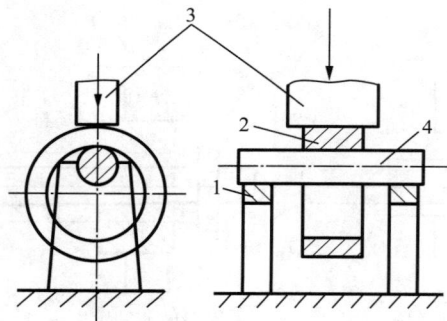

图 4-23 马杠扩孔

1- 托架；2- 坯料；3- 上砧铁；4- 马杠

4. 弯曲

使坯料弯成一定角度或形状的锻造工序称为弯曲。弯曲用于锻造吊钩、链环、弯板等锻件。弯曲时锻件的加热部分最好只限于被弯曲的一段，并且加热要均匀。在空气锤上进行弯曲时，将坯料压紧在上、下砧铁之间，使欲弯曲的部分伸出，用锤打弯，如图4-24a 所示，或借助成形垫铁、成形压铁等辅助工具使其产生成形弯曲，如图 4-24b 所示。

5. 扭转

扭转是将坯料的一部分相对于另一部分旋转一定角

(a) 角度弯曲   (b) 成形弯曲

图 4-24 弯曲

度的工序，如图 4-25 所示。锻造多拐曲轴、连杆、麻花钻等锻件和校直锻件时常采用此工序。扭转时，应将坯料加热到始锻温度，且均匀热透，受扭曲变形的部分必须表面光滑，面与面相交处要有过渡圆角，以防扭裂。

6. 错移

将坯料的一部分相对于另一部分平移一定距离，错移开但仍保持金属连续性的锻造工序称为错移。错移主要用于锻造曲轴类锻件。错移前，坯料需先进行压肩，然后加垫板及支撑，锻打错开，最后修整，如图 4-26 所示。

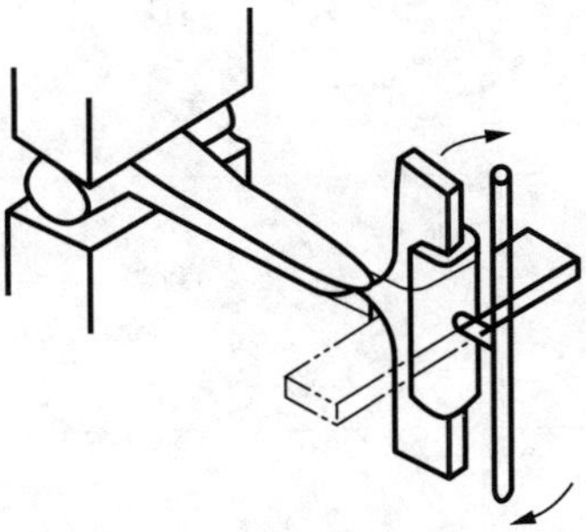

图 4-25 扭转

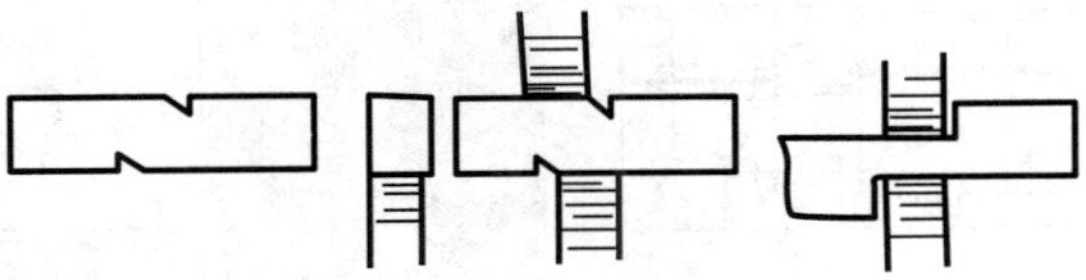

(a) 压肩　　(b) 锻打错开　　(c) 修整

图 4-26 错移

7. 切割

分割坯料或切除余量的锻造工序称为切割。切割方形截面工件时，先将剁刀垂直切入工件，到快断开时，将工件翻转，再用剁刀或克棍截断，如图 4-27a 所示；切割圆形截面工件时，要将工件放在带有凹槽的剁垫中，边切割边旋转，如图 4-27b 所示。

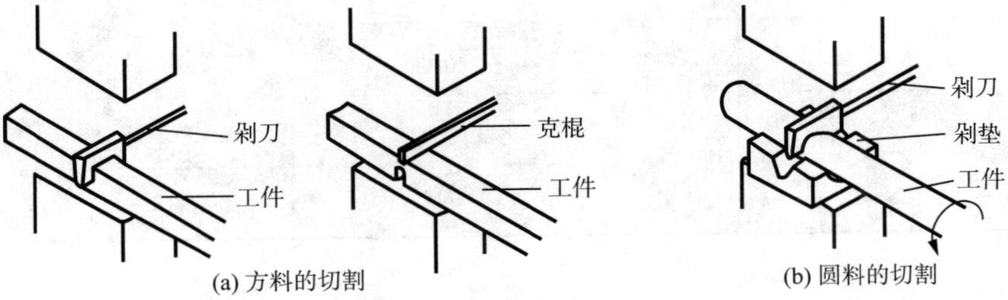

(a) 方料的切割　　　　　　　　　(b) 圆料的切割

图 4-27 切割

4.3.3 典型自由锻件工艺过程示例

把毛坯锻成锻件的全过程称为锻造工艺过程。锻件形状简单、要求不高的可采用工序简图表示其工艺过程。形状较复杂、要求较高的锻件，需填写工艺卡片。工艺卡片是指导锻造生产的基本文件，是生产准备、工艺操作和检验锻件的依据。工艺卡片形式各不相同，主要包括锻件名称、毛坯类型、毛坯质量、尺寸、牌号、锻件图（在零件图上考虑机械加工余量、锻造公差和余块绘制而成）、锻件质量、生产数量、技术条件、变形工序简图、所用工具、锻造温度范围、加热火次、锻造设备、加热及冷却和热处理方法等内容。表 4-4 所列为阶梯轴类锻件的自由锻工艺过程。

表 4-4 阶梯轴自由锻工艺过程

锻件名称	阶梯轴毛坯	序号	工序名称	工序简图	使用工具	操作要点
锻件材料	40Cr	1	拔长		火钳	整体拔长至 φ49 ±2mm
工艺类别	自由锻					
设备	150kg 空气锤					
加热火次	2	2	压肩		火钳压肩摔子	边轻打边旋转锻件
锻造温度范围	1180～850℃					
锻件图		3	拔长		火钳	将压肩一端拔长至略大于 φ37mm
		4	摔圆		火钳摔圆摔子	将拔长部分摔圆至 φ37±2mm
坯料图		5	压肩		火钳压肩摔子	截出中段长度42mm后，将另一端压肩
		6	拔长	（略）	火钳	将压肩一端拔长至略大于 φ32mm
注：第4工序和第5工序之间进行第二次加热		7	摔圆	（略）	火钳摔圆摔子	将拔长部分摔圆至 φ32±2mm
		8	修整	（略）	火钳钢直尺	检查及修整轴向弯曲

4.4 板料冲压

板料冲压是利用冲模使金属或非金属板料在外力作用下产生分离或变形的加工方法。通常是在室温下进行的，故又称为冷冲压。

一般冲压板料都较薄（1～4mm）。冲压件的尺寸精确，表面光洁，一般不再机加工，可直接作零件使用。冲压具有生产率高、加工成本低，材料利用率高、操作简单、便于实现机械化与自动化等一系列优点。因此，冲压在机械、汽车、家用电器、电机、仪表、航空航天、兵器等制造中，具有十分重要的地位。

1. 冲压设备

（1）剪床　剪床的用途是将板料剪切成一定宽度的条料，以供冲压使用。

剪床的外形和工作原理如图 4-28 所示。电动机 1 带动带轮 2 使轴转动，通过齿轮 6 传动及牙嵌离合器 7 带动曲轴 4 转动，使装有上刀片（刃口斜角 $\alpha = 2°\sim8°$）的滑块 5 作上下运动，完成剪切动作。12 是工作台，其上装有下刀片。制动器 3 与离合器配合，可使滑块停在最高位置，为下次剪切做好准备。

（2）冲床 冲床又称曲柄压力机，是进行冲压加工的基本设备。板料冲压的基本工序都是在冲床上进行的。冲床按其结构可分为单柱式和双柱式两种。

图 4-29 所示为开式双柱可倾式冲床的外形和传动原理图。电动机 1 通过 V 带轮 2 和 3 带动传动轴和齿轮 4 转动，再通过齿轮 4 带动大齿轮 5 转动，当踩下脚踏板 17 时，离合器 6 闭合，大齿轮 5 带动曲轴 7 再通过连杆 9 带动滑块 10 做上下往复运动，上下往复一次称为一个行程。冲模的上模 11 装在滑块 10 上，随滑块上下运动。上下模结合一次即完成一次冲压工序。松开脚踏板时，离合器脱开，齿轮 5 即在曲轴上空转，借助制动器 8 的作用，曲轴就停在上极限位置，以便下一次冲压。若脚踏板不抬起，滑块即进行连续冲压。

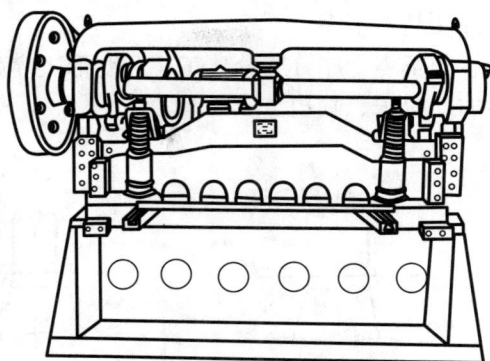

(a) 外形图

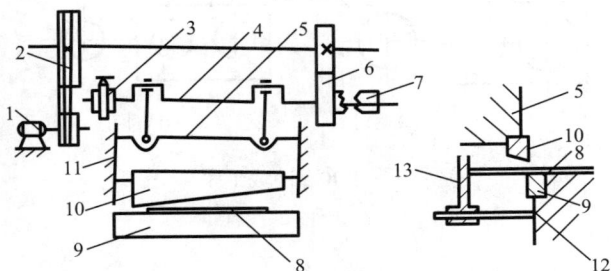

(b) 传动原理图

图 4-28 剪床

1- 电动机；2- 带轮；3- 制动器；4- 曲轴；5- 滑块；6- 齿轮；7- 离合器；8- 板料；9- 下刀片；10- 上刀片；11- 导轨；12- 工作台；13- 挡铁

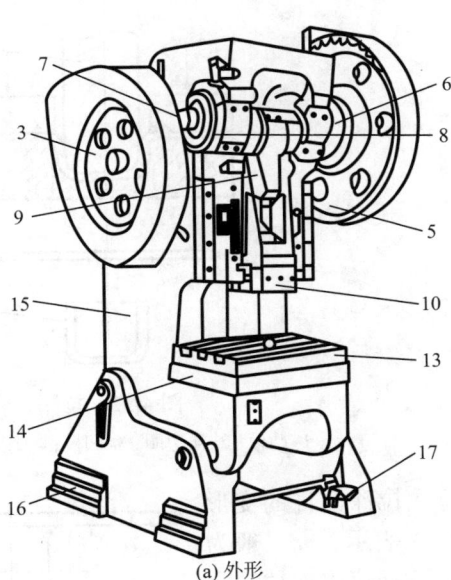

(a) 外形

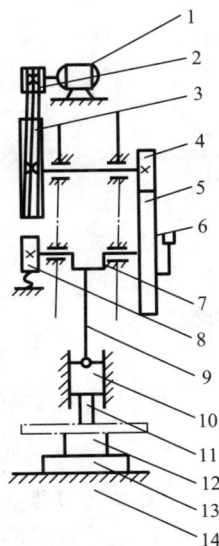

(b) 传动原理

图 4-29 开式双柱可倾式冲床

1- 电动机；2- 小带轮；3- 大带轮；4- 小齿轮；5- 大齿轮；6- 离合器；7- 曲轴；8- 制动器；9- 连杆；10- 滑块；11- 上模；12- 下模；13- 垫板；14- 工作台；15- 床身；16- 底座；17- 脚踏板

2. 冲压基本工序

冲压的基本工序分为分离工序和变形工序两大类。分离工序包括冲孔、落料等；变形工序包括弯曲、拉深、翻边、成形等。

图 4-30　冲裁工序

1- 工件；2- 废料

（1）冲孔和落料　冲孔、落料总称冲裁工序，是用冲裁模使板料沿封闭轮廓分离的工序。它们的操作方法是相同的，只是目的不同。冲孔是以保证内孔尺寸为目的，要的是孔，冲下的部分是废料；落料是以保证外缘尺寸为目的，冲下的部分是工件，余下的部分是废料，如图 4-30 所示。

为使冲裁工序顺利进行，冲裁模的凸模和凹模之间的间隙很小，并有锋利的刃口，以保证冲裁件的断面质量。特别要指出的是，即使冲孔尺寸与落料尺寸相同，冲孔模与落料模也不能通用。

（2）弯曲　弯曲是将板料形成一定角度的工序，如图 4-31 所示，常用于制造各种弯曲形状的冲压件。为防止由于工件的回弹现象使角度比预定的大，在弯曲模设计时，要使模具的角度比工件的预定角度小一个回弹角。

（3）拉深　将平板料变形为中空零件的冲压工序称为拉深工序，如图 4-32 所示。为避免零件拉裂，凸模和凹模的工作部分应加工成圆角；为减少摩擦阻力，凸模与凹模之间要留有相当于板厚 1.1～1.2 倍的间隙，且在拉深过程中在板料和模具上涂润滑剂。

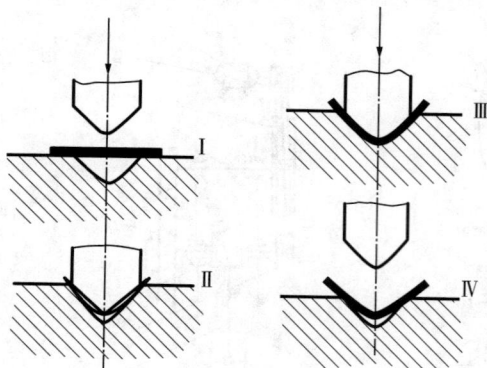

图 4-31　弯曲变形过程

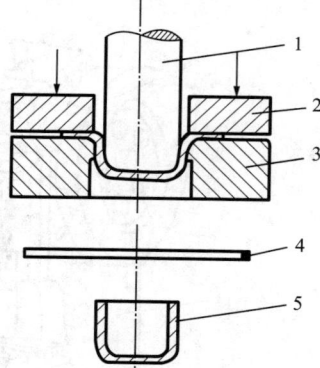

图 4-32　拉深

1- 凸模；2- 压边圈；3- 凹模；4- 坯料；5- 拉深件

板料每次拉深变形的过程不能太大，每次拉深允许的变形程度以拉深系数 m（对于圆筒件 $m = d_{件}/D_{坯}$）表示，m 一般为 0.5～0.8。如果所要求的拉深变形量较大，则应通过多次拉深完成，如图 4-33 所示。

（4）翻边　用冲模在带孔的平板工件上用扩孔的方法获得凸缘的成形工序称为内孔翻边；把平板料的边缘按曲线或圆弧

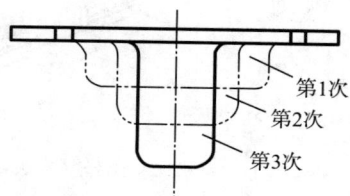

图 4-33　多次拉深

弯成边缘的成形工序称为外缘翻边。内外翻边如图4-34所示。

（5）成形 利用局部变形使坯料或半成品改变形状的工序称为成形工序，如图4-35所示。成形主要用于制造刚性的筋条，或者增大半成品的部分内径等。

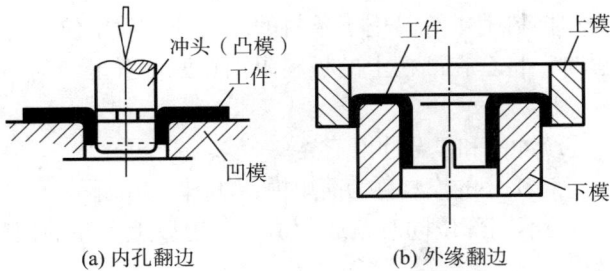

(a) 内孔翻边　　(b) 外缘翻边

图4-34 翻边

(a) 压筋　　(b) 胀形

图4-35 成形

1- 橡皮；2- 坯料；3- 凹模

3. 冲模

模具是冲压加工的主要工艺装备。冲压件的表面质量、尺寸公差、生产率以及经济效益等与模具结构及其合理设计的关系很大。

1）冲模结构

图4-36是典型的冲模结构。它由模架、工作部分、固定装置、定位装置和卸料装置组成。

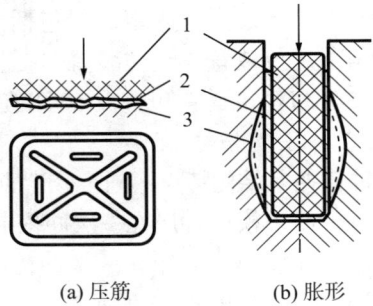

图4-36 典型冲模结构（简单模）

1- 挡料销；2- 导套；3- 导柱；4- 螺钉；5- 模柄；6- 定位销；7- 凸模固定板；8- 上模板；
9- 凸模；10- 卸料板；11- 推料板；12- 凹模；13- 下模板；14- 板料；15- 工件；16- 废料

（1）模架 模架由下模板13、导柱3和上模板8等组成。上模板由模柄5固定在冲床的滑块上；下模板固定在冲床的工作台上，导柱 3 和导套 2 的作用是保证上、下模对准。

（2）工作部分　工作部分包括凸模 9、凹模 12，是模具的关键性零件，它们分别通过压板或螺钉固定在上下模板上，其作用是使板料成形或分离。

（3）固定装置　固定装置包括固定板 7 和螺钉 4 等，是用来固定模具的。

（4）定位装置　定位装置包括导料板 11 和挡料销 1 等，用于条料的左右和前后定位。

（5）卸料装置　卸料板 10 可在凸模回程时，将套在凸模上的板料阻挡在原位置上。

2）冲压模分类

冲模按其结构特点不同，分为简单冲模、连续冲模和复合冲模三类。

（1）简单模　冲床在一次冲程中，只完成一道工序的模具称为简单模，如图 4-36 所示。

（2）连续模　冲床在一次冲程中，在模具的不同部位同时完成两道或两道以上工序的模具称为连续模，如图 4-37 所示。

（3）复合模　冲床在一次冲程中，在模具的同一位置同时完成两道工序的模具称为复合模，如图 4-38 所示。

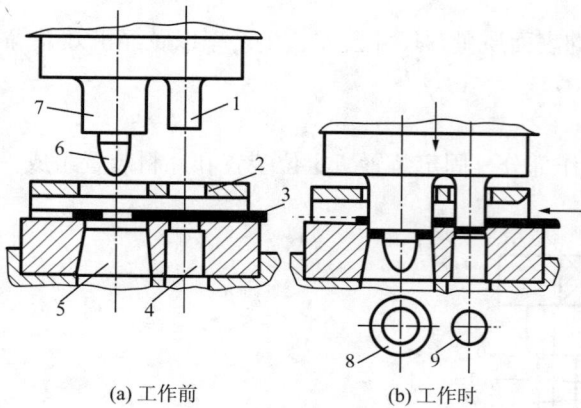

(a) 工作前　　(b) 工作时

图 4-37　连续模

1- 冲孔凸模；2- 卸料板；3- 坯料；4- 冲孔凹模；5- 落料凹模；
6- 定位销；7- 落料凸模；8- 成品；9- 废料

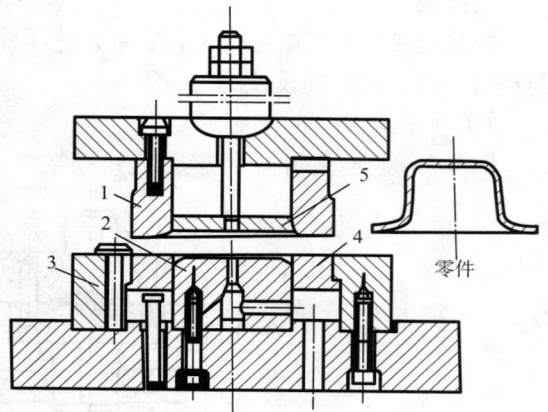

图 4-38　落料拉深复合模

1- 凸凹模；2- 拉深凸模；3- 落料凹模；4- 顶件板；5- 推件板

4.5　锻压件质量分析

1. 锻件质量分析

1）钢锻件常见的缺陷

如果锻造工艺制定不合理，没有按照正确规范进行以及原材料质量不良，都会引起锻件的各种质量问题。这不仅影响锻件的成形，而且影响锻件的组织和性能。

（1）原材料存在的缺陷，如毛细裂纹、折叠、结疤、非金属夹杂、白点等，锻前若不仔细检查并加以去掉，可能引起锻件裂纹、锻件折叠、表面缺陷、分层破裂、锻造开裂等。

（2）坯料在进行剪切和气割时产生的缺陷，如剪切端部裂纹、气割裂纹等，在锻造时裂纹可能进一步扩展。

（3）加热不当产生的缺陷，如过热、过烧、加热裂纹等，将引起锻件力学性能降低甚至使锻件报废。

（4）锻造工艺不当，可能产生粗大晶粒、晶粒不均匀、冷硬现象、龟裂、折叠、裂纹等。

（5）锻后冷却不当可能产生裂纹等。

（6）锻后热处理工艺不当，可能产生硬度过高或过低、硬度不均匀等。

所以，要保证获得高质量的锻件，必须进行锻件质量检验、分析和对锻造过程进行质量控制。

2）钢锻件质量检验、分析及控制

（1）锻件检验　锻件检验包括锻件尺寸、形状、表面质量和内部质量等几个方面。

（2）锻件质量分析　调查原始情况，依靠各种检验方法和技术进行分析，弄清产生质量问题的原因，提出相应解决措施。

（3）锻件质量控制　为保证锻件质量，在锻件技术标准、生产工艺和技术管理制度上，都要有相应的措施加以配合。如材料复验制度，以便发现原材料中的裂纹、夹杂、白点等缺陷并需要及时去除，合格后才能投产；锻件定型和更改制度，即制定合理的工艺规程，待锻件工艺定型后方能投入批量生产，工艺定型后不得随意更改，若要更改需由技术部门加以批准；生产中要合理组批，即锻件每批验收，应由同一图号、同一原材料批号和同一投产批号的锻件组成。

2. 冲压件质量分析

冲压件常见的缺陷有：冲裁件的变形、毛刺等；弯曲件的裂口、翘曲、表面擦伤、角变形等；拉深件的凸缘皱折、拉深壁起皱、拉深壁损伤、拉破等；翻边裂纹、胀形不匀等。

防止和消除缺陷的方法有：模具设计要有合理的凸凹模间隙值、圆角半径和加工精度等。设计弯曲模时，要采取有效措施减小回弹，并在模具上减去回弹量；设计合理的圆角，防止弯裂。拉深时采用压边圈防止起皱，且压力要适中；用适当润滑减小拉深阻力，以防止模具粘着或使工件拉穿。

第 5 章 焊 接

5.1　焊接概述

焊接是通过加热或加压（或两者兼用），并且用（或不用）填充材料，使被焊工件之间形成原子间结合的一种连接方法。

由于被焊材料的接触面不可能绝对平整光滑，表面粗糙、氧化膜和油污都是实施焊接的障碍。因此在焊接过程中必须采用加热、加压等手段，促使被焊材料连接面之间的原子相互接触、扩散而达到结合的目的。焊接不仅可以连接金属材料，也可以连接塑料、陶瓷等非金属材料。

焊接方法的种类很多，按焊接过程的特点不同，可分为熔焊、压焊和钎焊三大类。

1. 熔焊

熔焊是将焊接接头局部加热到熔化状态，随后冷却凝固成一体，不加压力进行焊接的方法。如气焊、电弧焊、等离子弧焊、电子束焊、激光焊、电渣焊等。

2. 压焊

压焊是通过对焊件施加压力，加热（或不加热）进行焊接的方法。如电阻焊（点焊、缝焊、对焊）、摩擦焊、冷压焊、高频焊、扩散焊、爆炸焊等。

3. 钎焊

钎焊是采用低熔点的填充材料（钎料）熔化后填充焊件接头的间隙，通过钎料的扩散而实现焊件连接的焊接方法。如火焰钎焊、感应钎焊、电子束钎焊、盐浴钎焊等。

焊接作为一种不可拆卸的连接方法，与铆接相比，具有节省材料、生产率高、适应性广、连接质量优良、劳动条件较好、易于机械化和自动化等优点，已基本取代铆接成为连接成形的主要方法。与铸造、锻压等成形方法相比，焊接可以以小拼大，以简拼繁，尤其适用于制造大型或结构复杂的构件。它已广泛地应用于金属结构、桥梁、造船、航空、航天、海洋工程、核动力工程、微电子技术以及石油化工、电力、冶金、建筑等部门。

目前焊接技术正向机械化、自动化、智能化以及高生产率方向发展，并正在解决具有特殊性能材料的焊接问题。如超高强度钢、有色金属、异种金属、复合材料及纳米材料、超导材料等的焊接。此外，焊接的自动化程度也有了较大进展，如微机控制机器人焊接和遥控全方位焊接机的焊接等。

5.2 焊条电弧焊

1. 焊条电弧焊的焊接过程及特点

焊条电弧焊是手工操作焊条进行焊接的一种电弧焊方法，它以电弧热作为熔化母材和焊条的热源。

焊条电弧焊示意图如图 5-1 所示。焊接前，首先把焊件和焊钳分别接到弧焊机输出端的两极，并用焊钳夹持焊条。焊接时，先将焊条与工件瞬时接触，造成短路。然后迅速提起焊条离工件一定距离，这一瞬间在工件和焊条之间产生电弧，利用电弧的高温（6000～8000K）使焊件和焊条同时熔化，形成金属熔池。随着电弧沿焊接方向前移，被熔化的金属迅速冷却，凝固成焊缝，使分离的工件牢固地连接在一起。

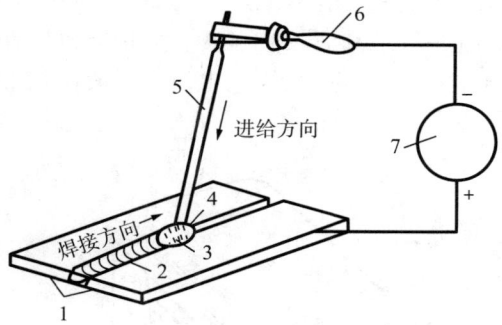

图 5-1 焊条电弧焊示意图

1- 焊件；2- 焊缝；3- 熔池；4- 电弧；5- 焊条；

6- 焊钳；7- 弧焊机

焊条电弧焊是目前工业生产中应用最广泛的一种焊接方法，有如下优点：

（1）所需设备简单，维护方便。

（2）操作简便、灵活，能在各种场合和空间位置进行焊接，焊缝的长度和形状也不受限制。

（3）应用范围较广，适用于大多数工业用的金属和合金的焊接。焊条电弧焊主要用于碳素钢、低合金钢的焊接，选用合适的焊条还可以焊接不锈钢等高合金和有色金属，以及铸铁补焊和多种金属的堆焊。

但焊条电弧焊生产率较其他电弧焊低，焊接质量除受焊接材料的影响外，受操作者人为因素影响较大，劳动条件差、强度高。对于低熔点金属及其合金，以及 1mm 以下的薄板不可采用焊条电弧焊。

2. 焊接接头、熔池与焊缝

焊接时，被焊的工件材料统称为母材（或基本金属）。焊条、焊丝、焊剂和钎料称为焊接材料（或填充金属）。用焊接方法连接的接头称为焊接接头，焊接接头包括焊缝、熔合区和热影响区三部分。熔焊过程中，母材局部熔化与熔化的填充金属一起形成熔池，熔池金属冷却凝固后形成焊缝。母材受焊接加热和冷却的影响而发生组织和性能变化的区域称为热影响区。焊缝与热影响区之间的区域称为熔合区。焊接接头及各部分名称如图 5-2 所示。

3. 焊条电弧焊设备及工具

焊条电弧焊的主要设备是弧焊机，它是焊接电弧的电源。弧焊机按其供给的焊接电流种类不同可分为交流弧焊机和直流弧焊机两大类。

(a) 焊接接头组成   (b) 焊缝各部分名称

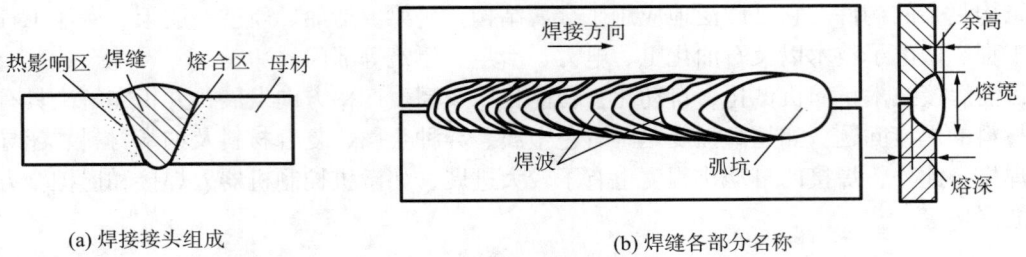

图 5-2 焊接接头及各部分名称

1）交流弧焊机

交流弧焊机是一种特殊的降压变压器，又称弧焊变压器，要求输出电压与输出电流具有下降关系，即下降外特性。它把输入的 220V 或 380V 电压降至合适的安全使用电压，满足电弧引燃和电弧稳定燃烧。空载时（不焊接时），电压为 55～80V，起弧后电压会自动下降到电弧的正常工作电压 20～40V。它能自动限制短路电流，因而不怕起弧时焊条与工件的接触短路，还能供给焊接时所需的电流，一般从几十安培到几百安培，并可根据工件的厚度和所用焊条直径调节电流值。电流调节一般分为初调和细调两级。

交流弧焊机具有结构简单、价格便宜、使用方便、噪声小、维修容易等优点，但其电弧无极性。

BXl-200 型交流弧焊机是目前使用较为广泛的一种弧焊机，其外形如图 5-3 所示。型号中"B"表示弧焊变压器；"X"表示下降外特性；"1"表示系列品种序号，系列品种为动铁芯式；"200"表示弧焊机的额定电流为 200A。

2）直流弧焊机

直流弧焊机有旋转式直流弧焊机和整流弧焊机两种。旋转式直流弧焊机因其结构复杂、维修困难、噪声大、耗电多，正逐渐被淘汰。整流弧焊机（又称弧焊整流器）是低噪声、耗电少的一种弧焊机，它已逐步取代旋转式直流弧焊机。它是将交流电经过变压、整流后获得直流电。弧焊整流器主要有硅弧焊整流器、晶闸管式弧焊整流器和逆变整流器三种。图 5-4 所示为一种常用的弧焊整流器的外形。与旋转式直流弧焊机相比，弧焊整流器结构简单、维修方便、噪声小、

图 5-3 交流弧焊机
1- 调节手柄；2- 焊机标牌；3- 电流指示器；
4- 焊机输入端；5- 接地螺栓；6- 焊接电源两极

节能；与交流弧焊机相比，电弧稳定性好，因此弧焊整流器是我国应用较为广泛的弧焊电源。

直流弧焊机的输出端有正极、负极之分，焊接时电弧两端温度不同。因此直流弧焊机输出端有两种接法，焊件接弧焊机的正极，焊条接负极，称为正接；焊件接弧焊机的负极，焊条接正极，称为反接，如图 5-5 所示。焊接厚板时，一般采用直流正接，这是因为电弧正极的温度和热量比负极高，采用正接能获得较大的熔深。焊接薄板时，为了防止烧穿，常采用反接。但在使用碱性焊条时，均采用直流反接。

焊条电弧焊常用工具和辅助工具有焊钳、焊接电缆、接地夹钳、焊接面罩、防护服、敲渣锤、钢丝刷、焊条保温桶和手套等。

4. 电焊条

1）电焊条的组成和作用

电焊条简称焊条，由焊芯和药皮两部分组成，如图 5-6 所示。

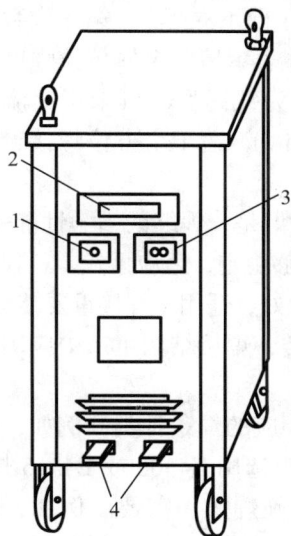
图 5-4　弧焊整流器
1- 电流调节器；2- 电流指示盘；
3- 电源开关；4- 焊接电源两极

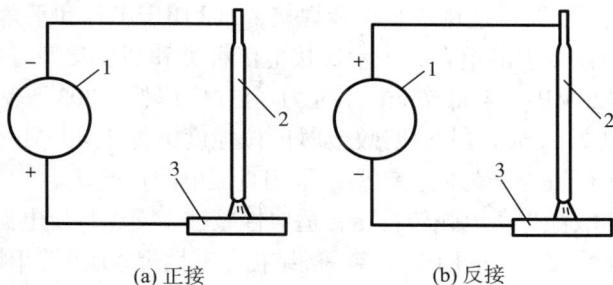
(a) 正接　　　　　(b) 反接
图 5-5　直流弧焊机的接法
1- 直流弧焊机；2- 焊条；3- 焊件

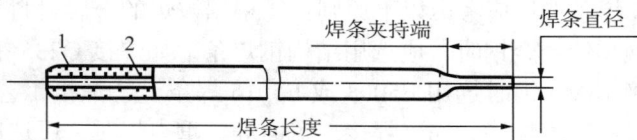
图 5-6　电焊条
1- 药皮；2- 焊芯

（1）焊芯是指焊条中被药皮包覆的金属芯。它有两个作用，一是作电弧的电极；二是作填充焊缝金属，与熔化的母材一起组成焊缝金属。焊芯的直径和长度即为焊条的直径和长度，常用直径有 2mm、2.5mm、3.2mm、4.0mm、5.0mm 等几种，长度为 250～450mm。表 5-1 所列为部分焊条的规格。

表 5-1　常用焊条的直径和长度规格

焊条直径 /mm	2.0	2.5	3.2	4.0	5.0	5.8
焊条长度 /mm	250 300	250 300	350 400	350 400 450	400 450	500 450

（2）药皮是指压涂在焊芯表面上的涂料层，它由矿石粉、铁合金、有机物和黏结剂按一定比例配制而成。药皮的作用如下：

一是机械保护作用。利用药皮在高温分解时放出的气体和熔化后形成的熔渣起机械保护作用，防止空气中氧、氮等气体侵入焊接区域。

二是冶金处理作用。通过药皮在熔池中的冶金作用去除氧、氢、硫、磷等有害杂质，同时补充有益的合金元素，改善焊缝质量，提高焊缝金属的力学性能。

三是改善焊接工艺性。药皮使电弧容易引燃并保持电弧稳定燃烧、易脱渣、焊缝成形良好等。

2）电焊条的种类、型号和选用

焊条按熔渣的化学性质不同，可分为酸性焊条和碱性焊条两种。药皮熔化后形成的熔渣以酸性氧化物为主的焊条称为酸性焊条，如 E4303，E5003 等；熔渣以碱性氧化物和氟化钙为主的，称为碱性焊条，如 E4315，E5015 等。

根据 GB/T 5117—1995 标准规定，碳素钢焊条的型号以字母"E"加四位数字组成，即 E××××。E 表示焊条；前两位数字表示熔敷金属的抗拉强度最小值；第三位数字表示焊接位置（0 及 1 适用于全位置焊接，2 适用于平焊和平角焊，4 适用于向下立焊）；第三位数字和第四位数字的组合，表示焊接电流种类和药皮类型。例如，E4303 表示熔敷金属抗拉强度不低于 420MPa（43kgf/mm²），适于全方位焊接，"03"表示药皮类型为钛钙型，可采用交流或直流电源；E5015 表示熔敷金属抗拉强度不低于 490MPa（50 kgf/mm²），适于全方位焊接，"15"表示药皮类型为低氢钠型，采用直流电源反接法。

酸性焊条电弧较稳定，适应性较强，交、直流电源均可适用，但是，焊缝的力学性能一般，抗裂性较差，适用于焊接一般结构。碱性焊条引弧较困难，电弧不够稳定，适应性较差，仅适用于直流电源，但是焊缝的力学性能和抗裂性较好，特别是冲击韧性较好，适用于焊接重要结构。

焊条按用途分为结构钢焊条、不锈钢焊条和铸铁焊条等十大类，焊接结构生产中应用最广的是结构钢焊条。

焊条选用应考虑以下原则：①根据被焊的金属材料类别选择相应的焊条种类，例如，焊接碳钢和低合金钢时，应选用结构钢焊条。如焊接 Q235 钢和 20 钢时选用 E4303 或 E4315 焊条；焊接 16Mn 钢时选用 E5003 或 E5015 焊条。②焊接工艺性要满足施焊操作需要。例如，向下立焊、管道焊接、底层焊接、盖面焊、重力焊时，可选用相应的专用焊条。③应保证焊缝性能与母材性能相同或相近。

5. 焊条电弧焊工艺

1）接头形式和坡口形状

（1）接头形式　根据焊件厚度和工作条件的不同，需采用不同的焊接接头形式。常用的接头形式有：对接、搭接、角接和 T 形接四种，如图 5-7 所示。

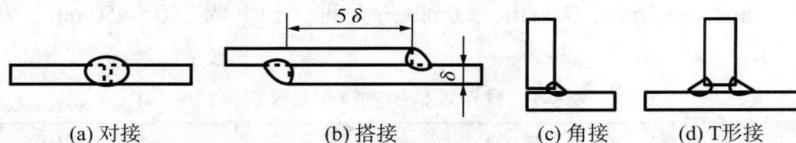

(a) 对接　　　(b) 搭接　　　(c) 角接　　　(d) T形接

图 5-7　焊接接头形式

（2）坡口形状　当焊件较薄时（≤6mm），在焊件接头处只要留有一定间隙就能保证焊透；当焊件厚度>6mm 时，为了焊透和减少母材熔入熔池中的相对数量，根据设计和工艺需要，在焊件的待焊部位加工成一定几何形状的沟槽，称为坡口。为了防止烧穿，常在坡口根部留有 2~3mm 的直边，称为钝边。为保证钝边焊透也需留有根部间隙。对接接头是各种结构中采用最多的一种接头形式。常见的对接接头坡口形状如图 5-8 所示。

2）焊接位置

施焊时，焊缝所处的空间位置称为焊接位置。焊接位置不同，施焊的难度也不同，而且对焊接质量和生产效率也有影响。焊接位置有平焊、立焊、横焊和仰焊四种，如图 5-9 所示。

在上述的四类焊接位置中，平焊操作方便，劳动条件好，生产率高，焊缝质量好，是最理想的操作位置；立焊时，因熔池金属有滴落趋势，操作难度大，焊缝成形不好，生产率较低；横焊时，熔池金属由于重力作用易下流，导致焊缝上边出现咬边，下边出现焊瘤；仰焊时，操作不方便，焊条熔滴过渡和焊缝成形都很困难，不但生产率低，焊接质量也很难保证。因此焊缝应尽可能安排在平焊位施焊。

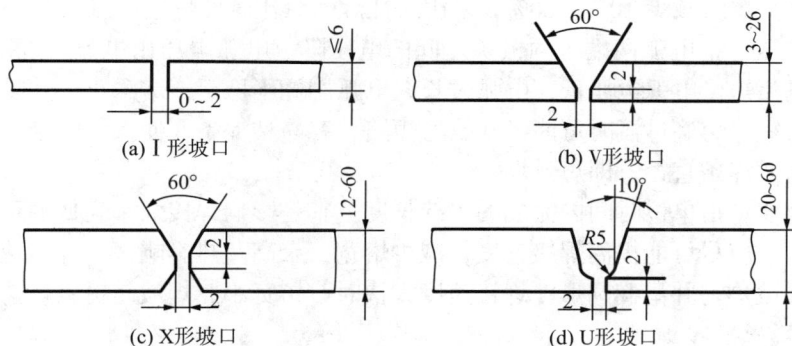

(a) I 形坡口   (b) V形坡口

(c) X形坡口   (d) U形坡口

图 5-8 对接接头坡口形状

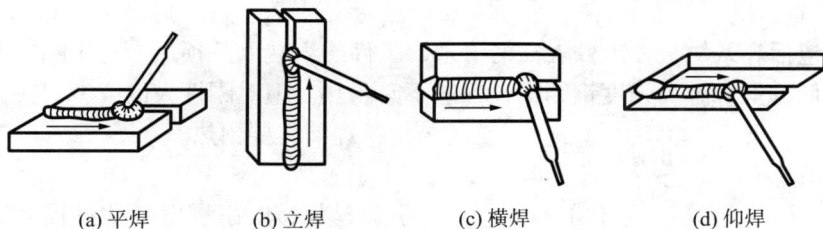

(a) 平焊   (b) 立焊   (c) 横焊   (d) 仰焊

图 5-9 焊接位置

3）焊接工艺参数

焊接工艺参数是指焊接时为保证焊接质量而选定的各物理量的总称。焊条电弧焊的工艺参数主要有焊条直径、焊接电流、电弧电压、焊接速度等。

（1）焊条直径 即焊芯直径，是根据焊件厚度、接头形式、焊接位置、焊接层数等进行选择的，主要参考焊件厚度，一般焊厚工件用粗焊条，焊薄工件用细焊条。焊条直径的选择可参照表 5-2 选取，一般来说，在保证焊接质量的前提下应尽可能选用大直径的焊条，以提高生产率。

表 5-2 焊条直径的选择

焊件厚度 /mm	<4	4～7	8～12	>12
焊条直径 /mm	不超过焊件厚度	3.2～4.0	4.0～5.0	4.0～5.8

（2）焊接电流 指焊接时流经焊接回路的电流。焊接电流的大小对焊接过程影响很大，焊接电流过小会造成焊不透、熔合不良，焊缝中易形成夹渣和气孔等缺陷；电流过大，电弧不稳，焊缝成形差，易出现烧穿等缺陷。

焊接电流应根据焊条直径选取。一般情况下，可参考下面的经验公式选择：

$$I = Kd$$

式中，I 为焊接电流，A；d 为焊条直径，mm；K 为经验系数，可按表 5-3 确定，常取 30～55A/min。

表 5-3 根据焊条直径选择焊接电流的经验系数

焊条直径 /mm	2.0～2.5	3.2	4.0～5.8
K	30～35	35～40	40～55

应当指出，上式只提供了一个焊接电流范围，在实际焊接生产中，还要根据焊件厚度、接头形式、焊接位置、焊条种类等因素，通过试焊来调整和确定焊接电流大小，如立焊和仰焊

时，焊接电流比平焊时减少 10%～20%，采用酸性焊条时比碱性焊条电流大些。

（3）电弧电压　指电弧两端（两极）之间的电压降。电弧电压由电弧长度决定，电弧长，电弧电压高；电弧短，电弧电压低；电弧过长，电弧燃烧不稳定，熔深小，并且容易产生焊接缺陷；若电弧太短，熔滴过渡时可能经常发生短路，容易粘焊条，使操作困难。因此，正常的电弧长度是不超过焊条直径，即短弧焊。

（4）焊接速度　指单位时间内完成的焊缝长度。它是影响焊接效率高低的重要因素。在保证焊透的前提下，应尽可能提高焊接速度，减少熔宽、余高及热影响区。焊接速度适当，则焊缝形状均匀，焊波均匀并呈椭圆形。焊接速度太快时，熔宽小、焊波粗糙；焊速太慢时，熔宽过大，焊件还容易烧穿。

6. 焊条电弧焊基本操作

1）焊前准备

焊前准备包括焊条烘干、工件表面的清理、工件的组装以及预热。对于刚性不大的低碳钢和强度级别较低的低合金高强度钢结构，一般不必预热。但对刚性大的或者焊接性差的容易裂的结构，焊前需要预热。

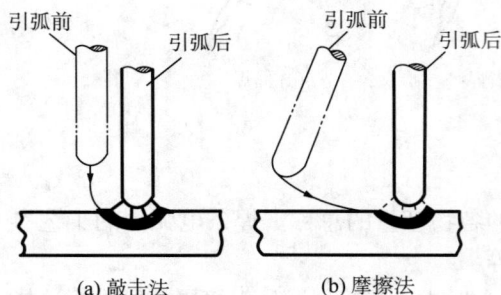

图 5-10　引弧方法

2）引弧

引弧是焊接时引燃电弧的过程。引弧前，应先接通电源、并把弧焊机调至所需的焊接电流。引弧时，先使焊条端部与工件接触形成短路，然后迅速将焊条向上提起 2～4mm 的距离，电弧即引燃。引弧常用的方法有敲击法和摩擦法，如图 5-10 所示。

引弧时，焊条提起要快，否则焊条容易粘在工件上。如发生粘条现象，只需将焊条左右摇动即可脱离；若拉不开，则要松开焊钳，切断焊接电路，待焊条稍冷拉开。否则，短路时间过长，会烧坏弧焊机，另外，焊条抬起不能太高，否则电弧会很快熄灭。

3）运条

（1）焊条的移动　电弧引燃后，必须掌握好焊条与焊件之间的角度，如图 5-11 所示，并使焊条同时完成三个基本动作，如图 5-12 所示。

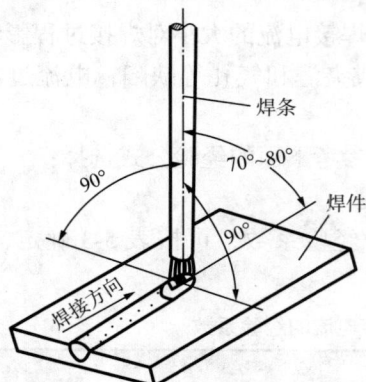

图 5-11　平焊的焊条角度

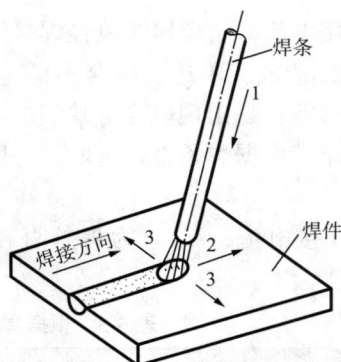

图 5-12　运条基本动作
1- 向下送进；2- 沿焊接方向移动；3- 横向摆动

一是焊条均匀向下送进运动。送进速度应等于焊条熔化速度，以保持弧长稳定。如电弧过长（大于 5mm），则电弧会飘摆不定，引起金属飞溅或熄弧；过短则易短路。

二是焊条沿焊接方向移动。焊条沿焊接方向移动速度即为焊接速度，速度过慢，会使焊缝过高，外形不整齐，甚至烧穿工件；速度过快，则熔化不足，焊缝窄小或焊不透。

三是焊条沿焊缝横向摆动动。焊条以一定轨迹周期性沿坡口左右摆动，以获得所需宽度的焊缝。

（2）运条方法　常见的运条方法有三种：一是直线运条法，一般用于不开坡口的对接平焊；二是锯齿形运条法，多用于较厚钢板的焊接，如平、仰和立焊的对接焊缝；三是正圆圈形运条法，只适用于焊接较厚焊件的平焊，如图 5-13 所示。

4）焊缝收尾

焊缝焊好后熄灭电弧称为收尾。收尾不仅是熄弧，还应在熄弧前填满收尾处的弧坑。常见的收尾方法有三种：①划圈法（在终点做圆圈运动，填满弧坑）；②回焊法（到终点后再反方向往回焊一小段）；③反复断弧法（在终点处多次熄弧、引弧把弧坑填满）。回焊法适于碱性焊条，反复断弧法适用于薄板或大电流焊接。

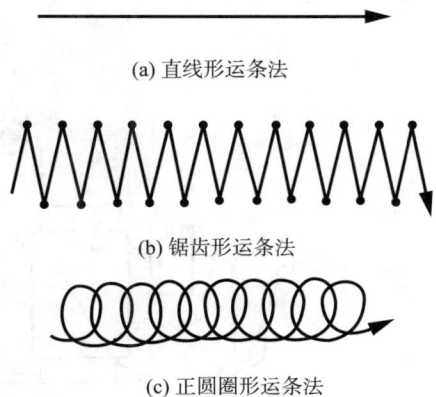

(a) 直线形运条法

(b) 锯齿形运条法

(c) 正圆圈形运条法

图 5-13　运条方法

5）焊后清理、检查

焊接完成后，要除去工件表面飞溅物、熔渣，进行外观检验，若发现有缺陷要进行补焊。

5.3　气焊与气割

5.3.1　气焊

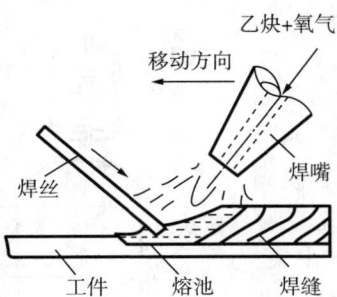

图 5-14　气焊的过程

气焊是利用气体火焰作热源的一种熔焊方法。气体火焰由可燃性气体和助燃气体混合燃烧而形成。当火焰产生的热量能熔化母材和填充金属时，就可以用于焊接。

气焊常使用的可燃性气体是乙炔（C_2H_2），氧气是助燃气体，利用乙炔和氧混合燃烧所形成的火焰（即氧乙炔焰）作热源，将焊件和焊丝熔化形成熔池，凝固后形成焊缝。气焊过程如图 5-14 所示。

与电弧焊相比，气焊火焰的温度较低，最高温度约为 3150℃，且热量分散，加热缓慢，生产率低，工件变形大。另外，气焊火焰还会使液态金属氧化，其保护效果差，焊接接头质量不高。但气焊设备简单，火焰易于控制，操作灵活方便，不需要电源，特别适用于野外施工。

气焊主要用于厚度在 3mm 以下的低碳钢薄板、薄壁管和铜、铝等有色金属及其合金的焊接，还可以补焊铸铁件。

1. 气焊设备

气焊设备有乙炔发生器（或乙炔瓶）、氧气瓶、减压器、回火保险器及焊炬等。气焊所用设备及气路连接如图 5-15 所示。

1）乙炔发生器和乙炔瓶

（1）乙炔发生器是使水与电石发生化学反应产生一定压力乙炔气体的装置。

图 5-16 所示为 Q3—1 型乙炔发生器的工作原理。使用前向发生器内加入清水至一定高度，再将盛有电石的电石篮放入内桶，电石与水即发生反应产生乙炔，反应式如下：

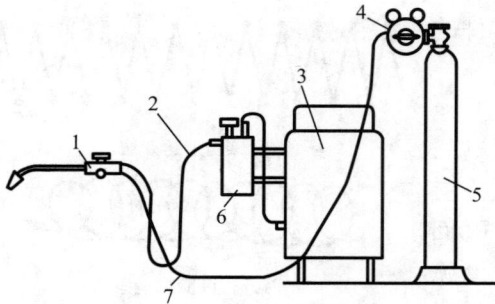

$$CaC_2 + 2H_2O = C_2H_2\uparrow + Ca(OH)_2 + Q$$

图 5-15　气焊设备及连接

1- 焊炬（枪）；2- 乙炔胶管（红色）；3- 乙炔发生器；
4- 减压器；5- 氧气瓶；6- 回火保险器；7- 氧气胶管（黑色）

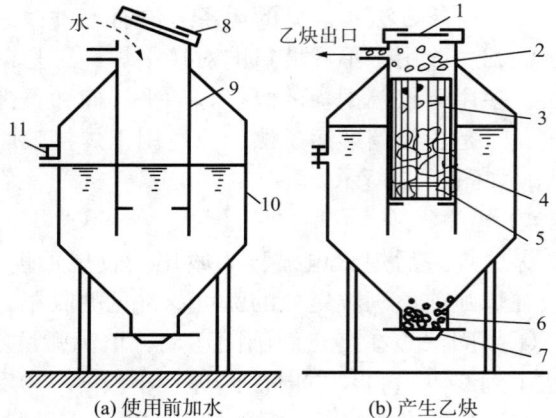

(a) 使用前加水　　(b) 产生乙炔

图 5-16　乙炔发生器工作原理

1- 防爆膜；2- 乙炔；3- 电石篮；4- 电石；5- 内桶水面；6- 电石渣；
7- 下盖；8- 上盖；9- 内桶；10- 外桶；11- 水位阀

图 5-17　乙炔瓶

乙炔消耗量减少时，在发气室内的乙炔量就增多，压力随之增高，发生器内水位降低，电石与水脱离接触，乙炔停止发生，发气室内压力就不再增高。当乙炔消耗量增大，发气室内压力降低时，水位升高，电石与水又重新接触，乙炔发生器恢复正常工作。

乙炔是一种无色、有特殊臭味、易燃、易爆气体，为了安全，在乙炔发生器上部装有防爆膜（0.1mm 厚的铝片），当桶内压力过大时，防爆膜自行破裂，防止了乙炔发生器爆炸。

（2）乙炔瓶是用于贮存和运输乙炔的容器，如图 5-17 所示。其外表漆成白色，并用红漆标注"乙炔"字样。

乙炔瓶的工作压力为 1.5MPa，在瓶内装有浸满丙酮的多孔性填料，可使乙炔稳定而又安全地贮存在瓶内。使用时，溶解在丙酮内的乙炔就分解出来，通过乙炔瓶阀流出，而丙酮仍留在瓶内，以便溶解再次压入的乙炔。

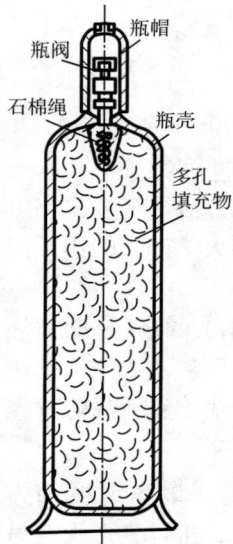

在使用乙炔瓶时，瓶体应直立放置，因为卧放时丙酮与乙炔会同时流出；瓶体温度不能超过 30～40℃，否则会降低丙酮对乙炔的溶解度，使瓶内压力急剧增高；乙炔瓶和气路连接不得有泄漏；瓶体要远离火焰，严禁剧烈振动。

2）氧气瓶

氧气瓶是贮存和运输氧气的高压容器，如图 5-18 所示，其外表面涂天蓝色漆，并用黑漆标注"氧气"两字。常用氧气瓶容积为 40L，贮存压

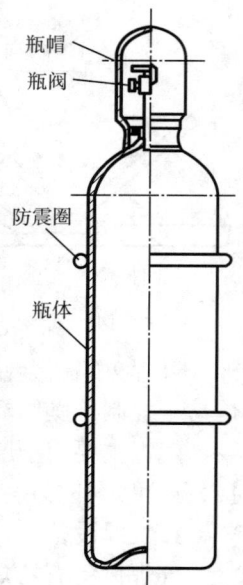

图 5-18　氧气瓶

力为 15MPa，在使用氧气瓶时，要直立放置；不应与其他气瓶混放，不得靠近明火和其他热源；氧气瓶距乙炔瓶应大于 3m；氧气瓶应避免受撞击，不能在阳光下曝晒；氧气瓶上严禁沾染油脂。

3）减压器

减压器是将高压气体降为低压气体的调节装置。气焊时所需的气体压力一般都比较低，氧气压力通常为 0.2～0.4MPa，乙炔压力最高不超过 0.15MPa，因此必须将气瓶内输出的气体压力降压后才能使用。减压器的作用是降低气体压力并使输送到焊炬的气体压力稳定不变。

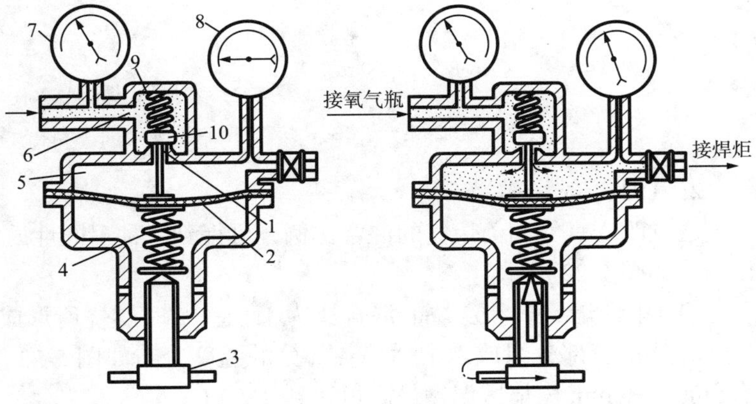

减压器的结构和工作原理如图 5-19 所示。不使用时，活门关死，高压气体不能进入低压室，气体没有输出。当准备输出气体时，旋转减压器上的调压手柄螺钉，通过调压弹簧

(a) 结构   (b) 工作原理

图 5-19 减压器结构和工作原理

1- 通道；2- 橡皮薄膜；3- 调压手柄（螺钉）；4- 调压弹簧；5- 低压室；
6- 高压室；7- 高压表；8- 低压表；9- 活门弹簧；10- 活门

和橡皮薄膜，将活门顶开，高压气体进入低压室，因体积膨胀而使压力降低。控制活门开启的大小，即可获得所需的压力，并能在焊接时保持压力不变。

4）回火保险器

回火保险器是指装在乙炔发生器（或乙炔瓶）与焊炬之间的保险装置。它的主要作用是在气焊和气割过程中，由于气体供给不足、管道或焊嘴阻塞，发生火焰倒燃（回火）时，截留回火气体，防止乙炔发生器（或乙炔瓶）发生爆炸。

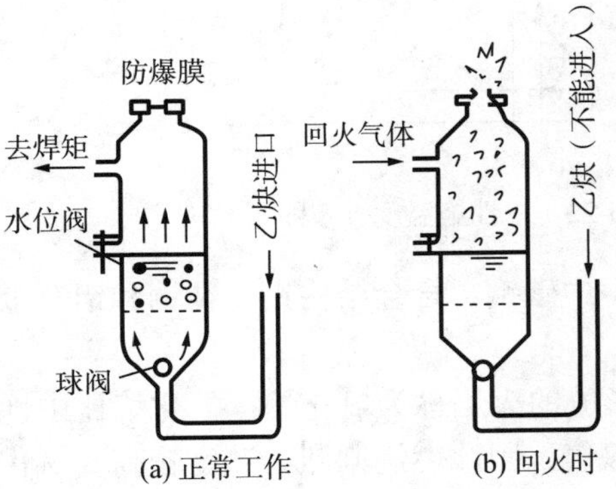

回火保险器一般有水封式和干式两种。水封式回火保险器工作原理如图 5-20 所示。使用前先将水位加到水位阀高度。正常工作时，乙炔气推开球阀，经清洗后从出气管送往焊炬。回火时，高温高压的回火气体，从出气管倒流入回火保险器，将水下压，使球阀关闭，切断气源，同时推开防爆膜将回火气体排入大气中，这样使乙炔不致回烧到乙炔发生器而造成事故。

(a) 正常工作   (b) 回火时

图 5-20 回火保险器

5）焊炬

焊炬，又称焊枪，是气焊时用于控制气体混合比、流量及火焰并进行焊接的工具。其作用是将乙炔和氧气按一定比例均匀混合，经焊嘴喷出后形成燃烧稳定的火焰。

焊炬分为射吸式与等压式两种，常用的射吸式焊炬如图 5-21 所示。工作时，先打开焊炬上的氧气阀门，后打开乙炔阀门，使两种气体均匀混合，点燃后得到所需火焰。氧气与乙炔气的流量、混合比，可通过调节乙炔阀门和氧气阀门实现。

图 5-21　射吸式焊炬

1- 焊嘴；2- 混合管；3- 乙炔阀门；4- 手柄；5- 乙炔气；6- 氧气；7- 氧气阀门

2. 气焊火焰

通过改变氧气和乙炔气的混合比例，可得到三种不同性质的火焰，即中性焰、氧化焰和碳化焰，如图 5-22 所示。

（1）中性焰　氧和乙炔的混合比为 1.1～1.2 时燃烧所形成的火焰称为中性焰。它由焰心、内焰和外焰三部分组成。中性焰各部分的温度分布如图 5-23 所示。焰心与外焰温度较低，在焰心前 2～4mm 内焰区温度最高可达到 3150℃。

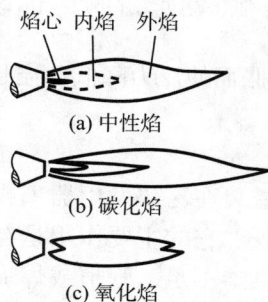

图 5-22　氧乙炔焰

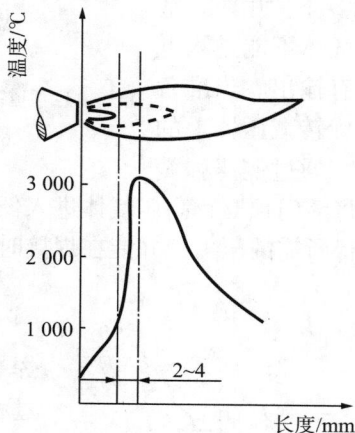

图 5-23　中性焰温度分布图

中性焰是应用最广泛的气焊火焰。适于焊接低碳钢、中碳钢、合金结构钢、纯铜和铝合金等金属。

（2）氧化焰　氧和乙炔的混合比大于 1.2 时燃烧所形成的火焰称为氧化焰。氧化焰比中性焰短，分为焰心和外焰两部分。由于氧化焰中有剩余的氧气，因此燃烧剧烈，温度较高。氧化焰对熔池有氧化作用，使焊缝处产生过多的气孔和氧化夹杂物。焊缝质脆，质量变坏。

氧化焰一般很少采用，只适合于焊接黄铜（氧可与锌形成氧化锌薄膜，覆盖在熔池表面，抑制锌进一步蒸发）。

（3）碳化焰　氧和乙炔的混合比小于 1.1 时的火焰称为碳化焰。碳化焰比中性焰长，也分为焰心、内焰和外焰三部分。由于氧气较少，燃烧不完全，碳化焰温度较低，火焰中含有游离碳，具有较强还原性和一定的渗碳作用。

碳化焰适用于焊接高碳钢、铸铁和硬质合金等材料。

3. 焊丝和气焊熔剂

（1）焊丝　气焊焊丝一般为光金属丝，作为填充金属与熔化的母材一起组成焊缝金属。焊丝的成分应与焊件成分相同或相近，焊接低碳钢常用气焊焊丝为 H08 和 H08A。焊丝直径随焊件厚度而定，在保证质量的前提下尽可能选直径大些的焊丝。气焊焊丝直径一般为 2～4mm。

（2）熔剂　气焊熔剂是气焊时的助熔剂，其作用是去除焊接过程中形成的氧化物，改善母材与焊丝的润湿性等。气焊低碳钢时，由于气体火焰能充分保护焊接区，一般不需要使用气焊熔剂。但在气焊铸铁、不锈钢、耐热钢和非铁金属时，必须使用气焊熔剂。

4. 气焊基本操作

1）焊前准备

影响气焊质量和效率的因素很多，主要有焊丝、焊炬倾角和焊接速度以及连接表面等。因此气焊前要首先确定焊接材料、工艺参数和清理连接表面。应将焊件连接处的油污、铁锈、氧化皮等彻底清除，其清除方法可用喷砂或直接用气焊火焰烘烤，然后用钢丝刷予以清理。

2）点火和调节火焰

点火时，先微开氧气阀门，再打开乙炔阀门，然后点燃火焰。

调节火焰前，首先要根据焊件材料确定选用哪种火焰。

通常点火后得到的火焰为碳化焰，若要调节为中性焰，则应逐渐开大氧气阀门，加大氧气供给量。调成中性焰后，继续增加氧气，就会得到氧化焰。

3）施焊

气焊时，一般左手拿焊丝，右手握焊炬，两手的动作要协调，沿焊缝向左或向右焊接。

操作时，应保证焊炬的焊嘴和焊丝的轴线投影与焊缝重合，同时掌握好焊炬倾角口（焊炬倾角如图 5-24 所示），正常焊接时，α 角应保持 30°～50° 内。操作时，焰心应距熔池液面 2～4mm；焊炬的移动速度，应能保证母材熔化形成一定大小的熔池；焊丝应适量地点入熔池使其熔化；应避免将火焰对准焊丝，导致焊丝熔化过快，焊缝熔合不良。当焊接结束时，应适当减小 α 角，以便更好地填满弧坑，避免烧穿。

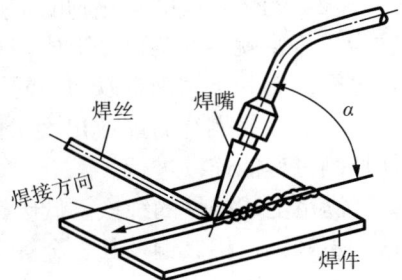

图 5-24　焊炬倾角

4）灭火

灭火时，应先关乙炔阀门，后关氧气阀门。

在气焊操作过程中，若混合气体流通不畅或焊嘴过热就可能发生回火。回火时焊炬出口处产生明显的爆炸声，这时应迅速切断气源。

5.3.2 气割

利用气体火焰的热能将工件切割处预热到燃点温度后，喷出高速切割氧气流，使金属燃烧并放出热量实现切割的方法称为氧气切割，简称气割。

气割所用气体和设备与气焊基本相同，只是用割炬代替焊炬。割炬比焊炬多一根切割氧气管和一个切割氧气阀门，而且在氧乙炔混合气体的环形喷口内还有一个氧气的喷口，如图 5-25 所示。

气割过程如图 5-26 所示。先打开预热氧和乙炔阀门，点燃预热火焰（中性焰），将工件切割口的开始处预热到金属的燃点（约 1300℃，呈黄白色）。然后打开切割氧阀门，氧气流使金属立即燃烧，生成氧化物同时被氧气流吹走。金属燃烧时产生的热量与氧乙炔焰又将下层和邻近的金属预热到燃点，与高压氧气接触，又继续燃烧并被吹走，沿切割线以一定的速度移动割矩，即可形成割口。

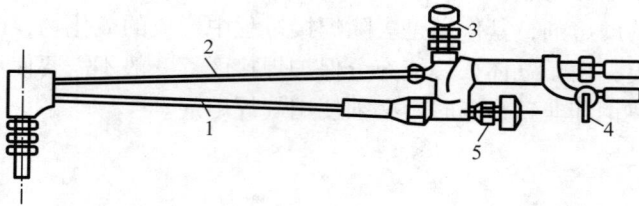

图 5-25　割炬

1- 预热焰混合气体管；2- 切割氧气管；3- 切割氧阀门；

4- 乙炔阀门；5- 预热氧阀门

图 5-26　气割过程

1- 割口；2- 氧气流；3- 割嘴；4- 预热火焰；

5- 待切割金属；6- 氧化物

并非所有的金属都能采用氧气切割。能使用氧气切割的金属必须具备如下条件。

（1）金属的燃点必须低于熔点，这样才能保证金属切割过程是燃烧过程，而不是熔化过程，否则切割时，金属先熔化变为熔割，致使切口过宽，且不整齐。高碳钢和铸铁燃点比熔点高，故不宜采用气割。

（2）燃烧生成的氧化物的熔点应低于金属本身的熔点，同时流动性要好，能及时熔化并被吹走，否则就会在割口处形成固态氧化物，阻碍氧气流与下层金属的接触，使切割过程不能正常进行。铝和不锈钢难以切割的原因即在于此。

（3）金属燃烧时能放出大量的热，而且金属本身的导热性要低，以保持足够的预热温度，使切割过程能连续进行。

满足上述条件的纯铁、低碳钢、中碳钢和普通低合金钢均能采用氧气切割，而高碳钢，铸铁，不锈钢，铝、铜及其合金等不宜用氧气切割。

5.4　焊接变形与焊接缺陷分析

焊接生产中，影响焊接质量的因素很多，如被焊金属的焊接性、焊接工艺参数、焊接结构、焊接设备以及焊接操作人员的熟练程度等。因此，在焊接前和焊接过程中对这些因素以及焊接完的焊件必须全面考虑、仔细检查。如果发现焊缝中存在缺陷，要分析其原因并采取一定的工艺措施消除，以确保焊接质量。

1. 焊接变形

焊接时，焊件受到不均匀加热，焊缝及其附近金属温度分布很不均匀，高温的焊缝及近缝金属将受到低温的部分母材所限，不能自由膨胀，产生压缩塑性变形。冷却后将会发生纵向（沿焊缝长度方向）和横向（垂直于焊缝方向）的收缩，从而引起焊接变形。根据焊件的厚度及结构形式不同，焊接变形的基本形式有收缩变形、角变形、弯曲变形、扭曲变形和波浪形变形等，如图 5-27 所示。

焊接变形降低了焊接结构的尺寸精度。为了防止和矫正焊接变形需采用一系列工艺措施，如合理布置焊缝，选择合理焊接顺序以及反变形法、刚性固定法等都可以有效地防止焊接变形。对于已产生变形的焊件，可通过机械矫正法和火焰矫正法矫正原来的变形。但是，这就使得焊件成本升高，严重的变形还会造成焊件报废。

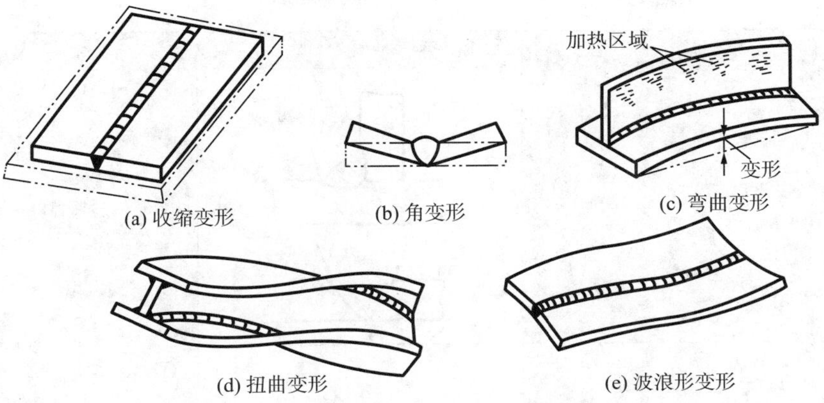
加热区域
变形
(a) 收缩变形
(b) 角变形
(c) 弯曲变形
(d) 扭曲变形
(e) 波浪形变形

图 5-27 焊接变形的基本形式

2. 常见焊接缺陷及分析

在焊接生产中，由于材料（包括焊条、焊剂、母材）选择不当，焊前准备工作不周（如焊件清理、焊条烘干、焊件预热）等，焊接工艺选择不当或操作不正确等原因，造成了焊接缺陷。焊接缺陷会不同程度地影响焊接接头性能，降低焊缝的承载能力。常见的焊接缺陷及其产生原因如表 5-4 所列。

表 5-4 焊条电弧焊的焊接缺陷及产生原因

缺陷类型	说明	图例	产生原因
裂纹	在焊接应力及其他致脆因素的共同作用下，焊接接头中局部地区的金属原子结合力遭到破坏，形成新界面，从而产生缝隙，该缝隙称为焊接裂纹	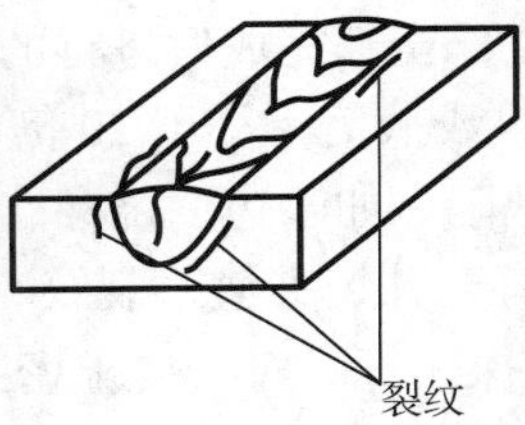 裂纹	①焊件中 C、S、P 含量过多 ②焊接应力大 ③熔池中含有较多的氢 ④焊缝冷却速度快
未焊透	焊接时接头根部未完全焊透的现象	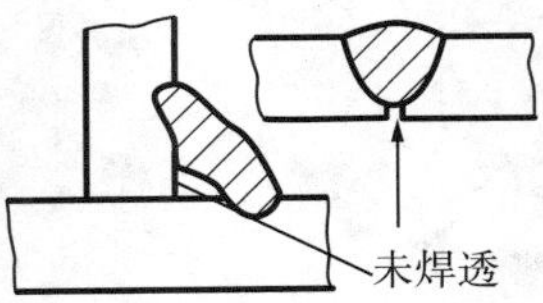 未焊透	①坡口角度或间隙太小 ②钝边过厚，坡口不洁 ③焊条太粗 ④焊接电流太小，焊接速度太快
夹渣	焊后残留在焊缝中的熔渣称为夹渣	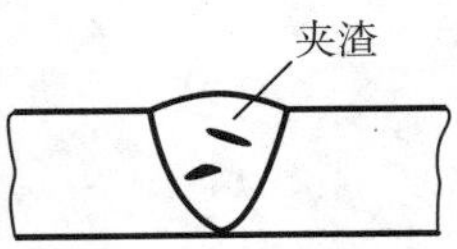 夹渣	①坡口角度小 ②焊件表面不清洁 ③焊接电流小，焊接速度快 ④多层焊时各层熔渣未清理干净
气孔	由于熔池液体金属冷却时产生气体，而冷却时气体来不及逸出熔池表面而形成气孔	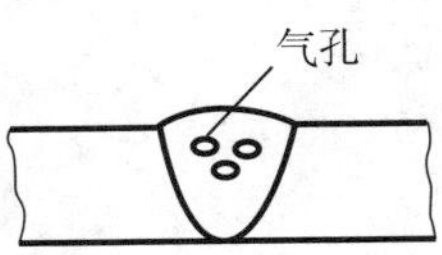 气孔	①焊件表面不洁 ②焊条潮湿 ③电弧过长 ④焊接电流小，焊接速度快

续表

缺陷类型	说明	图例	产生原因
咬边	沿焊趾的母材部位所产生的沟槽或凹坑		①电流太大 ②电弧过长 ③焊条角度不当
焊瘤	焊接过程中，熔化金属流淌到焊缝之外未熔化的母材上所形成的金属流		①焊条熔化太快 ②电弧过长 ③焊接速度太慢 ④焊接温度较高

3. 焊接质量检验

焊接质量检验是焊接结构制造过程中不可缺少的重要工序。通过对焊接质量的检验和分析缺陷的产生原因，以便采取有效措施，保证焊件质量。焊接检验包括焊前检验、焊接过程中检验和焊后成品检验三部分。

焊前和焊接过程中的检验是指对影响焊接质量的因素进行检查，以便防止和减少缺陷的产生。

焊后成品检验是指在焊接工作全部完成后进行的检查。常用的检验方法有外观检验和焊缝内部检验。外观检验是利用肉眼或低倍（小于 20 倍）放大镜及标准焊板、量规等工具，检查焊缝尺寸的偏差和表面是否有缺陷，如咬边、烧穿、气孔、未焊透、裂纹等。焊缝内部检验是用专门仪器检查焊缝内部是否有气孔、夹渣、裂纹、未焊透等缺陷。常用的方法是无损探伤，包括 X 射线、γ 射线和超声波探伤等。对于要求密封和承受压力的容器和管道，应进行焊缝的致密性检验。

第6章 车削加工

6.1 车削加工概述

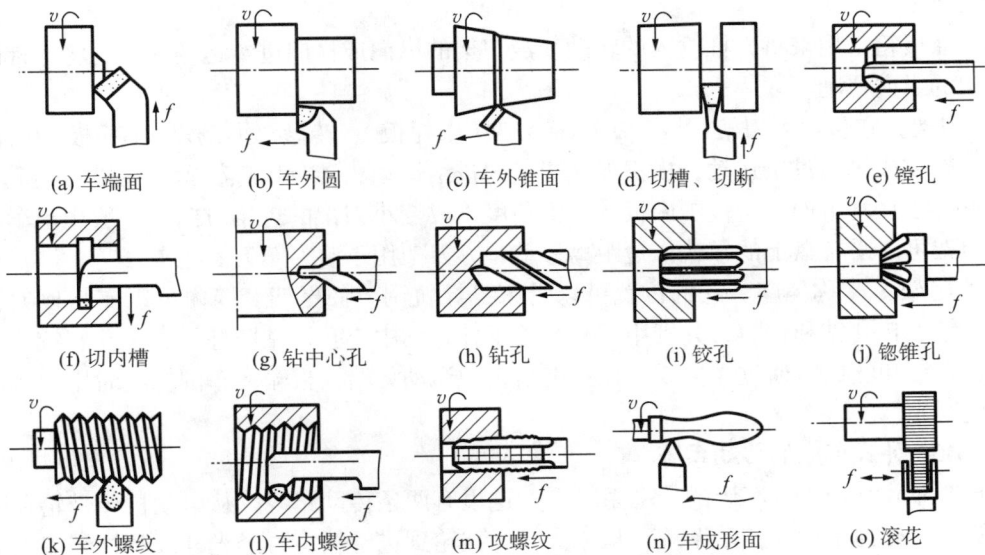

(a) 车端面　　(b) 车外圆　　(c) 车外锥面　　(d) 切槽、切断　　(e) 镗孔

(f) 切内槽　　(g) 钻中心孔　　(h) 钻孔　　(i) 铰孔　　(j) 锪锥孔

(k) 车外螺纹　　(l) 车内螺纹　　(m) 攻螺纹　　(n) 车成形面　　(o) 滚花

图 6-1　车削加工可完成的主要工作

在车床上用车刀对工件进行的切削加工称为车削加工。车削加工是机械加工中最基本、最常用的加工方法。通常，车床占到机床总数的近一半，所以它在机械加工中占有重要的位置。

车削加工时，工件的旋转运动为主运动，刀具的移动为进给运动。刀具的这种相对运动关系决定了车削特别适合加工具有回转表面的零件。图 6-1 所示为车削加工可完成的主要工作。

车削加工精度一般为 IT11～IT7，表面粗糙度 Ra 值为 12.5～0.8μm。

6.2 　普通卧式车床

车床的种类很多，主要有卧式车床、转塔车床、立式车床、自动及半自动车床、仪表车床、数控车床等。其中应用最广泛的是卧式车床，适用于加工一般工件。下面介绍常用车床的传动系统（图 6-2）和机械结构（图 6-3）。

1. 车床的型号及机械结构

目前工程训练常用卧式车床有 C6132、C6136、C6140 等几个型号。C6136 的含义如下：

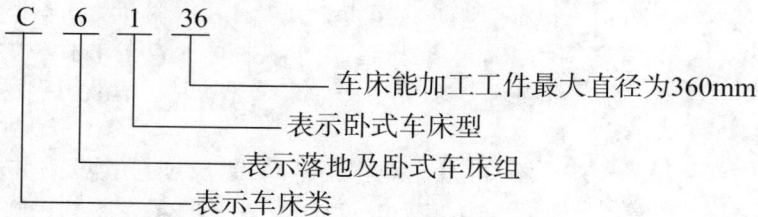

　　　C　6　1　36

　　　　　　　　　　车床能加工工件最大直径为360mm
　　　　　　　　　表示卧式车床型
　　　　　　　表示落地及卧式车床组
　　　　　表示车床类

图 6-3 所示为 C6136（与旧型号 C618 相当）车床的结构外形图。它是由床身、主轴箱、进给箱、溜板箱、尾架、刀架、光杠和丝杠等部分组成。

（1）床身　用于支撑和连接各部件。床身上有供刀架和尾架移动用的导轨。

（2）主轴箱　内装主轴及部分变速齿轮。它用于支撑主轴并使之得到不同的转速。

（3）进给箱　内部是一套变速机构。通过进给箱的变速并由光杠或丝杠输出，可以获得不同的进给速度。

（4）溜板箱　用来将光杠输入的转动变成刀架的纵向或横向进给运动输出，将丝杠的转动变成刀架的纵向移动。

（5）刀架　它包含大刀架（大托板）、横刀架（中托板）、转盘、小刀架（小托板）和方刀架。其中大刀架完成纵向进给运动；横刀架完成横向进给运动；转盘用螺栓紧固在横刀架上，松开螺母转盘可以在水平面一定范围内扳转一定角度以改变小刀架的进给方向，一般用于车削短锥面；小刀架可以沿转盘上的导轨作短距离移动；方刀架用于装夹车刀。

（6）尾架　又称尾座。它的位置可以沿床身导轨调节。尾架套筒内可以安装顶尖、中心钻、麻花钻、扩孔钻和铰刀，分别用于支承长工件、钻中心孔、钻圆柱孔、扩孔和铰孔。

（7）光杠和丝杠　通过光杠或丝杠将进给箱的运动传给溜板箱。车削螺纹时用丝杠，其他情况均使用光杠。

2. C6136 卧式车床的传动系统

图 6-2 所示为 C6136 车床的传动系统图。这里有两条传动路线，从电动机经带轮和床头箱使主轴旋转，称为主运动传动系统；从床头箱经挂轮到进给箱，再经光杠或丝杠到溜板箱使刀架移动，称为进给运动传动系统。

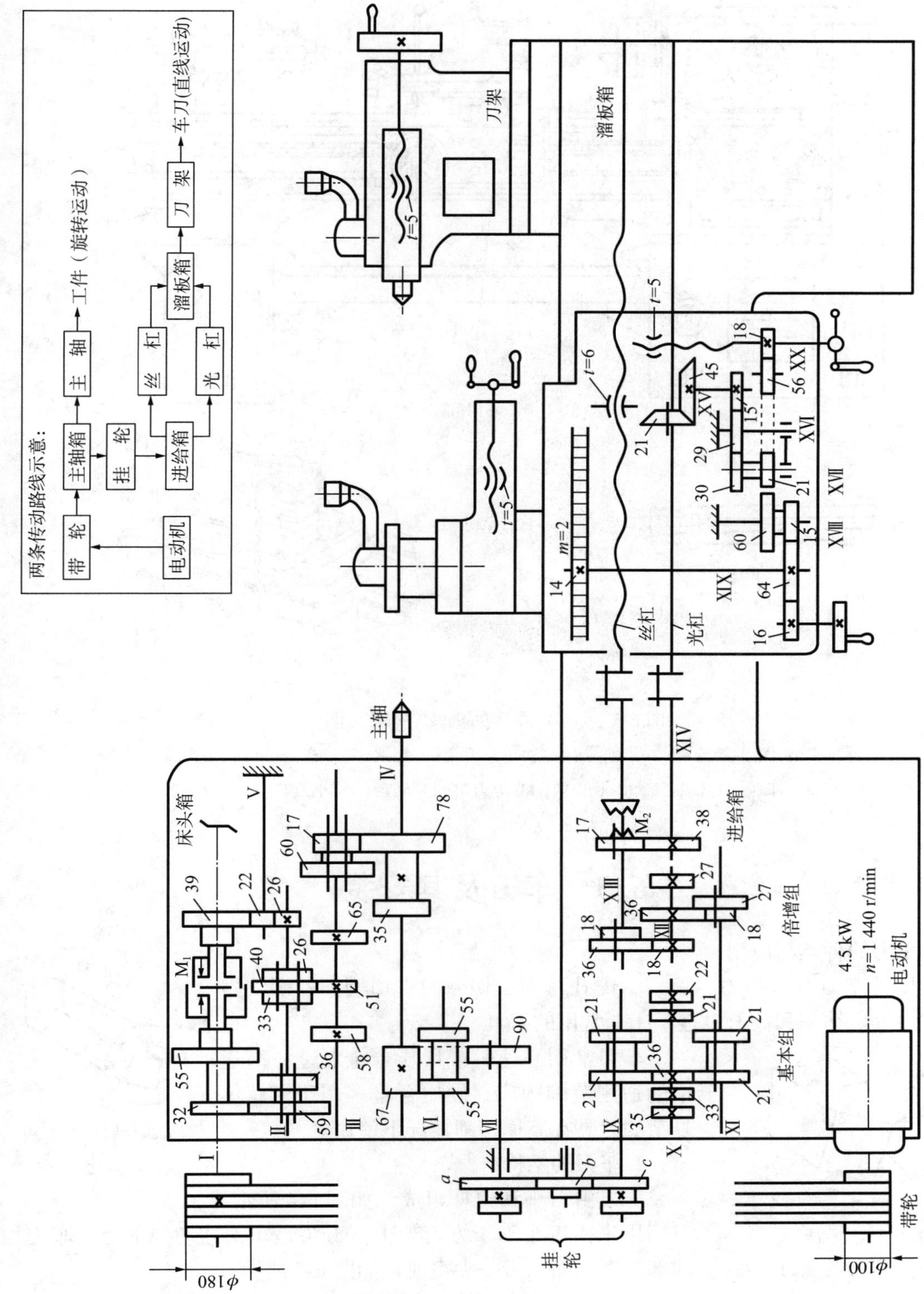

图 6-2 C6136 车床的传动系统图

(a) 外形图

(b) 主轴结构

(c) 刀架结构

图 6-3　C6136 车床的机械结构外形图

1- 进给箱；2- 挂轮罩；3- 主轴箱；4- 主轴；5- 刀架；6- 尾架；7- 丝杠；8- 光杠；9- 床身；

10- 床腿；11- 溜板箱；12- 横刀架；13- 方刀架；14- 转盘；15- 小刀架；16- 大刀架

6.3　车刀及其安装

1. 车刀的种类与应用

常用的车刀有直头刀、偏刀、内孔车刀、切断刀、切槽刀、螺纹刀和滚花刀等。钻头和铰刀也是车床上常用的刀具。

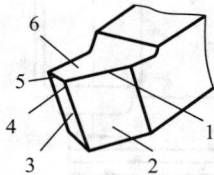

车刀常用高速钢或硬质合金制造。高速钢的适用范围很广；硬质合金多用于形状不复杂的刀具在高速切削情况下使用。

2. 车刀的结构

图 6-5　车刀刀头

1- 主切削刃 S；2- 主后刀面 A_α；

3- 副后刀面 A'_α；4- 刀尖；

5- 副切削刃 S'；6- 前刀面

图 6-4　车刀的组成

1- 刀头；2- 刀杆

车刀由刀头和刀杆组成，如图 6-4 所示。刀杆用来固定车刀于方刀架上。刀头是车刀的切削部分。车刀切削部分由三面二刃一尖组成，如图 6-5 所示。

（1）前刀面　刀具上切屑流出时所经过的表面。

（2）主后刀面　刀具上与工件加工表面相对的表面。

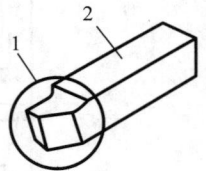

（3）副后刀面　刀具上与工件已加工表面相对的表面。

（4）主切削刃　前刀面与主后刀面的交线。

（5）副切削刃　前刀面与副后刀面的交线。

（6）刀尖　主切削刃与副切削刃的交点，实际上常磨成一段过渡圆弧或直线。

刀具角度是刀具结构的核心，它直接影响切削力、刀头强度、刀具耐用度和工件加工质量等。直头外圆车刀，如图6-6所示，其主要角度有前角、后角、主偏角和副偏角。

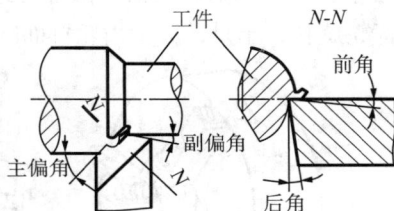

图6-6　外圆车刀的角度

（1）前角　前角的大小主要影响切削刃的锋利程度和切削刃的强度。前角越大刀刃越锋利，但是过大的前角会使刀刃强度降低，容易崩刀。

（2）后角　后角的主要作用是减少刀具后刀面与工件之间的摩擦，并配合前角调整刀头的锋利度和强度。

（3）主偏角　主偏角不同则切削力在轴向和径向的分解力就不同，从而对加工产生影响。主偏角还影响参与切削的刃的长度，从而影响刀具寿命、散热条件、刀尖强度以及工件的表面粗糙度。

（4）副偏角　副偏角的作用是影响副后刀面与工件已加工表面的摩擦以及工件的表面粗糙度。

刀具角度的具体取值较复杂。需要考虑的因素主要有刀具材料的性能、工件材料的性能、加工精度和刀具的耐用度等。

3. 车刀的安装

车刀安装在方刀架上，刀尖一般应与车床主轴中心等高。此外，车刀在刀架上伸出的长度要合适，垫刀片要放平整，车刀与方刀架要锁紧，如图6-7所示。

图6-7　车刀安装

6.4　车床通用夹具及工件的安装

工件的安装一方面要考虑牢固地夹紧工件，另一方面要考虑正确地定位工件。利用夹具可快捷地完成这些任务。车床上常用的夹具有三爪自定心卡盘、四爪单动卡盘、顶尖、中心架、跟刀架、花盘、弯板、心轴等。

1. 用三爪自定心卡盘安装工件

三爪自定心卡盘（简称三爪卡盘）的结构原理如图6-8所示。它由一个大伞齿轮、三个小伞齿轮、三个卡爪和卡盘体四部分组成。当使用卡盘扳手转动任何一个小伞齿轮时，均能带动大伞齿轮旋转，于是，大伞齿轮背面的平面螺纹就带动三个卡爪做向心（夹紧）或离心（放松）的移动。

| (a) 三爪卡盘外形 | (b) 三爪卡盘结构 | (c) 反三爪卡盘 |

图 6-8　三爪卡盘

三爪卡盘能够自定心是其显著的特点。其定心的精度为 0.05～0.15mm，不如双顶尖定心精度高。其传递的扭矩不如单动盘大。但是，在常规加工中三爪卡盘应用最普遍。它一般用于夹持表面较光滑的中小型圆形或六边形截面的轴类或盘类零件。

使用三爪卡盘装夹工件的步骤为：

（1）将毛坯轻轻夹持在三个爪之间。

（2）使主轴低速回转，检查工件有无偏摆，若出现偏摆则在停车后用小锤轻敲找正，然后夹紧工件。

（3）检查刀架是否与卡盘或工件在切削行程内有碰撞，并注意每次使用卡盘扳手后及时取下扳手，以免开车时飞出伤人。

2. 用四爪单动卡盘安装工件

四爪单动卡盘简称四爪卡盘，其结构如图 6-9 所示。它有四个互不相关的卡爪均匀地分布在圆周上，每一个卡爪后面均是一个丝杠螺母机构。当使用卡盘扳手转动丝杠时，带有螺纹的卡爪就会做向心或离心的移动。

由于四爪卡盘的四个卡爪是独立移动的，因此不具备自定心功能。为了使工件加工面的轴线与机床主轴轴线同轴就必须找正，找正所用的工具是划针盘或百分表。找正方法如图 6-10所示。划针盘用于按工件上毛糙的表面或按钳工划的线去找正，找正精度低。百分表用于已加工表面的找正，通过表针指示的跳动值判断是否对正，找正精度较高。

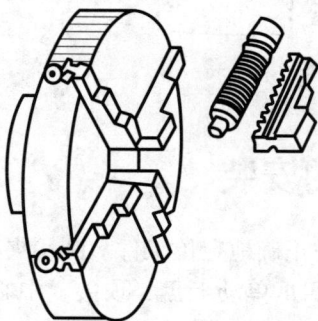

图 6-9　四爪单动卡盘

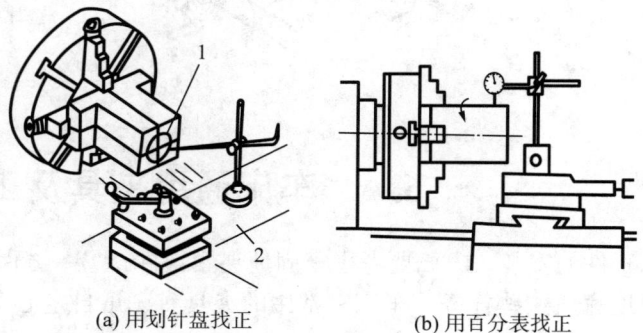

| (a) 用划针盘找正 | (b) 用百分表找正 |

图 6-10　找正的方法

1- 孔的加工线；2- 木板

用四爪卡盘安装工件时，安装效率低，夹紧力较大，可用于装夹截面为圆形、方形、椭圆形或其他不规则形状的工件。

3. 用顶尖安装工件

较长的或细长的轴类零件常采用双顶尖方式安装工件。安装前将工件端面钻出中心孔，然后将顶尖的圆锥面顶在中心孔中。由于一种装夹方法必须包含定位和夹紧两个方面，双顶尖只完成了定位任务，夹紧任务则靠拨盘和卡箍完成，如图6-11所示。

在生产中还经常采用另一种双顶尖安装方法，如图6-12所示。在自定心卡盘上夹一小段圆柱棒料，车出60°圆锥面代替前顶尖，用自定心卡盘代替拨盘，让卡箍拨在卡盘的任一卡爪上。

图6-11 用顶尖安装工件之一　　　　图6-12 用顶尖安装工件之二

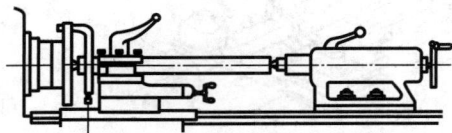

1- 夹紧螺钉；2- 前顶尖；3- 拨盘；4- 卡箍；5- 后顶尖

采用双顶尖安装时，安装在主轴上的称前顶尖，安装在尾架的称后顶尖。为了防止高速车削时工件与后顶尖强烈摩擦，后顶尖常用活顶尖，即装有滚动轴承的顶尖。而前顶尖随主轴及工件一起转动，前顶尖与工件间没有相对运动，故采用死顶尖。死顶尖仅是一个60°的圆锥面。

采用双顶尖安装要首先检查前后两顶尖的轴线是否重合，工件与顶尖之间不能过紧或过松，尾架套筒在不影响车刀切削的前提下尽量伸出短一些，以提高刚度。

4. 中心架和跟刀架的使用

1）中心架

中心架用压板和螺栓螺母紧固在床身导轨上。中心架上有三个支撑爪夹持工件（图6-13），作用是支撑工件，提高工件刚度。

(a) 用中心架车外圆　　　　　　　　(b) 用中心架车端面

图6-13 中心架的应用

中心架一般用于以下两种情况：

（1）在切削细长轴时，为了防止轴受切削力作用产生弯曲变形而使用中心架支撑工件。

（2）对于又重又长的轴，若要车端面或在端面钻孔、镗孔时，就必须用中心架和卡盘一起支撑工件。

使用中心架时，在工件安放支撑爪的地方应预先车出一个"颈部"（比支撑爪宽并留出精车余量）。应调整支撑爪的位置及松紧程度，使工件平稳旋转。与工件摩擦处应经常加润滑油，以免损坏工件。

2）跟刀架

跟刀架与中心架一样用于车削刚度差的细长轴。其不同点在于它紧固于刀架的大托板上，随大托板的移动而移动。

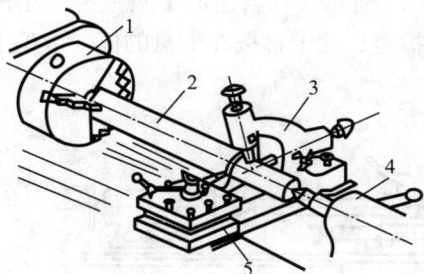

图 6-14　跟刀架的应用

1- 自定心卡盘；2- 工件；3- 跟刀架；4- 尾架；5- 刀架

跟刀架上一般只有两个支撑爪。使用前需要先在工件上尾架一端车削出一小段外圆，并根据它调节跟刀架的支撑，然后车出零件全长。图6-14所示为跟刀架的使用示意图。

5. 用花盘和弯板安装工件

花盘是安装在车床主轴上的一个大圆盘，端面上有呈放射状排列的许多长槽用于穿螺栓。对于大而扁且形状不规则的零件，对于要求零件的一个面与安装面平行或对于要求孔、外圆的轴线与安装面垂直时，可以把工件直接压在花盘上加工，如图6-15所示。

图6-16所示为弯板与花盘配合使用安装工件的方法。借助弯板可以保证孔与平面或孔与孔之间的垂直度。

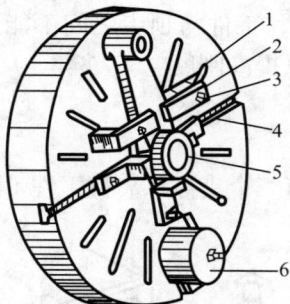

图 6-15　在花盘上安装零件

1- 垫铁；2- 压板；3- 螺钉；4- 螺钉槽；5- 工件；6- 平衡铁

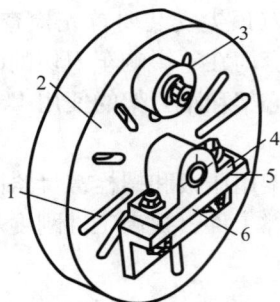

图 6-16　用花盘、弯板安装零件

1- 螺钉孔槽；2- 花盘；3- 平衡铁；4- 工件；5- 安装基面；6- 弯板

弯板应有较高的垂直度和刚度，安装工件时要仔细找正。工作效率较低。用花盘和弯板安装工件时，由于重心偏向一边，因而要在另一边加平衡铁予以平衡，以减少转动时的振动。

6. 心轴的使用

对于盘套类零件，当外圆轴线与孔的轴线要求同轴时，或者端面与轴线的跳动有要求时，需要使用心轴。齿轮毛坯的加工就是一个典型例子。使用时，把零件上的孔先精加工出来，将心轴插入孔中，然后以双顶尖支撑心轴进行外圆加工，如图6-17所示。

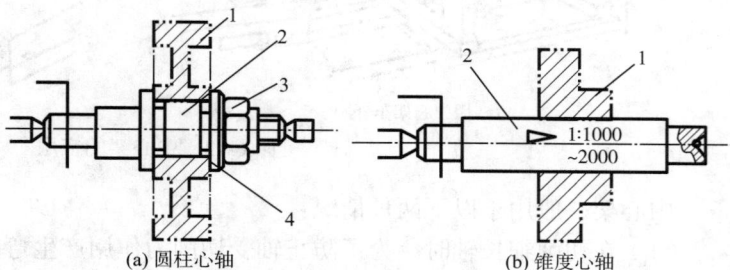

(a) 圆柱心轴　　　　(b) 锥度心轴

图 6-17　心轴的应用

1- 工件；2- 心轴；3- 螺母；4- 垫圈

6.5 车床操作基础

1. 刻度盘和刻度盘手柄的使用

普通车床的横向进给、纵向进给以及小刀架移动量均靠刻度盘指示。要熟练操作车床就必须准确地使用刻度盘。

控制横向进给量的中滑板刻度盘，是由一对丝杠螺母传动。刻度盘与丝杠连为一体，中滑板与螺母连为一体。刻度盘转一周则螺母带动中滑板移动一个螺距。因此

$$刻度盘格值 = \frac{丝杠螺距}{刻度盘格数}$$

例如，C6136 车床的横向进给丝杠的螺距为 4mm，刻度盘一周格数为 200 格。所以，刻度盘格值 = 4/200 = 0.02mm。

刻度盘转一格，中滑板带着车刀移动 0.02mm，在工件半径方向上切下的金属材料厚度为 0.02mm。由于车刀是在旋转的工件上切削，所以工件直径改变了 0.04mm。回转表面的加工余量都是对直径而言，测量工件尺寸也是看其直径变化，所以用中滑板刻度盘进行切削时，为简化计算，通常将每格读作 0.04mm。

由于丝杠与螺母之间存在间隙，当刻度手柄摇过了头，或者试切后发现尺寸不对而需将车刀退回时，不能直接退至所要求的格值。因为当刻度盘正转或反转至同一位置时，刀具的实际位置存在由间隙引起的误差。因此，正确的操作是将刻度盘向相反方向退回半圈左右，消除间隙的影响之后再摇到所需位置，如图 6-18 所示。

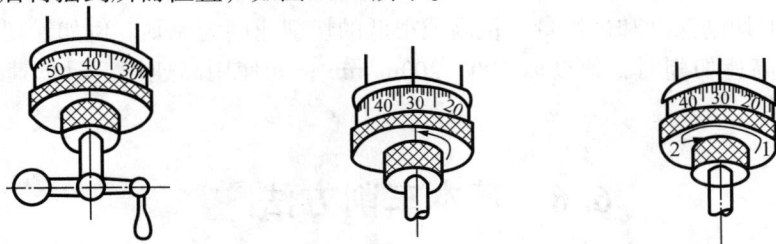

(a) 要求手柄转至30，但摇过头成40　(b) 错误：直接退至30　(c) 正确：反转约一圈后再转至所需位置30

图 6-18　手柄摇过头后的纠正方法

2. 试切的方法和步骤

工件安装在车床上以后，要根据加工余量决定走刀次数和每次走刀的背吃刀量 a_p。半精车和精车时，为了准确确定背吃刀量 a_p，保证工件的尺寸精度，完全靠刻度盘来进刀是不够的。因为刻度盘和丝杠都有误差，往往不能满足半精车和精车的要求，这就需要采用试切的方法。试切的方法步骤如图 6-19 所示。

图 6-19 中图 a～e 是试切的一个循环。如果尺寸合适了，就按这个背吃刀量 a_p 将整个表面车削完毕；如果尺寸还大，就要自图 f 开始重新进行试切，直到尺寸合格后才能继续车削下去。

3. 粗车与精车

车削一个零件往往需要多次进刀。为了提高生产效率和保证加工质量，常把车削加工分为粗车和精车。

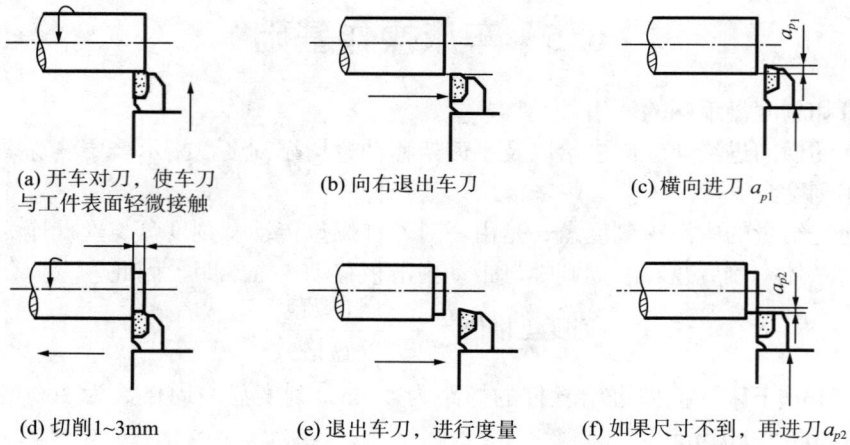

(a) 开车对刀，使车刀   (b) 向右退出车刀   (c) 横向进刀 a_{p1}
　　与工件表面轻微接触

(d) 切削1~3mm　　(e) 退出车刀，进行度量　　(f) 如果尺寸不到，再进刀 a_{p2}

图 6-19　试切的方法和步骤

　　粗车的目的是要尽快切去大部分余量，并作为精加工的预加工。粗车的突出要求是加工效率。其切削用量的选择，首先选取较大的切削深度，其次选择较大的进给量，最后选取中等或偏低的切削速度。粗车的切削力很大，切削用量的选择要注意与所使用的车床的强度、刚度和功率相适应。

　　在粗车表面有硬皮的铸件或锻件时，吃刀深度应该大于硬皮厚度，以使刀尖避开硬皮层。

　　精车以保证零件的精度和表面粗糙度为目的。粗车留给精车的加工余量一般为 0.5～1mm。精车要以选取较小的切削深度和进给量、很高或很低的切削速度为原则。例如，切削钢件，如采用硬质合金刀具高速切削时，速度取 100～200m/min；如使用高速钢刀具低速切削时，速度可取 5m/min 以下。

6.6　基本车削方法

6.6.1　车外圆及台阶

　　车削外圆及台阶是车削加工中最基本的工作，由于技术要求不同所采用的刀具和切削用量都有区别。

　　外圆及台阶车刀有尖刀（直头外圆车刀）、弯头刀、90° 偏刀、圆头精车刀和宽刃精车刀等。尖刀用于精车外圆（图 6-20a）和车无台阶或台阶不大的外圆。尖刀也可用于车倒角。

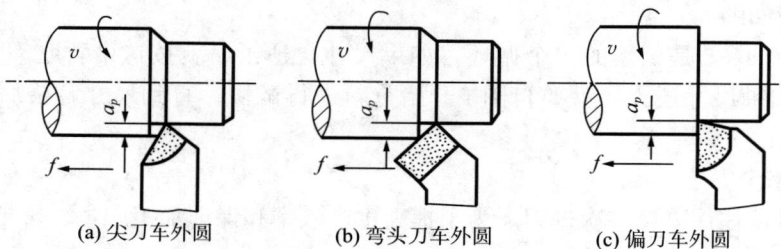

(a) 尖刀车外圆　　　(b) 弯头刀车外圆　　　(c) 偏刀车外圆

图 6-20　常见的外圆车削

弯头刀不仅能车外圆（图 6-20b），还能车端面、倒角和有 45° 斜面的外圆。90° 偏刀车外圆时径向力很小（图 6-20c），常用于车细长轴外圆和有直角台阶的外圆，也可以车端面。圆弧精车刀的刀尖圆弧半径大，用于精车无台阶的外圆。带直角台阶的外圆可以用 90° 精车刀车削。采用宽刃精车刀可以得到较小的表面粗糙度。

车台阶同车外圆相似，主要区别是控制好台阶的长度及直角，一般采用偏刀车削。高度小于 5mm 的台阶称为低台阶，应使偏刀的主切削刃与工件轴线垂直，用一次走刀车完并形成直角，如图 6-21 所示。一般采用直角尺借助工件外圆的母线找正。长度采用刻线痕方法控制，也就是先用直角尺量出所要加工台阶的距离并用刀尖轻划一个记号，然后参照记号车削，也可以采用大拖板刻度盘控制切削长度。

高度大于 5mm 的台阶称为高台阶，它要分层车削。车刀的安装应使主切削刃与工件轴线呈 93°～95° 角，而不再是 90° 角。台阶的长度依然用刻线痕法控制，但要留出车直角的余量。

图 6-22 所示为车高台阶的示意图。图 6-22a 表明要分多次进刀车削。图 6-22b 表明末次纵向送给后用手摇动横溜板，使车刀慢慢地均匀退出以形成台阶的直角。

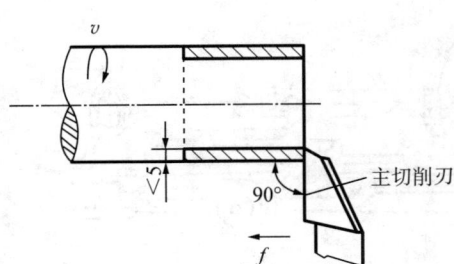

图 6-21　车低台阶

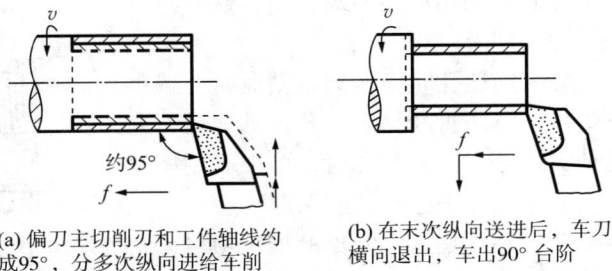

(a) 偏刀主切削刃和工件轴线约成95°，分多次纵向进给车削

(b) 在末次纵向送进后，车刀横向退出，车出90° 台阶

图 6-22　车高台阶

台阶长度的检测可以采用钢直尺；有一定精度要求时用带测深尺的游标卡尺；批量生产时用样板。

6.6.2　车端面

车端面一般采用弯头刀或右偏刀。图 6-23 所示为弯头刀车端面示意图。弯头刀应用广泛，刀尖强度高，适于车削较大的端面。使用右偏刀车端面如图 6-24 所示。它有两种进刀方法，两种方法所使用的切削刃以及切削力的方向均不同。当由外缘向中心进刀时，若切削深度较大则会使车刀扎入工件之中，从而出现凹面。当由中心向外走刀时就克服了这一缺点，因而适于精车。

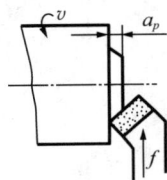

图 6-23　弯头刀车端面

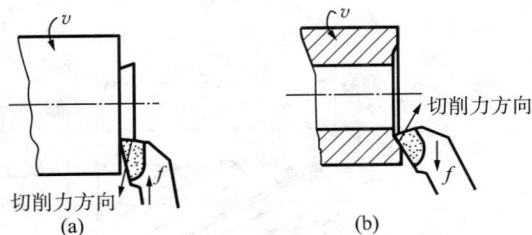

切削力方向

(a)

切削力方向

(b)

图 6-24　右偏刀车端面

有时，端面也用左偏刀车削。图 6-25 所示为左偏刀车端面的示意图。车端面时，正确地安装车刀很关键。如果刀尖高于回转中心，则可能挤崩刀尖，尤其是偏刀；如果刀尖低于回转

(a)

(b)

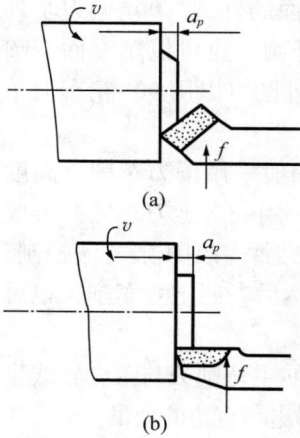

图 6-25 左偏刀车端面

钻钢件时要加切削液冷却，钻铸铁件时一般不加切削液。

（5）钻通孔时，在即将钻通时要减小进给量，以防折断钻头。孔被钻通后，先退钻头后停车。钻盲孔时，可以利用尾架刻度或做记号来控制孔的深度。

钻中心孔是又一常见的加工项目，它与其他钻孔不同的是要使用中心钻，如图6-27所示。

此外，尾架上安装扩孔钻（图6-28）或机用铰刀（图6-29），则可以扩孔和铰孔，这还可以改善孔的粗糙度。

中心，则会在工件的中心留下凸台。

6.6.3 钻孔、扩孔、铰孔和镗孔

对于轴类零件端面的孔常用车床加工。麻花钻头是车工常用的刀具之一。钻孔如图 6-26 所示，过程如下：

（1）用卡盘装夹工件，对于长轴要用卡盘和中心架一起安装。

（2）钻头装在尾架上。钻头的柄部为圆锥形，只要将钻头插入尾架孔中即可。若锥度不相符可以加过渡套。对于较细的麻花钻，柄部是圆柱形，这时要借助钻夹头夹持后再安装于尾架的套筒之中。

（3）钻孔前要先车端面，必要时先用短钻头或中心钻在工件中心预钻出小坑，以免钻偏。

（4）由于钻头刚度差、孔内散热和排屑较困难，钻孔时的进给速度不能太快，切削速度也不宜太快。要经常退出钻头排屑冷却。

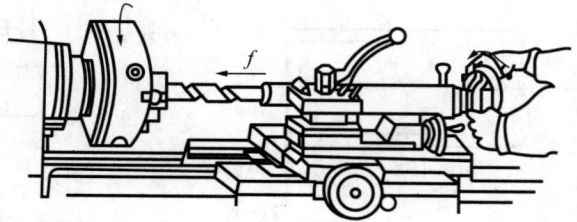

图 6-26 在车床上钻孔

(a) A型中心孔

(b) B型中心孔

图 6-27 中心孔及中心钻

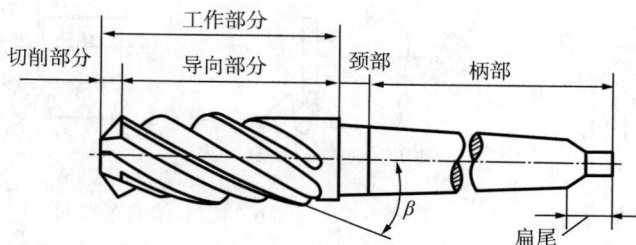

图 6-28 扩孔钻

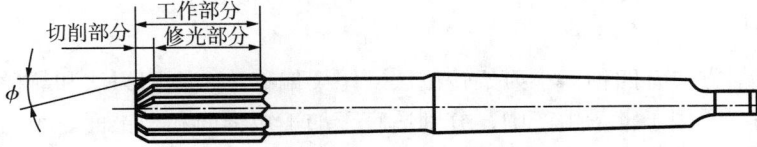

图 6-29　机用绞刀

镗孔是用镗孔刀对钻、铸或锻出的孔进一步加工。

在车床上镗孔仍然以轴类零件的端面上的孔为主，可以镗通孔、盲孔、阶梯孔以及内环形槽。图 6-30 所示为镗孔示意图。

在安装镗刀时，镗刀伸出刀架的长度要尽量短，要选镗刀杆较粗的刀，以免产生弯曲变形或振颤。

刀尖应装得略高于工件的中心，留出变形量，以免产生扎刀现象。

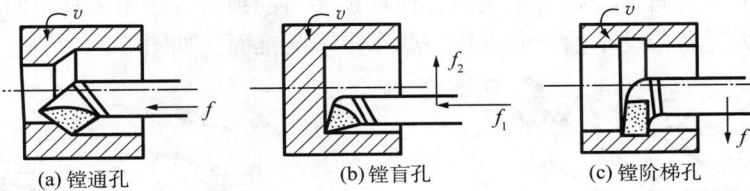

(a) 镗通孔　　　　　(b) 镗盲孔　　　　　(c) 镗阶梯孔

图 6-30　镗孔

6.6.4　切槽和切断

切槽分为切窄槽和切宽槽两种。小于 5mm 的窄槽可以一次切出，切槽刀的宽度和长度由沟槽尺寸决定。对于大于 5mm 的宽槽要分几步完成，其步骤如图 6-31 所示。

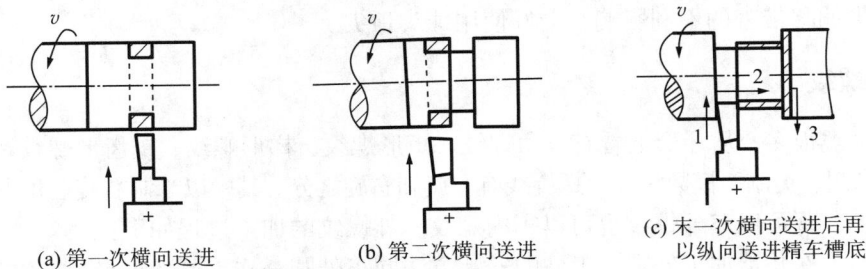

(a) 第一次横向送进　　　　(b) 第二次横向送进　　　　(c) 末一次横向送进后再
以纵向送进精车槽底

图 6-31　切宽槽

切断刀与切槽刀相似，刀头宽度一般为 2～6mm，长度比工件的半径长 5～8mm。安装和使用切断刀要非常小心。刀具轴线应垂直于工件的轴线；刀头从方刀架伸出的长度不宜过长。刀尖必须与工件回转中心等高，否则切断处将剩有凸台，且刀头容易损坏，如图 6-32 所示。

切断时一般由卡盘夹持工件，切断部位应尽可能靠近卡盘，以免产生振动。进给量要均匀，不可过大。尤其在即将切断时进给速度要慢，以免刀头折断。切钢料时要加切削液。

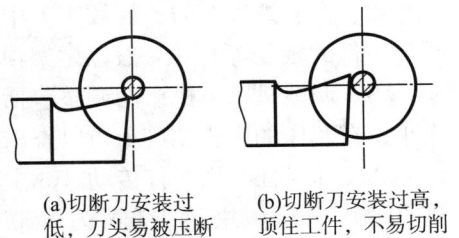

(a)切断刀安装过低，刀头易被压断　　(b)切断刀安装过高，顶住工件，不易切削

图 6-32　切断刀刀尖位置错误

6.6.5 车锥面

圆锥面的车削方法有四种：小刀架转位法、尾架偏移法、宽刀刃法和靠模尺法。其中宽刀刃法和靠模尺法主要用于批量生产中，分别适宜于加工短锥面和长锥面。小刀架转位法和尾架偏移法是两种最常用的加工方法。

1. 小刀架转位法

小刀架转位法是使小刀架随转盘转过一定的角度，然后锁紧转盘，开动机床，利用小刀架进行手动进给，从而加工出锥面，如图 6-33 所示。刀架转过的角度为所加工锥度的一半。

小刀架转位法车锥面操作简单，可以加工任意锥度的内外锥面，但是加工锥面的长度受小刀架行程的制约，不可太长。它主要用于单件小批量生产中加工较短的锥面。

2. 尾架偏移法

在圆柱面的加工中，尾架上的顶尖与主轴上的顶尖是同轴的。而尾架体相对于尾架底座可以通过丝杠横向调节位置，当移动尾架体，使后顶尖与前顶尖有一个偏移量时，工件用双顶尖法安装，刀具在大托板带动下沿纵向进给，就车出了圆锥面，如图 6-34 所示。

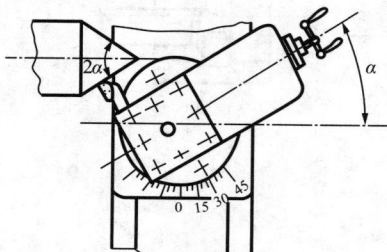

图 6-33 小刀架转位法车锥面图

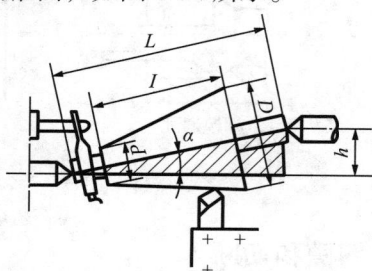

图 6-34 尾架偏移法车锥面

尾架偏移法适合于车削较长的外锥体，锥度不大于 16°，可以用于单件或批量生产。为了减少由于顶尖偏移带来的不利影响，最好使用球头顶尖。

6.6.6 车螺纹

螺纹的种类很多。从牙形上看有三角螺纹、矩形螺纹、梯形螺纹、锯齿形螺纹和圆弧螺纹。按螺距分有米制、英制、模数螺纹。螺旋线有左旋和右旋之分。其中以米制右旋三角螺纹最常见。

在车床上，既可以车外螺纹也可以车内螺纹。外螺纹的加工过程如下：

（1）安装工件并预加工外圆　工件的安装方法同车外圆一样，要装正夹紧，以免在车螺纹中松动而乱扣。然后用外圆车刀车外圆并倒角，如果是阶梯轴则应在阶梯根部车退刀槽。

（2）安装螺纹车刀　螺纹车刀中心线应与工件轴线垂直，一般要使用角度样板对刀。刀尖要与工件的轴线等高，一般以尾架顶尖为标准进行调整。

（3）调整机床　机床的调整包括：①调整进给箱变换手柄的位置及挂轮。根据所加工螺距大小，在车床的床头铭牌上可以查出变换手柄的位置。倘若仍不能满足要求则要计算并调整挂轮。②脱开光杠改用丝杠传动。③主轴转速选低速挡，以便有足够的时间退刀。④检查溜板导轨的间隙，以免太松而引起扎刀。⑤调整三星挂轮换向机构，以适应螺纹的旋向。

（4）开车进刀　开车后的操作方法如图 6-35 所示。第一刀的切削深度大一些，以后逐次减少，最后一刀不要小于 0.1mm。车至螺纹终了时要先快速退出车刀，再停车返回。为了保证不"乱扣"，返回时不许脱开对开螺母，除非丝杠与工件的螺距之比为整数。切钢件时要加切削液。

6.6.7　滚花

为了便于握持和增加美观，常常在工具的手握部位加工出各种花纹，例如千分尺的套筒。这样的花纹一般是在车床上用滚花刀滚压而成的，如图6-36所示。滚花刀分为直纹滚花刀和网纹滚花刀（图6-37）。

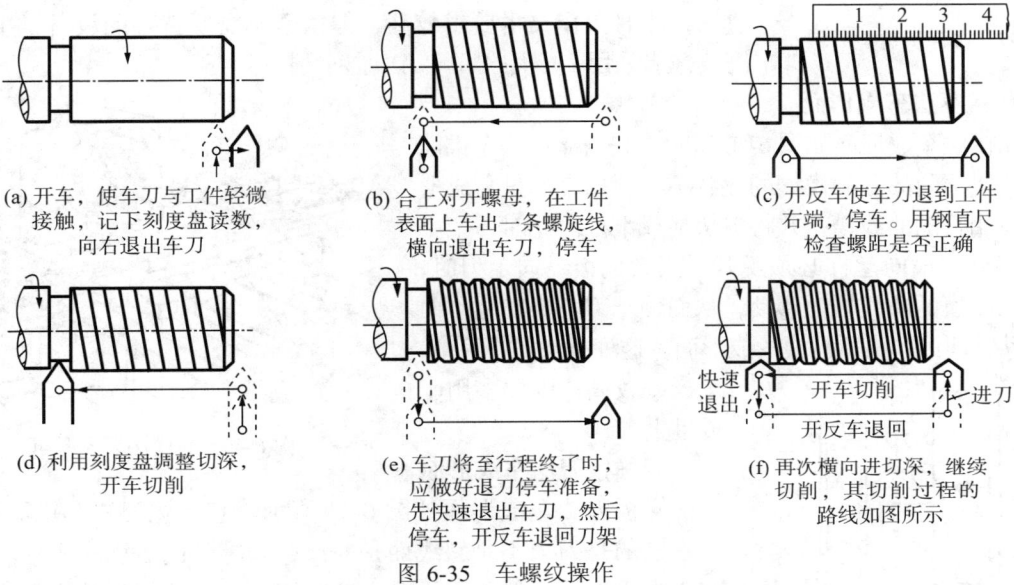

(a) 开车，使车刀与工件轻微接触，记下刻度盘读数，向右退出车刀

(b) 合上对开螺母，在工件表面上车出一条螺旋线，横向退出车刀，停车

(c) 开反车使车刀退到工件右端，停车。用钢直尺检查螺距是否正确

(d) 利用刻度盘调整切深，开车切削

(e) 车刀将至行程终了时，应做好退刀停车准备，先快速退出车刀，然后停车，开反车退回刀架

(f) 再次横向进切深，继续切削，其切削过程的路线如图所示

图 6-35　车螺纹操作

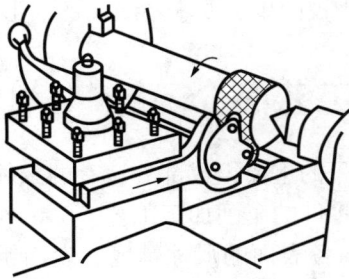

图 6-36　滚花

(a) 单轮滚花刀

(b) 双轮滚花刀

(c) 六轮滚花刀

图 6-37　滚花刀

滚花是用滚花刀挤压工件，使其表面产生塑性变形而形成花纹。加工时工件的转速要低，一般要充分供给切削液，以免研坏滚花刀，防止细屑滞塞在滚花刀内而产生乱纹。

6.6.8　车回转成形面

回转成形面是由一条曲线（母线）绕一固定轴线回转而成的表面，如手柄和圆球等。车削回转成形面的方法有双手控制法、样板刀法和靠模法。在单件生产中常采用双手控制法，这需要靠工人长期实践掌握的技能和技巧。

1. 双手控制法车成形面

双手控制法车成形面如图6-38所示。车成形面一般

图 6-38　双手控制法车成形面

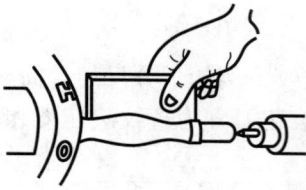

图 6-39 用样板检验成形面

使用圆头车刀。车削时,用双手同时摇动中滑板和小滑板(或大拖板)的手柄,使刀尖所走的轨迹与回转成形面的母线相符。

加工中需要经过多次车削和度量。成形面的形状一般用样板检验,如图 6-39 所示。由于手动进给不均匀,在工件形状基本正确后,可用锉刀和砂布加以修整,以得到所需的精度及表面粗糙度。这种方法对操作技术要求较高,但由于不需要特殊的设备,生产中仍被普遍采用,多用于单件小批生产中。

2. 靠模法车成形面

靠模法车成形面如图 6-40 所示。它与靠模法车锥面类似,所不同的是靠模槽的形状不是斜槽,而是与成形面母线相符的曲线槽,并将滑块换成滚柱。此时刀架中滑板螺母与横向丝杠必须脱开。当大拖板纵向走刀时,滚柱在靠模的曲线槽内移动,从而使车刀刀尖随之作曲线移动,即可车出所需要的成形面。这种方法操作简单,生产率较高,因此多用于成批生产。

图 6-40 靠模法车成形面

图 6-41 样板刀法车成形面

3. 样板刀法车成形面

样板刀法车成形面如图 6-41 所示。它与宽刀法车锥面类似,所不同的是刀刃不是斜线而是曲线,与零件的表面轮廓形状相一致。由于样板刀的刀刃不能太宽,刃磨出的曲线形状也不十分准确,因此常用于加工形状比较简单、要求不太高的成形面。

6.7 典型零件车削工艺简介

对于轴类和盘套类零件,其车削工艺是整个工艺过程的重要组成部分,有的零件通过车削无须转工种即可完成全部加工内容。下面介绍一种典型零件的车削加工工艺。

图 6-42 所示为某传动轴的零件图样。一般传动轴,各表面的尺寸精度、表面粗糙度和位置精度(主要是各外圆对轴线的同轴度和台肩端面对轴线的端面圆跳动)要求较高,长度和直径的比值也较大,加工时不可能一次加工出全部表面,需要多次调头安装、才能加工完成。为了保证零件的安装精度,并且安装方便可靠,轴类零件一般都采用双顶尖安装。其安装方法和特点详见 6.4 节中"用顶尖安装工件"部分。图 6-42 所示传动轴的车削工艺过程如表 6-1 所列。

表 6-1 车削工艺表

加工顺序	加工简图	加工内容	安装方法	备注
1	(略)	下料 $\phi 40 \times 243$,5 件		
2		车端面见平;钻 $\phi 2.5$ 中心孔	三爪卡盘	

续表

加工顺序	加工简图	加工内容	安装方法	备注
3		调头,车端面保证总长 240;粗车外圆 $\phi32 \times 15$;钻 $\phi2.5$ 中心孔	三爪卡盘	
4		调头,粗车各台阶,车外圆 $\phi36$ 外圆全厂;车外圆 $\phi31 \times 74$;车外圆 $\phi26 \times 50$;车外圆 $\phi23 \times 20$;切槽 3 个;车空刀槽 $\phi34$ 至尺寸	双顶尖卡箍	
5		调头精车,切槽 1 个;车大端面保证尺寸 150;车 $\phi30^{+0.013}_{-0.008}$ 至尺寸;车两外圆 $\phi35^{+0.027}_{-0.002}$ 至尺寸;倒角 $1 \times 45°$ 2 个	双顶尖卡箍	
6		调头精车,车外圆 $\phi30^{+0.013}_{-0.008}$ 至尺寸;车外圆 $\phi25^{+0.013}_{-0.008}$ 至尺寸;车螺纹外圆 $\phi22^{-0.1}_{-0.2}$ 至尺寸;修光台肩小端面;倒角 $1 \times 45°$ 4 个;车螺纹 $M22 \times 1.5$	双顶尖卡箍(垫铜皮)	
7		检验		

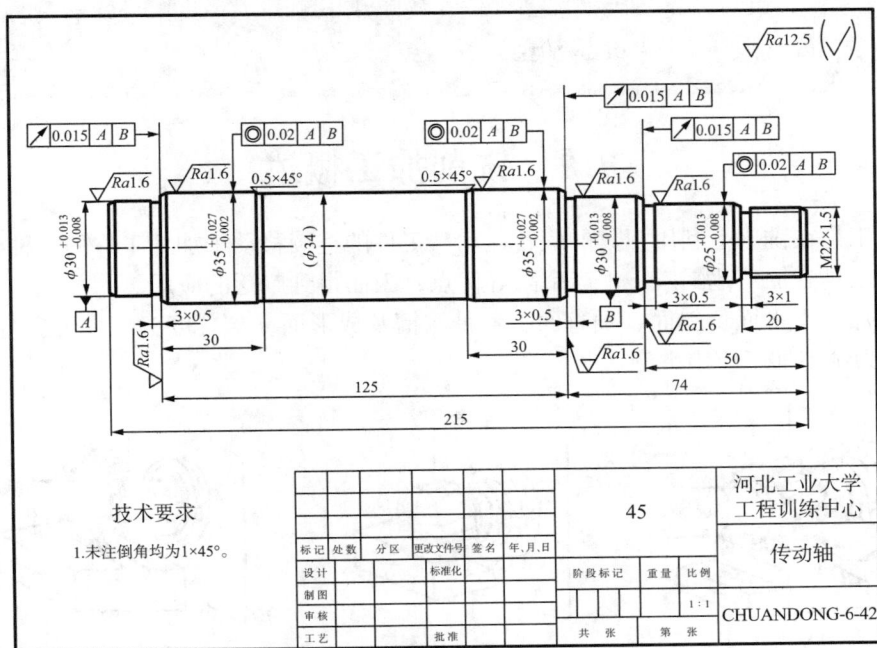

图 6-42 传动轴

第7章 铣削加工

🖐 **温馨提示——安全规则**

（1）进入实训场地必须穿戴工作服，操作时不准戴手套，女同学须戴工作帽；不准穿裙子、高跟鞋、拖鞋。

（2）操作时，不许触摸旋转的部件。

（3）离开机床时，要停车向老师报告；出现事故要停车请示指导老师，不要擅自处理。

（4）开车前要检查各手柄位置是否正确。

（5）切削时先开车；如中途停车应先停止进给，才能退刀，然后再停车。

（6）开车时，不准测量部件，不准用棉纱擦拭部件，也不准用手触摸部件。

（7）工作台上不准堆积过多的铁屑。工作台及轨面上禁止摆放工具或其他物件，工具应放在指定位置。

（8）切削中，禁止用毛刷在与刀具转向相同的方向清理铁屑或加冷却液。

（9）机床变速、更换铣刀以及测量工件尺寸时，必须停车。

（10）严禁两个方向同时自动进给。

（11）铣刀距离工件 10mm 内，禁止快速进刀，不得连续点动快速进刀。

（12）经常注意各部件润滑情况，如发现各运转的连接件有异常情况或异常声音应立即停车报告。

（13）工作结束后，将各手柄摇到零位，关闭总电源开关，将工具、卡具、量具擦净放好；擦净机床，做到工作场地清洁整齐。

7.1 铣削加工概述

铣削加工是在铣床上利用刀具的旋转运动和工件的连续移动来加工工件的一种机械加工方法。铣削加工具有加工范围广、生产率高等优点，因而得到广泛的应用。

铣削可加工水平面、斜面、垂直面、各种沟槽及成形面，与分度头配合可进行分度加工。图 7-1 所示为铣削加工应用举例。

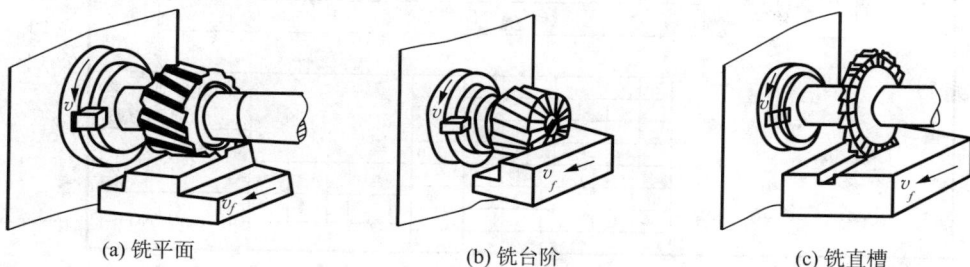

(a) 铣平面   (b) 铣台阶   (c) 铣直槽

图 7-1 铣削加工应用举例

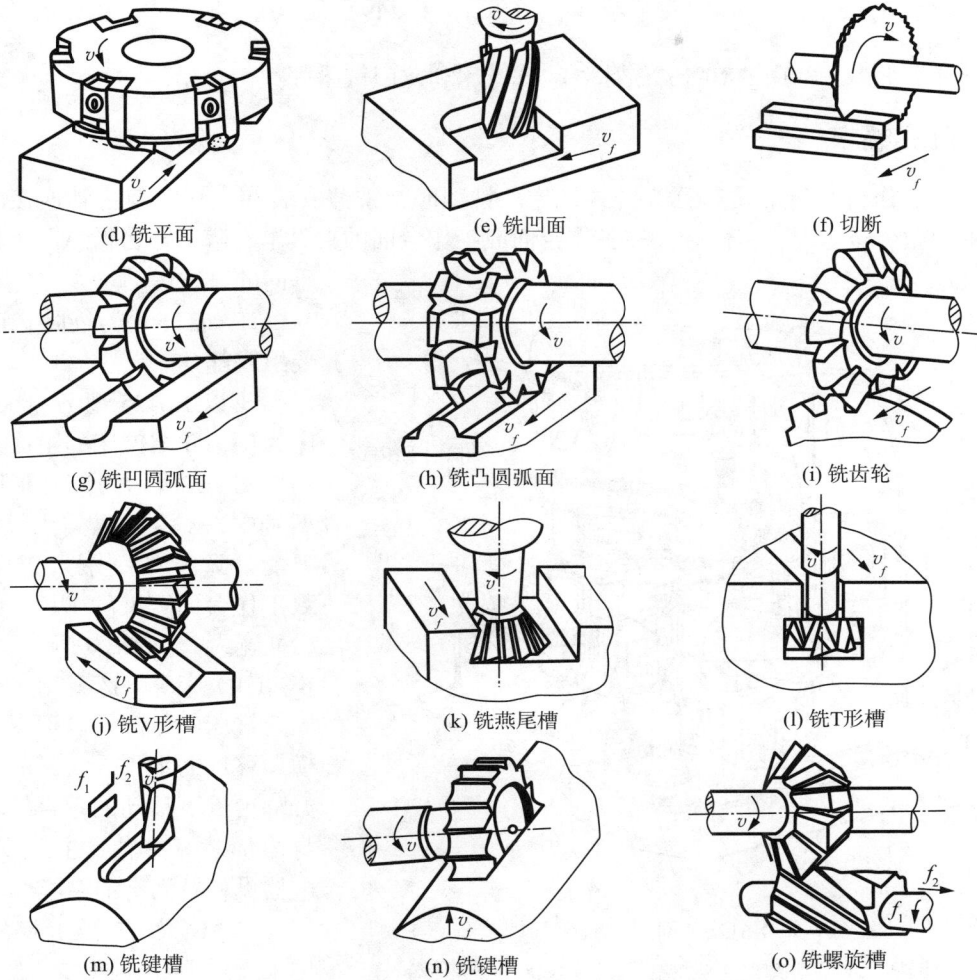

(d) 铣平面　　　　　　　　　(e) 铣凹面　　　　　　　　　(f) 切断

(g) 铣凹圆弧面　　　　　　　(h) 铣凸圆弧面　　　　　　　(i) 铣齿轮

(j) 铣V形槽　　　　　　　　(k) 铣燕尾槽　　　　　　　　(l) 铣T形槽

(m) 铣键槽　　　　　　　　(n) 铣键槽　　　　　　　　(o) 铣螺旋槽

图 7-1　铣削加工应用举例（续图）

　　铣削平面时，刀具的回转运动是主运动，工件的直线移动是进给运动，如图 7-2 所示。铣削加工精度一般为 IT8～IT9，表面粗糙度可达 $Ra6.3～1.6\mu m$。

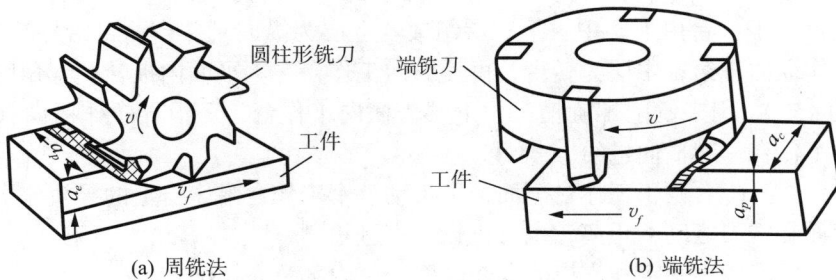

(a) 周铣法　　　　　　　　　　　　　　　(b) 端铣法

图 7-2　铣削运动

7.2 铣 床

铣床种类很多，常用的有卧式铣床、立式铣床和龙门铣床等。

7.2.1 卧式铣床

主轴与工作台平行的铣床称为卧式铣床。铣削时，铣刀安装在主轴或与主轴连接的刀轴上，随主轴做旋转运动；工件装夹在工作台面或工作台面的夹具上，随工作台做纵向、横向或垂向的直线运动。

1. X6125 型万能卧式铣床主要组成部分

现以 X6125 型万能卧式铣床为例，介绍铣床的组成及其功用。图 7-3 所示为其外形图。在型号中，X 为铣床类代号；61 为万能升降台组系代号；25 为主参数工作台面宽度的 1/10，即工作台面宽为 250mm。

（1）床身 床身用来支撑和固定铣床的各部件。顶面上有供横梁移动的水平导轨，前壁有供升降台上下移动的垂直导轨。床身内部装有主轴、主轴变速箱、电器设备及润滑油泵等部件。

（2）横梁 横梁上装有吊架，用来支撑刀杆外伸的一端，以增强刀杆的刚性。横梁的伸出长度可根据刀杆长度进行调整。

（3）主轴 主轴前端有 7:24 精密锥孔，用来安装刀杆并带动

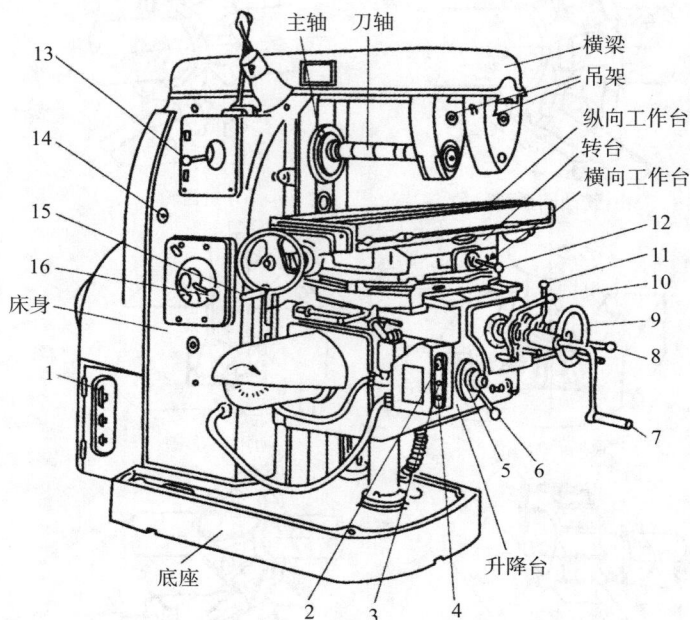

图 7-3 X6125 万能卧式铣床

1- 总开关；2- 主轴电动机启动按钮；3- 进给电动机启动按钮；4- 机床总停按钮；
5- 进给高、低速调整盘；6- 进给数码转盘手柄；7- 升降手动手柄；
8- 纵向、横向、垂向快动手柄；9- 横向手动手轮；10- 升降自动手柄；
11- 横向自动手柄；12- 纵向自动手柄；13- 主轴高、低速手柄；14- 主轴点动按钮；
15- 纵向手动手轮；16- 主轴变速手柄

铣刀旋转。主轴为空心轴，轴心孔用来穿过拉杆在尾端将刀杆拉紧。

（4）工作台 工作台由上、中、下三层组成。上层为纵向工作台，可沿导轨作纵向移动，用来带动工件作纵向进给；中层为转台，可使纵向工作台在水平面内扳转一定角度（正、反向最大均可转动 45°），用来铣削螺旋槽等；下层为横向工作台，可沿导轨作横向移动，用来带动转台和纵向工作台一起横向进给。

（5）升降台 升降台位于工作台下面，可带动整个工作台沿床身上的导轨作上下移动，用来调整工作台面和铣刀之间的距离，也可进行垂直进给。

（6）底座 底座用来固定和支撑床身和升降台，内部装有切削液。

2. X6125 万能卧式铣床调整及手柄使用

（1）主轴转速调整。改变主轴高、低速手柄 13 和主轴变速手柄 16 的位置，可以得到从

65～1800r/min 的 16 种不同的转速。注意：变速时一定要停车，且在主轴停止旋转之后进行；若变速手柄扳不到正常位置，可按一下主轴点动按钮 14。

（2）进给量调整。先转动进给高、低速调整盘 5 指向蓝点（低速挡）或红点（高速挡），然后再扳转进给数码转盘手柄 6，可使工作台在纵向、横向和垂向分别得到 35～980mm/min 的 16 种不同的进给量。注意，垂向进给量只是数码转盘上所列数值的 1/2。

（3）手动手柄的使用。操作者面对铣床，顺时针摇动工作台左端纵向手动手轮 15，工作台向右移动；逆时针摇动，工作台向左移动。顺时针摇动横向手动手轮 9，工作台向前移动；逆时针摇动，工作台向后移动。顺时针摇动升降手动手柄 7，工作台上升；逆时针摇动，工作台下降。

（4）自动进给手柄的使用。在进给电动机启动的状态下，向右扳动纵向自动手柄 12，工作台向右自动进给；向左扳动，工作台向左自动进给；中间是停止位置。向前推横向自动手柄 11，工作台向前进给；向后拉，工作台向后进给；中间是停止位置。向前推升降自动手柄 10，工作台向上进给；向后拉，工作台向下进给；中间是停止位置。

（5）快动手柄的使用。在某一方向自动进给状态下，向上提起快动手柄 8，即可得到工作台该方向的快速移动。注意：快动手柄只在表面的一次走刀完毕之后空程退刀时使用。

7.2.2　立式铣床

立铣和卧铣的主要区别是其主轴轴线与工作台面垂直。图 7-4 所示为 X5030 立式铣床。编号 X5030 中，X 表示铣床类，5 表示立铣，0 表示立式升降台铣床，30 表示工作台宽度的 1/10，即工作台的宽度为 300cm。

1. X5030 立式铣床主要组成部分

X5030 立铣的主要组成部分与 X6125 万能卧铣基本相同，除主轴所处位置不同外，它没有横梁、吊架和转台。铣削时，铣刀安装在主轴上，由主轴带动做旋转运动；工作台带动工件做纵向、横向或垂向的直线运动。

2. X5030 立式铣床调整及手柄使用

1）主轴转速调整

转动主轴变速手轮 10，可以得到 40～1500r/min 的 12 种不同的转速。变速时必须停车，且在主轴停止旋转之后进行。若变速手轮转不到位，可按一下主轴点动按钮 9。

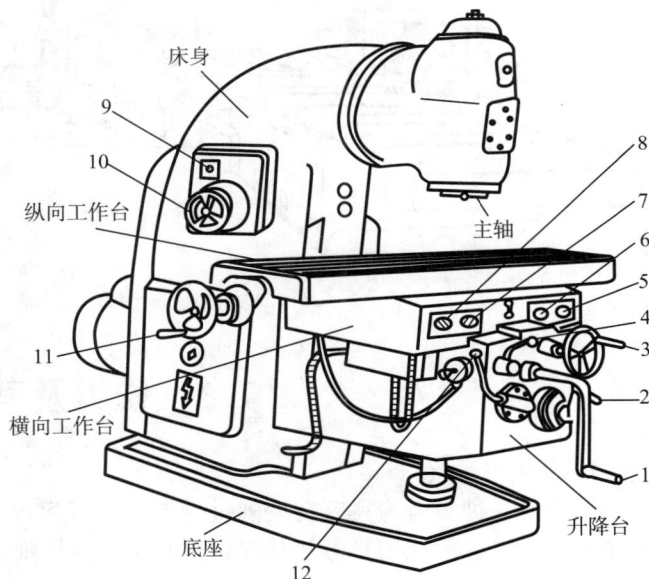

图 7-4　X5030 立式铣床

1- 升降手动手柄；2- 进给量调整手柄；3- 横向手动手轮；4- 纵、横、垂向自动进给选择手柄；5- 机床启动按钮；6- 机床总停按钮；7- 自动进给换向旋钮；8- 切削液泵开关旋钮；9- 主轴点动按钮；10- 主轴变速手轮；11- 纵向手动手轮；12- 快动手柄

2）进给量调整

顺时针扳转进给量调整手柄 2，可获得数码盘上标示的 18 种低速挡进给量；若先顺时针扳转手柄 2，然后逆时针锁紧，则可获得 18 种高速挡进给量。总共可得到 5～800mm/min 的 36 种进给量。注意，垂向进给量只是数码盘所列数值的 1/3。

3）手动手柄的使用

使用方法与 X6125 卧式铣床相同。操作者面对铣床，顺时针摇动工作台左端纵向手动手轮11，工作台向右移动；反之则向左移动。顺时针摇动横向手动手轮3，工作台向前移动；反之则向后移动。顺时针摇动升降手动手柄1，工作台上升；反之则下降。

4）自动进给手柄的使用

在机床启动的状态下，配合使用纵、横、垂向自动进给选择手柄4和自动进给换向旋钮7。手柄4向右扳动，选择纵向自动进给，旋钮7向左转动则工作台向左进给，向右转动则向右进给；手柄4向左扳动，选择垂向自动进给，旋钮7向左转动则工作台向上进给，向右转动则向下进给；手柄4向前推，选择横向自动进给，旋钮7向左转动则工作台向前进给，向右转动则向后进给。手柄4和旋钮7的中间位置均为停止位置。

5）快动手柄的使用

在机床启动和某一方向自动进给状态下，向外拉动快动手柄12，即可得到工作台该方向的快速移动。快动手柄的用途与 X6125 卧铣相同，只在表面的一次走刀完毕之后空程退刀时使用。

7.2.3　龙门铣床

龙门铣床属于大型机床，用于加工卧式、立式铣床无法加工的大型工件。图 7-5 所示为龙门铣床的外形图。

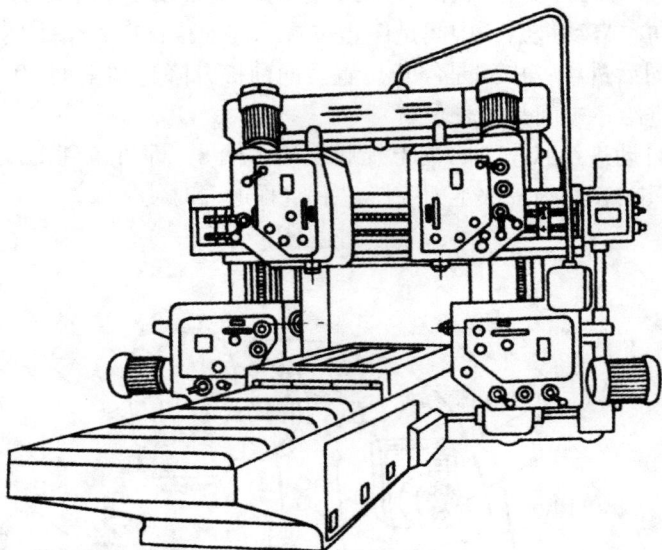

图 7-5　龙门铣床

7.3　铣刀及其安装

1. 铣刀

铣刀是一种多齿刀具。在铣削过程中，铣刀旋转一周每个刀齿参加一次切削，其余时间处于非工作状态，因此刀具散热状况好，利于提高切削速度；同时有多个刀齿参加切削，所以生产率较高。铣刀整体虽然很复杂，但就一个刀齿的切削部分而言，其几何形状与功能都与车刀相似。刀齿材料有高速钢和硬质合金两种。

铣刀的分类方法很多，按照铣刀的装夹方法可分为两类，即带孔铣刀和带柄铣刀。带孔铣刀多用在卧式铣床上，带柄铣刀多用在立式铣床上。

1）带孔铣刀

（1）圆柱铣刀　如图 7-1a 所示，刀齿分布在圆柱面的表面上，主要用于加工平面。标准圆柱铣刀有直齿和斜齿两种。

（2）圆盘铣刀　图 7-1c 所示为三面刃铣刀，主要用于加工各种宽度的直槽、台阶面或小平面等。图 7-1f 所示为锯片铣刀，主要用于铣窄槽和切断材料。

（3）角度铣刀　如图 7-1j、o 所示，有各种不同的角度，用以加工各种角度的沟槽及斜面等。

（4）成形铣刀 如图 7-1g、h、i 所示，其刀齿切削刃呈曲线状，用于加工与切削刃相对应的成形面，如凹半圆、凸半圆、齿轮齿槽等。

2）带柄铣刀

（1）立铣刀 如图 7-1e 所示，多用于加工沟槽、小平面、台阶面、内凹面等。一般直径较小的柄部为圆柱形，称为直柄立铣刀；直径较大的柄部为圆锥形，称为锥柄立铣刀。

（2）键槽铣刀和 T 形槽铣刀 图 7-1m 所示为键槽铣刀，用于加工轴上封闭式键槽。图 7-11 所示为 T 形槽铣刀，用于加工 T 形槽。

（3）镶齿端铣刀 如图 7-1d 所示，刀齿分布在圆盘端面上，用于加工较大平面。

2.铣刀的安装

1）带孔铣刀的安装

带孔铣刀多安装在长刀杆上，如图 7-6 所示。长刀杆一端有 7∶24 锥度，与铣床主轴锥孔配合，另一端安装在吊架孔中。安装刀具的刀杆部分，可根据铣刀孔的大小分为 $\phi16$、$\phi22$、$\phi32$ 等几种不同型号。

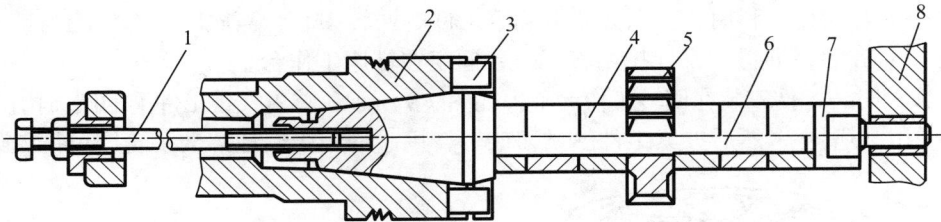

图 7-6 带孔铣刀的安装

1- 拉杆；2- 主轴；3- 端面键；4- 套筒；5- 铣刀；6- 刀杆；7- 螺母；8- 吊架

安装带孔铣刀时应注意如下几点：

（1）铣刀应尽可能靠近主轴或吊架，否则由于刀杆细长，切削时容易产生较大的弯曲变形。

（2）为减小铣刀的端面跳动，套筒的端面和铣刀的端面必须擦干净。

（3）拧紧刀杆端部螺母时，必须先装上吊架，以防止刀杆弯曲。

2）带柄铣刀的安装

（1）直柄立铣刀的安装 如图 7-7a 所示，铣刀的柱柄插入弹簧套的光滑圆孔中，用螺母压紧弹簧套的端面，使弹簧套的外锥面受压而缩小内孔径，从而夹紧铣刀刀柄。弹簧套有多种孔径，以安装不同尺寸的立铣刀。这种夹头可以安装 $\phi20$ 以内的直柄立铣刀。

（2）锥柄立铣刀的安装 如图 7-7b 所示，根据铣刀锥柄的大小，选择合适的变锥套，将配合锥面擦干净。安装时，先将铣刀柄插入变锥套，再把变锥套插入铣床主轴锥孔中，最后用拉杆把变锥套连同铣刀一起拉紧在主轴上。

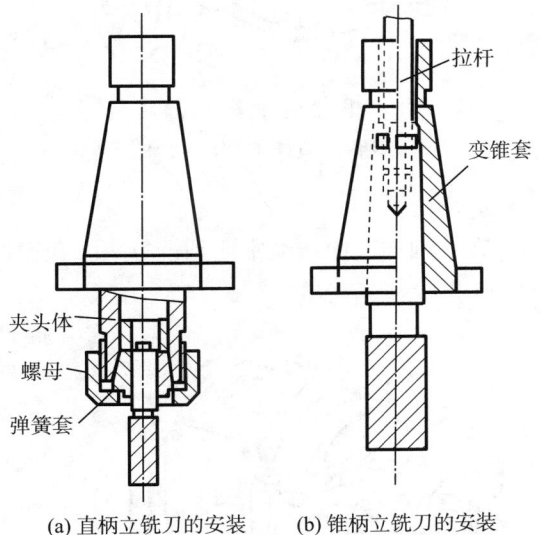

（a）直柄立铣刀的安装 （b）锥柄立铣刀的安装

图 7-7 带柄铣刀的安装

7.4 铣床附件及工件的安装

7.4.1 铣床附件

铣床常用附件有平口虎钳、回转工作台、分度头和万能铣头。其中前三种附件用于安装工件，万能铣头用于安装刀具。

1. 平口虎钳

平口虎钳上有固定钳口和活动钳口，通过转动丝杆带动活动钳口夹紧不同宽度的工件。

2. 回转工作台

回转工作台又称为转盘、平分盘或圆形工作台，其外形如图 7-8 所示。回转工作台内部有一套蜗轮蜗杆传动机构。摇动手轮 4，通过蜗杆轴 3 直接带动与转台 2 相连接的蜗轮转动，从而使转台转动。转台周围有刻度，可以用来观察和确定转台位置。拧紧螺钉 5，转台即被锁定。转台中央有一孔，利用它可以方便地确定工件的回转中心。当底座 1 上的槽与铣床工作台上的 T 形槽对齐后，即可用螺栓把回转工作台固定在铣床工作台上。

铣圆弧槽时，工件安装在回转工作台上，如图 7-9 所示，首先找正工件上的圆弧槽回转中心，使之与转台中心重合，然后夹紧工件。铣刀旋转，用手均匀缓慢地摇动手轮即可铣出圆弧槽。

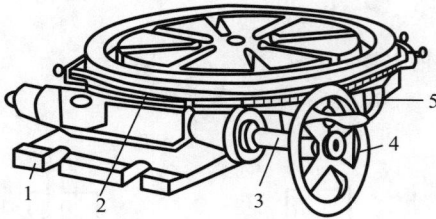

图 7-8 回转工作台

1- 底座；2- 转台；3- 蜗杆轴；4- 手轮；5- 螺钉

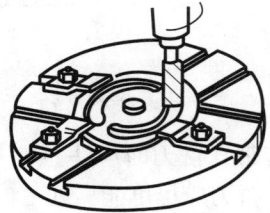

图 7-9 铣圆弧槽

3. 分度头

在铣削加工中，经常遇到铣方头、花键槽、齿轮等。这时，工件每铣过一个面或一个槽之后，需转过一个角度，再铣第二面或第二槽，依此类推，这种工作称为分度。在铣床上用来分度的机构就是分度头。它可以对工件在水平、垂直或倾斜位置进行分度。分度头还可以配合工作台的移动使工件连续转动，从而铣出螺旋槽，如铣螺旋齿轮、麻花钻等。

1）分度头的结构

分度头结构如图 7-10 所示。在分度头基座上装有回转体，分度头主轴可以随回转体在垂直平面内转动。主轴的前端一般装有自定心卡盘或顶尖用来安装工件。分度时，摇动分度手柄，通过蜗杆蜗轮带动分度头主轴旋转进行分度。

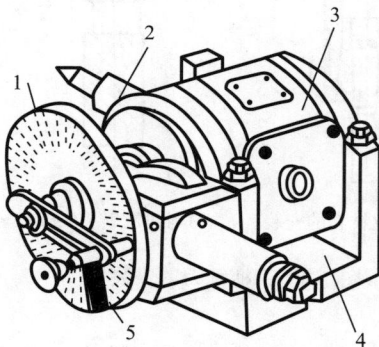

图 7-10 分度头的结构

1- 分度盘；2- 主轴；3- 回转体；4- 基座；5- 扇形叉

分度头的传动系统如图 7-11a 所示。分度头主

轴上的蜗轮齿数为 40，与之相啮合的蜗杆头数为 1，那么分度头中蜗杆和蜗轮的传动比为

$$i = \frac{蜗轮转速}{蜗杆转速} = \frac{蜗杆头数}{蜗轮齿数} = \frac{1}{40} 。$$

即当分度手柄转动一周通过一对齿轮（传动比为 1：1）带动蜗杆转动一周，此时蜗轮带动主轴转过 1/40 周。若工件在整个圆周上的分度数目 z 已知，则每分一个等分就要求分度头主轴转过 1/z 转。这时分度手柄所需转过的圈数 n 即可由下式确定：

$$\frac{1/z}{n} = \frac{1}{40}, \quad 即\ n = \frac{40}{z}$$

2）分度方法

用分度头分度的方法有直接分度法、简单分度法、差动分度法、角度分度法等。这里仅介绍最常用的简单分度法。式 $n = 40/z$ 表示的方法即为简单分度法。

例如，铣齿数 z＝28 的齿轮，每次分齿时手柄转过的圈数为

$$n = \frac{40}{z} = \frac{40}{28} = 1\frac{3}{7} \ （圈）$$

分度手柄的准确转数是借助分度盘上的孔眼来确定的。分度盘正反两面有许多孔数不同的孔圈，如图 7-11b 所示。

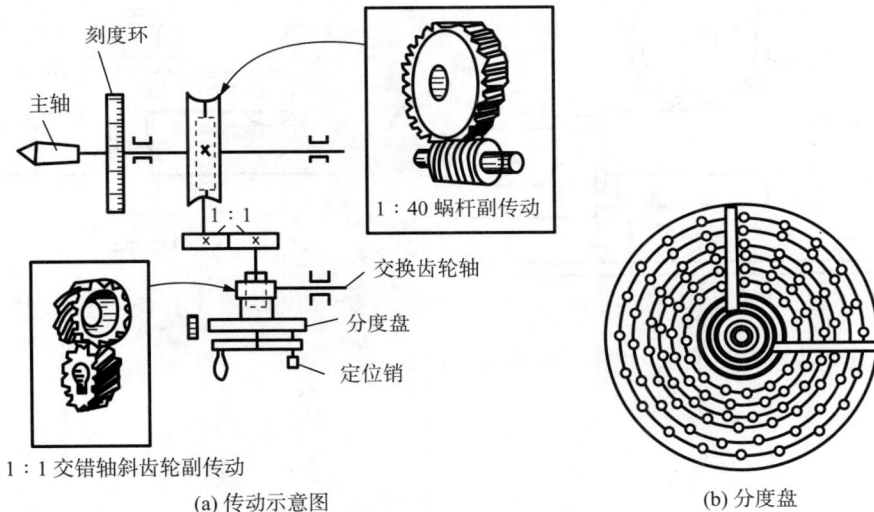

图 7-11　分度头传动系统及分度盘

国产 FW250 型分度头备有两块分度盘，其各圈孔数如下：

第一块分度盘正面各圈孔数依次为：24、25、28、30、34、37；反面依次为 38、39、41、42、43。

第二块分度盘正面各圈孔数依次为：46、47、49、51、53、54；反面依次为：57、58、59、62、66。

简单分度时，分度盘由螺钉锁定不动，将分度手柄上的定位销拔出，调整到孔数为 7 的整数倍的孔圈上，例如 49 个孔的孔圈上，使分度手柄旋转 $1\frac{3}{7}$ 周相当于 $1\frac{21}{49}$ 周，亦即将定位销转过一周后再转过 49 孔圈上的 21 个孔距。这样，主轴每次就可准确地转过 1/28 周。

在分度时，为了避免每分度一次要数孔这一繁琐工作，可利用分度叉。分度叉装在分度盘

面上，由两个脚组成的夹角大小可按所需孔距数任意调节，使之夹角正好等于分子的孔距数，这样依次分度时，既省时又可准确无误。若分度手柄转过了头，则应多退回半圈，然后再转到正确位置，以消除蜗杆蜗轮间间隙的影响。

3）使用分度头注意事项

使用分度头要注意如下几点：

（1）分度头是一种精密附件，使用中严禁用锤头等物敲打。

（2）在分度头上装卸工件时，最好先锁紧分度头主轴。

（3）分度时，事先要松开主轴锁紧手柄，分度结束后再重新锁紧。

（4）分度时，分度手柄上的定位销应慢慢地插入分度盘的孔内，切勿突然撒手而使定位销自动弹入，否则会损坏分度盘的孔眼。

7.4.2 工件的安装

铣床上常用的工件安装方法有以下几种。

（1）用平口虎钳安装工件，如图 7-12 所示。

（2）用压板、螺栓安装工件，如图 7-13 所示。

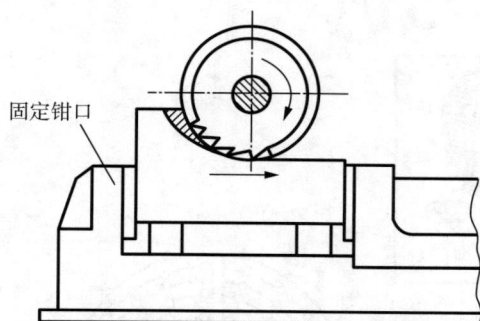

图 7-12　用平口虎钳安装工件

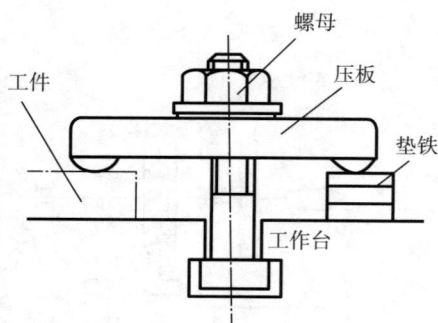

图 7-13　用压板、螺栓安装工件

（3）用分度头安装工件，如图 7-14 所示。

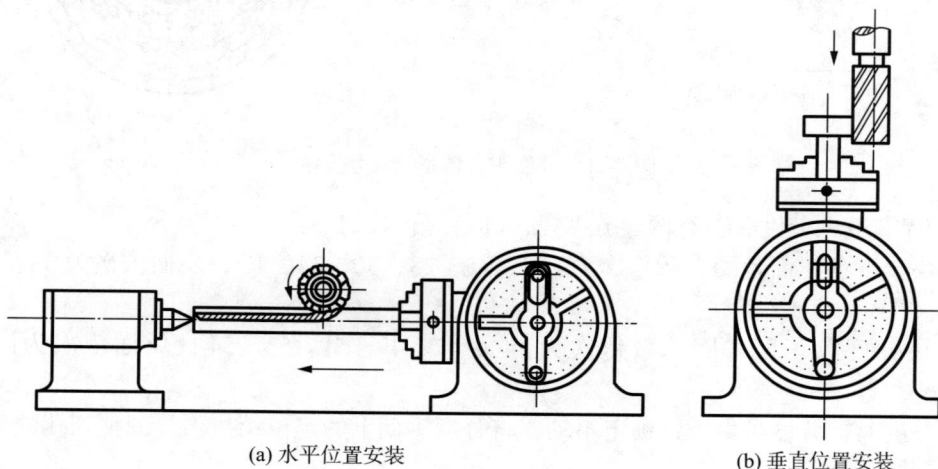

(a) 水平位置安装　　　　　　(b) 垂直位置安装

图 7-14　用分度头安装工件

当零件的生产批量较大时，可采用专用夹具或组合夹具安装工件。这样既能提高生产效率，又能保证产品质量。

7.5　铣削基本工艺

铣削工作范围很广，常见的有铣平面、铣斜面、铣沟槽、铣成形面及铣螺旋槽等。

7.5.1　铣平面

铣平面可以在卧式铣床上进行，也可以在立式铣床上进行。工件可以夹紧在机用平口虎钳上，也可以用螺栓压板直接压紧在工作台面上。

1. 用端铣刀铣平面

在铣床上用铣刀（如盘铣刀）的端面齿刃铣削平面的方法称为端铣，如图 7-2b 所示。端铣平面时，刀具刚性好，切削厚度变化小，切削平稳；同时进行切削的刀齿多，生产率较高。

2. 用圆柱铣刀铣平面

在铣床上，用铣刀（如圆柱铣刀）圆周面上的齿刃铣削平面的方法称为周铣，如图 7-2a 所示。用周铣法铣平面时，有顺铣和逆铣两种方式。

（1）逆铣　在铣刀与工件已加工面的切点处，铣刀切削刃的线速度方向与工件进给方向相反的铣削方式称为逆铣，如图 7-15a 所示。逆铣的优点是铣削过程平稳，工件装夹可靠；缺点是刀具磨损较快，工件表面粗糙。

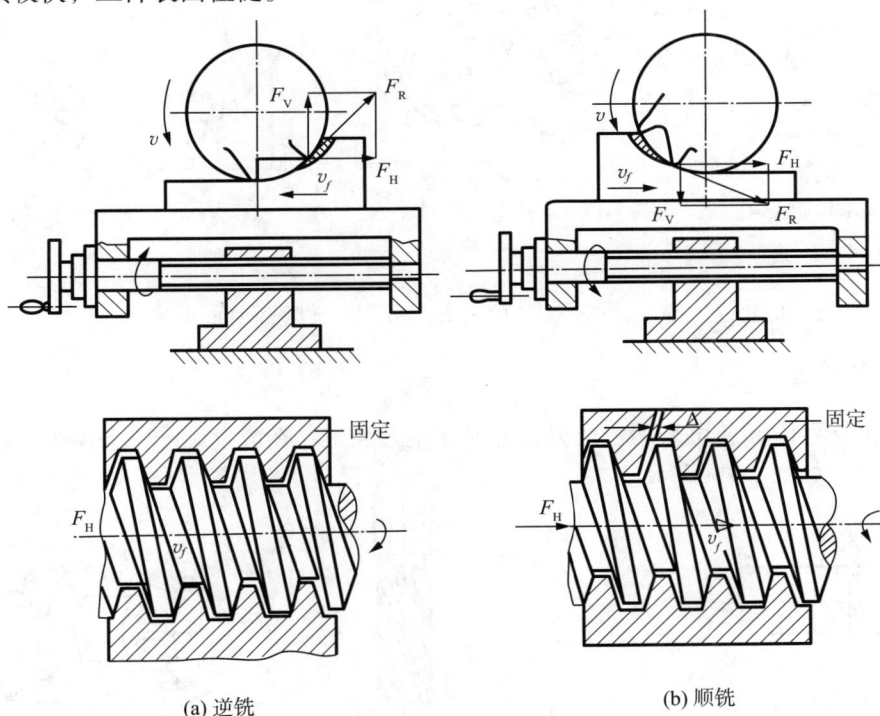

(a) 逆铣　　　　(b) 顺铣

图 7-15　逆铣和顺铣

（2）顺铣　在铣刀与工件已加工面的切点处，铣刀切削刃的线速度方向与工件进给方向相同的铣削方式称为顺铣，如图 7-15b 所示。顺铣克服了逆铣的某些缺点，但顺铣时，切削力的水平分力可引起工作台在铣削过程中带动工件沿进给方向产生向前窜动，引起铣削过程的不平稳，并极易造成打刀。因此，一般只有在铣床具有消除工作台进给丝杠与螺母之间间隙的机构时，才采用顺铣。

7.5.2 铣斜面

铣斜面的方法很多，下面介绍常用的几种。

1. 把工件安装成所需的角度铣斜面

将工件待加工的斜面划好线，利用倾斜垫铁等将工件压在机用虎钳或工作台上，按划线找正工件位置，铣出斜面，如图 7-16 所示。

2. 利用分度头铣斜面

在一些圆柱形或特殊形状的工件上铣斜面时，可利用分度头把工件转换成所需要的位置，再铣出斜面，如图 7-17 所示。

3. 用角度铣刀铣斜面

用角度铣刀既可铣出角度槽，也可铣出单侧的较小的斜面，如图 7-1j 所示。

4. 用万能铣头铣斜面

万能铣头能方便地改变刀轴在空间的方向。因此，利用万能铣头可使刀具相对工件倾斜成某一角度加工斜面，如图 7-18 所示。

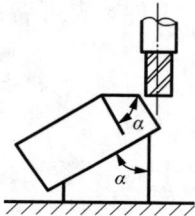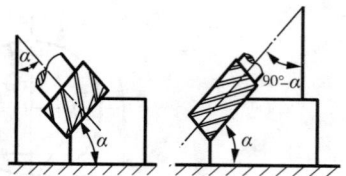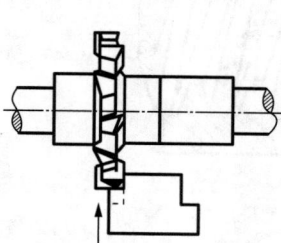

图 7-16　工件斜压在　　　　图 7-17　利用分度头铣斜面　　　　图 7-18　用万能铣头铣斜面
　　　工作台上铣斜面

当加工零件的批量较大时，通常采用专用夹具安装工件铣斜面。

7.5.3 铣台阶面

在铣床上铣台阶面，可采用三面刃铣刀或立铣刀加工，在成批生产中采用组合铣刀同时铣出几个台阶面，如图 7-19 所示。

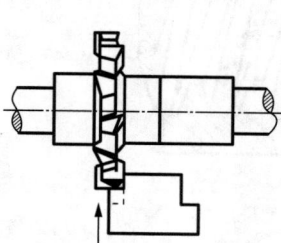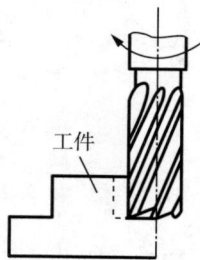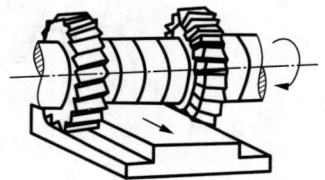

(a) 用三面刃铣刀　　　　　　　(b) 用立铣刀　　　　　　　　(c) 用组合铣刀
图 7-19　铣台阶面

7.5.4 铣沟槽

在铣床上能加工多种形状的沟槽，如直槽、角度槽、V 形槽、T 形槽、燕尾槽和键槽等。

（1）铣 T 形槽　T 形槽的铣削步骤如图 7-20 所示。

（2）铣燕尾槽　燕尾槽的铣削步骤如图 7-21 所示。

（3）铣成形面　在铣床上铣成形面通常采用与成形面形状相吻合的成形铣刀，如图 7-1g～i 所示。

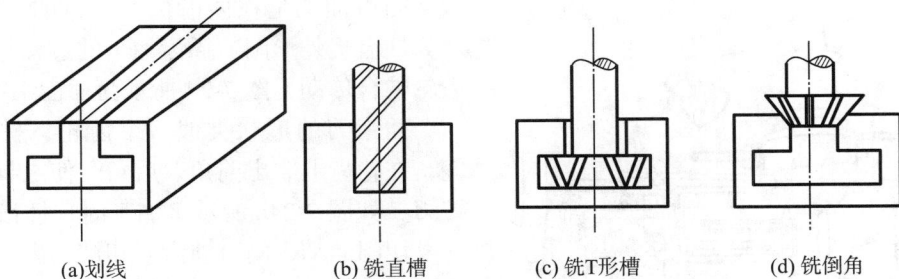

| (a)划线 | (b) 铣直槽 | (c) 铣T形槽 | (d) 铣倒角 |

图 7-20　铣 T 形槽

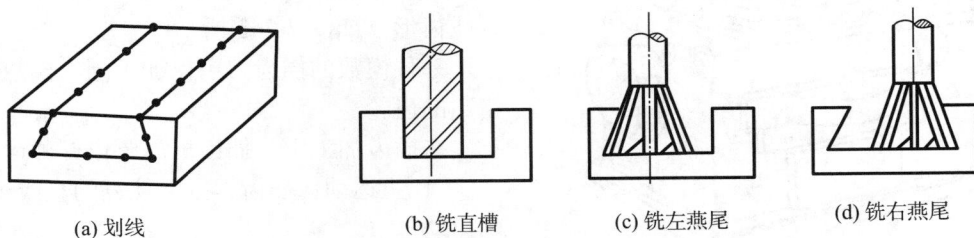

| (a) 划线 | (b) 铣直槽 | (c) 铣左燕尾 | (d) 铣右燕尾 |

图 7-21　铣燕尾槽

7.6　齿轮齿形加工

齿轮是传递运动和动力的重要零件，在机械、仪器、仪表中应用非常广泛。产品的承载能力、工作性能、使用寿命及工作精度等都与齿轮的质量有密切关系。

齿形加工是齿轮加工的核心和关键。目前主要采用切削加工方法加工齿形，按原理分为成形法和展成法两大类。

1. 成形法

成形法加工齿形是指用与被切齿轮齿槽形状相同的成形铣刀铣削出齿形的方法。铣削时，齿坯装夹在分度头的卡盘和尾座顶尖之间，在卧式铣床上用专门的齿轮铣刀铣出一个个齿槽，如图 7-22a 所示。每铣完一个齿槽，按齿轮齿数对工件进行分度，再继续铣下一个齿槽，直至加工完所有齿槽。

成形法加工齿轮的特点是：

（1）设备简单（用普通铣床即可），成本低。

（2）由于每铣完一个齿槽都要进行分度，因此生产率低。

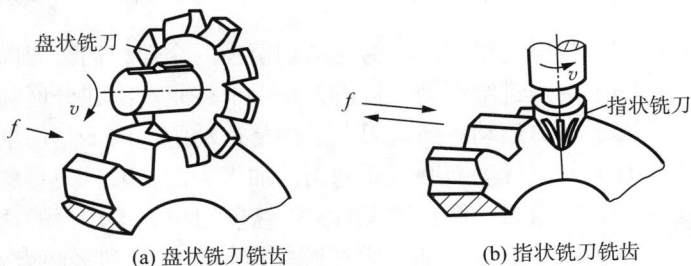

| (a) 盘状铣刀铣齿 | (b) 指状铣刀铣齿 |

图 7-22　成形法铣齿

（3）加工的齿形精度较低，只能达到 IT11～IT9 级。

成形法铣齿轮多用于修配或单件制造某些转速低、精度要求不高的齿轮。

2. 展成法

展成法加工齿形是利用齿轮刀具与被切齿轮的相互啮合运动而切出齿形的方法。这里仅介绍生产中广泛采用的插齿加工和滚齿加工。

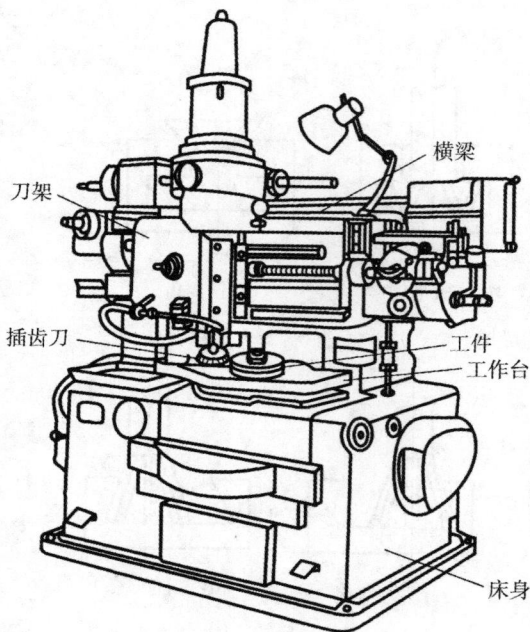

图 7-23 插齿机外形图

1）插齿加工

插齿加工是在插齿机上进行的。图 7-23 所示为插齿机外形图。插齿加工的过程相当于一对齿轮啮合传动，图 7-24 所示为插齿工作原理图。

插齿刀的形状类似一个齿轮，材料为高速钢，在轮齿上磨出前角、后角，使之具有锋利的刀刃，如图 7-24a 所示。加工时，插齿刀作上下往复切削运动，同时插齿刀和被切齿坯之间必须严格地保持一对渐开线齿轮的啮合传动关系。这样插齿刀就能把工件上齿间的金属切除而形成渐开线齿形，如图 7-24b 所示。

一种模数的插齿刀可以加工同一模数的各种齿数的齿轮。

在插齿加工中，插齿机需要作五种运动。

（1）主运动：插齿刀上下往复的直线运动（切削运动）。

（2）分齿运动：插齿刀与被切齿坯之间强制地保持一对齿轮传动的啮合关系的运动。

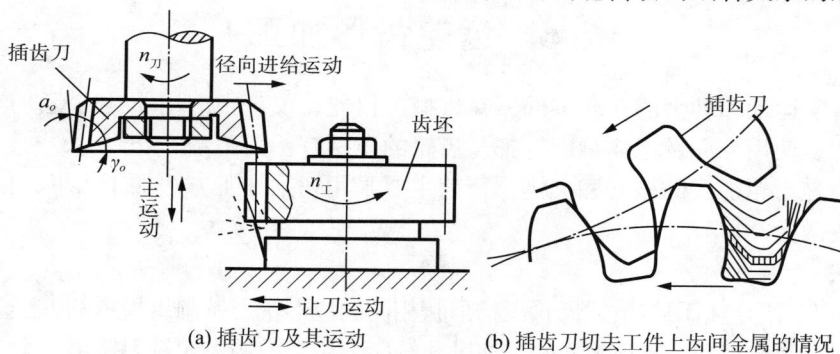

(a) 插齿刀及其运动　　(b) 插齿刀切去工件上齿间金属的情况

图 7-24 插齿工作原理

（3）径向进给运动：为逐渐切至齿的全深，插齿刀向齿坯中心的切入运动。

（4）圆周进给运动：插齿刀每上下往复一次在分度圆周上的转动。

（5）让刀运动：插齿刀上下往复运动中，向下是切削行程，向上是退回行程。为避免插齿刀回程时与工件表面摩擦而划伤已加工表面，减少刀具磨损，在插齿刀回程时，工作台要带着工件让开插齿刀，而在插齿时又需恢复原位。工作台的这个运动称为让刀运动。

插齿机一般用于加工内外圆柱齿轮及双联和多联齿轮。其加工精度为 IT8～IT7 级，齿面粗糙度 Ra 值为 1.6μm。

2）滚齿加工

滚齿加工是在滚齿机上进行的，图 7-25 所示为滚齿机外形图。滚齿加工的过程可近似地看做是齿条与齿轮的啮合运动过程。图 7-26 所示为滚齿工作原理图。

从图 7-26b 可以看到，齿条刀齿与被切齿轮渐开线齿形的相对位置变化情况。齿条刀齿侧面的运动轨迹，正好形成齿轮的渐开线齿形。

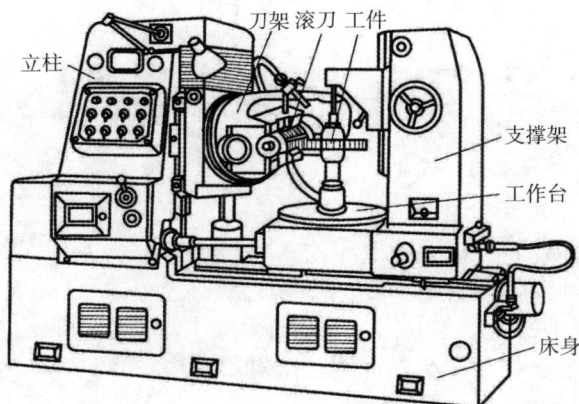

图 7-25　滚齿机外形图

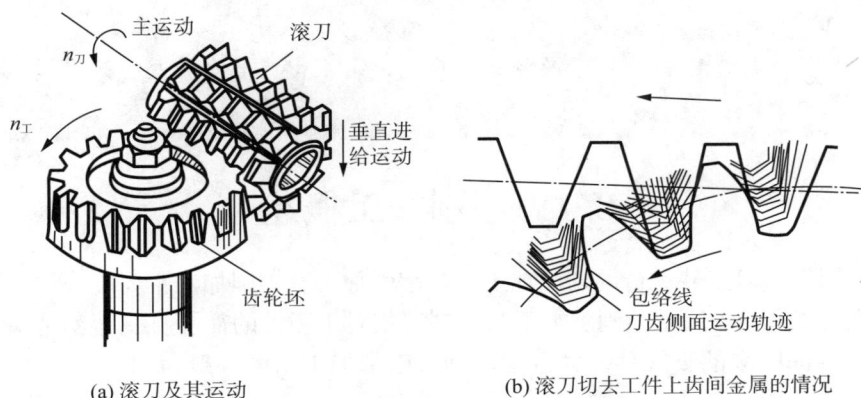

(a) 滚刀及其运动　　　　　　　　(b) 滚刀切去工件上齿间金属的情况

图 7-26　滚齿工作原理

滚齿刀的刀齿分布在相当于蜗杆的螺旋线上，其法向剖面为齿条。在滚齿过程中，可近似地看做齿轮与齿条保持强制啮合的运动关系。滚刀的连续旋转，可视为一根无限长的齿条做连续的直线运动。由于滚刀刀齿轮廓线是锋利的刀刃，在与齿坯啮合过程中切去齿坯上齿间的金属，包络出渐开线齿形。由于滚刀刀齿的齿向与刀轴呈一定角度，为保证刀齿旋转平面与齿坯的齿槽方向一致，滚齿时刀轴轴线也必须偏转相应的角度。

滚齿加工直齿轮时，滚齿机需有以下三种运动：

（1）主运动：滚刀的旋转运动（切削运动）。

（2）分齿运动：滚刀与被切齿坯之间强制地保持相应的啮合关系。如单头滚刀转一转，相当于齿条插刀轴向移动一个齿距，则被切齿坯强制地转过一个齿。

（3）垂直进给运动：滚刀沿齿坯轴向垂直向下进给，以便切出整个齿宽。

滚齿机除可加工直齿、斜齿的外圆柱齿轮外，还能加工蜗轮和链轮等，其加工精度一般为 IT8～IT7 级，齿面粗糙度 Ra 值为 1.6μm。

第8章 刨削加工

温馨提示——安全规则

（1）进入工作场地，必须穿戴工作服；操作时不准戴手套，女同学须戴工作帽。

（2）开车前给各加油点加油，试车正常后方可工作。

（3）加工前检查工作台面前有无障碍物，冲程前后不准站人。

（4）加工前检查刀具和紧固装置，调整刀具位置高出工件 10mm 以上，以免开车时碰刀。

（5）必须停车后才能变速。刨床运转切削时，操作者应站在工作台左侧，不得站在对面。

（6）开车时禁止把头伸在床头和虎钳之间看尺寸线；禁止用手去摸工件，以防碰伤或刨屑崩伤。

（7）切削中不得测量尺寸，不得用嘴吹铁屑。

（8）坚守工作岗位，有事离开刨床时，必须停车。

（9）工作结束后，应关闭总电源开关，将工、卡、量具擦净放好，擦净机床，做到工作场地清洁整齐。

8.1 刨削加工概述

在刨床上用刨刀对工件进行的切削加工称为刨削加工。刨削加工主要用来加工平面、沟槽和一些成形面，如图 8-1 所示。刨削加工时，刨刀相对于工件的往复直线运动是主运动；工件相对于刨刀作横向间歇的直线移动为进给运动。刨削加工精度一般为 IT9～IT8 级，表面粗糙度 Ra 值为 12.5～1.6μm。

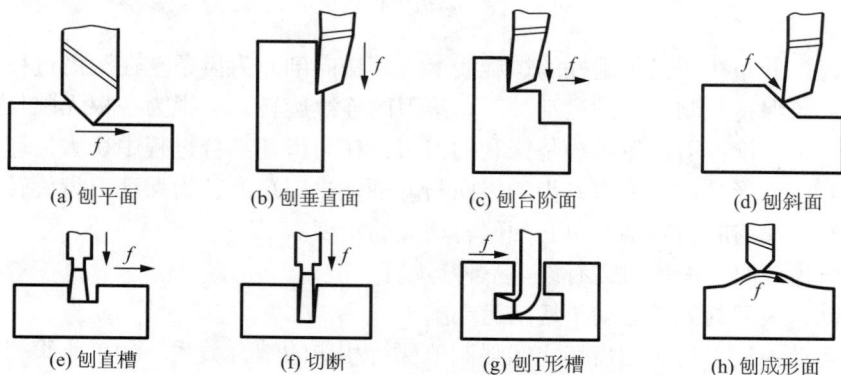

(a) 刨平面	(b) 刨垂直面	(c) 刨台阶面	(d) 刨斜面
(e) 刨直槽	(f) 切断	(g) 刨T形槽	(h) 刨成形面

图 8-1 刨削加工范围

8.2 刨 床

刨床主要包括牛头刨床、龙门刨床和插床。常用的是牛头刨床；龙门刨床用于加工大型零件；插床主要用于加工内表面。

8.2.1 牛头刨床

牛头刨床主要用于加工中小型工件，刨削长度一般不超过 1 000mm。现以 B6065 型牛头刨床为例进行介绍。

在编号 B6065 中，B 是"刨床"二字汉语拼音的第一个字母，为刨床类别代号；6 为牛头刨床的组别代号；0 为牛头刨床的系别代号；65 为最大刨削长度的 1/10，即最大刨削长度为 650mm。

1. 牛头刨床的组成

牛头刨床主要由床身、滑枕、刀架、工作台、横梁、底座等部分组成。图 8-2 所示为 B6065 型牛头刨床外形图。

（1）床身　它用来支承刨床各部件。其顶面有燕尾形导轨供滑枕作往复运动使用，垂直面导轨供横梁带动工作台升降用。床身内部有传动机构。

（2）滑枕　滑枕主要用来带动刨刀作直线往复运动。其前端装有刀架。

（3）刀架　刀架用来夹持刨刀，其结构如图 8-3 所示。摇动刀架手柄时，滑板便可沿转盘上的导轨带动刨刀作上下移动。松开转盘上的螺母，将转盘扳转一定角度后，就可使刀架斜向进给。刀座装在滑板上，抬刀板可以绕刀座的轴向上抬起。刨刀安装在刀夹上，在返回行程时，可绕 A 轴自由上抬，以减少与工件的摩擦。

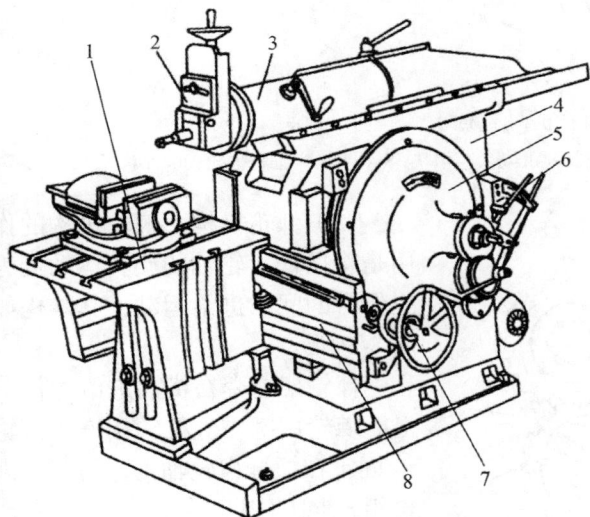

图 8-2　B6065 型牛头刨床外形图

1- 工作台；2- 刀架；3- 滑枕；4- 床身；5- 摆杆机构外壳；

6- 变速机构；7- 进刀机构；8- 横梁

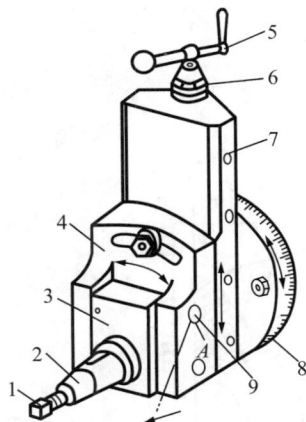

图 8-3　刀架

1- 紧固螺钉；2- 刀夹；3- 抬刀板；4- 刀座；

5- 手柄；6- 刻度环；7- 滑板；8- 刻度转盘；9- 轴

（4）工作台　工作台是用来安装工件的，它可随横梁上下调整，并可沿横梁水平方向移动或作进给运动。

2. 牛头刨的传动机构

（1）摆杆机构　摆杆机构装在床身内部，其作用是将电动机传来的旋转运动变为滑枕的直线往复运动。摆杆机构的结构如图 8-4 所示，主要由摆杆齿轮、摆杆、滑块等组成。摆杆上端与滑枕的螺母相连，下端与支架相连。摆杆齿轮上的滑块装在摆杆上的滑槽内。当摆杆齿轮由小齿轮带动旋转时，偏心滑块就带动摆杆绕支架中心左右摆动，并带动滑枕做往复直线运动。摆杆齿轮转动一周，滑枕带动刨刀往复运动一次。

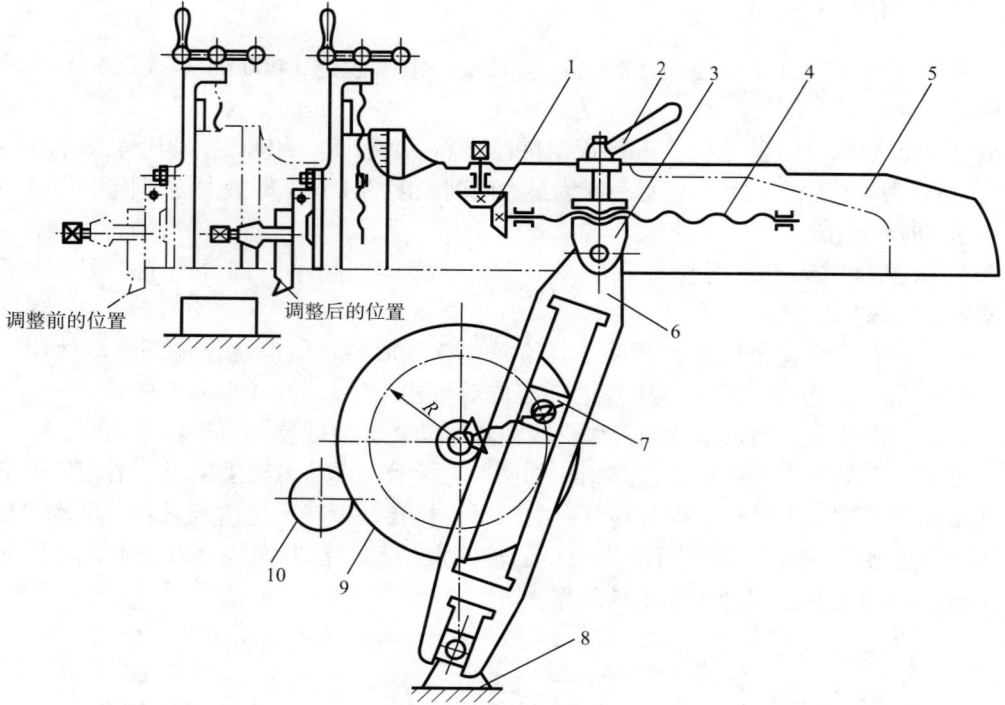

图 8-4　摆杆机构示意图

1- 锥齿轮；2- 锁紧手柄；3- 螺母；4- 丝杠；5- 滑枕；6- 摆杆；7- 滑块；8- 支架；9- 摆杆齿轮；10- 小齿轮

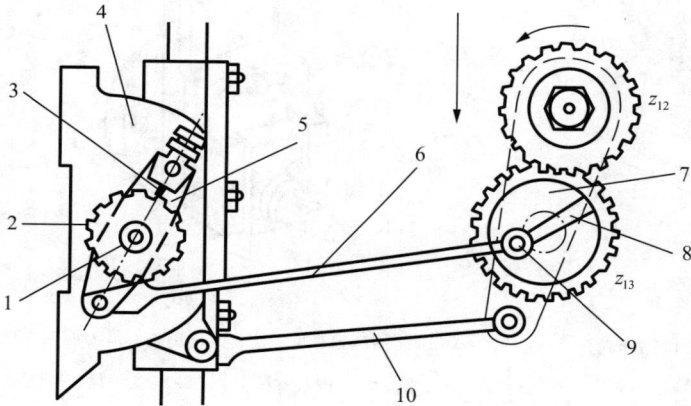

图 8-5　棘轮机构示意图

1- 横向进给丝杠轴；2- 棘轮；3- 棘爪；4- 横梁；5- 棘爪架；
6- 连杆；7- 齿轮；8- 曲柄导槽；9- 曲柄销；10- 顶杆

间歇进给一次。

3. 牛头刨床的传动系统

牛头刨床的传动系统如图 8-6 所示。其传动路线为：

（2）棘轮机构　棘轮机构的作用是将摆杆齿轮轴的旋转运动变为工作台的间歇进给运动，其结构如图 8-5 所示。

棘轮架空套在横向进给丝杠轴上，棘轮用键与丝杠轴相连。齿轮 z_{12} 固定在摆杆齿轮轴上，与摆杆齿轮组成同轴固定齿轮。当齿轮 z_{12} 带动齿轮 z_{13} 旋转时，曲柄销通过连杆推动棘爪架左右摆动，从而使棘爪拨动棘轮转过一定的齿数。滑枕往复运动一次，摆杆齿轮和齿轮 z_{12}、z_{13} 均转动一周，同时推动棘爪架往复摆动一次，拨动进给丝杠转过一定角度，从而实现工作台横向

$$电动机 \rightarrow \frac{d_1}{d_2} \rightarrow I \rightarrow \left\{ \begin{array}{c} \frac{z_1}{z_4} \\ \frac{z_2}{z_5} \\ \frac{z_3}{z_7} \end{array} \right\} \rightarrow II \rightarrow \left\{ \begin{array}{c} \frac{z_7}{z_8} \\ \frac{z_6}{z_9} \end{array} \right\} \rightarrow III \rightarrow \frac{z_{10}}{z_{11}} \rightarrow 摆杆机构 \rightarrow 滑枕往复运动（刨刀主运动）\rightarrow$$

$$\frac{z_{12}}{z_{13}} \rightarrow 棘轮机构 \rightarrow 进给丝杠 \rightarrow 工作台间歇进给$$

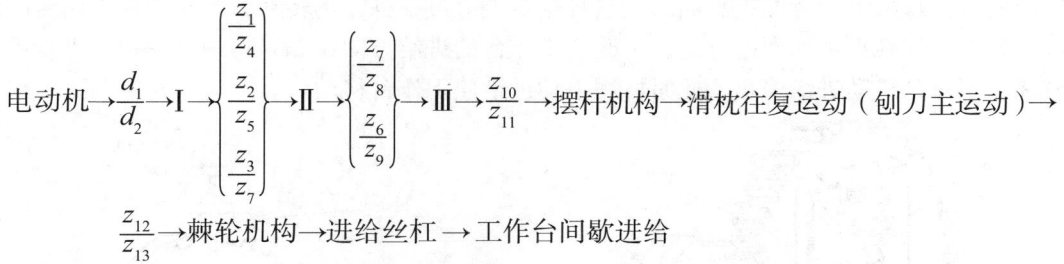

其中，d_1、d_2 为带轮直径；$z_1 \sim z_{13}$ 为各齿轮齿数。

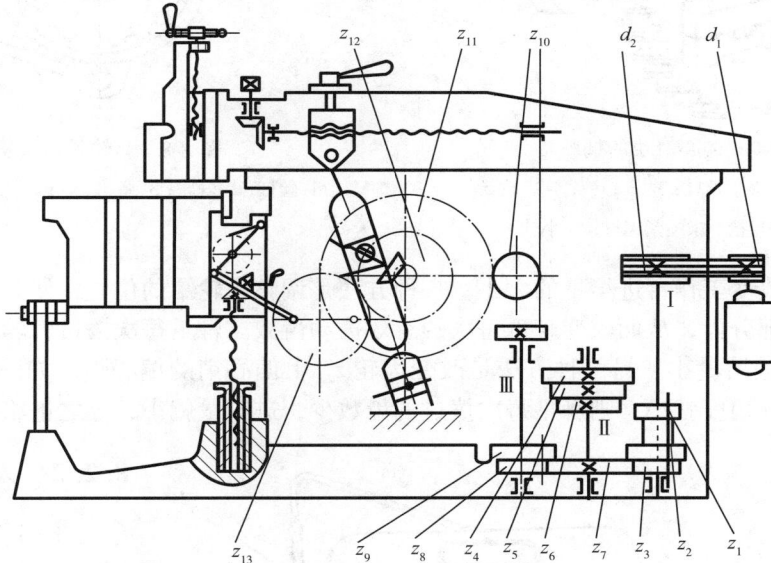

图 8-6　B6065 型牛头刨床传动系统图

4. 牛头刨床的调整

1）滑枕运动速度的调整

滑枕往复运动速度即每分钟往复次数，可根据加工需要，通过扳动变速手柄，改变滑移齿轮的啮合关系而得到。B6065 型牛头刨床有 6 种不同的往复运动速度。其具体速度值可从机床上指示牌表中查出。需要注意的是，调整速度时，应在停车后进行，以免打坏齿轮。

2）滑枕行程长度及其位置的调整

刨削前，要调节滑枕行程的大小，使它的长度略大于工件刨削表面的长度。调节方法是改变摆杆齿轮上滑块的偏心距，偏心距越大，摆杆摆动角度就越大，滑枕的行程也就越长。

图 8-7 所示为偏心滑块的调整示意图。先松开锁紧螺母 7，转动小轴 8，通过一对锥齿轮带动锁紧丝杠 2 转动，使滑块 5 在摆杆导槽 6 内移动，从而改变滑块与摆杆齿轮轴中心的距离即偏心距。

刨削前，还要根据工件的装夹位置调节滑枕（刨刀）的行程起始位置，调节方法是先使摆杆停留在最左位置，如图 8-4 所示，松开锁紧手柄 2，用扳手转动方头，经过锥齿轮 1 带动锁紧丝杠转动，从而带动滑枕右移到合适位置，然后将锁紧丝杠拧紧。

3）工作台横向进给量的调整

牛头刨床工作台的横向进给运动是由棘轮机构实现的。进给运动的调整如图 8-8 所示。棘爪有方向性，当棘爪架逆时针摆动时，棘爪的垂直面拨动棘轮逆时针转过若干齿；当棘爪架顺时针回摆时，棘爪上的背面是斜面，仅从棘轮罩上滑过，棘轮不转动，以此实现工作台的间歇进给。如果改变棘爪工作面的方向，可改变工作台的进给方向；如果将棘爪提起，则棘爪与棘轮分离，工作台机动进给停止，此时可用手动进给使工作台移动。

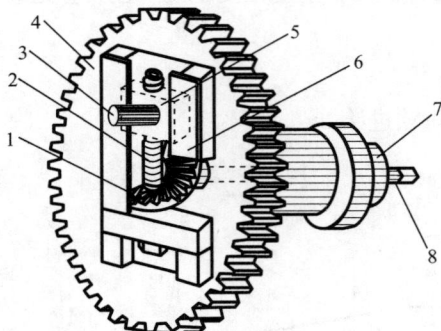

图 8-7　偏心滑块的调整

1- 锥齿轮；2- 锁紧丝杠；3- 偏心销；4- 齿轮 z_{12}；
5- 滑块；6- 导槽；7- 锁紧螺母；8- 小轴

图 8-8　棘轮棘爪机构

1- 丝杠；2- 棘轮；3- 棘爪；4- 棘爪架；5- 棘轮罩

有两种方法改变工作台进给量的大小。一种方法是调整棘轮罩的位置，使其在棘爪摆动角度范围内遮住一部分齿，从而改变棘爪每次的有效拨动齿数。棘爪每次拨过棘轮的齿数多则进给量大，反之则进给量小。另一种方法是改变齿轮 z_{13} 上偏心销的偏心距，如图 8-5 所示，偏心距小，棘爪摆动角度就小，则棘爪每次拨过的齿数少，进给量就小，反之进给量就大。

8.2.2　龙门刨床

龙门刨床工作台面积大，主运动行程长，是用来刨削大型零件的刨床。对于中小型零件，可一次装夹多件同时加工，也可以用几把刨刀同时刨削不同位置的平面。图 8-9 所示为龙门刨床外形图。龙门刨床主要由床身、立柱、横梁、工作台、两个垂直刀架、两个侧刀架等组成。加工时，工件装在工作台上，工作台沿床身导轨所做直线往复运动为主运动；横梁上的垂直刀架和立柱上的侧刀架都可作垂直或水平的间歇进给。垂直刀架

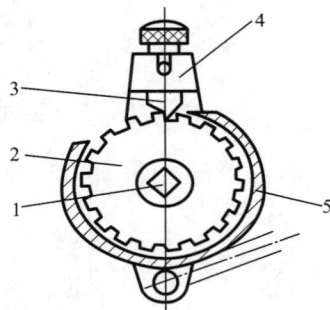

图 8-9　B2010A 型龙门刨床外形图

1- 液压安全装置；2- 左侧刀架进给箱；3- 工作台；4- 横梁；5- 左垂直刀架；6- 左立柱；
7- 右立柱；8- 右垂直刀架；9- 悬挂按钮站；10- 垂直刀架进给箱；11- 右侧刀架进给箱；
12- 工作台减速箱；13- 右侧刀架；14- 床身

还可转动一定的角度，以加工斜面。横梁可沿立柱上下移动，以适应不同高度表面的加工。

龙门刨床上有一套复杂的电气控制系统，以方便龙门刨床的各种操作和调整。工作台的运动可实现无级变速，以防止切入时冲击刨刀。

8.2.3 插床

插床主要用于单件、小批量生产中加工直线型的内成形面，如方孔、长方孔，各种多边形孔及孔内键槽等。图 8-10 所示为插床的外形图。插削加工时，插刀安装在滑枕的刀架上，由滑枕带动做上下直线往复运动，为主运动；工件安装在圆形工作台上，可做纵向、横向或圆周的进给运动。圆形工作台还可进行圆周分度，以加工多边形孔和孔内花键等。

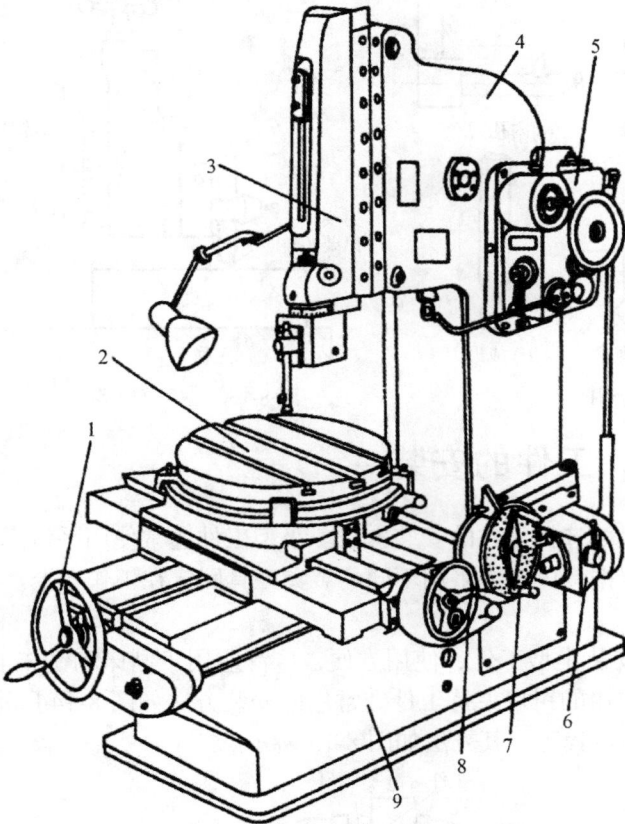

图 8-10 B5032 型插床外形图

1- 工作台纵向移动手轮；2- 工作台；3- 滑枕；4- 床身；5- 变速箱；

6- 进给箱；7- 分度盘；8- 横向移动手轮；9- 底座

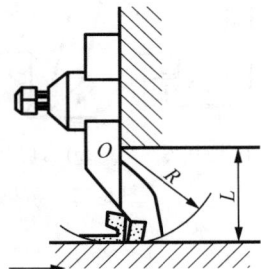

(a) 弯头刨刀

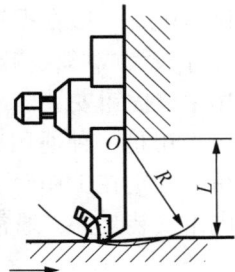

(b) 直头刨刀

图 8-11 弯头刨刀与直头刨刀的比较

8.3 刨刀及安装

1. 刨刀的结构特点

刨刀的结构和几何形状与车刀相似。但由于刨削加工的不连续性，刨刀切入工件时，受到较大的冲击力，所以刨刀较车刀粗大，其刀杆的横截面比车刀大 1.25～1.5 倍。刨刀往往做成弯头形状，如图 8-11a 所示，这是为了当刀具碰到工件表面上的硬质点时，能绕 O 点弯曲变形，使刀刃离开工作表面。使用直头刨刀则往往会损坏刀刃及加工表面，如图 8-11b 所示。

2. 刨刀的种类及应用

刨刀的种类很多，常见刨刀的形状及应用如图 8-12 所示。平面刨刀用来加工水平面；偏刀用来加工垂直面或斜面；切刀用来加工槽或切断工件；角度刨刀用于加工互成一定角度的表面；成形刀用来加工成形面。

3. 刨刀的安装

刨刀安装在刀架机构的刀夹上，如图 8-13 所示。装刀时刀头不要伸出太长，以免产生振动或折断。直头刨刀伸出长度为刀杆厚度的 1.5 倍，弯头刨刀允许伸出稍长些。

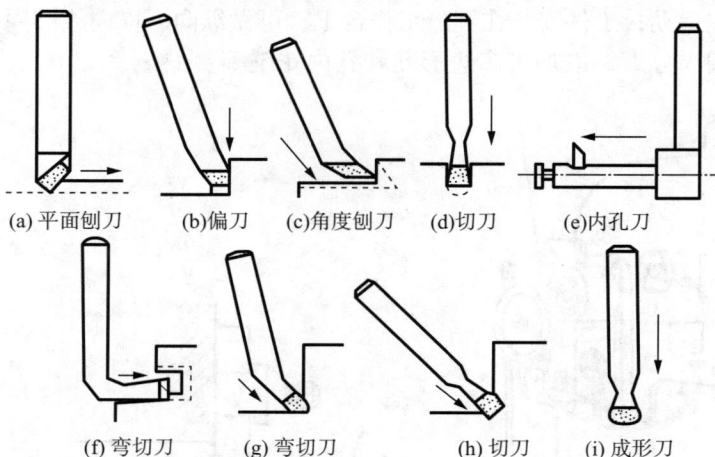

(a) 平面刨刀　(b)偏刀　(c)角度刨刀　(d)切刀　(e)内孔刀

(f) 弯切刀　(g) 弯切刀　(h) 切刀　(i) 成形刀

图 8-12　常见刨刀的形状及应用

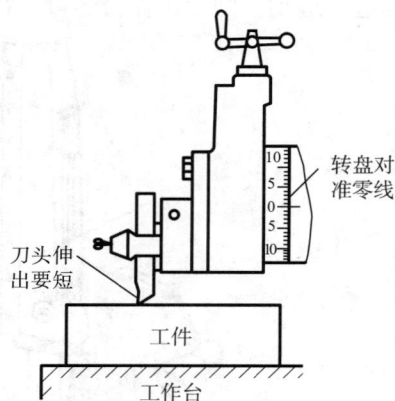

图 8-13　刨刀的安装

8.4　工件的安装

在刨床上，一般根据工件的形状和尺寸选择工件的安装方法。小型工件通常使用平口虎钳安装；尺寸较大或形状特殊的工件，可根据具体情况采用不同的装夹工具固定在工作台上。

1. 用平口虎钳安装

平口虎钳是一种通用夹具，适用于安装小型工件，使用方便，广泛应用于刨床和铣床上。平口虎钳可固定在工作台上，利用平口虎钳的钳口夹持工件。常用的安装方法如图 8-14 所示。用平口虎钳安装工件，通常需要对工件进行找正，其方法如图 8-15 所示。

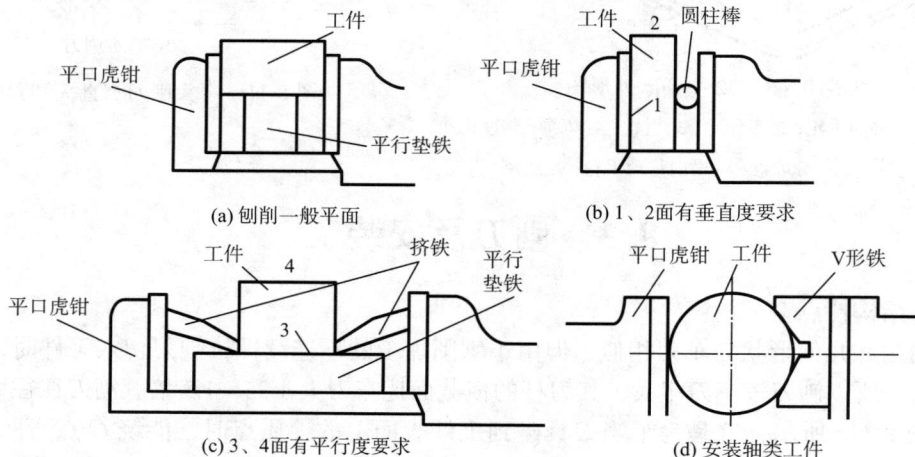

(a) 刨削一般平面

(b) 1、2面有垂直度要求

(c) 3、4面有平行度要求

(d) 安装轴类工件

图 8-14　用平口虎钳安装工件

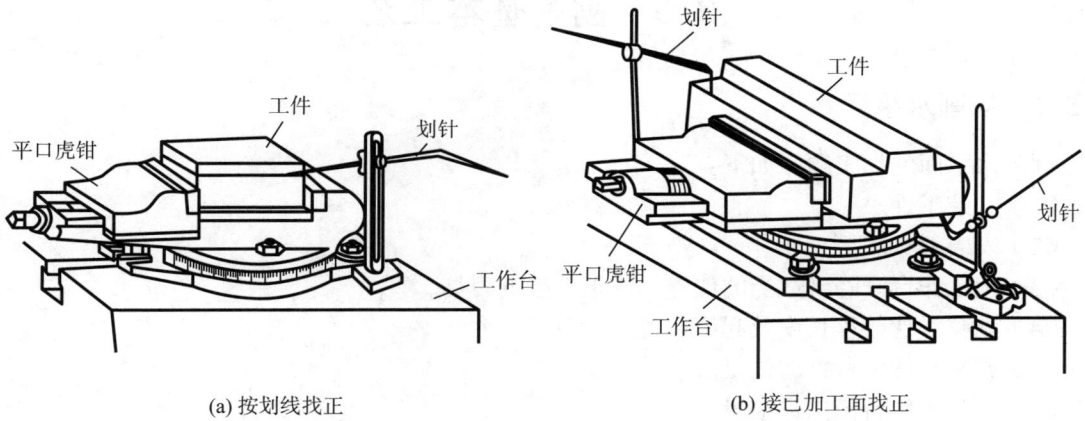

(a) 按划线找正   (b) 接已加工面找正

图 8-15 工件的找正

2. 在工作台上安装

对于较大或形状特殊的工件可直接装夹在工作台上，用压板压紧工件，如图 8-16 所示。如果工件上需要加工的两相邻表面互相垂直，可用角铁装夹工件，如图 8-17 所示。轴类工件可装夹在 V 形铁上，如图 8-18 所示。

压板的正确使用方法如图 8-19 所示。

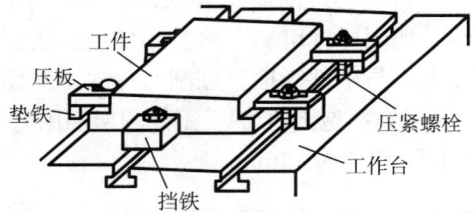

图 8-16 在工作台上直接安装工件

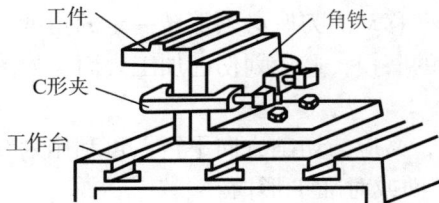

图 8-17 用角铁装夹工件

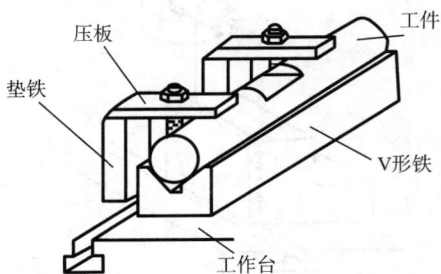

图 8-18 用 V 形铁装夹工件

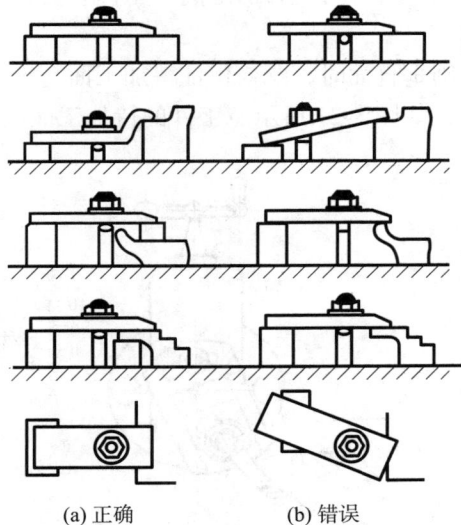

(a) 正确   (b) 错误

图 8-19 用压板夹紧工件

8.5 刨削基本工艺

8.5.1 刨削水平面

刨削水平面的加工顺序如下：

（1）安装工件。

（2）安装刀具。

（3）把工作台升降到适当的位置，使工件接近刀具。

（4）调整滑枕行程长度及起始位置。

（5）调整滑枕每秒钟的往复次数。

（6）调整工作台横向进给量。

（7）开车试切，停车测量尺寸，并利用刀架上的刻度盘调整切削深度。如果工件加工余量较大，可分几次刨削。

当加工表面质量要求较高时，粗刨后还要进行精刨。精刨的切削深度和进给量应比粗刨小，切削速度可高一些。为使工件表面光整，在刨刀返回时，可用手掀起刀座上的抬刀板，使刀尖不与工件摩擦。刨削时一般不需用切削液。

在牛头刨床上加工工件的切削用量一般为：切削速度 0.2～0.5m/s；进给量 0.33～1mm/行程；切削深度 0.5～2mm。

8.5.2 刨削垂直面和斜面

刨削垂直面采用偏刀，并且要使刨刀伸出长度大于整个刨削面的高度。刨削时，刀架转盘位置应对准零线，使滑板（刨刀）能准确地沿垂直方向移动。刀座必须偏转一定的角度，使刨刀在返回行程时能自由地离开工件表面，以减少刀具的磨损，避免划伤已加工表面，如图 8-20 所示。

刨垂直面时，既要保证待加工面与工作台面垂直，又应与切削方向平行，可利用划线找正工件，如图 8-21 所示。工件的待加工面应伸出工作台面或对准 T 形槽。

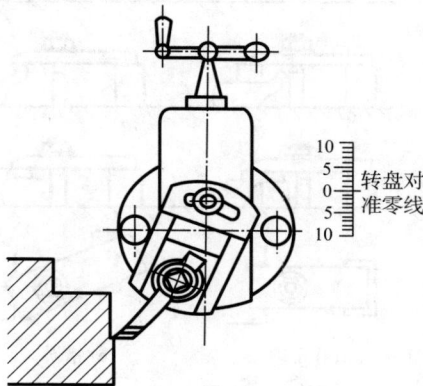

图 8-20 刨垂直面

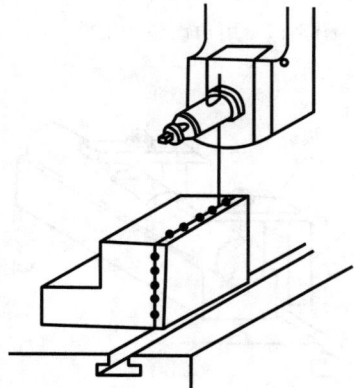

图 8-21 刨垂直面时找正工件

刨斜面的方法与刨垂直面相似，所不同的是刀架转盘必须扳转一定角度，使刨刀沿斜面方向进给，如图 8-22 所示。

8.5.3 刨削沟槽

刨直槽时，用切槽刀垂直进给，完成刨削，如图 8-23 所示。

刨 T 形槽时，先刨出直槽，然后用左、右两把弯刨刀分别刨出两侧凹槽，最后用 45° 刨刀倒角，如图 8-24 所示。

刨燕尾槽的过程与刨 T 形槽相似，先刨出直槽，再用角度偏刀，用刨内斜面的方法刨出燕尾侧面，如图 8-25 所示。

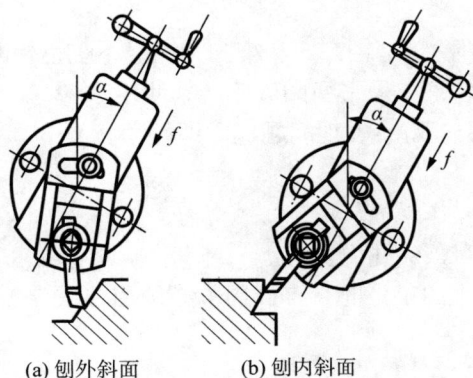

(a) 刨外斜面　　　　(b) 刨内斜面

图 8-22　刨斜面

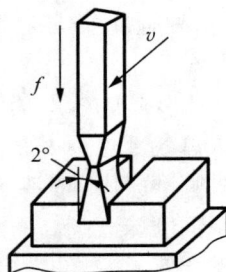

图 8-23　刨直槽

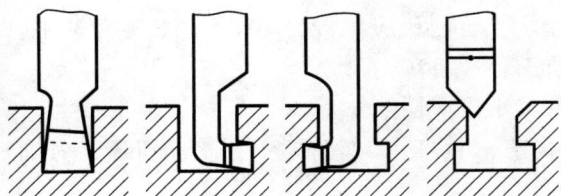

图 8-24　刨 T 形槽

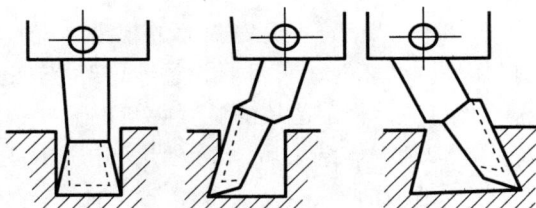

图 8-25　刨燕尾槽

8.5.4 刨削成形面

在牛头刨床上刨成形面，通常是先在工件侧面划出成形面横剖面截面形状，然后根据划线，分别移动刨刀作垂直进给和移动工作台作水平进给从而加工出成形面。工件数量多时，可将刨刀刃口形状制成与工件表面相一致的成形刨刀，只作垂直进给，加工出所需表面形状，如图 8-26 所示。

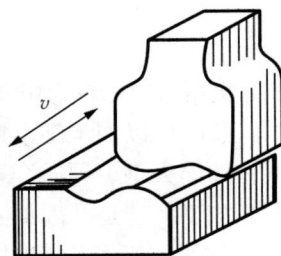

图 8-26　刨削成形面

第9章 磨削加工

> **温馨提示——安全规则**
>
> （1）实习期间要穿工作服、袖口要扎紧，女同学必须戴帽子把长发纳入帽内；禁止穿高跟鞋、拖鞋、裙子、短裤。
>
> （2）开车前，检查砂轮有无裂痕，保护罩挡铁等是否完好和牢固，润滑系统是否通畅，并根据工件材料硬度、粗精磨等选用适当的砂轮；未经平衡的砂轮严禁使用。
>
> （3）开车后空转3～5min，查看各部分是否正常，发现问题应立即停车。
>
> （4）进刀要均匀，严禁任意加大进刀量。
>
> （5）人体各部位不得靠近机床，以免碰到操作手柄。
>
> （6）外圆磨床用顶尖装夹时，顶尖必须装在顶尖孔内。
>
> （7）平面磨床磨削高而窄或底部接触面较小的工件时，工件周围必须用挡铁。挡铁不高于工件的2/3，待工件吸牢后方可进行加工。
>
> （8）磨削加工中，严禁触摸、测量、擦拭工件。
>
> （9）磨床各油路系统必须保持通畅，主轴和转动部分绝不允许在缺乏润滑油的情况下运转。
>
> （10）严格遵守开车对刀的规定。将砂轮引向工件时，应非常均匀和小心，避免冲击。操作外圆磨床时，一定要注意砂轮架快速进给的行程距离。
>
> （11）行程定位块的位置必须正确可靠，并经常检查是否松动。
>
> （12）工作结束后，应关闭总电源开关，将工、卡、量具擦净放好，擦净机床，做到工作场地清洁整齐。

9.1 磨削加工概述

磨削是以砂轮为切削工具对工件表面进行切削加工。磨削加工是零件精加工的主要方法之一。

磨削可以加工碳素钢、合金钢、铸铁、铜、铝等常用金属材料，还可以加工硬度很高的材料，如淬火钢、硬质合金、各种切削刀具、玻璃、陶瓷。这些材料用金属刀具很难加工或根本不能加工。这是磨削加工的一个显著特点。

磨削加工可以获得很高的加工精度和很低的表面粗糙度。通常尺寸精度公差等级可达IT6～IT5；表面粗糙度可达$Ra0.8$～$Ra0.1$。若采用高精度磨削，其公差等级可超过IT5；表面粗糙度可达$Ra<0.01\mu m$。

磨削加工主要用于零件的内外圆柱面、内外圆锥面、平面及成形面（如齿轮、螺纹、花键等）的精加工。几种常见的磨削加工形式如图9-1所示。

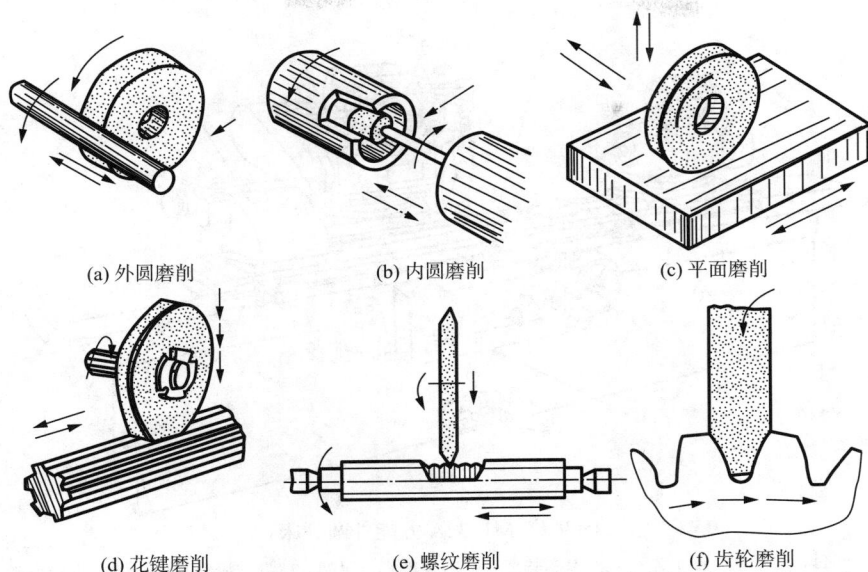

(a) 外圆磨削　　　　　(b) 内圆磨削　　　　　(c) 平面磨削

(d) 花键磨削　　　　　(e) 螺纹磨削　　　　　(f) 齿轮磨削

图 9-1　常见的磨削加工形式

9.2　磨　床

磨床的种类很多，常用的有外圆磨床、内圆磨床、平面磨床。

9.2.1　外圆磨床

外圆磨床分为普通外圆磨床和万能外圆磨床。在普通外圆磨床上可以磨削工件的外圆柱面和外圆锥面；在万能外圆磨床上不仅能磨削外圆柱面和外圆锥面，还可以磨削内圆柱面、内圆锥面及端面。

下面以 M1432A 万能外圆磨床为例进行介绍。

1. 外圆磨床的编号

在编号 M1432A 中，M 为磨床代号；1 为外圆磨床的组别代号；4 为万能外圆磨床的系别代号；32 为最大磨削直径的 1/10，即最大磨削直径为 320mm；A 表明在性能和结构上做过第一次重大改进。

2. 万能外圆磨床的组成及加工范围

M1432A 是由床身、工作台、头架、尾架和砂轮架等部件组成，如图 9-2 所示。

普通外圆磨床与万能外圆磨床的区别，在于它的头架和砂轮架没有安装转盘，因此不会在水平面内回转，也没有内圆磨头。普通外圆磨床只能磨削外圆柱面和锥度较小的外圆锥面。

万能外圆磨床的加工种类如图 9-3 所示。

9.2.2　内圆磨床

内圆磨床主要用于磨削内圆柱面、内圆锥面、内台阶面及端面等。

图 9-4 所示为 M2120 型内圆磨床。在编号 M2120 中，M 为磨床代号；2 表示内圆磨床的组别代号；1 表示内圆磨床的系别代号；20 表示磨削最大孔径的 1/10，即磨削最大孔径为 200mm。

内圆磨床由床身、头架、工作台、砂轮架、砂轮修整器等部件组成。

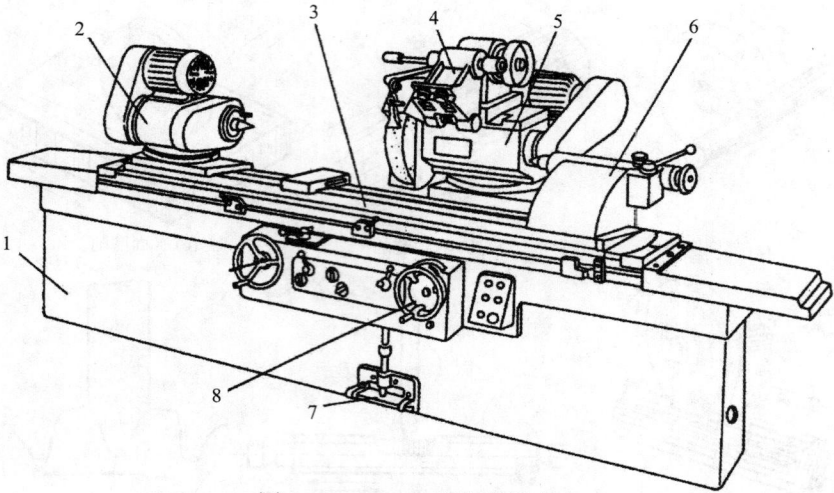

图 9-2　M1432A 万能外圆磨床

1- 床身；2- 头架；3- 工作台；4- 内磨装置；5- 砂轮架；6- 尾架；7- 脚踏操纵板；8- 横向进给手轮

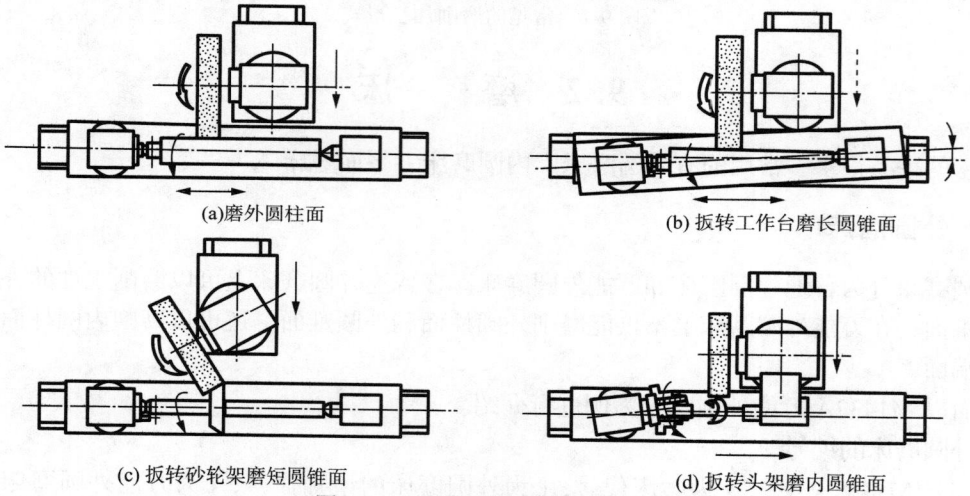

(a)磨外圆柱面

(b) 扳转工作台磨长圆锥面

(c) 扳转砂轮架磨短圆锥面

(d) 扳转头架磨内圆锥面

图 9-3　万能外圆磨床加工示意图

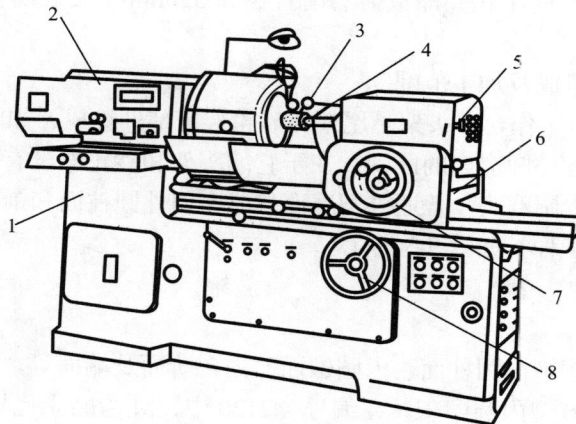

图 9-4　M2120 内圆磨床

1- 床身；2- 头架；3- 砂轮修整器；4- 砂轮；5- 砂轮架；6- 工作台；7- 砂轮架手轮；8- 工作台手轮

9.2.3 平面磨床

平面磨床用于磨削平面。图9-5所示为M7120A平面磨床。

在编号M7120A中，M为磨床代号；7为平面及端面磨床的组别代号；1表示卧轴矩台平面磨床系别代号；20表示工作台宽度的1/10，即工作台宽度为200mm；A表示在性能和结构上做过一次重大改进。M7120A平面磨床由床身、工作台、立柱、磨头及砂轮修整器等部件组成。

矩形工作台装在床身导轨上，由液压驱动做往复运动，也可以转动手轮操纵，以进行必要的调整。工作台上装有电磁吸盘或其他夹具，用来装夹工件。砂轮架沿着磨头拖板的水平导轨可以做横向进给运动，这可由液压驱动或手轮操纵。拖板可沿立柱的导轨垂直移动，这一运动也可由液压驱动或手动操纵。砂轮由装在磨头内的电动机直接驱动旋转。

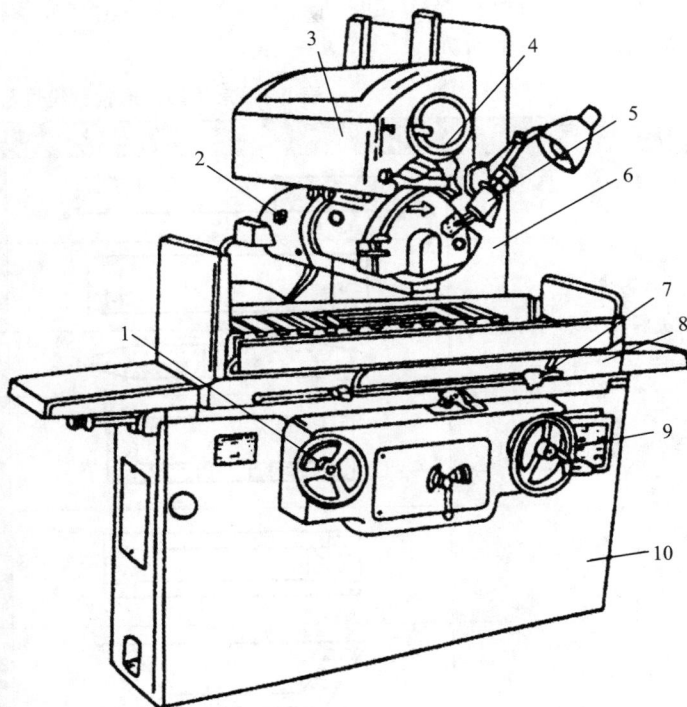

图9-5 M7120A 平面磨床

1- 驱动工作台手轮；2- 磨头；3- 拖板；4- 横向进给手轮；5- 砂轮修整器；
6- 立柱；7- 行程挡块；8- 工作台；9- 垂直进给手轮；10- 床身

9.3 砂 轮

砂轮是磨削的切削工具，由许多细小而坚硬的磨粒用结合剂黏合再经焙烧制成。砂轮表面上坚硬的棱角颗粒称为磨粒，砂轮高速旋转时，磨粒如同铣刀的刀刃切入工件表面，因此磨削是一种高速、多刃、微量的切削过程。磨粒与结合剂之间有许多空隙，起着散热和容纳磨屑的作用。砂轮的磨削原理如图9-6所示。

1. 砂轮的特性及其选用

砂轮端面上印有砂轮的规格型号，表明它的特性，便于选用。砂轮的特性按其尺寸、磨料、粒度、硬度、组织、结合剂、线速度顺序

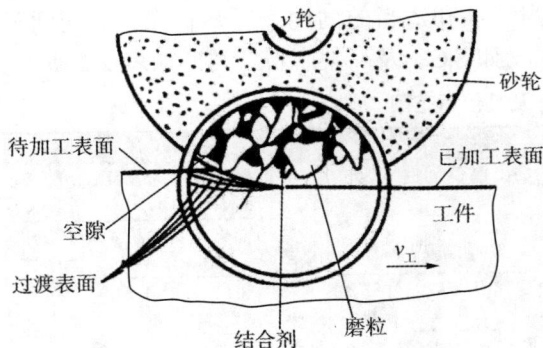

图9-6 磨削原理图

标记。例如，外径300mm、厚度50mm、孔径75mm、棕刚玉、粒度60、硬度为L、5号组织、陶瓷结合剂、最高工作速度35m/s的平形砂轮如下表示：

砂轮 1—300×50×75—A60L5V—35m/s

1）砂轮的形状和尺寸

为适应各种磨床结构和磨削加工的需要，砂轮制成各种形状和尺寸。常用砂轮的形状、代号及用途如表 9-1 所列。

表 9-1 常用砂轮形状、代号及用途

砂轮名称	代号	简图	主要用途
平形砂轮	1		用于磨外圆、内圆、平面、螺纹及无心磨等
筒形砂轮	2		用于立轴端面磨
双斜边形砂轮	3		用于磨削齿轮和螺纹
杯形砂轮	4		用于磨平面、内圆几刃磨刀具
双面凹砂轮	5		主要用于外圆磨削、刃磨刀具及无心磨砂轮和导轮
碗形砂轮	6		用于导轨磨及刃磨刀具
碟形砂轮	7		用于磨铣刀、铰刀、拉刀，大尺寸的用于磨齿轮端面
薄片砂轮	8		主要用于切断和开槽

注：表中砂轮代号摘自 GB2484-94。

2）磨料

磨料直接担负切削工作，要求具有高硬度、耐热性和适当的韧性，还要有锋利的切削刃口。常用的磨料有氧化物系（如 Al_2O_3）、碳化物系（如 S_iC）及高硬磨料三类，如表 9-2 所列。

表 9-2 不同磨料代号及其使用范围

系列	名称	代号	特性	适用范围
氧化物系	棕刚玉	A	棕褐色，硬度高，韧性大，价格便宜	磨削碳素钢、合金钢、可锻铸铁、青铜
	白刚玉	WA	白色，硬度比 A 高，韧性比 A 低	磨削淬火钢、高速钢、高碳钢及薄壁零件
碳化物系	黑碳化硅	C	黑色，硬度比 WA 高，性脆而锋利，导热性较好	磨削铸铁、青铜、铝、耐火材料及非金属材料
	绿碳化硅	GC	绿色，硬度和脆性比 C 高，有良好的导热性	磨削硬质合金、宝石、陶瓷、玻璃等材料
高硬磨料系	人造金刚石	SD	无色透明或淡绿色、淡黄色、黑色，硬度极高	磨硬脆材料、硬质合金、宝石、光学玻璃、半导体等
	立方氮化硼	CBN	棕黑色，硬度仅次于 SD，耐磨性高，发热量小	磨各种高温合金，高钼、高钒、高钴钢，不锈钢等

3）粒度

磨粒颗粒的大小用粒度表示。颗粒的尺寸越小，粒度号数越大。粒度对磨削生产率和表面粗糙度都有很大影响。一般粗磨时选用粗磨粒，精磨时选用细磨粒。中等磨粒应用较普通。各种粒度号的磨粒尺寸及应用范围如表 9-3 所列。

表 9-3 不同粒度号的磨粒尺寸及应用范围

粒度号	磨粒尺寸 /μm	应用范围
12#、14#、16#	2 000～1 000	粗磨、荒磨，打磨毛刺
20#、24#、30#、36#	1 000～400	磨钢锭，打磨铸件毛刺，切断钢坯等
46#、60#	400～250	磨内圆、外圆、平面，无心磨，工具磨等
70#、80#	250～160	半精磨、精磨内圆、外圆、平面，无心磨，工具磨等
100#、120#、150#、180#、240#	160～50	半精磨、精磨、珩磨、成形磨、工具磨等
W40、W28、W20	50～14	精磨、超精磨、珩磨、螺纹磨、镜面磨等
W14～更细	14～2.5	精磨、超精磨、镜面磨、研磨、抛光等

4）结合剂

结合剂的作用是将磨粒黏合在一起，使砂轮形成所要求的形状、强度、耐冲击性、耐热性等。砂轮能否耐腐蚀、承受冲击和高速旋转而不破裂，主要取决于结合剂。

5）硬度

砂轮的硬度是指砂轮表面上的磨粒在磨削力作用下脱落的难易程度。磨粒容易脱落的砂轮硬度低，称为软砂轮；磨粒难脱落的砂轮硬度高，称为硬砂轮。同一种磨料可以做出不同硬度的砂轮，这主要取决于结合剂的黏结能力及其含量的多少。

砂轮的硬度对磨削生产和加工质量都有很大影响。砂轮的硬度主要根据工件的硬度选择。磨削软材料时选择硬砂轮；磨削硬材料时选择软砂轮。这是由于工件硬度高磨粒易变钝，磨粒应易于脱落，露出新刃进行磨削，以保持砂轮锋利。为了适应各种不同的加工条件，砂轮的硬度可分为软、中、硬不同级别。

6）组织

砂轮的组织是磨粒和结合剂结合的疏密程度，它反映了磨粒、结合剂、气孔三者之间的比例关系。

2. 砂轮的平衡、安装与修整

1）砂轮的平衡

由于砂轮制造时尺寸、形状的误差，磨粒、结合剂的不均匀，造成砂轮的重心相对砂轮孔轴线产生偏离，这种不平衡的砂轮运转时会产生振动或摆动。轻微的振动会撞击工件，使工件表面产生振痕，影响工件的磨削质量。严重时会使砂轮破碎，造成事故。因此对直径大于125mm 的砂轮必须做静平衡试验。

2）砂轮的安装

先用肉眼检查砂轮有无裂纹，然后将砂轮吊起，用木槌轻击，响声清脆则表示无裂纹；如响声沙哑则是有裂纹。禁止使用有裂纹的砂轮。

在磨床上安装砂轮时应严格按安装要求进行。因砂轮转速很高，如安装不当，会使砂轮破裂飞出，造成事故。

3）砂轮的修整

砂轮用过一段时间后，其外圆柱面会有变化，磨粒会变钝，气孔会被磨屑堵塞，如继续使用，将影响磨削质量和效率，甚至使工件表面产生烧伤退火现象，因此对磨钝的砂轮必须进行修整，使磨钝的磨粒脱落，以恢复砂轮的切削能力和外形精度。

常用金刚石对砂轮进行修整。修整时要使用大量切削液，以避免金刚石因温升剧烈而破裂。

9.4 基本磨削工艺

9.4.1 外圆磨削

1.工件的安装

（1）顶尖装夹　轴类工件常用顶尖安装。安装时，工件支承在两顶尖之间，如图 9-7 所示，与车削中所用方法基本相同。但磨床所用的顶尖都是不随工件一起转动的，这样可以避免由于顶尖转动而产生的误差，提高加工精度。尾架顶尖是靠弹簧推力顶紧工件的，这样可以自动控制松紧程度。

磨削前，工件的中心孔要进行修研，以提高其几何形状精度和降低表面粗糙度。修研的方法，一般是在车床上或钻床上用四棱硬质合金顶尖（图 9-8）进行挤研。用四棱硬质合金顶尖作前顶尖与主轴一起旋转，用一般顶尖作后顶尖。修研时，用手握住工件使其不旋转，研亮即可，研好一端再研另一端。当中心孔较大，修研精度较高时，必须选用油石或铸铁顶尖作前顶尖，一般顶尖作后顶尖，如图 9-9 所示。

图 9-7　顶尖安装

1- 拨盘；2- 前顶尖；3- 头架主轴；4- 夹头；5—拨杆；6- 后顶尖；7- 尾架套筒

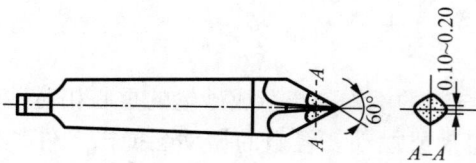

图 9-8　四棱硬质合金顶尖

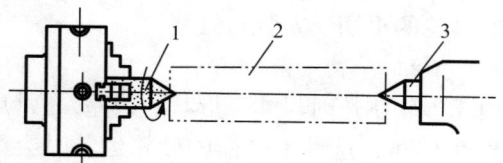

图 9-9　油石顶尖修研中心孔

1- 油石顶尖；2- 工件（手握）；3- 后顶尖

（2）卡盘装夹　磨削短工件的外圆时可用自定心卡盘或单动卡盘安装工件，如图 9-10 所示，安装方法与车床基本相同。用单动卡盘安装时，要用百分表找正。对形状不规则的工件还可采用花盘安装。

（3）心轴装夹　盘套类空心工件常以内孔定心磨削外圆。此时，常用心轴安装工件。常用的心轴种类与车床上使用的相同，但磨削用的心轴的精度更高些。心轴在磨床上的安装方法与顶尖安装相同，如图 9-10 所示。

(a) 自定心卡盘装夹   (b) 单动卡盘装夹及找正   (c) 锥度心轴装夹

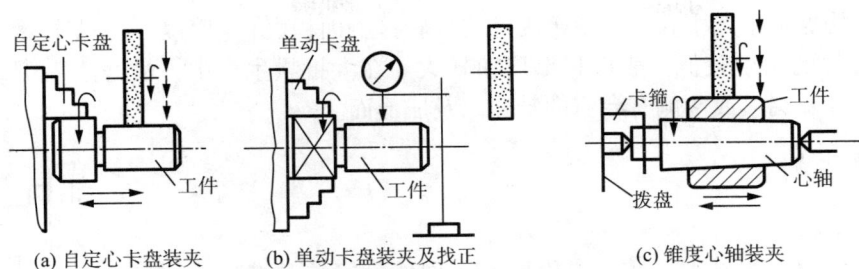

图 9-10　卡盘装夹与心轴装夹

2. 磨削运动和磨削用量

在外圆磨床上磨削外圆，其所需运动和磨削用量计算及取值如下所述。

（1）主运动　即砂轮的高速旋转。磨削速度 v 指砂轮的圆周速度，按下式计算：

$$v = \frac{\pi \cdot d_0 \cdot n_0}{1000 \times 60} \text{ m/s}$$

式中，d_0 为砂轮外径，mm；n_0 为砂轮旋转速度，r/min。

一般外圆磨削时，$v = 30 \sim 35$ m/s。

（2）圆周进给运动　即工件绕自身轴线的旋转运动。工件圆周速度 v_w 一般为 13～26m/min。粗磨时取大值，精磨时取小值。

（3）纵向进给运动　即工件沿自身轴线作往复运动。工件每转一转，工件相对砂轮的轴向移动距离就是纵向进给量 f_a。一般 $f_a = (0.2 \sim 0.8)B$，B 为砂轮宽度。粗磨时取大值，精磨时取小值。

（4）横向进给运动　即砂轮径向切入工件的运动。在行程中一般是没有横向进给的，在行程终了时周期地进给。横向进给量 f_r 也就是通常所说的磨削深度，指工作台每单行程或每双行程砂轮相对工件横向移动的距离。一般 $f_r = (0.005 \sim 0.05)$ mm。

3. 磨削方法

在外圆磨床上磨削外圆通常有纵磨法和横磨法两种，其中以纵磨法用得较多。

（1）纵磨法　如图 9-11a 所示。磨削时，工件转动（圆周进给）并与工作台一起作直线往复运动（纵向进给），当每一纵向行程或往复行程终了时，砂轮按规定的磨削深度做一次横向进给运动，每次进给量很少。当工件加工到接近最终尺寸时（留下 0.005～0.01mm），无横向进给地走几次直至火花消失即可。

纵磨法的特点是磨削工件的精度及表面质量较高，通用性好，可用同一砂轮加工长度不同的工件。但生产率较低，故广泛用于单件、小批量生产及精磨加工中。

（2）横磨法　如图 9-11b 所示。磨削时工件无纵向进给运动，而砂轮在高速旋转的同时以很慢的速度连续地或间断地向工件做横向进给运动，直到磨到所需要的尺寸为止。

(a)纵磨法   (b)横磨法

图 9-11　外圆磨削方法

横磨法的特点是生产率高。但由于工件与砂轮接触面积大，切削力大，发热量大而散热条件差，造成工件的精度较低，表面粗糙度值较大。在大批量生产中，横磨法用于磨削刚性较好、较短的工件外圆，或两侧有台肩的轴颈以及成形面。

9.4.2　内圆磨削

1. 工件的安装

磨削内圆时，工件大多数是以外圆和端面作为定位基准，采用自定心卡盘、单动卡盘、花盘、弯板等夹具安装工件。其中最常用的是用单动卡盘通过找正安装工件，如图 9-12。

图 9-12　单动卡盘
安装找正

2. 磨削运动和磨削用量

磨削内圆的运动与磨削外圆基本相同，但砂轮的旋转方向与磨削外圆相反，如图 9-1b 所示。

磨削内圆时，一般取磨削速度 v =15～25m/s。由于砂轮直径较小，要达到所要求的磨削速度，磨头的转速必须很高，一般在 20 000 r/min 左右；工件圆周速度 v_w =15～25 m/min。粗糙度 Ra 要求小时应取较小值，粗磨或砂轮与工件接触面积大时取较大值。纵向和横向进给量，粗磨时，一般取 f_a =1.5～2.5 m/min，f_r = 0.01～0.03mm/ 行程；精磨时，一般取 f_a = 0.5～1.5 m/min，f_r = 0.002～0.01mm/ 行程。

3. 磨削方法

内圆磨削时，砂轮在工件孔中的接触位置有两种，一种是与工件孔的后面接触，如图 9-13a 所示。这时冷却液和磨屑向下飞溅，不影响操作者的视线与安全。另一种是与工件孔的前面接触，如图 9-13b 所示。通常在内圆磨床上磨孔采用后面接触。而在万能外圆磨床上磨孔则采用前面接触，这样可以采用自动横向进给，若采用后面接触，则只能手动横向进给。

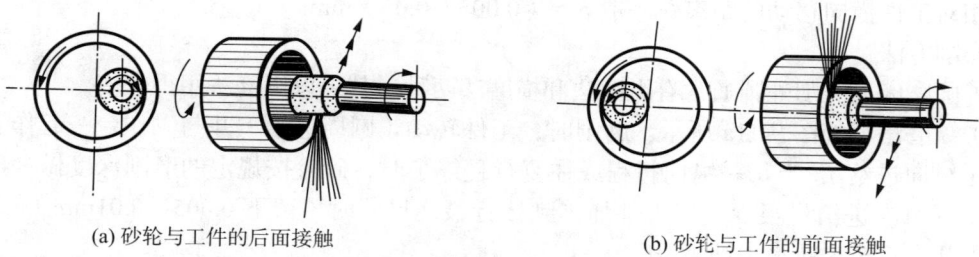

(a) 砂轮与工件的后面接触　　　　　　　　(b) 砂轮与工件的前面接触

图 9-13　内圆磨削

内圆磨削的方法也有纵磨法和横磨法，其操作方法和特点与外圆磨床相似。但因内圆磨削砂轮轴一般较细长，易变形和振动，故纵磨法应用较广。

4. 内圆磨削与外圆磨削的比较

内圆磨削时砂轮受工件孔径的限制，直径一般较小，而悬伸长度又较大，刚性差，磨削用量不能大，所以生产率较低；又由于砂轮直径小，砂轮圆周速度较低，加上冷却排屑条件较差，所以表面粗糙度不易降低，因此磨削内圆时为提高生产率和加工精度，砂轮和砂轮轴应尽可能选择较大直径，砂轮轴伸出长度应尽可能缩短。

9.4.3　圆锥面磨削

圆锥面的磨削方法有三种：转动工作台法、转动头架法、转动砂轮架法。

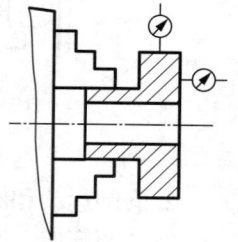

（1）转动工作台法　这种方法适用于磨削锥度较小、锥面较长的工件。磨削时将上工作台逆时针转动 α 角（工件圆锥半角），使工件侧母线与纵向往复方向一致，如图9-14a、d所示。

（2）转动头架法　这种方法适用于磨削锥度较大、锥面较短的工件。磨削时将头架转动 α 角，使工件侧母线与纵向往复方向一致，如图9-14b、c所示。当 α 转至90°时，成为端面磨削。

（3）转动砂轮架法　这种方法适用于磨削较长工件上的锥度较大锥面较短的外锥面。磨削时将砂轮架转动 α 角，用砂轮的横向进给进行磨削，如图9-14e所示。必须注意，工作台不能作纵向进给。这种方法不易提高加工精度及降低表面粗糙度，因此一般较少采用。

9.4.4　平面磨削

磨削平面时，一般是以一个平面为基准磨削另一个平面。若两个平面都要磨削而且要求平行时，可以互为基准，反复磨削。

1. 工件的安装

平面磨床工作台通常采用电磁吸盘安装工件；对于钢、铸铁等导磁材料工件可直接安放在工作台上；对于铜、铝等非导磁材料工件，要通过精密平口台虎钳装夹，精密平口台虎钳的底平面直接放在电磁吸盘上吸牢。

电磁吸盘的工作原理如图9-15所示。在钢制吸盘体1的中部有凸起的芯体 A，芯体 A 上绕有线圈2，钢制盖板3被绝磁层4隔成一些小块。当线圈2中通过直流电时，芯体 A 被磁化，磁场线经芯体 A、钢制盖板、工件、钢制盖板、吸盘体、芯体而闭合（图中用虚线表示），工件被吸住。绝磁层用铅、铜或巴氏合金等非磁性材料制成。它的作用是使绝大部分磁场线都能通过工件再回到吸盘体而不能通过盖板直接回去，从而保证工件被牢固地吸在工作台上。

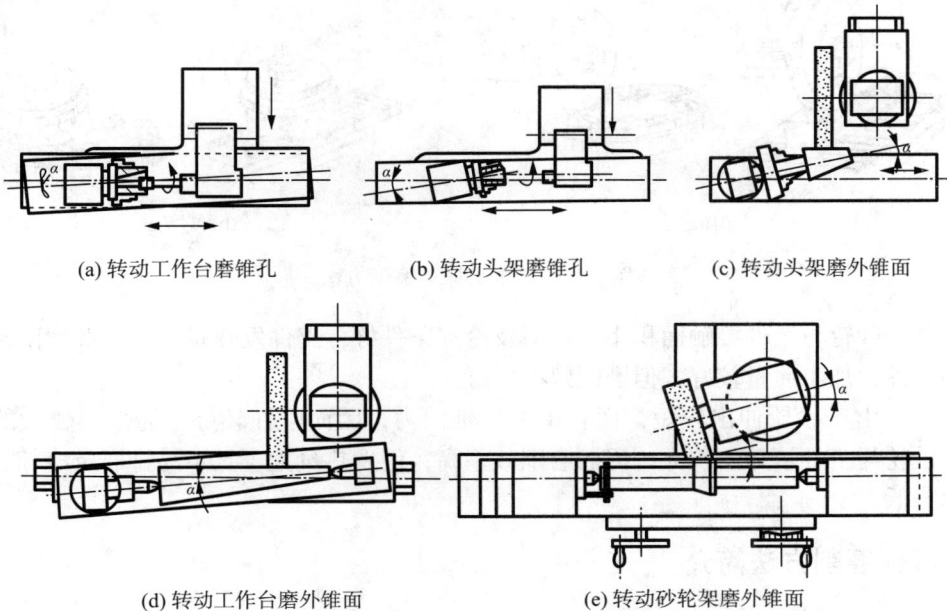

(a) 转动工作台磨锥孔　　　(b) 转动头架磨锥孔　　　(c) 转动头架磨外锥面

(d) 转动工作台磨外锥面　　　　　(e) 转动砂轮架磨外锥面

图9-14　圆锥面磨削方法

当磨削键、垫圈等尺寸小而壁又薄的零件时，因零件与工作台接触面积小，吸力小，容易被磨削力弹出去而造成事故。安装这类工件时需在工件四周或两端用挡铁围住，以免工件移动，如图9-16所示。

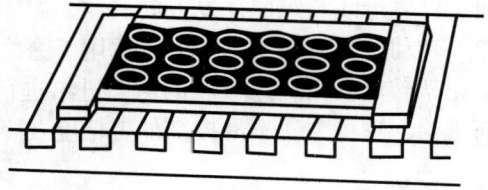

图 9-15　电磁吸盘工作原理

1- 钢制吸盘体；2- 线圈；3- 钢制盖板；4- 绝磁层

图 9-16　用挡铁围住工件

2. 磨削运动

在卧轴矩台平面磨床上磨削平面时，磨削工作由砂轮的旋转运动（主运动）、砂轮的垂直进给、砂轮的横向进给与工作台（工件）的纵向进给组合在一起完成。在立轴圆台平面磨床上磨削平面时，磨削工作由砂轮的旋转运动（主运动）、砂轮的垂直进给和工作台的旋转运动完成。

3. 磨削方法

平面磨削常用两种方法，一种是周磨法，指在卧轴矩台或卧轴圆台平面磨床上，用砂轮的外圆柱面进行磨削，如图 9-17a 所示；另一种是端磨法，指在立轴圆台或立轴矩台平面磨床上，用砂轮的端面进行磨削，如图 9-17b 所示。

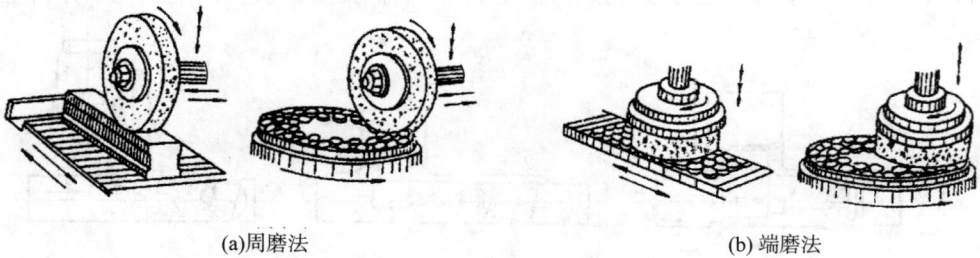

(a)周磨法　　　　　　　　　　　　　　　　(b)端磨法

图 9-17　平面磨床的磨削方法

周磨时，砂轮与工件接触面积小，排屑及冷却条件好，工件发热量小，因此磨削易翘曲变形的薄片工件，加工质量较好，但磨削效率较低。

端磨时，由于砂轮伸出较短，而且主要受轴向力，因而刚性较好，能采用较大的磨削用量。此外砂轮与工件接触面积大，因而磨削效率高；但发热量大。且不易排屑及冷却，故加工质量较周磨低。

9.4.5　其他磨削方法简介

1. 无心外圆磨削

无心外圆磨床主要用于大批量生产中，可以磨削无中心孔的轴套、销等零件，特别是磨削细长轴有很大的优势，也可磨削外圆锥面。磨削时工件不用顶尖支承，而是放在砂轮与导轮之间，由托板支持着。砂轮高速旋转，实现磨削。工件在导轮摩擦力的带动下产生旋转运动，由于导轮轴线相对于工件轴线倾斜一个 α 角，使工件获得轴向进给运动。

2. 精密磨削和超精密磨削

精密磨削是指加工精度为 $1\sim0.1\mu m$、表面粗糙度值达到 $0.2\sim0.025\mu m$ 的磨削加工，在精密磨床上进行加工。精密磨床具有高精度、高刚度及低速进给运动的稳定性等性能；砂轮必须经过精细的修整；所磨削的表面光亮如镜。

精密磨削多用于加工主轴、导轨、轴承、丝杠、齿轮及液压元件等精密零件。

超精密磨削是指加工精度达到 $0.1\mu m$、表面粗糙度值低于 $0.025\mu m$ 的磨削加工，在超精密磨床上进行加工。超精密磨削不是一个单纯的加工方法，而是一个由多因素组成的系统工程，其中超精密磨床是超精密磨削的关键，加工精度是靠机床保证的。

超精密磨削可加工钢铁及其合金等金属材料以及非金属的硬脆材料，磨削外圆、平面、孔和孔系。

磨削时针对被加工材料的不同特性可选用不同磨料的砂轮，普通磨料有刚玉系和碳化物系两类，超硬磨料有金刚石和立方氮化硼两类。

3. 高效磨削

高效磨削包括高速磨削、强力磨削和砂带磨削等。

4. 数控坐标磨削

数控坐标磨削指在数控坐标磨床上所进行的磨削加工，用于经淬硬的钢和硬质合金的各种复杂模具的型面、具有高精度坐标的孔系以及各种异形凹凸轮廓和任意曲线组成的平面图形等的磨削加工。

第10章 钳 工

温馨提示——安全规则

（1）进入实习场地要穿工作服，袖口要扎紧，女同学要戴帽子，不准穿高跟鞋、穿裙子进入实习场地。

（2）工作台必须安装防护网。

（3）台虎钳夹持工件时，钳把不准加长或用其他工具击打。

（4）工具、量具应分别放置整齐。

（5）加工操作前应检查手锤或锉刀等工具的手柄安装是否牢固。

（6）用手锯锯割材料时，用力要均匀，不能重压或强扭，接近锯断时用力要小而慢。

（7）划线工具、台虎钳等，不能击打，刻划、用后要清整，定期除油，工件及工具要轻拿轻放，以防损坏平板。

（8）钻削时必须戴工作帽，但不能戴手套，钻屑只能用毛刷去除。

（9）平虎钳夹持工件钻削时，其伸出钻床工作台部分不得超过钳身的一半。

（10）钻削工件必须牢固地装夹在台虎钳中或用压板固定在工作台上，严禁用手握持工件进行钻削。

（11）调整钻床转速时必须先停车，然后转动变速手柄。

（12）钻孔时用力要均匀，并注意排屑，将要钻通时，应减小进给量。

（13）钻削结束，立即清扫机床与周围环境。

（14）经常保持工作场地整洁。

10.1 钳工概述

1. 钳工工作范围

钳工是手持工具对金属材料进行切削加工的一种方法。基本操作有划线、錾削、锯切、锉削、钻孔、扩孔、铰孔、攻螺纹、套螺纹、刮削、研磨、装配、铆接和修理等。目前钳工大部分操作仍由手工完成，在现今机械制造和修配工作中，仍是不可缺少的重要工种。其工作范围如下：

（1）在单件或小批量生产中，毛坯在切削加工之前，按图纸划线。

（2）零件在组装过程中，有时需要进行钻孔、铰孔、攻丝、套丝等工作，相互配合的零件有时要互配和修整。

（3）机器产品组装、试车、调试等工作都要由钳工完成。

（4）机械设备在使用过程中需要维修。

（5）某些精密、大型或结构复杂的机械零部件，如精密量具、夹具、模具等的精加工多由钳工完成。

为减轻钳工劳动强度，提高生产率和产品质量的稳定性，钳工操作正逐步走向半机械化和机械化。

2. 钳工工作台

钳工的工作地点主要是工作台和台虎钳。

钳工工作台一般采用木质结构，也有用铸铁制成的，要求坚实稳固，台面平整。台面高度为 800～900mm，台上装有防护网，如图 10-1 所示。

3. 钳工台虎钳

台虎钳固定在工作台上，用来夹持工件。台虎钳规格大小用钳口宽度表示，常用尺寸为 100～150mm，如图 10-2 所示。

使用台虎钳注意事项：

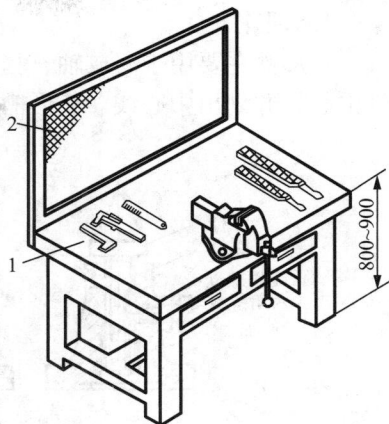

图 10-1 钳工工作台

1- 量具（单独放）；2- 防护网

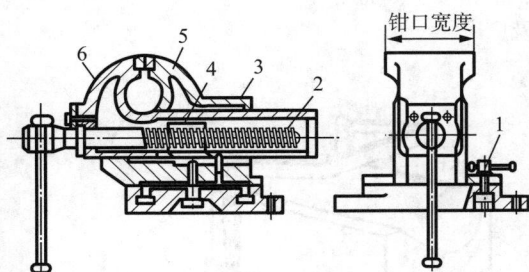

图 10-2 台虎钳

1- 固定螺钉；2- 丝杠；3- 砧面；4- 螺母；

5- 固定钳口；6- 活动钳口

（1）工件应尽量夹持在台虎钳钳口中部，以使钳口受力均匀。

（2）当转动手柄夹紧工件时，不能用套管等接长手柄，也不能用手锤敲击手柄，以免损坏台虎钳丝杠和螺母的螺纹部分。

（3）锤击工件应在砧面上进行，不允许在其他部位用手锤击打。

（4）夹持工件的光洁表面时，应垫铜皮或铝皮加以保护。

10.2 划 线

划线是根据图样要求，在毛坯或半成品上划出加工界线的一种操作。

10.2.1 划线的作用

（1）作为安装工件和加工工件的依据。

（2）在单件小批量生产中，借划线来检查毛坯的形状和尺寸，避免不合格的毛坯投入切削加工而造成浪费。

（3）通过划线合理分配加工余量，减少废品的产生。

10.2.2 划线工具

1. 划线平板

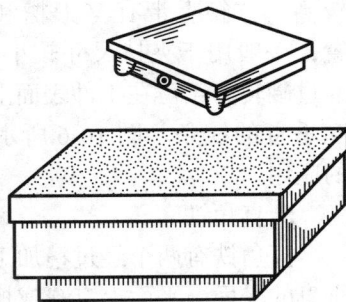

图 10-3 划线平板

划线平板是划线的主要基准工具，如图 10-3 所示。它由铸铁制成，因工作平面直接影响划线精度，所以要求非常平直和光洁。平板要安放牢固，上平面要保持水平，以便稳定地支承工件。平板不能做砧铁。若长期不用时，应涂油防锈，并加盖保护。

2. 千斤顶

千斤顶是在平板上支承较大或形状不规则工件时使用的工具，通常三个一组使用，每个千斤顶的高度均可以调整，以便于找正工件。图 10-4 所示为千斤顶的结构及应用。

3. V 形铁

V 形铁主要用于安放轴、套筒等圆柱形工件,使工件轴线与平板平行,也可方便地确定工件中心,并划出中心线。V 形槽的角度为 90°。图 10-5 所示为 V 形铁的应用。

螺杆
螺母
锁紧螺母
六角螺钉
底座

(a) 结构　　　　　　　　　　　　　　(b) 应用

图 10-4　千斤顶及应用

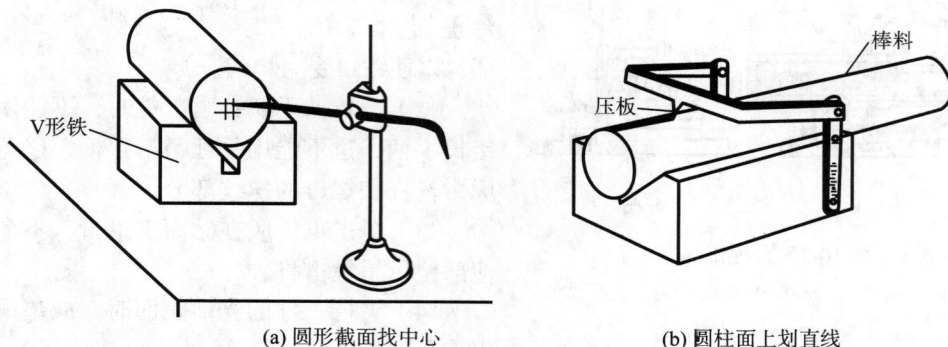

V 形铁

棒料

压板

(a) 圆形截面找中心　　　　　　　　(b) 圆柱面上划直线

图 10-5　V 形铁的应用

4. 方箱

划线方箱是用铸铁制成的空心立方体,其尺寸精度和形状位置精度均较高。方箱上带有 V 形槽和夹持装置,一般用于夹持尺寸较小的工件。通过翻转方箱可在工件表面上划出相互垂直的线条。图 10-6 所示为方箱的应用。

5. 直角铁

直角铁有两个经过精加工的相互垂直的平面。平面上有孔或槽用于固定工件时穿压板螺栓使用。图 10-7 所示为直角铁的应用。

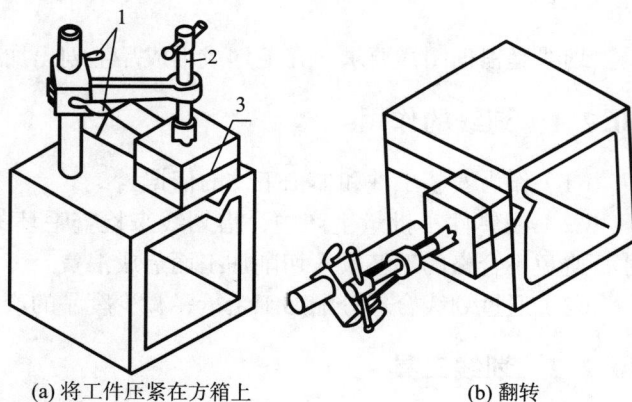

(a) 将工件压紧在方箱上　　　　　(b) 翻转

图 10-6　方箱

1- 紧固手柄;2- 压紧螺栓;3- 划出的水平线

6. 划针

划针用来在工件表面上划出线条,其用法如图 10-8 所示。

7. 划卡

划卡主要用来确定轴和孔的中心位置,其结构和用法如图 10-9 所示。有时也采用专用中心规确定轴或孔的中心位置,如图 10-10 所示。

穿压板螺栓用的长孔

(a) 直角铁

(b) 直角铁的应用

图 10-7 直角铁的应用

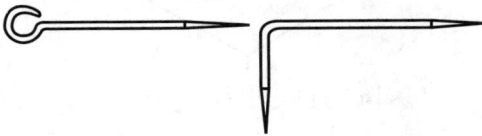

(a) 划针

20°~25° 正确 错误

钢直尺 钢直尺

(b) 使用方法

图 10-8 划针及其使用方法

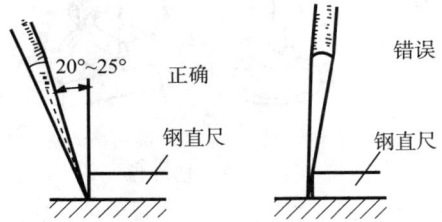

(a) 定轴心

铅块

(b) 定孔心

(c) 划直线

图 10-9 划卡及其应用

8. 划规

划规是平面划线作图的主要工具，用来画圆、画圆弧、量取尺寸和等分线段等。其结构如图 10-11 所示。

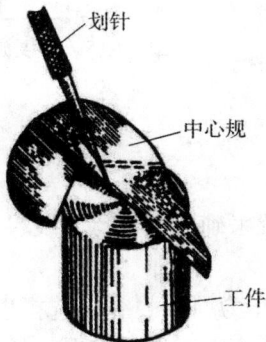

划针

中心规

工件

图 10-10 用中心规定轴心

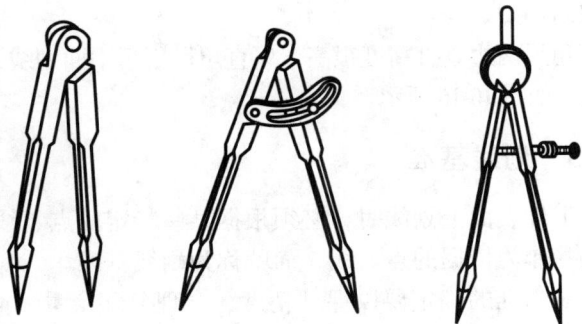

图 10-11 划规

9. 划针盘

划针盘是立体划线的主要工具，如图 10-12 所示。调节划针到所需高度，在平板上移动划针盘，便可在工件表面上划出与平板平行的线条来，如图 10-13 所示。此外，还可用划针盘对工件进行找平。

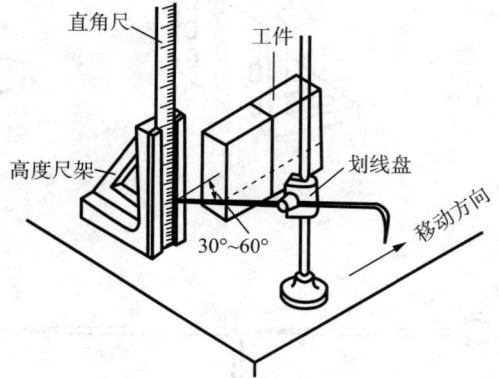

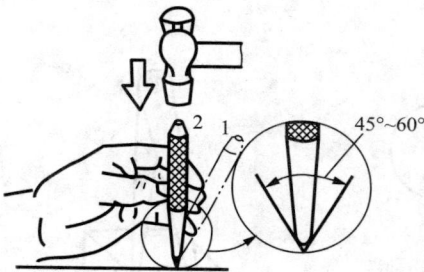

(a) 普通划针盘　(b) 可微调划针盘

图 10-12　划针盘

图 10-13　用划针盘划线

10. 样冲

样冲用来在工件表面划出的线与线的交叉点及钻孔前的圆心上打出样冲眼（圆锥形小坑），以便在所划的线模糊后仍能找到原线位置。其形状和用法如图 10-14 所示。

样冲眼的间距和深浅，应根据划线的长短和工件表面的粗糙程度决定。一般来说，粗糙的毛坯表面样冲眼的间距密且深；曲线上的样冲眼应密些，直线上可稀些；薄板工件上的样冲眼要浅；

图 10-14　样冲及使用

1- 对准位置；2- 冲眼

划线的交叉点及连接点上必须打样冲眼；精加工过的表面严禁打样冲眼。

11. 高度游标卡尺

高度游标卡尺是高度尺和划针盘的组合，如图 10-15 所示，是精密量具，用于测量高度或在半成品上划线。不允许用它在毛坯表面上划线，以防损坏划脚。

12. 直角尺

直角尺两边垂直精度很高，扁直角尺用于平面划线，宽直角尺用于立体划线，如图 10-16 所示。

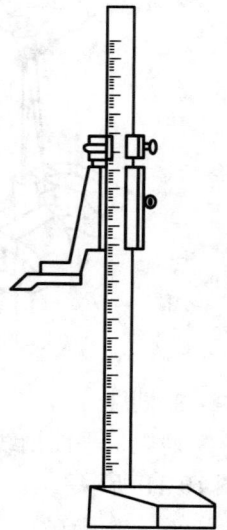

图 10-15　高度游标卡尺

10.2.3　划线基准

在工件表面上划线时，必须根据某些特定的点、线、面的位置来确定其他点、线、面的位置，这些作为依据的点、线、面就称为划线基准。

划线基准的确定要以保证精度、合理分配余量、简化划线操作为原则。一般选择思路是：毛坯工件应选重要孔的中心线为划线基准；若毛坯工件上无重要孔，则应选择较平整的大平面为划线基准；如果工件上有已加工过的表面，则应以加工过的表面为划线基准。

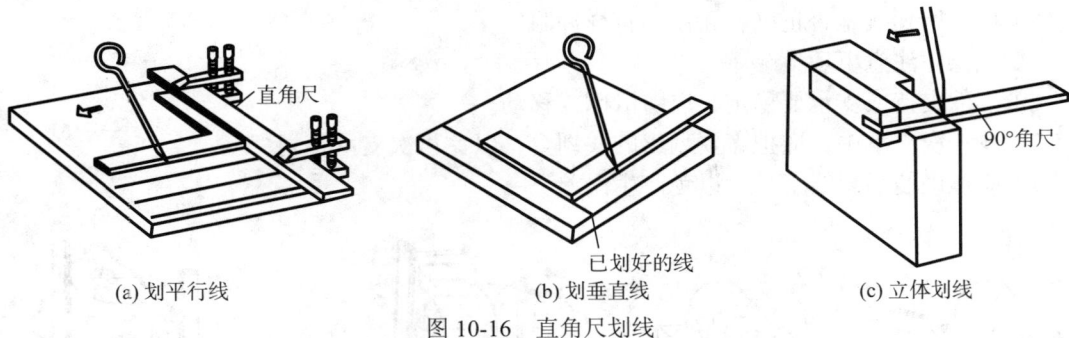

(a) 划平行线　　　　　　　(b) 划垂直线　　　　　　　(c) 立体划线

图 10-16　直角尺划线

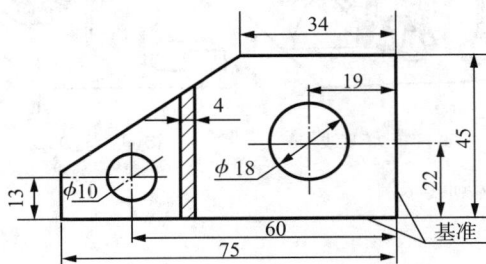

图 10-17　以相互垂直的两平面为基准

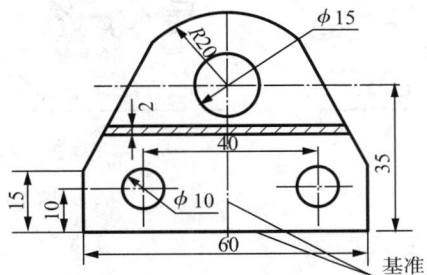

图 10-18　以一平面与一中心线为基准

常用的划线基准组合有以下几种：①以两个相互垂直的平面为基准（图 10-17）；②以一个平面和一个中心线为基准（图 10-18）；③以两条相互垂直的中心线为基准（图 10-19）。

图 10-19　以相互垂直两中心线为基准

10.2.4　划线操作

1. 平面划线与立体划线

平面划线是指在工件或毛坯的一个平面上划线；立体划线是指在工件或毛坯上彼此成不同角度的各个表面上划线。

2. 毛坯找正

对毛坯划线时，应先找正，即通过调整支承工具，使毛坯的划线基准（或重要表面）处于合适的位置，以便合理分配各表面加工余量，保证加工面与不加工面的相互位置精度，并使划线方便简单。

3. 划线的一般步骤

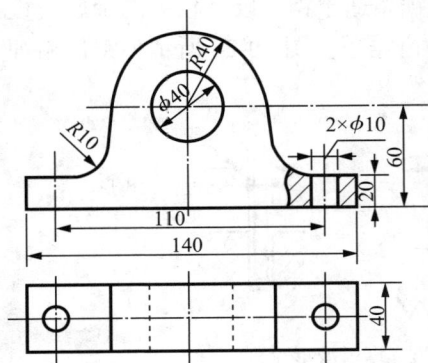

现以图 10-20 所示轴承座为例，简述立体划线的步骤。

（1）检查毛坯有无变形、裂纹、气孔等缺陷。

（2）研究图样，选定 $\phi 40$ 孔的中心线为划线基准线，准备好划线所需工具、量具等。

图 10-20　轴承座

（3）清除毛坯表面污物，去掉毛刺，并在划线的地方涂上涂料（一般用白浆）；用木棒或铅块塞孔，以便定孔中心位置。

（4）支承并找正工件，如图 10-21a 所示；先划出基准线，再划其他水平线，如图 10-21b 所示。

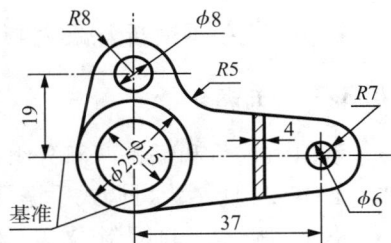

（5）依次翻转工件并找正，然后分别划出相互垂直的两组直线，如图 10-21c、d 所示。

（6）检查所划线是否正确，无误后打样冲眼。

4. 划线操作注意事项

（1）工件夹持或支承要稳定，以防滑倒或移动。

（2）在一次支承中，应把需要划出的线划全，以免再次支承补划。

（3）应正确使用划线工具，以免产生误差。

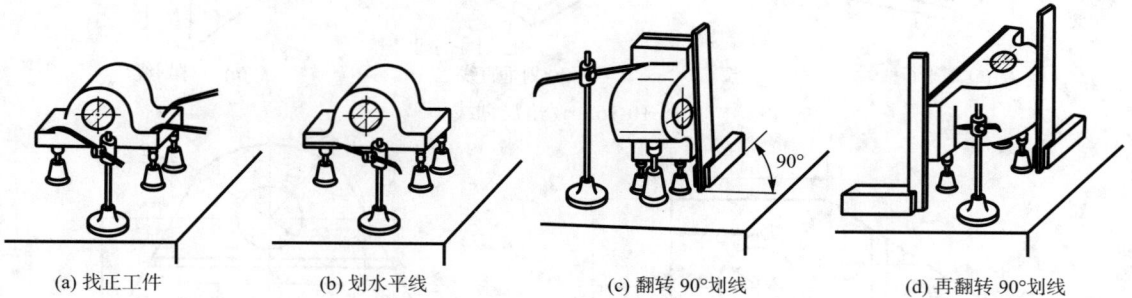

| (a) 找正工件 | (b) 划水平线 | (c) 翻转 90°划线 | (d) 再翻转 90°划线 |

图 10-21　立体划线示例

10.3　锯　　切

锯切是用手锯锯断金属或进行切槽的操作。

10.3.1　手锯

手锯由锯弓和锯条两部分组成。锯弓用来夹持和拉紧锯条。其结构有固定式和可调式两种。图 10-22 所示为可调式手锯弓。

锯条由碳素工具钢制成，经淬火后硬度较高，锯齿锋利，但易脆断。为了减少锯口两侧面与锯条间的摩擦，锯齿有规律地向左右两面倾斜，形成交错式波形排列，如图 10-23 所示。

锯条按齿距 p 大小可分为：粗齿 $p = 1.6\text{mm}$；中齿 $p = 1.2\text{mm}$；细齿 $p = 0.8\text{mm}$。

粗齿锯条适于锯切铜、铝等软金属或厚大的工件；细齿锯条适于锯切硬度较大的金属、板料或薄壁管等；锯切普通钢、铸铁及中等厚度的工件多用中齿锯条。图 10-24 所示为锯齿粗细对锯切的影响。

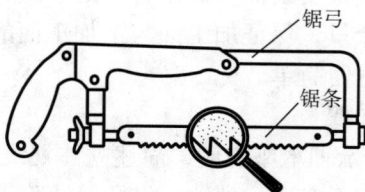

图 10-22　可调式锯弓

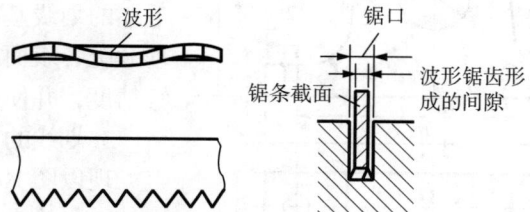

图 10-23　锯齿波形排列

常用的锯条长 300mm、宽 12mm、厚 0.8mm。锯条规格以两端安装孔的中心距表示。

10.3.2　锯切操作步骤和方法

（1）选择锯条　根据工件材料及厚度选择合适锯条。

锯齿粗，容屑空间大　　锯齿细，齿间堵塞　　锯齿细，同时锯削　　锯齿太粗，同时锯
　　(a) 正确　　　　　　　(b) 错误　　　的齿数可有 2~3 个　　削的齿数不到两个
　　　　　　　　　　　　　　　　　　　　　(c) 正确　　　　　　　(d) 错误

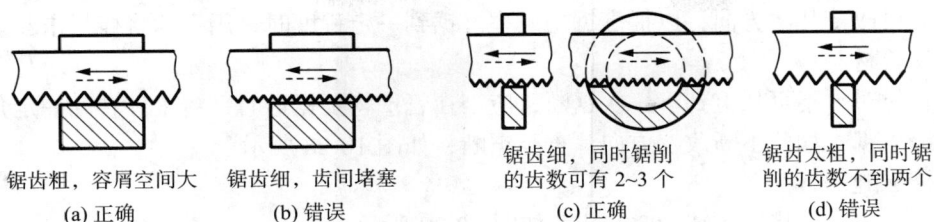

图 10-24　锯齿粗细要合适

（2）安装锯条　安装锯条时，应注意以下几点：

① 锯齿向前，使之前推时承受切削力，顺利切下切屑，如图 10-22 所示。

② 松紧适当，过紧锯条失去弹性，容易折断；过松锯条容易扭曲，也易折断，且锯缝易歪斜。一般松紧程度以用两手指旋紧螺母为适宜。

③ 锯条应尽量与锯弓保持在同一平面内，以防止锯缝偏斜。

（3）装夹工件　工件应尽可能装夹在台虎钳左边，以免碰伤左手。工件伸出要短，否则锯切时易发生颤动。

（4）手锯握法　右手握锯柄，左手轻扶锯弓前端，如图 10-25 所示。

（5）锯切方法锯切时，注意以下两点：

① 起锯时以左手拇指靠住锯条，右手往复推动手柄，起锯角度稍小于 15°。锯弓往复行程要短，用力要轻，锯条要与工件表面垂直。锯出锯口后，逐渐将锯弓改至水平方向。图 10-26 所示为起锯操作姿势，图 10-27 所示为起锯角度。

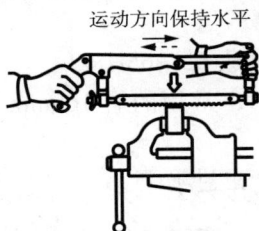

图 10-25　手锯握法　　　　　　　　　图 10-26　起锯姿势

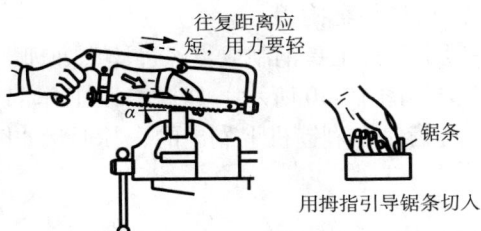

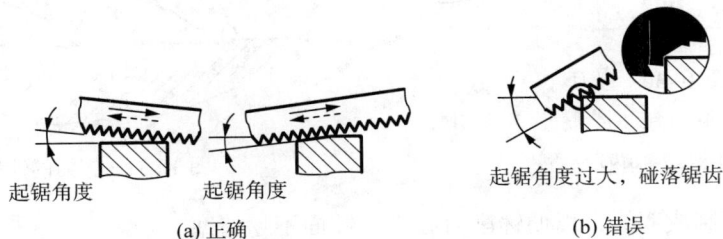

起锯角度　　　　起锯角度　　　　　　　起锯角度过大，碰落锯齿
　　　(a) 正确　　　　　　　　　　　　　　(b) 错误

图 10-27　起锯角度

② 锯切时，锯弓作直线往复运动，不可摆动，前进时加压，用力要均匀，返回时锯条从工件上轻轻滑过。锯削速度不宜太快，一般以每分钟往复 30~60 次为宜。锯切时应用锯条全长工作，以免中间部分迅速磨钝。锯钢料时应加机油润滑。将要锯断时，用力要轻，以免碰伤手臂。

10.3.3　锯切应用

1. 锯切棒料

若要求锯切截面平整，则起锯开始至结束应始终保持同一方向锯切。如果截面质量要求不

高，锯切时可改变几次方向，以提高锯切效率。锯到一定程度时，用手锤将棒料击断。

2. 锯切管材

锯切管材时，不可从上到下一次锯断，应当在管壁将要锯透时，将工件转动一定角度，锯条自原锯缝下锯，如此不断改变方向，直至锯断，如图 10-28 所示。

3. 锯切深缝

锯切深缝时，应将锯条转 90° 安装，如图 10-29 所示。

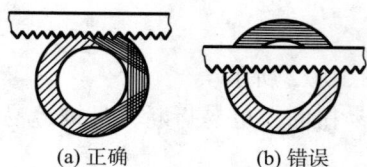

(a) 正确　　(b) 错误

图 10-28　锯管材

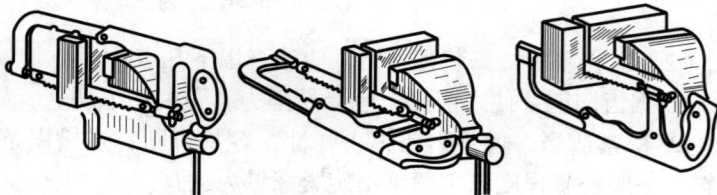

图 10-29　锯切深缝

10.4　锉　　削

锉削是用锉刀对工件表面进行加工的操作，常用于锯切或錾切后对工件进行精加工。经锉削加工后工件尺寸精度可达 0.01mm 左右，表面粗糙度 Ra 值达 1.6～0.8μm。

10.4.1　锉刀及其使用

1. 锉刀的材料与结构

锉刀一般由碳素工具钢制成，经过淬火处理，其锉齿硬度可达 62～65HRC。

锉刀结构如图 10-30 所示。其规格以工作部分的长度表示，常用的有 100mm、150mm、300mm 等。锉齿是在剁锉机上剁出的，其形状如图 10-31 所示。

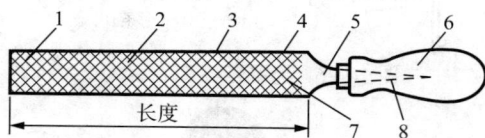

图 10-30　锉刀

1- 锉齿；2- 锉刀面；3- 锉边；4- 唇齿；5- 锉刀尾；

6- 木柄；7- 面齿；8- 舌

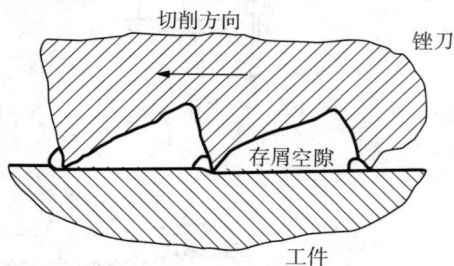

图 10-31　锉刀的锉齿形状

锉刀的锉纹多制成双纹，以便锉削时省力，锉面不易堵塞。

2. 锉刀的种类及应用

锉刀分为钳工锉、整形锉和异形锉三类，如图 10-32 所示。钳工锉又称为普通锉，用于锉削一般工件；整形锉又称为什锦锉，适用于机械、电器仪表等工件上细小部位的修整；异形锉用于加工各种工件上的特殊表面。

为适应不同形状工件表面的锉削，锉刀又可有各种截面形式，常用的有平锉、半圆锉、方锉、三角锉、圆锉等，如图 10-33 所示。

锉刀的锉齿粗细以每 10mm 长的锉面上锉齿数来划分。粗锉刀（4～12 齿）齿间大，不易堵塞，适用于粗加工或锉铜和铝等软金属；细锉刀（13～24 齿）适用于锉钢和铸铁材料的工件；

锉刀（30～40 齿）又称为油光锉，只用于最后修光表面。锉齿越细，锉出的工件表面越光滑，但切削效率也越低。

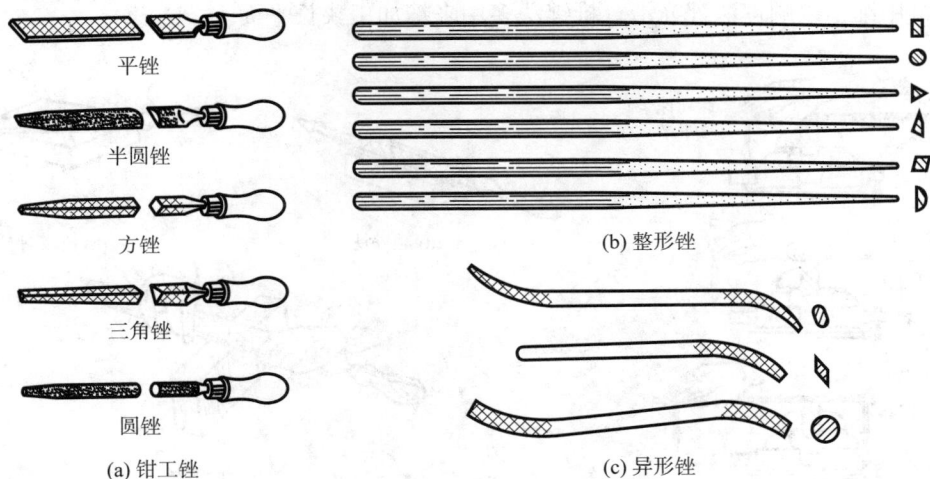

平锉

半圆锉

方锉

三角锉

圆锉

(a) 钳工锉

(b) 整形锉

(c) 异形锉

图 10-32　锉刀种类

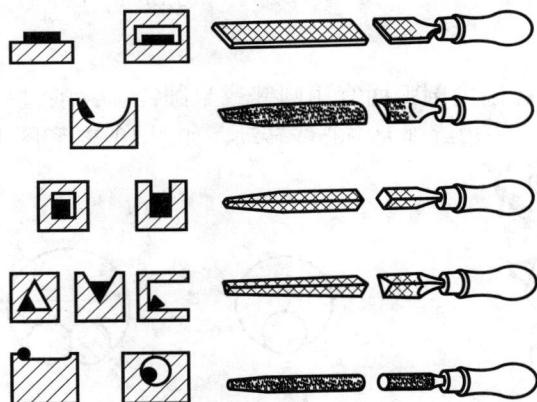

图 10-33　各种截面锉刀的应用举例

3. 锉刀的使用方法

锉削时必须掌握正确的握锉方法和施力的变化。

（1）握锉方法：使用大平锉时，应右手握锉柄，左手压在锉端上，使锉刀保持水平；使用中小锉时，因用力较小，左手大拇指和食指捏着锉端，引导锉刀水平移动，如图 10-34 所示。

（2）锉削施力变化：锉削时施力变化如图 10-35 所示。锉刀前推时加压，并保持水平；返回时，不宜紧压工件，以免磨钝锉齿和损伤已加工表面。

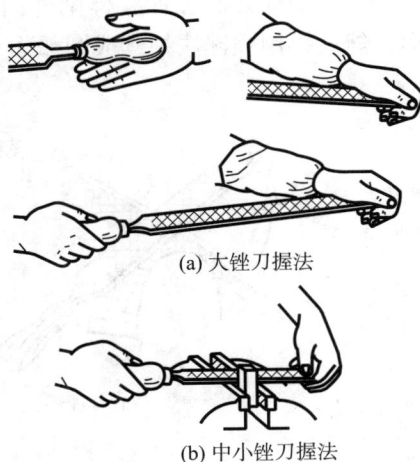

10.4.2　锉削应用

1. 锉削平面

锉削平面的方法有顺锉法、交叉锉法和推锉法三种，

(a) 大锉刀握法

(b) 中小锉刀握法

图 10-34　握锉方法

如图 10-36 所示。

  粗锉时采用交叉锉法，这样不仅效率高而且可利用锉痕判断加工部分是否锉到所需尺寸。锉平后，可用细锉以顺锉法锉光滑。推锉法多用来精加工狭长平面。

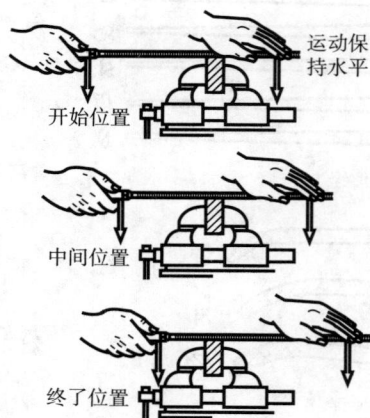

图 10-35 锉削施力变化

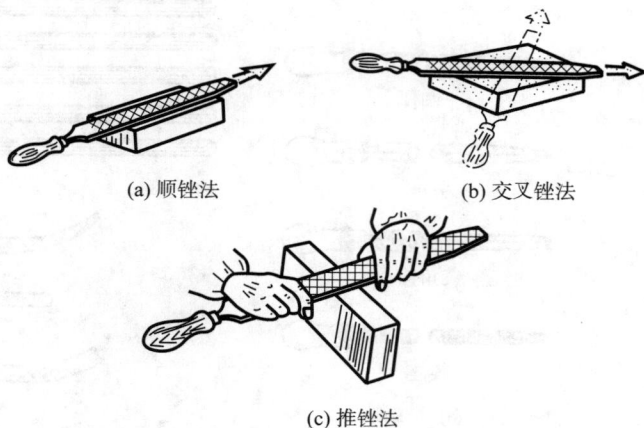

(a) 顺锉法 (b) 交叉锉法

(c) 推锉法

图 10-36 锉削的平面方法

2. 锉削弧面

（1）锉削内圆弧面 锉削内圆弧面宜用圆锉或半圆锉。锉削过程中，锉刀向前运动的同时，一边向左或向右移动，一边绕锉刀中心线转动，如图 10-37 和图 10-38 所示。

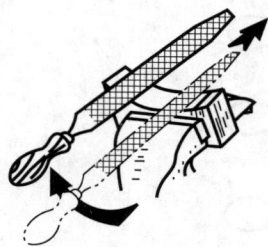

图 10-37 锉削内圆弧面

图 10-38 锉削内弧面时锉刀的运动

（2）锉削外圆弧面 锉削外圆弧面有顺锉和横锉两种方法。粗锉时用横锉法锉出近似轮廓，然后再用顺锉法精锉成圆弧面，如图 10-39 所示。

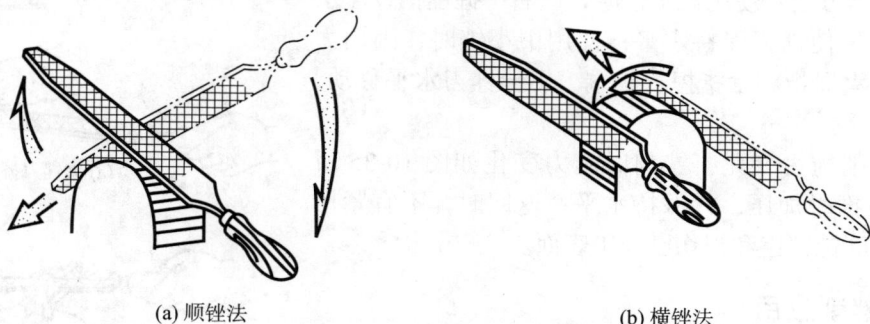

(a) 顺锉法 (b) 横锉法

图 10-39 锉削外圆弧面

10.5 钻孔、扩孔和铰孔

10.5.1 钻床

钻床可完成的工作很多，如钻孔、扩孔、铰孔、攻螺纹、锪孔和锪凸台等，如图 10-40 所示。钻床种类很多，常用的钻床有台式钻床、立式钻床和摇臂钻床。

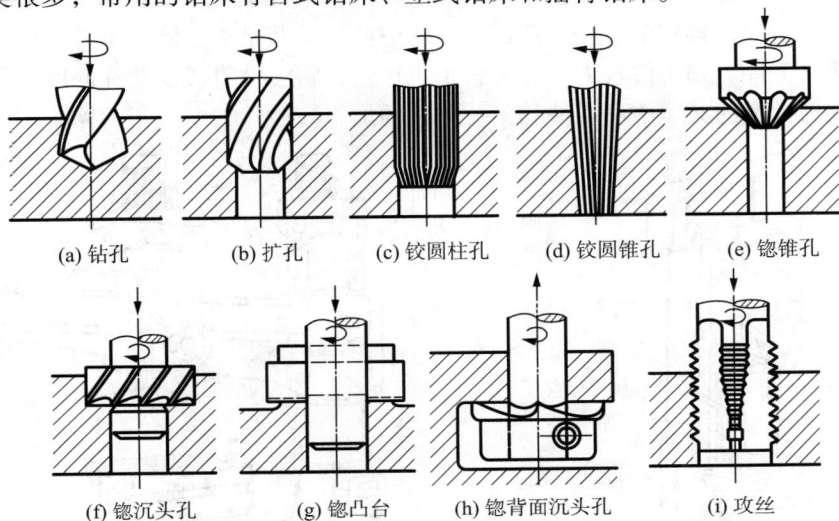

| (a) 钻孔 | (b) 扩孔 | (c) 铰圆柱孔 | (d) 铰圆锥孔 | (e) 锪锥孔 |

| (f) 锪沉头孔 | (g) 锪凸台 | (h) 锪背面沉头孔 | (i) 攻丝 |

图 10-40 钻床工作范围

1. 台式钻床

台式钻床是放在台桌上使用的小型钻床，简称台钻。其钻孔直径一般在 12mm 以下，最小可加工 1mm 的孔；主要用于仪表制造、钳工和装配等工作。台钻结构如图 10-41 所示。

底座用以支承台钻的立柱、主轴等部分，同时也是装夹工件的工作台。立柱用以支撑主轴架及变速装置，同时也是主轴架上下移动和旋转的导柱。主轴架前端装有主轴和进给操纵手柄，后端装有电动机。主轴与电动机之间用 V 带传动，主轴的转速可通过改变 V 带在塔式带轮上的位置调节。台钻的进给运动由手转动进给手柄使主轴轴向移动实现；主轴下端带有锥孔，用来安装钻夹头。

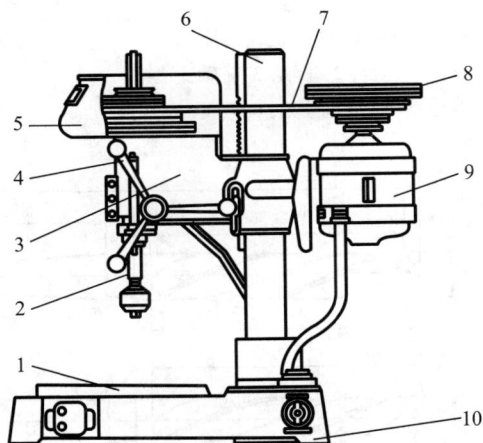

图 10-41 台式钻床

1- 工作台；2- 主轴；3- 主轴架；4- 钻头进给手柄；5- 带轮罩；
6- 立柱；7- 传动带；8- 带轮；9- 电动机；10- 底座

2. 立式钻床

立式钻床简称立钻，其规格用最大钻孔直径表示，常用的有 25mm、35mm、40mm 等几种。立钻结构如图 10-42 所示。

立式钻床主要由底座、立柱、主轴变速箱、主轴、工作台和电动机等组成。主轴变速箱固定在立柱顶部，内装变速机构、操纵机构和电动机。进给箱内有主轴、进给变速机构及进给操纵机构。电动机的运动和动力经主轴变速箱传给主轴带动钻头旋转，同时也经过进给变速箱传给主轴进给机构使主轴作轴向自动进给，也可用手柄作手动进给。工件安装在工作台上。工作台和进给箱都可以沿立柱导轨上下移动，以适应不同高度的工件的加工需要。立式钻床的主轴位置在水平方向相对于工作台是固定的，为了使钻头与工件上孔的中心重合，必须移动工件，因而操作不方便，生产率不高，常用于小型工件的单件、小批量加工。

3. 摇臂钻床

摇臂钻床结构如图 10-43 所示。主要由底座、工作台、立柱、主轴箱和主轴等组成。摇臂钻床的主轴箱可以沿摇臂的横向导轨作水平移动，摇臂又能绕立柱回转和上下移动。这样便于调整主轴的位置，使刀具对准工件上被加工孔的中心，尤其是加工同一工件上的组孔时更加方便，不需要移动工件。如工件较大，还可移走工作台，将工件直接安装在底座上。因此，摇臂钻床适用于各种批量的大、中型工件和多孔工件的加工。

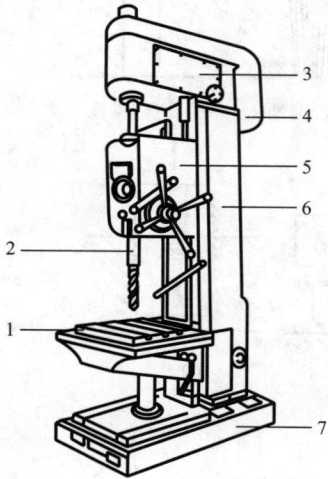

图 10-42 立式钻床

1- 工作台；2- 主轴；3- 主轴变速箱；
4- 电动机；5- 进给箱；6- 立柱；7- 底座

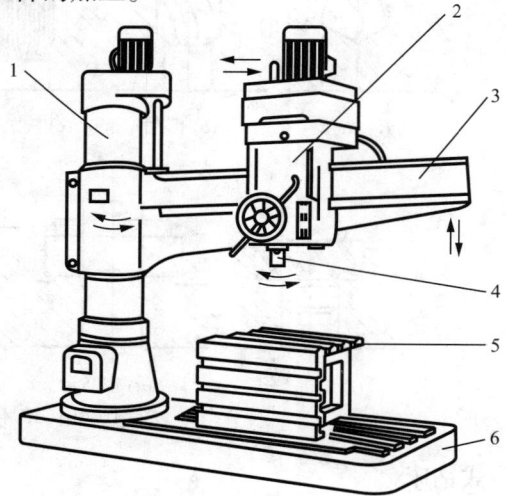

图 10-43 摇臂钻床

1- 立柱；2- 主轴箱；3- 摇臂；4- 主轴；5- 工作台；6- 底座

图 10-44 麻花钻的结构

10.5.2 钻孔

用钻头在实体材料上加工出孔的操作称为钻孔。钻孔是孔加工最常用的方法，一般用于粗加工，其加工的尺寸精度为 IT10 以下，表面粗糙度 Ra 值为 $50 \sim 12.5 \mu m$。

1. 钻头及安装

在钻床上用来钻孔的刀具称为钻头，钻头种类很多，其中最常用的是麻花钻，其组成部分如图 10-44 所示。

麻花钻由柄部、颈部和工作部分组成。柄部是麻花钻的夹持部分，有直柄和锥柄两种类型。直柄传递的扭矩较小，一般用于直径小于 12mm 的钻头；锥柄可传递较大扭矩，用于直径大于 12mm 的钻头。锥柄的扁尾既可传递较大扭矩，又可避免钻头在主轴锥孔或钻套中转动，并便于用来拆卸钻头。

直柄麻花钻一般用钻夹头装夹，如图 10-45 所示。钻夹头的锥柄安装在钻床主轴锥孔中，麻花钻的直柄装夹在钻夹头的三个能自动定心的夹爪中。

锥柄麻花钻一般用过渡套筒安装，如图 10-46 所示。如用一个过渡套筒仍无法与主轴锥孔配合，还可用两个或两个以上套筒作过渡连接。套筒上端接近扁尾处的长方形横孔，是卸钻头时打入楔铁用的。若钻头锥柄尺寸合适，也可直接安装在钻床主轴的锥孔中。

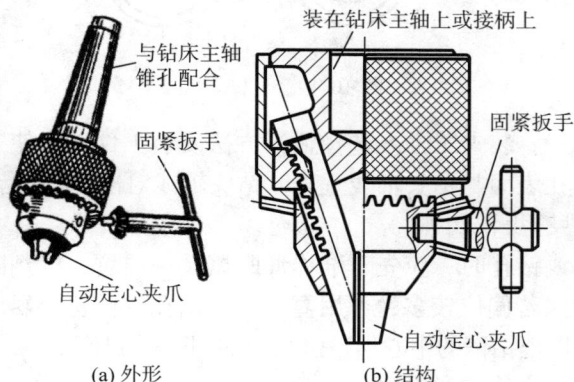

图 10-45　钻夹头　　　　　图 10-46　用过渡套筒安装钻头

2. 工件的安装

小型工件通常用台虎钳或平口钳装夹；较大的工件可用压板螺栓直接安装在工作台上；在圆柱形工件上钻孔可放在 V 形铁上进行，如图 10-47 所示。

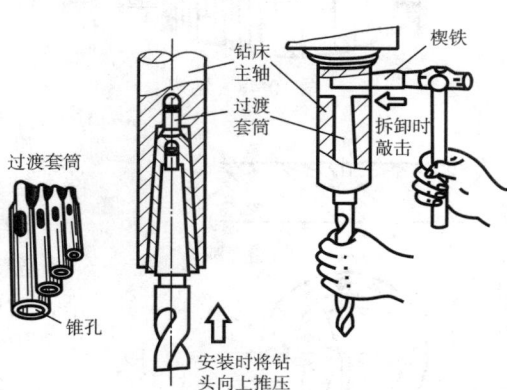

图 10-47　钻孔时工件的安装

麻花钻钻孔时刚性差，导向作用也差，轴向抗力大，极易引起被加工孔中心位置和轴线偏斜，称为引偏。因此，在批量生产中，钻孔时广泛采用钻模夹具确定工件与钻头的相对位置，以提高钻孔的位置精度和形状精度，如图 10-48 所示。

3. 钻孔方法

1）钻孔前的准备

准备一：工件划线。钻孔前，工件要划线定心，在工件孔的位置划出加工圆和检查圆，在加工圆和孔中心冲出样冲眼，如图 10-49 所示。

准备二：选择和安装钻头。根据钻孔直径选择钻头规格，检查钻头两主切削刃是否锋利和对称，工件如不合乎要求，应认真修磨。装夹时，先轻轻夹紧钻头，开车检查是否偏心摆动，若不对中，应停车校正，最后用力夹紧。

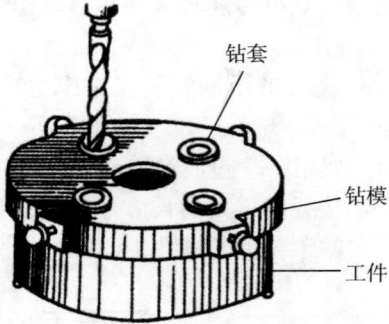

图 10-48　钻模

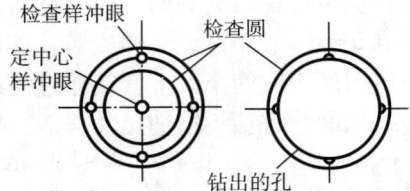

图 10-49　工件划线

准备三：装夹工件。选择适当方法安装工件，应使工件上被钻孔表面与钻头轴线垂直，钻头轴线对准孔中心。

2）钻孔操作

按划线钻孔时，应先对准样冲眼试钻一浅坑，以判断是否对中。若偏位较多，可用錾子在应钻孔的位置上錾出几条槽，以把钻偏的中心纠正过来，如图 10-50 所示。

4.钻孔操作注意事项

（1）手动进给时，钻头的进给速度要均匀。

（2）钻通孔时，工件下面要垫上垫板或把钻头对准工作台空槽；快要钻通时，应减少进给速度。

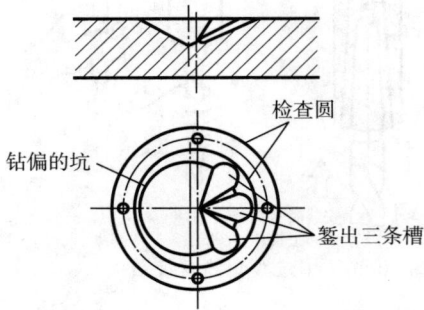

图 10-50　钻偏时的纠正方法

（3）钻韧性材料时，要加冷却液；钻深孔时，钻头必须经常退出排屑和冷却，以防止钻头过热和切屑阻塞而扭断钻头。

（4）当孔径大于 30mm 时，应分两次钻成，先用 0.5～0.7 倍孔径的钻头钻一小孔，再用所需孔径钻头将孔扩大。

（5）尽量避免在斜面上钻孔。必要时，可先用立铣刀在钻孔部位加工出一小平面，然后再钻孔。

（6）切屑要用毛刷清理，不要用棉纱擦或嘴吹。

10.5.3　扩孔和铰孔

1.扩孔

扩孔是用扩孔钻对工件上已有的孔（铸出、锻出或钻出的孔）进行扩大加工。扩孔常作为孔的半精加工，也普遍用做铰孔前的预加工。扩孔的质量比钻孔高，一般尺寸精度可达 IT10～IT9，表面粗糙度 Ra 值为 6.3～3.2μm。

扩孔钻的形状与麻花钻相似，所不同的是扩孔钻有 3～4 个齿，没有横刃，螺旋槽较浅，钻心粗大，刚性好，扩孔时自身导向性也比麻花钻好。扩孔钻结构如图 10-51 所示。

用扩孔钻扩孔，多用于加工余量较小时（0.5～4mm）。当余量较大时，需用大麻花钻扩孔或镗孔。

2.铰孔

用铰刀从工件孔壁上切除微量金属层，以提高孔加工质量的方法称为铰孔。铰孔属于孔的精加工方法之一，尺寸精度可达 IT7，表面粗糙度 Ra 值可达 3.2～0.8μm。但铰孔不能修正底孔的位置误差。

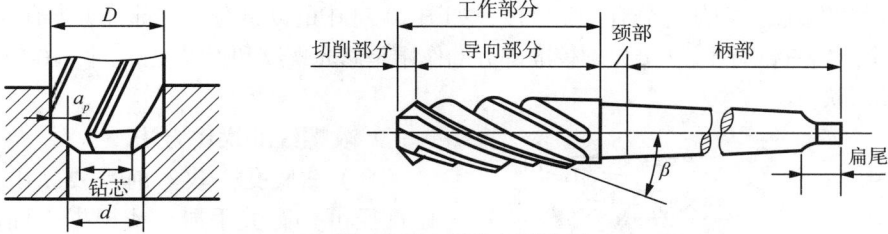

图 10-51 扩孔与扩孔钻

铰刀结构如图 10-52 所示，分手用铰刀和机用铰刀两种。手用铰刀为直柄，柄尾有方头，工作部分较长，刀齿数较多，用于手工铰孔。机用铰刀多为锥柄，装夹在钻床、镗床主轴上或车床尾座轴上进行铰孔。但一般应采用浮动夹头连接。

铰刀相当于直槽扩孔钻，通常有 6～12 个刀齿，导向性好，刚性好，铰孔余量小，因此切削力、切削热都很小，加工时铰刀和工件的受力受热变形非常小，加之有较长的修光刃起校准孔径和修光孔壁的作用，使铰孔质量远远超过扩孔。

铰孔注意事项：

（1）合理选择铰孔余量。铰削余量太大，孔铰不光滑，铰刀易磨损；余量太小，不能纠正上道加工留下的加工误差，达不到铰孔的要求。

（2）铰孔时要选用合适的切削液进行润滑和冷却。铰削钢件一般用乳化液，铰削铸铁一般用煤油。

（3）铰时要选择较低的切削速度、较大的进给量。

（4）铰孔时，铰刀在孔中绝对不能倒转，否则铰刀和孔壁之间易挤住切屑，造成孔壁划伤；机铰时，要在铰刀退出孔后再停车，否则孔壁有拉毛痕迹；铰通孔时，铰刀修光部分不可全部露出孔外，否则出口处会被划伤。

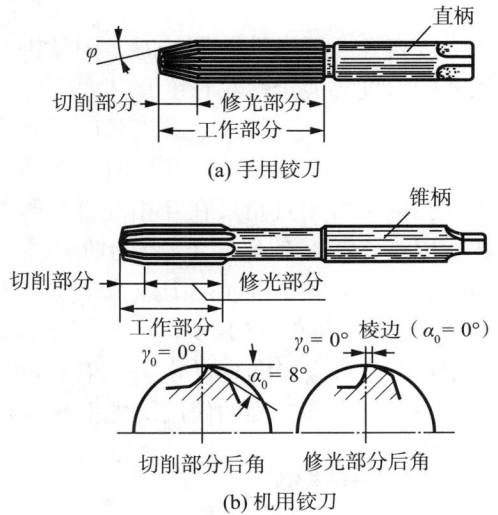

(a) 手用铰刀

(b) 机用铰刀

图 10-52 铰刀

10.6 攻螺纹和套螺纹

攻螺纹是用丝锥在圆孔中加工出内螺纹的操作；套螺纹是用板牙在圆杆上加工出外螺纹的操作。

10.6.1 攻螺纹

1. 丝锥

丝锥是用来攻内螺纹的刀具，一般由三个组成一套，分别称为头锥、二锥和三锥，如图 10-53 所示。内螺纹依次由三个丝锥逐步攻出。也有两个一套的丝锥。

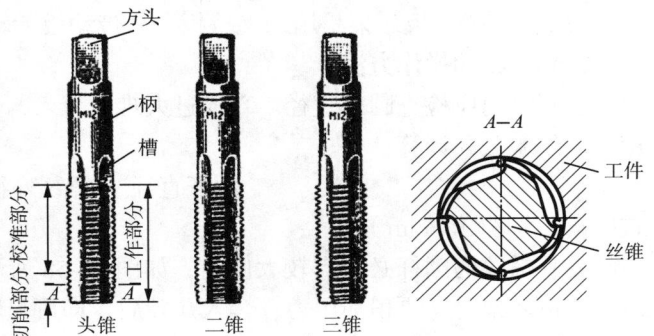

图 10-53 丝锥及其结构

丝锥的工作部分由切削部分和校准部分组成。切削部分是切削螺纹的主要部分，其作用是切去孔内螺纹牙间的金属。切削部分有一定锥度，如图10-54中的 A 部分。这部分头锥有 5～7 个牙，二锥有 3～4 个牙，三锥有 1～2 个牙。校准部分的作用是修光螺纹和引导丝锥。图10-54所示为丝锥工作部分的形状。

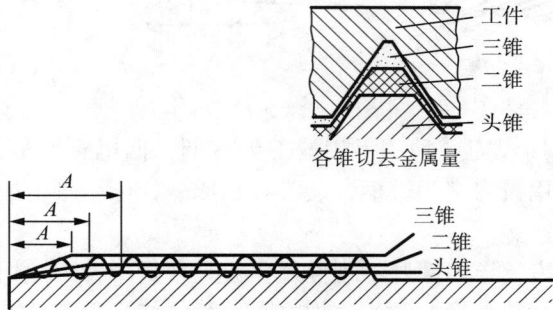

图 10-54　丝锥工作部分形状

攻盲孔（不通孔）螺纹时，因丝锥不能攻到底，所以孔的深度要大于螺纹长度，其大小可按下式计算：

$$孔深 = 螺纹长度 + 0.7D$$

（2）用头锥攻螺纹　开始时，必须将丝锥垂直放入工件孔内（可用直角尺在互相垂直的两个方向上检查），然后用铰杠轻压旋入。当丝锥的切削部分已经切入工件，即可只转动丝锥，不必加压。每转一周应反转 1/4 周以使切屑断落，如图10-55所示。图中虚线表示要反转。攻钢料工件时应加机油润滑，攻铸铁件可加煤油润滑。

（3）二锥和三锥的使用　先把丝锥旋入几转后，再用铰杠转动。旋转铰杠时不需加压。

2. 攻螺纹的操作方法

（1）钻底孔　攻丝前需要钻出底孔。底孔直径可查有关手册，或根据下面的经验公式计算。

工件为脆性材料（铸铁、青铜等）：

$$D_0 = D - 1.1p$$

工件为韧性材料（铜、铝等）：

$$D_0 = D - p$$

式中，D_0 为底孔直径（mm）；D 为螺纹外径（mm）；p 为螺距（mm）。

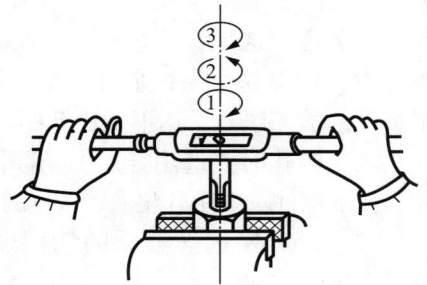

图 10-55　攻螺纹操作

10.6.2　套螺纹

1. 板牙和板牙架

（1）板牙　板牙是加工外螺纹的刀具，一般用合金工具钢制成并经淬火后回火处理。板牙外形像圆螺母，只是在端面上钻有几个容屑孔并形成刃口，其结构如图10-56所示。

板牙两端有锥度的部分是切削部分，担负主要切削工作。中间是校准部分，也是螺纹的导向部分。

（2）板牙架　板牙架是用来夹持板牙并带动板牙转动的专用工具，其构造如图10-57所示。

2. 套螺纹的操作方法

套螺纹前应检查圆杆直径。直径过大难以套入，过小套出的螺纹牙形不完整。圆杆直径可用下面经验公式计算：

$$圆杆直径 = 螺纹外径 - 0.2p$$

式中，p 为螺距（mm）。

要套螺纹的圆杆必须有较大倒角，如图10-58所示。套螺纹时，板牙端面与圆杆垂直，开始转动板牙架时，要稍加压力；套入几转后，即可只转动不加压。为了断屑和排屑还需时常反转，如图10-59所示。在钢件上套螺纹时，应加机油润滑。

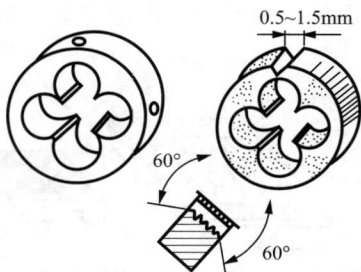

图 10-56 板牙

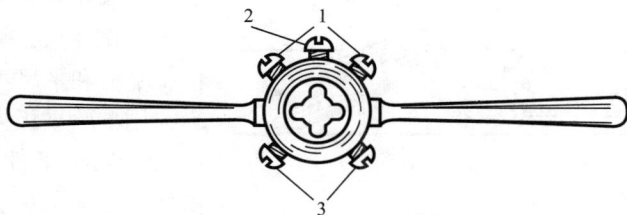

图 10-57 板牙架

1- 调整板牙螺钉；2- 撑开板牙螺钉；3- 紧固板牙螺钉

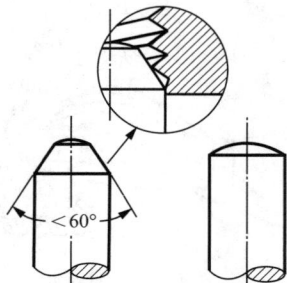

图 10-58 圆杆倒角

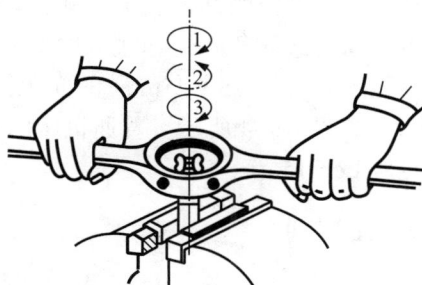

图 10-59 套螺纹操作

10.7 刮 削

刮削是用刮刀从工件表面上刮去一层极薄金属的操作。刮削一般在机械加工（车、铣或刨）以后进行。刮削后表面的精度及表面粗糙度等级都较高，属于精密加工。刮削常用于零件上相互配合的重要滑动表面（如机床导轨、滑动轴承等），以达到均匀接触的目的。

刮削生产率低，劳动强度大，因此，也常采用精密磨削等机加工方法代替。

10.7.1 刮刀及其使用

平面刮刀如图 10-60 所示，其端部要在砂轮上磨出刃口，然后再用油石磨光。

刮刀握法如图 10-61 所示，右手握刀柄，推动刮刀；左手放在靠近端部的刀体上，引导刮刀的刮削方向并加压。刮刀应与工件保持 25°～30° 角。刮削时，用力要均匀，刮刀要拿稳，以免刮刀刃口两端的棱角将工件划伤。

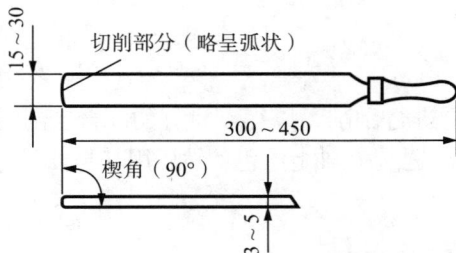

图 10-60 平面刮刀

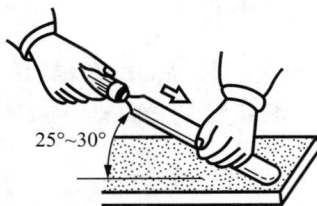

图 10-61 刮刀握法

10.7.2 刮削质量检验

刮削后的平面可用检验平板或平尺进行检验。检验平板由铸铁制成，应能保持刚度和不变

图 10-62 检验平板和平尺

形。检验平板的工作平面为精密平面，平面度高、粗糙度小。图 10-62 所示为检验平板和平尺。

用检验平板检查工件时，先将工件擦净，再均匀地涂上一层很薄

(a) 配研   (b) 工件上的亮点

图 10-63　研点子

的红丹油（红丹粉与机油的混合剂），然后将工件表面与擦净的检验平板稍加压力配研，如图 10-63a 所示。配研后，工件表面上的高点（与平板的贴合点）因磨去红丹而显出亮点，如图 10-63b 所示。这种显示高点的方法称为研点子。

刮削表面的精度以 $25 \times 25 \text{mm}^2$ 的面积内均匀分布的贴合点数表示，如图 10-64 所示。普通机床的导轨面为 8～10 点，精密的为 12～15 点。

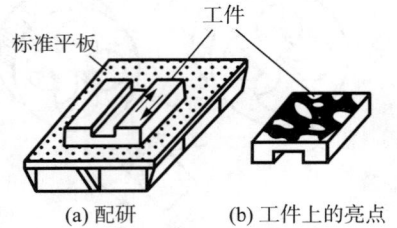

图 10-64　刮削表面精度检验

10.7.3　平面刮削

1. 粗刮

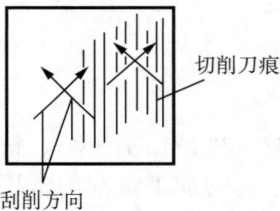

图 10-65　刮削方向

如果工件表面比较粗糙，应先用刮刀将其全部粗刮一次，使表面较为平滑，以免研点子时划伤检验平板。

粗刮的方向不应与机械加工留下的刀痕垂直，以免因刮刀颤动而将表面刮出波纹。一般刮削的方向与刀痕约成 45° 角，如图 10-65 所示。各次刮削方向应交叉，刀痕刮除后，即可研点子，并按显示出的高点刮削。

粗刮时选用较长的刮刀，这种刮刀用力较大，刮痕长（10～15mm），刮去金属多。当工件表面上的贴合点增至每 $25 \times 25 \text{mm}^2$ 面积内 4 个点时，可开始细刮。

2. 细刮

细刮时，选用短的刮刀，这种刮刀用力小，刀痕较短（3～5mm）。经过反复刮削后，点子数逐渐增多，直至达到要求为止。

10.7.4　曲面刮削

图 10-66　用三角刮刀刮削轴瓦
1- 三角刮刀；2- 轴瓦；3- 刀体截面形状

对于某些要求较高的滑动轴承的轴瓦，也要进行刮削，以得到良好的配合。刮削轴瓦时使用三角刮刀，其使用方法如图 10-66 所示。研点子方法是在轴上涂色，然后用其与轴瓦配研。

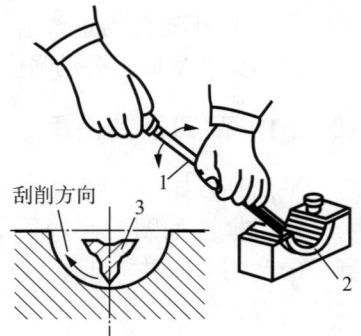

10.8　装　　配

10.8.1　装配的概念

任何一台机器都是由许多零件组成的。将零件按照设计的技术要求组装，并经过调整、检

验使之成为合格产品的操作过程称为装配。

在成批生产较复杂的产品时，很少由各个零件直接装配成产品，而是经过几个步骤。一般装配工艺过程包括组件装配、部件装配和总装配。

（1）组件装配 将若干个零件安装在一个基础零件上构成组件的装配。图10-67所示为一传动轴组件。

（2）部件装配 将若干个零件、组件安装在一个基础零件上构成一个具有独立功能的组合体的过程。如车床主轴箱部件的装配。

（3）总装配 将若干个零件、组件、部件组装成一个完整机器产品的过程。如机床、汽车等的装配。总装配一般在总装生产线上完成。之后经过试车、调整、喷漆、包装即可出厂。

10.8.2 装配过程

1. 装配前的准备

（1）研究和熟悉装配图的技术条件，了解产品的整体结构、各零件之间的连接关系和功用。

（2）确定装配程序、方法和所需工具。

（3）清洗零件，去除油污、锈蚀及其他脏物。一般用柴油或煤油清洗。零件上有毛刺应及时修去。

2. 装配

根据产品图样的技术要求，按照组件装配、部件装配的顺序，最后完成总装配，并经调整试验、检验、喷漆、装箱等步骤将合格产品入库或准备出厂。

3. 传动轴组件装配示例

图10-67所示为一传动轴组件，其装配顺序如下：

（1）将选好的平键轻轻打入轴上的键槽内。

（2）将轴立起，然后将齿轮压装在轴上。

（3）安装垫套。

（4）压装右轴承。

（5）翻转轴件。

（6）压装左轴承。

（7）将毡圈放入透盖槽中。

（8）将透盖套在轴上。

（9）将轴水平放置在支承架上以两轴承为支撑，轻轻转动齿轮或轴，检查运转是否灵活、有无异常声响，检查合格后即可放置到适当位置等待部件装配。

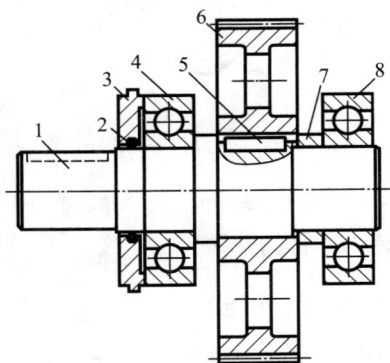

图 10-67 传动轴组件
1- 轴; 2- 毡圈; 3- 透盖; 4- 左轴承; 5- 键;
6- 齿轮; 7- 垫套; 8- 右轴承

10.8.3 典型零件的装配方法

1. 螺纹连接的装配

螺纹连接常用的零件有螺栓、螺钉、螺母、紧定螺钉及各种专用螺纹紧固件。常用的装配工具为扳手、螺丝刀等。装配时注意如下事项：

（1）螺母或螺栓与零件的贴合面要平整光洁，使承压面受力均匀，必要时可加垫圈。

（2）螺母端面应与螺纹轴线垂直，避免产生有害的附加弯曲应力。

（3）预紧力应适当，过小不能保证机器工作的可靠性，过大则会使螺栓拉长易发生断裂。

（4）双头螺栓要紧密地拧在机体上，不能有任何松动。

（5）成组螺钉、螺母装配时，为使零件贴合面受力均匀，不产生变形，应按一定顺序逐步拧紧，不可一次将某一个完全拧紧，如图 10-68 所示。

2. 齿轮的安装

一般齿轮与轴之间是靠键联结传递运动和动力的。安装齿轮时，先将平键轻轻地打入轴上键槽内，然后再将齿轮压装在轴上，最后安装齿轮侧面的定位挡圈或定位套。

若使用钩头键则应先将齿轮套好，使齿轮孔上的键槽与轴上键槽对正，然后将钩头键打入键槽，应有足够的楔紧力。

3. 球轴承的安装

球轴承的内圈与轴、外圈与机体多数为较小的过盈配合或过渡配合。常用手锤击打或压力机压装。为使轴承圈受到均匀压力，采用垫套加压。轴承压到轴上时，应通过垫套施力于内圈端面；轴承压到机体孔中时，应施力于外圈端面；若同时压到轴上和机体孔中时，则内、外圈端面应同时加压，如图 10-69 所示。

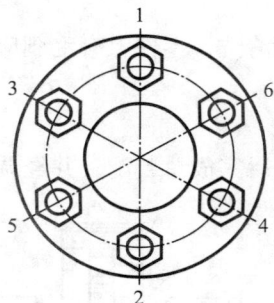

图 10-68　螺母拧紧顺序

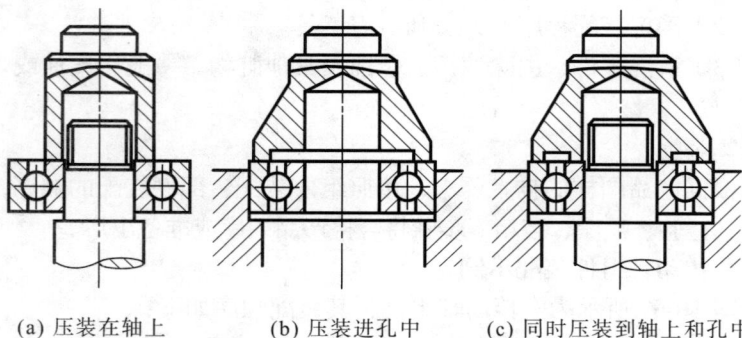

(a) 压装在轴上　　(b) 压装进孔中　　(c) 同时压装到轴上和孔中

图 10-69　用垫套压装轴承

若轴承与轴是较大的过盈配合，最好将轴承吊放在 80～90℃的热机油中加热，然后趁热装入，称为热装。

10.8.4　拆卸

器经过长期使用，某些零件会产生磨损、变形，甚至损坏。这时就需要对机器进行拆卸检查和修理。拆卸工作的一般要求如下：

（1）拆卸前，要先熟悉图样，对机器零部件的结构、连接方式或装配关系等要了解清楚；然后确定拆卸的方法和顺序，防止盲目拆卸、猛敲乱拆，造成零件损坏。

（2）拆卸顺序一般与装配顺序相反，即先装的零件后拆，后装的零件先拆；先拆紧固件，后拆其他件；并按先外后里、先上后下的顺序拆卸。

（3）对于成套加工或不能互换的零件，拆卸时要做好标记，拆下后尽可能按原结构组合在一起。

（4）小件和标准件，如螺钉、螺母、垫圈等拆下后按尺寸规格放入带标志的木盒内，防止丢失和错乱。

（5）拆卸时，使用的工具必须保证对合格零件不会产生损伤。严禁使用手锤直接在零件表面上敲击。

（6）拆卸时要注意人身安全。

第三篇　现代加工

第11章　数控加工技术基础知识

11.1　数控加工概述

数控机床是一种按照输入的数字程序信息进行自动加工的机床。数控加工泛指在数控机床上进行零件加工的工艺过程。数控加工技术是指高效、优质地实现产品零件，特别是复杂形状零件加工的有关理论、方法与实现的技术，它是自动化、柔性化、敏捷化和数字化制造加工的基础与关键技术。该技术集传统的机械制造、计算机、现代控制、传感检测、信息处理、光机电技术于一体，是现代机械制造技术的基础。它的广泛应用，给机械制造业的生产方式及产品结构带来了深刻的变化。数控技术的水平和普及程度，已经成为衡量一个国家综合国力和工业现代化水平的重要标志。

一般来说，数控加工涉及数控编程技术和数控加工工艺两大方面。数控加工过程包括由给定的零件加工要求（零件图样、CAD 数据或实物模型）进行加工的全过程。

数控编程技术涉及制造工艺、计算机技术、数学、计算几何、微分几何、人工智能等众多学科领域知识，它所追求的目标是如何更有效地获得满足各种零件加工要求的高质量数控加工程序，以便更充分地发挥数控机床的性能、获得更高的加工效率与加工质量。数控编程是实现数控加工的重要环节，特别是对于复杂零件加工，编程工作的重要性甚至超过数控机床本身。在现代生产中，由于产品形状及质量信息往往需通过坐标测量机或直接在数控机床上测量来得到，测量运动指令也有赖于数控编程来产生，因此数控编程对于产品质量控制有着重要的作用。

根据零件复杂程度的不同，数控加工程序可通过手工编程或计算机自动编程获得。

11.2　数控机床组成及特点

11.2.1　数控机床的组成

需要指出的是，虽然国外早已改称为计算机数控（Computer-Numerical Control，CNC），而我国仍习惯称为数控（NC）。所以日常讲的"数控"，实质上已是指"计算机数控"了。

数字控制技术简称数控（Numerical Control，NC）是一种采用数字化信息实现加工自动化的控制技术。

NC 机床：用数字化信号对机床的运动及其加工过程进行控制的机床。

CNC 机床：采用微处理器或专用微机作为数控系统，由系统程序来实现对机床的运动及其加工过程进行控制的机床。

数控机床一般由机床本体、CNC 装置（或称为 CNC 单元）、伺服单元、驱动装置（或称为执行机构）、可编程控制器 PLC 及电气控制装置、测量装置及辅助装置组成。图 11-1 是数控机床的组成框图。其中除机床本体之外的部分统称为计算机数控（CNC）系统。

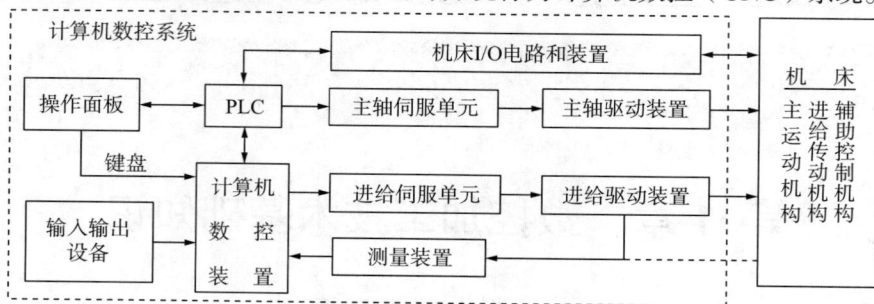

图 11-1　数控机床的组成框图

1. 机床本体

CNC 机床由于切削用量大、连续加工发热量大等因素对加工精度有一定影响，加之在加工中是自动控制，不能像在普通机床上那样由人工进行调整、补偿，所以其设计要求比普通机床更严格，制造要求更精密，采用了许多新的加强刚性、减小热变形、提高精度等方面的措施。

2. CNC 装置

CNC 装置是 CNC 系统的核心，主要包括计算机系统、位置控制板、PLC 接口板，通信接口板、特殊功能模块以及相应的控制软件。数控机床的 CNC 系统完全由软件处理数字信息，因而具有真正的柔性化，可处理逻辑电路难以处理的复杂信息，使数字控制系统的性能大大提高。

键盘、磁盘机、232 接口、网络接口等是数控机床的典型输入设备。

现代数控系统一般配有彩色 LED 显示器，显示的信息较丰富，并能显示图形。操作人员可通过显示器获得必要的信息。

3. 伺服单元

伺服单元是 CNC 和机床本体的联系环节，它把来自 CNC 装置的微弱指令信号放大成控制驱动装置的大功率信号。根据接收指令的不同，伺服单元有脉冲式和模拟式之分，而模拟式伺服单元按电源种类又可分为直流伺服单元和交流伺服单元。

4. 驱动装置

驱动装置把经放大的指令信号变为机械运动，通过简单的机械连接部件驱动机床，使工作台精确定位或按规定的轨迹作严格的相对运动，最后加工出图样所要求的零件。和伺服单元相对应，驱动装置有步进电动机、直流伺服电动机和交流伺服电动机等。

伺服单元和驱动装置可合称为伺服驱动系统，它是机床工作的动力装置，CNC 装置的指令要靠伺服驱动系统付诸实施，所以，伺服驱动系统是数控机床的重要组成部分。从某种意义上说，数控机床功能的强弱主要取决于 CNC 装置，而数控机床性能的好坏主要取决于伺服驱动系统。

5. 可编程控制器

可编程控制器（Programmable Controller，PC）是一种以微处理器为基础的通用型自动控制装置，专为在工业环境下应用而设计。由于最初研制这种装置的目的是为了解决生产设备的逻辑及开关控制，故把它称为可编程逻辑控制器（Programmable Logic Controller，PLC）。当 PLC

用于控制机床顺序动作时，也可称为编程机床控制器（Programmable Machine Controller，PMC）。

PLC 已成为数控机床不可缺少的控制装置。CNC 和 PLC 协调配合，共同完成对数控机床的控制。用于数控机床的 PLC 一般分为两类：一类是 CNC 的生产厂家为实现数控机床的顺序控制，而将 CNC 和 PLC 综合起来设计，称为内装型（或集成型）PLC，内装型 PLC 是 CNC 装置的一部分；另一类是以独立专业化的 PLC 生产厂家的产品来实现顺序控制功能，称为独立型（或外装型）PLC。

6. 机床 I/O 电路和装置

实现 I/O 控制的执行部件，由继电器、电磁阀、行程开关、接触器等组成的逻辑电路；其功能是接受 CNC 的 M、S、T 指令，对其进行译码并转换成对应的控制信号，控制辅助装置完成机床相应的开关动作；接受操作面板和机床侧的 I/O 信号，送给 CNC 装置，经其处理后，输出指令控制 CNC 系统的工作状态和机床的动作。

7. 测量装置

测量装置也称为反馈元件，通常安装在机床的工作台或丝杠上，相当于普通机床的刻度盘和人的眼睛，它把机床工作台的实际位移转变成电信号反馈给 CNC 装置，供 CNC 装置与指令值比较产生误差信号，以控制机床向消除该误差的方向移动。按有无检测装置，CNC 系统可分为开环与闭环数控系统，而按测量装置的安装位置又可分为闭环与半闭环数控系统。开环数控系统的控制精度取决于步进电动机和丝杠的精度，闭环数控系统的控制精度取决于检测装置的精度。因此，测量装置是高性能数控机床的重要组成部分。此外，由测量装置和显示环节构成的数显装置，可以在线显示机床移动部件的坐标值，大大提高工作效率和工件的加工精度。

数控机床的品种和规格繁多，分类方法不一。根据数控机床的功能和组成，一般可分为以下几类，如表 11-1 所列。

表 11-1　数控机床类型

分类方法	机床类型
按坐标轴数分类	2 轴，2.5 轴，3 轴，多轴
按系统控制特点分类	点位控制数控机床，直线控制数控机床，轮廓控制数控机床
按有无测量装置分类	开环数控系统，半闭环数控系统，闭环数控系统
按功能水平分类	经济型，普及型，高级型
按工艺用途分类	数控钻床，数控磨床，数控车床，数控铣床，加工中心，车铣中心，铣车中心，数控电火花及线切割，数控激光加工，数控冲床等

数控机床的加工过程，就是将加工过程所需的各种操作步骤（如主轴变速、松夹刀具、进刀退刀、自动关停冷却液、程序的启停等）和工件的形状尺寸用数字化代码表示，然后通过控制介质（磁盘、串口、网络）送入数控装置，并对输入的信息进行处理与运算，发出相应的控制信号，控制机床的伺服系统或其他驱动元件，使机床自动加工出所需要的工件。

11.2.2　数控机床的特点

1. 适应性强，具有高柔性

适应性即所谓的柔性，是指数控机床随生产对象变化而变化的适应能力。在数控机床上改变加工零件时，只需重新编制程序，输入新的程序后就能实现对新的零件的加工，而不需改变机械部分和控制部分的硬件，且生产过程是自动完成的。这就为复杂结构零件的单件、小批量生产以及试制新产品提供了极大的方便。适应性强是数控机床最突出的优点，也是数控机床得以生产和迅速发展的主要原因。

2. 加工精度高，产品质量稳定

数控机床是按数字形式给出的指令进行加工的，一般情况下工作过程不需要人工干预，这就消除了操作者人为产生的误差。在设计制造数控机床时，采取了许多措施，使数控机床的机械部分达到了较高的精度和刚度。数控机床工作台的移动当量普遍达到了 0.01～0.0001mm，而且进给传动链的反向间隙与丝杠螺距误差等均可由数控装置进行补偿，高档数控机床采用光栅尺进行工作台移动的闭环控制。数控机床的加工精度由过去的 ±0.01mm 提高到 ±0.005mm 甚至更高。定位精度 20 世纪 90 年代初中期已达到 ±0.002～±0.005mm。此外，数控机床的传动系统与机床结构都具有很高的刚度和热稳定性。通过补偿技术，数控机床可获得比本身精度更高的加工精度。尤其提高了同一批零件生产的一致性，产品合格率高，加工质量稳定。

3. 自动化程度高，劳动强度低

数控机床加工前经调整好后，输入程序并启动，机床就能自动连续地进行加工，直至加工结束。操作者主要是进行程序的输入、编辑，装卸零件、刀具准备、加工状态的观测和零件的检验等工作，致使人力劳动强度极大降低，劳动趋于智力型工作。另外，机床一般是封闭式加工，既清洁、又安全。

4. 生产效率高，减少辅助时间和机动时间

零件加工所需的时间主要包括机动时间和辅助时间两部分。数控机床主轴的转速和进给量的变化范围比普通机床大，因此数控机床每一道工序都可选用最有利的切削用量。由于数控机床结构刚性好，因此允许进行大切削用量的强力切削，这就提高了数控机床的切削效率，节省了机动时间。数控机床的移动部件空行程运动速度快，工件装夹时间短，刀具可自动更换，辅助时间比一般机床大为减少。

数控机床更换被加工零件时几乎不需要重新调整机床，节省了零件安装调整时间。数控机床加工质量稳定，一般只做首检验和工序间关键尺寸的抽样检验，因此节省了停机检验时间。在加工中心机床上加工时，一台机床实现了多道工序的连续加工，生产效率的提高更为显著。

5. 良好的经济效益

数控机床虽然设备昂贵，加工时分摊到每个零件上的设备折旧费较高。但在单件、小批量生产的情况下，使用数控机床加工可节省划线工时，减少调整、加工和检验时间，节省直接生产费用。数控机床加工零件一般不需制作专用夹具，节省了工艺装备费用。数控机床加工精度稳定，减少了废品率，使生产成本进一步下降。此外，数控机床可实现一机多用，节省厂房面积和建厂投资。因此使用数控机床可获得良好的经济效益。

6. 有利于生产管理的现代化

数控机床使用数字信息与标准代码处理和传递信息，特别是在数控机床上使用计算机控制，为计算机辅助设计、制造以及管理一体化奠定了基础。

11.3　数控机床编程基础

数控加工是把编好的加工程序输入数控装置，数控装置再将输入的信息进行运算处理后转换成驱动伺服机构的指令信号，最后由伺服机构控制机床的各种动作，自动地加工出零件。因此，用数控机床加工零件，程序编制是一项重要的工作，它对有效利用数控机床起主要作用。数控加工的程序编制也称为数控编程，数控编程时，必须对零件进行分析，将加工零件的全部工艺过程、工艺参数、位移数据等以规定的代码、程序格式写出。在学习了数控编程的基本知识（坐标系的确定、数控刀具的选择、基本数控指令、指令格式等）后，还必须对该数控机床的规格、性能、切削范围、CNC 系统所具备的功能、编程指令及指令格式等有较全面的了解，并将机床的运动过程、零件的工艺过程、切削用量和走刀路线等参数都确定以后，才能编写程序，最后通过上机床进行加工模拟、试切加工等来验证程序的正确性、合理性。

因此，数控编程是集工艺于程序之中，且其实践性很强。通过数控编程的学习，要求掌握数控编程的一般步骤、基本方法和常用编程技巧，学会数控机床的调整、参数设置和数控系统的基本操作等。

11.3.1　数控机床的坐标系

为了规范对数控机床坐标和运动方向的描述，国家颁布了《数控机床坐标和运动方向的命名》（JB/T3051—1999）标准。标准规定：不论机床的具体机构是工件静止、刀具运动或是工件运动、刀具静止，在确定坐标系时一律看做是刀具相对静止的工件运动，且刀具远离工件的方向为坐标轴的正方向。机床的直线运动 X、Y、Z 采用右手笛卡儿直角坐标系，通常取 Z 轴平行于机床主轴，X 轴水平且平行工件装夹面，$+Y$ 轴按右手定则判定；X、Y、Z 的正向是使工件尺寸增大的方向；机床的 3 个运动 A、B、C 的转轴分别平行 X、Y、Z 坐标轴，取右旋螺纹前进方向为正向。

如图 11-2 所示，大拇指方向为 X 轴正方向，食指为 Y 轴正方向，中指为 Z 轴正方向。

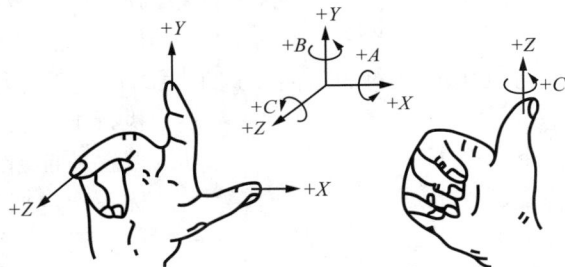

图 11-2　右手笛卡儿坐标系

1. 数控车床的坐标系

数控车床的坐标系以主轴中心线为 Z 轴方向，刀架远离主轴端面方向是 Z 轴的正方向；主轴直径方向为 X 轴方向，以刀架远离主轴中心线方向为 X 轴正方向，如图 11-3 所示。

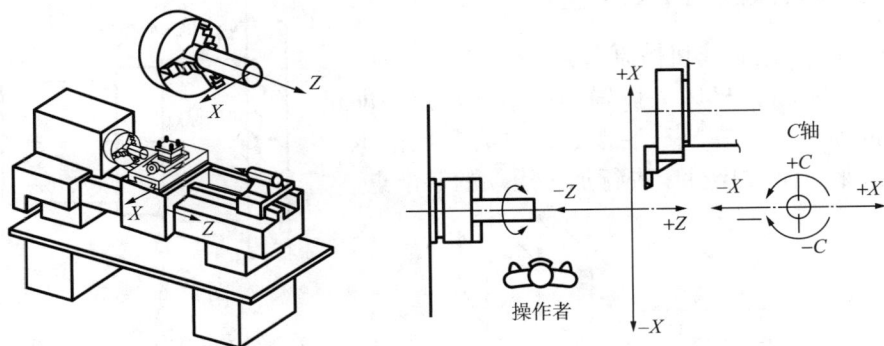

图 11-3　数控车床坐标系

2. 数控铣床（加工中心）的坐标系。

数控铣床（加工中心）坐标系同样遵循右手笛卡儿规则。三个坐标轴互相垂直，机床主轴轴线方向为 Z 轴，刀具远离工件的方向为 Z 轴正方向。

X 轴位于与工件安装面相平行的水平面内，对于卧式铣床（加工中心），人面对机床主轴，左侧方向为 X 轴正方向；对于立式铣床（加工中心），人面对机床主轴，右侧方向为 X 轴正方向，Y 轴方向则根据 X、Z 轴按右手笛卡儿直角坐标系来确定，如图 11-4 所示。

为便于操作，数控铣床（加工中心）一般在机械上会贴上机械坐标系的轴向的标志。

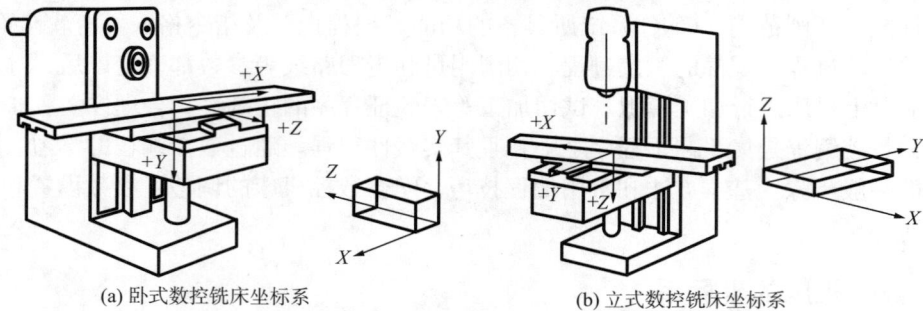

(a) 卧式数控铣床坐标系　　　　　　　(b) 立式数控铣床坐标系

图 11-4　数控铣床（加工中心）坐标系

3. 工件坐标系

工件坐标系是编程人员在编程和加工时使用的坐标系，是程序的参考坐标系，工件坐标系的位置以机床坐标系为参考点，一般在一个机床中可以设定 6 个工件坐标系。编程人员以工件图样上的某点为工件坐标系的原点，称为工作原点。而编程时的刀具轨迹坐标点是按工件轮廓在工件坐标系中的坐标确定。在加工时，工件随夹具安装在机床上，这时测量工作原点与机床原点间的距离，这个距离称为工作原点偏置，如图 11-5 所示。这个偏置值必须在执行加工程序前预存到数控系统中。在加工时，工件原点偏置便能自动加到工件坐标系上，使数控系统可按机床坐标系确定加工时的绝对坐标值。

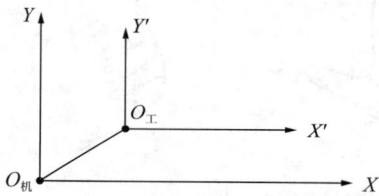

图 11-5　工件坐标系与机床坐标系

因此，编程人员可以不考虑工件在机床上的实际安装位置和安装精度，而利用数控系统的原点偏置功能，通过工作原点偏置值，补偿工件在工作台上的位置误差。现在绝大多数数控机床都有了这种功能，使用起来很方便。

11.3.2　数控机床的几个重要坐标点

1. 机床原点（或称为机械原点）

机床原点是指在机床上设置的一个固定点，即机床坐标系的原点。它在机床装配、调试时就已由生产厂家确定下来，是数控机床进行加工运动的基准点。

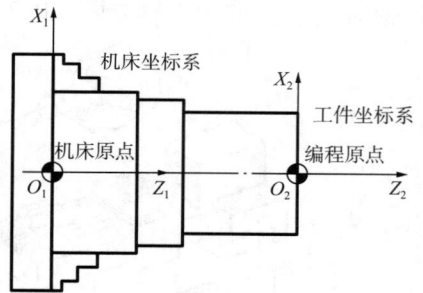

图 11-6　数控车床的机床原点

在数控车床上，机床原点一般取在卡盘端面与主轴中心线的交点处，如图 11-6 所示。同时，通过设置参数的方法，也可将机床原点设定在 X、Z 坐标的正方向极限位置上。

在数控铣床（加工中心）上，机床原点一般取在 X、Y、Z 坐标的正方向极限位置上，如图 11-7 所示。

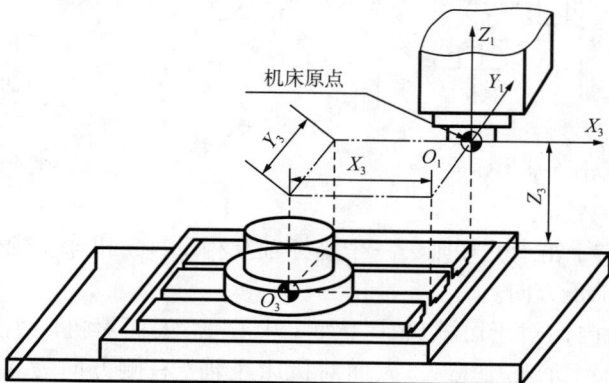

图 11-7　铣床（加工中心）的机床原点

2. 机床参考点

机床参考点是用于对机床运动进行检测和控制的固定位置点。机床参考点的位置是由机床制造厂家在每个进给轴上用限位开关精确调整好的，坐标值已输入数控系统中。因此机床参考点对机床原点的坐标是一个已知数。图 11-8 所示为数控车床的参考点与机床原点。

通常在数控车床上机床参考点是离机床原点最远的极限点，在数控铣床（加工中心）上机床参考点和机床原点是重合的，如图 11-7 所示。

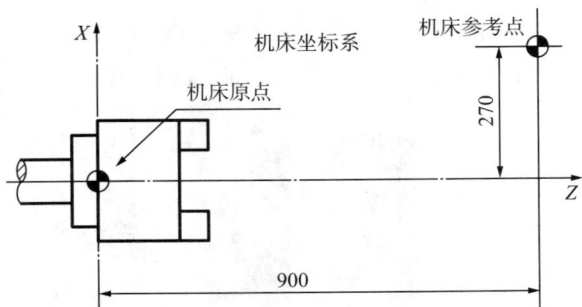

图 11-8 数控车床的参考点

数控机床开机时，必须先确定机床原点，而确定机床原点的运动就是刀架返回机床参考点的操作，这样通过确认机床参考点，就确定了机床原点。只有机床参考点被确认后，刀具（或工作台）移动才有基准。

3. 程序原点

程序原点是指加工程序中的坐标原点，如图 11-9 所示，在数控加工时，是刀具相对于工件运动的起点，所以也称加工原点，由于程序原点是通过对刀实现的，也称为"对刀点"。

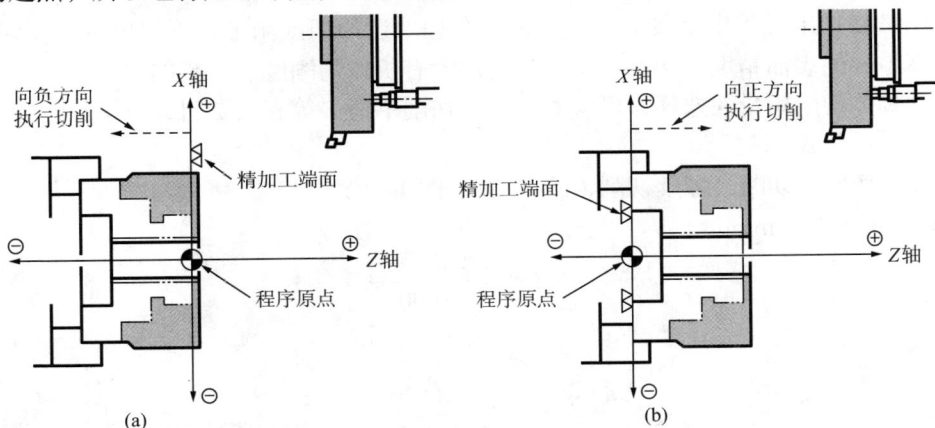

图 11-9 程序原点（对刀点）

对于数控机床来说，在加工开始时，确定刀具与工件的相对位置是很重要的，即确定加工原点，这一相对位置是通过确认对刀点来实现的。对刀点是指通过对刀确定刀具与工件相对位置的基准点。对刀点可以设置在被加工零件上，也可以设置在夹具上与零件定位基准有一定尺寸联系的某一位置，对刀点往往就选择在零件的加工原点。对刀点的选择原则如下：

（1）所选的对刀点应使程序编制简单。

（2）对刀点应选择在容易找正、便于确定零件加工原点的位置。

（3）对刀点应选在加工时检验方便、可靠的位置。

（4）对刀点的选择应有利于提高加工精度。

4. 数控机床的换刀点

换刀点是为加工中心、数控车床等多刀加工的机床编程而设置的，因为这些机床在加工过程中间需要自动换刀。为防止换刀时碰伤零件或夹具，换刀点常常设置在被加工零件的外面，并要有一定的安全量。

换刀点可以是某一个固定点（如加工中心机床，其换刀机械手的位置是固定的，由生产厂家确定），也可以是任意的一点（如车床）。

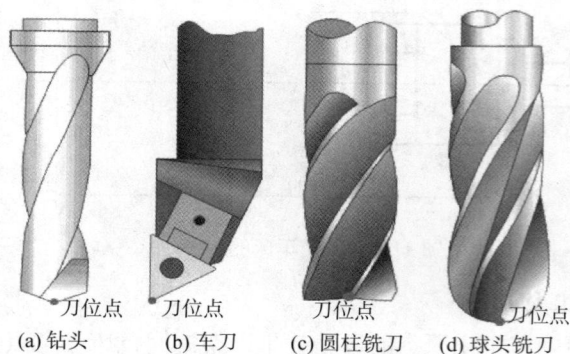

换刀点应该在工件或夹具的外部，以刀架转位时刀具不碰工件及其他部件为准。其设定值可用实际测量的方法或计算确定。

5. 合理选择对刀点与换刀点

对刀，是数控加工中必不可少的一个过程，是指使"刀位点"与"对刀点"重合的操作。每把刀具的半径与长度尺寸都不同，刀具装在机床上后，应在 CNC 中设置刀具的基本位置。"刀位点"是指刀具的定位基准点。图 11-10 中给出了几种典型刀具的刀位点。

(a) 钻头　　(b) 车刀　　(c) 圆柱铣刀　　(d) 球头铣刀

图 11-10　刀具的刀位点

11. 3. 3　切削用量的选择

对于高效率的金属切削机床加工来说，被加工材料、切削刀具、切削用量是工艺分析的重要内容，经济的、有效的加工方式，要求必须合理地选择切削条件。

切削用量是加工过程中重要的组成部分，合理地选择切削用量，不但可以提高切削效率，还可以提高零件的表面精度，影响切削用量的因素有机床的刚度、刀具的材质、工件的材料和切削液等。具体切削用量的选择，可参阅《金属切削手册》等有关资料，以下给出了有关切削用量的常用计算公式。

1. 车削、切槽、切断、螺纹切削（图 11-11、图 11-12）

（1）切削速度 v_c（m/min）

$$v_c = \frac{\pi \times D_m \times n}{1000}$$

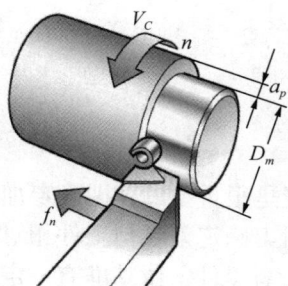

图 11-11　车削、切槽、切断参数

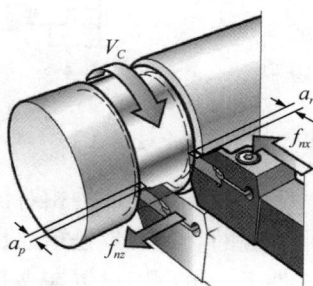

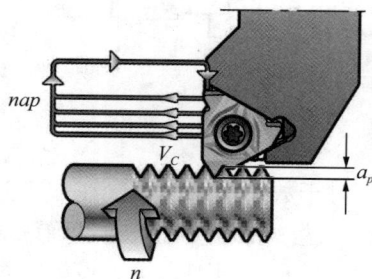

图 11-12　螺纹切削参数

式中，D_m 为加工后直径（mm）。

（2）主轴转速 n（r/min）

$$n = \frac{1000 \times v_c}{\pi \times D_m}$$

图 11-11、图 11-12 中其他符号的含义：a_p 为轴向切削深度（mm），又称为背吃刀量；a_r 为切削深度（mm），外径到槽中心或底部；f_n 为每转进给量（mm/r）；f_{nx} 为径向进给 / 转（mm/r）；f_{nz} 为轴向进给 / 转（mm/r）；nap 为走刀次数。

2. 铣削（图 11-13）

（1）切削速度 v_c（m/min）

$$v_c = \frac{D_{cap} \times \pi \times n}{1000}$$

（2）主轴转速 n（r/min）

$$n = \frac{1000 \times v_c}{\pi \times D_{cap}}$$

（3）工作台进给量 v_f（mm/min）

$$v_f = f_n \times n$$

（4）每转进给量 f_n（mm/r）

$$f_n = f_z \times Z_c$$

式中，D_{cap} 为实际切深处的切削直径（mm），在 a_p（mm）处，$D_{cap} = D_e$；a_p 为轴向切削深度（mm），也称为背吃刀量，由机床、夹具、刀具和工件的刚度决定；f_n 为每转进给量（mm/r）；f_z 为每齿进给量（mm/pcs）；Z_c 为吃刀时的有效齿数（pcs）。

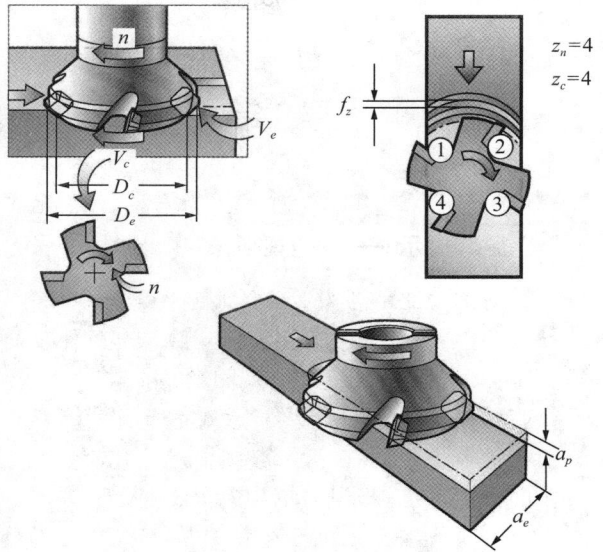

图 11-13 中其他符号含义：a_e 为径向切削深度（mm），切削宽度；Z_n 为刀具的切削齿数（pcs）。

图 11-13　铣削参数

3. 钻削（图 11-14）

钻削穿透速度 v_f（mm/min）

$$v_f = f_z \times Z_c \times n$$

切削速度 v_c（m/min）

$$v_c = \frac{D_c \times \pi \times n}{1000}$$

式中，D_c 为钻头直径（mm）；v_f 为钻削穿透速度（mm/min）。

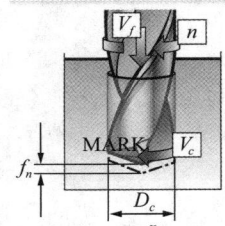

图 11-14　钻削参数

4. 切削用量的选用原则

切削用量包括背吃刀量 a_p、切削速度 v_c（或主轴转速 n）、进给量 f_n，是切削用量的三要素，这些参数均应在机床给定的允许范围内选取。

背吃刀量 a_p 为平行于铣刀轴线测量的切削层尺寸，端铣时，a_p 为切削层深度；而圆周铣削时，a_p 为被加工表面的宽度。背吃刀量主要受机床刚度的限制，在机床刚度允许的情况下，尽可能使背吃刀量等于工序的加工余量，这样可以减少走刀次数，提高加工效率。对于表面粗糙度和精度要求较高的零件，要留有足够的精加工余量，数控加工的精加工余量可比通用机床加工的余量小一些。

（1）粗加工时，应尽量保证较高的金属切除率和必要的刀具耐用度。

选择切削用量时应首先选取尽可能大的背吃刀量 a_p，其次根据机床动力和刚性的限制条件，选取尽可能大的进给量 f_n，最后根据刀具耐用度要求，确定合适的切削速度 v_c。增大背吃刀量 a_p 可使走刀次数减少，增大进给量 f_n 有利于断屑。

（2）精加工时，对加工精度和表面粗糙度要求较高，加工余量不大且较均匀。选择切削用量时，应着重考虑如何保证加工质量，并在此基础上尽量提高生产率。因此，精切时应选用较小（但不能太小）的背吃刀量 a_p 和进给量 f_n，并选用性能高的刀具材料和合理的几何参数，以尽可能提高切削速度。

第 12 章　数控车削加工

12.1　数控车削加工概述

在数控金属切削机床中，数控车床是使用最广泛的数控机床之一。数控车床的主运动和进给运动是由不同的电动机进行驱动的，而且这些电动机都可以在机床的控制系统下，实现无级调速，随时改变加工的速度和方向。数控车床主要用于加工轴类、盘套类等回转体零件，能够通过程序控制自动完成内外圆柱面、锥面、圆弧、螺纹等工序的切削加工，并进行切槽、钻、扩、铰孔等工作，而近年来出现的数控车削中心和数控车铣中心，使得在一次装夹中可以完成更多的加工工序，提高了加工质量和生产效率，因此特别适宜复杂形状的回转类零件的加工。

12.1.1　数控车床的机械构成

从机械结构上看，数控车床还没有脱离普通车床的结构形式，即由床身、主轴箱、刀架进给系统、液压、冷却和润滑系统等部分组成。与普通车床所不同的是数控车床的进给系统与普通车床有质的区别，数控车床没有传统的走刀箱、溜板箱和挂轮架，而是直接用伺服电动机通过滚珠丝杠驱动溜板和刀具，实现进给运动，因而大大简化了进给系统的结构，数控车床有数控系统（CNC）单元、电器控制和显示器操作面板。如图12-1所示为数控车床的构成部分。

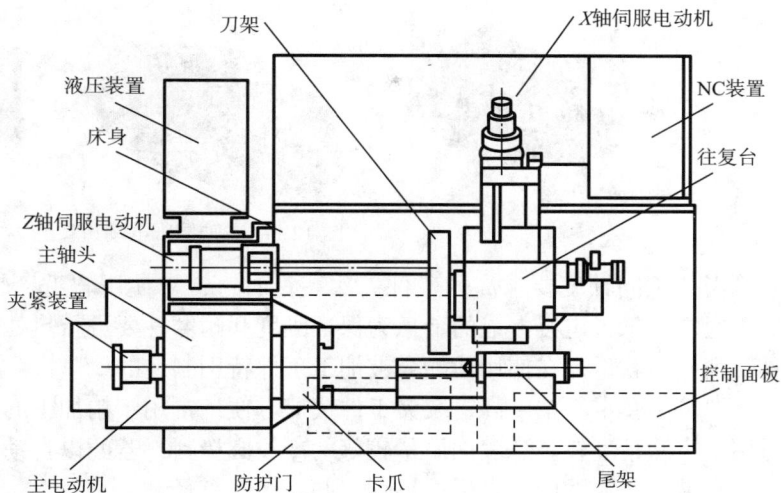

图 12-1 数控车床的构成

1. 床身

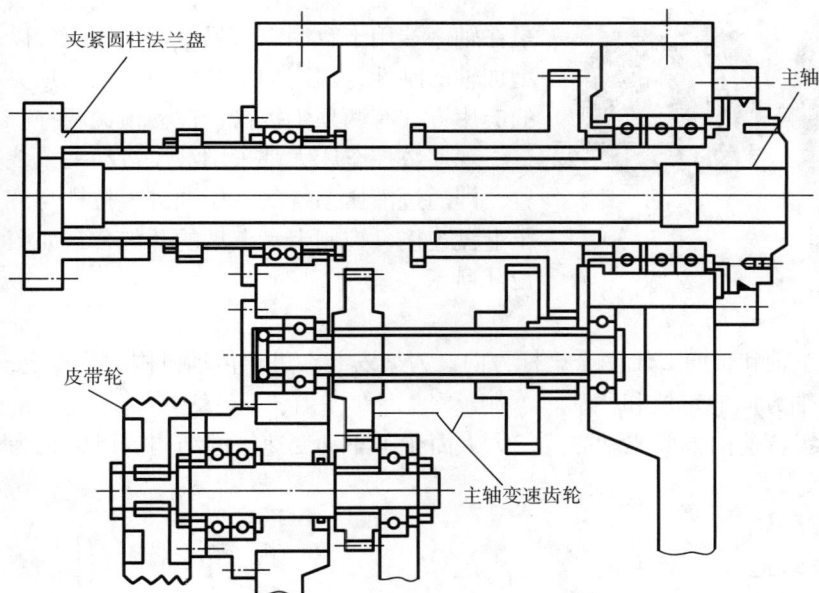

图 12-2 数控车床主轴箱的构造

与普通车床不同的是，数控车床的床身为倾斜布置的，这种设计方案便于安装车床的刀盘，也便于加工时的排屑，另外对提高整个床身的刚性和动态特性也有一定的好处。

2. 主轴箱

如图12-2所示为数控车床主轴箱的构造，主轴伺服电动机的旋转通过皮带轮送到主轴箱内的变速齿轮，以此来确定主轴的特定转速。主轴的前后端都有轴承支撑和定位机构。

3. 主轴伺服电动机

主轴伺服电动机（图12-3）有交流和直流两种。直流伺服电动机可靠性高，容易在宽范围内控制转矩和速度，因此被广泛使用。近年来小型、高速度、更可靠的交流伺服电动机作为电动机控制技术的发展成果越来越多地被人们所利用。

4. 夹紧装置（夹具）

数控车床的夹具分为圆周定位和中心定位两种。用于圆周定位的夹具包括三爪自定心卡盘、软爪、四爪单动卡盘和花盘等。用于中心定位的夹具包括两顶尖拨盘、拨动顶尖等。

三爪自定心卡盘是最常用的车床通用卡具，其优点是可以自动定心，夹持范围大，但定心精度存在误差，不适于同轴度要求高的工件的二次装夹。

图 12-3　主轴伺服电动机

当加工同轴度要求高的工件二次装夹时，常常使用软爪。软爪是一种具有切削性能的夹爪。通常三爪自定心卡盘的卡爪为保证刚度和耐磨性要进行热处理，硬度较高，很难用常用刀具切削，而软爪是在使用前配合被加工工件特别制造的。

弹簧夹套定心精度高，装夹工件快捷方便，常用于精加工的外圆表面定位。弹簧夹套特别适用于尺寸精度较高、表面质量较好的冷拔圆棒料，若配以自动送料器，可实现自动上料。弹簧夹套夹持工件的内孔是标准系列，并非任意直径。

四爪单动卡盘适合于加工精度要求不同、偏心距较小、零件长度较短的工件。

花盘加工表面的回转轴线与基准面垂直，外形复杂的零件可以装夹在花盘上加工。

在加工细长轴类零件时，最常见的方法是在轴一端用卡盘固定，另一端加用顶尖以增加轴的刚性，提高加工时的稳定性。顶尖的应用方式有两顶尖拨盘和拨动顶尖两种。

现代数控车床大都采用液压自动夹紧装置，即通过液压系统的液压油缸、拉杆与液压卡盘连接，控制卡盘卡爪的开与合，如图 12-4 所示。

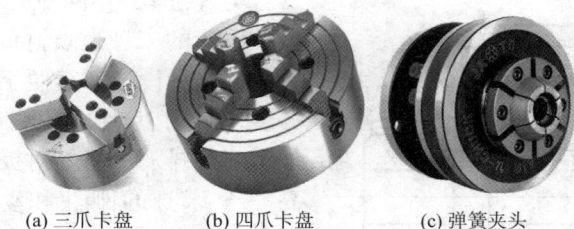

(a) 三爪卡盘　　(b) 四爪卡盘　　(c) 弹簧夹头

图 12-4　夹紧装置

5. 进给传动机构

进给传动机构包括径向 X 轴和轴向 Z 轴两个坐标方向。刀架安装在进给传动机构的拖板上，可以通过拖板实现 X 轴和 Z 轴方向的定位和移动。

进给系统的运动采用无级调速的伺服驱动方式，大大简化了驱动变速箱的结构。以 Z 轴为例，滚珠丝杠通过两端支承安装在床身上，伺服电动机通过联轴器与滚珠丝杠连接，滚珠螺母通过夹紧圆柱法兰盘与工作台滑板连接。当伺服电动机带动滚珠丝杠转动时，则滚珠螺母带动工作台滑板移动，如图 12-5 所示。

6. 刀架（刀盘）

刀架（或刀盘）装置可以固定刀具和索引刀具，使刀具在与主轴垂直的方向上定位，如图 12-6 所示。

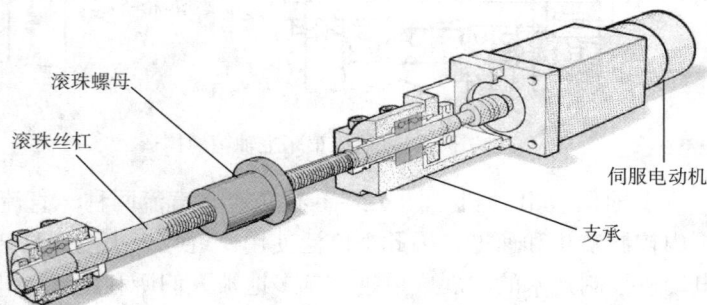

图 12-5　伺服进给系统

7. 尾座

尾座一般由套筒、手柄、丝杠、底板和手轮组成。其主要作用是支承工件或在尾座顶尖套筒中装上钻头、铰刀或圆板牙等刀具来加工工件。尾座的结构形式一般有顶尖式和圆盘式，如图 12-7 所示。

图 12-6 刀架（刀盘）结构

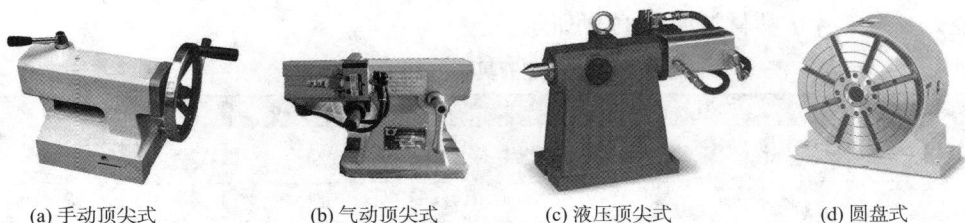

(a) 手动顶尖式　　　(b) 气动顶尖式　　　(c) 液压顶尖式　　　(d) 圆盘式

图12-7 数控车床尾座

8. 控制面板

控制面板包括显示器操作面板（执行数据的输入/输出）和机床操作面板（执行机床的手动操作），如图 12-8 所示。

12.1.2 数控车床的特点

1. 传动链短

数控车床刀架的两个运动方向分别由两台伺服电动机驱动，伺服电动机直接与丝杠连接带动刀架运动，伺服电动机与丝杠间也可以用同步皮带副连接。多功能数控车床一般采用直流或交流主轴控制单元驱动主轴，主轴控制单元可以按控制指令无级变速，与主轴之间无须再用多级齿轮副进行变速。随着电动机宽调速技术的发展，目标是取消变速齿轮副，目前还

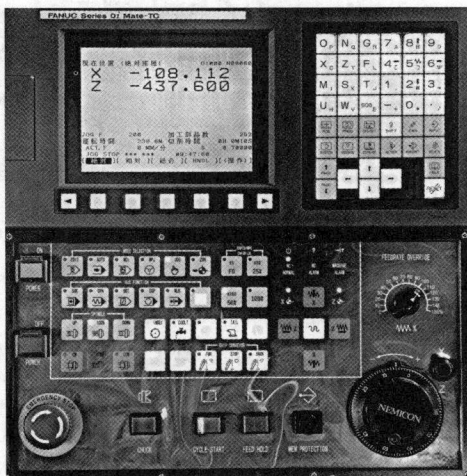

图 12-8 控制面板

要通过一级齿轮副变几个转速范围。因此，床头箱内的结构已比传统车床简单得多。

2. 刚性高

与控制系统的高精度控制相匹配，以便适应高精度加工。

3. 轻拖动

刀架移动一般采用滚珠丝杠副，为了拖动轻便，数控车床的润滑都比较充分，大部分采用油雾自动润滑。

为了提高数控车床导轨的耐磨性，一般采用镶钢导轨，这样机床精度保持的时间比较长，也可延长使用寿命。另外，数控车床还具有加工冷却充分、防护严密等结构特点，自动运转时都处于全封闭或半封闭状态。数控车床一般还配有自动排屑装置。

12.2 数控车削刀具

在数控车床上使用的刀具有外圆车刀、内孔车刀、钻头、镗刀、切断刀、螺纹加工刀具等，其中以外圆车刀、镗刀、钻头最为常用。

12.2.1 刀具的选择

根据数控车床回转刀架尺寸、工件材料、加工类型、加工要求、刀片类型和尺寸及加工条件，从刀具样本中查表确定。

1. 数控刀具（刀片）的材料

数控刀具（刀片）的材料如表 12-1 所示。

表 12-1 数控刀具（刀片）的材料

刀片材料	主要特性	用途	优点
高速钢	比工具钢硬	低速或断续切削	刀具寿命较长，加工的表面较平滑
高性能高速钢	强韧、抗边缘磨损性强	可粗切或精切几乎任何材料，包括铁、不锈钢、高温合金、非铁和非金属	切削速度比高速钢高，强度和韧性较粉末冶金高速钢好
粉末冶金高速钢	良好的耐热性和抗碎片磨损	切削钢，高温合金，不锈钢，铝、碳钢及合金钢和其他不易加工材料	切削速度可比高性能高速钢高 15%
硬质合金	耐磨损、耐热	可锻铸铁，碳钢，合金钢，不锈钢，铝合金的精加工	寿命比一般的工具钢长 10~20 倍
陶瓷	高硬度、耐热冲击性好	高速粗加工，铸铁和钢的精加工，加工有色金属和非金属，不适合加工铝、镁、钛及其合金	可用于高速加工
立方氮化硼（CBN）	超强硬度、耐磨性好	硬度大于 450HBW 材料的高速切削	刀具寿命长，可实现超精加工
聚晶金刚石（PCD）	超强硬度、耐磨性好	粗切和精切铝等有色金属和非金属	刀具寿命长，可实现超精加工

硬质合金按国际标准分为三大类，这三类材料的刀片标签通常用三种不同的颜色区分：P——钢类，蓝色；M——不锈钢类，黄色；K——铸铁类，红色。

P——适合于加工钢、铸铁、长屑可锻铸铁。

M——适合于加工奥氏体不锈钢、铸铁、高锰钢、合金铸铁。

K——适合于加工铸铁、冷硬铸铁，短屑可锻铸铁、非钛合金。

随着产品的细化，又衍生出了三小类，分别用三种合成颜色区分：

M-S——适合于加工耐热合金和钛合金，可简写为 S，用橘黄色标注。

K-N——适合于加工铜、铝、非铁合金，可简写为 N，用黄绿色标注。

K-H——适合于加工淬硬材料，可简写为 H，用青灰色标注。

2. 数控车刀刀杆形式

根据刀架尺寸、刀片类型和尺寸选择刀杆，图 12-9 为刀具样本上有关刀杆和刀片参数的资料，表 12-2 列出了机床中心高与刀杆截面之间的关系。

表 12-2 机床中心高与刀杆截面的关系 （mm）

中心高	150	180~200	260~300	350~400
矩形截面 $/(h \times b)$	20×12	25×16	32×20	40×25
方形截面 $/(h \times b)$	16×16	20×20	25×25	32×32

3. 车刀刀杆悬伸长度

车刀刀杆悬伸长度 l 约等于刀杆高 h 的 1~1.5 倍为宜；垫片要平整；数量要尽量少，并与刀架对齐，以防车削时产生振动。

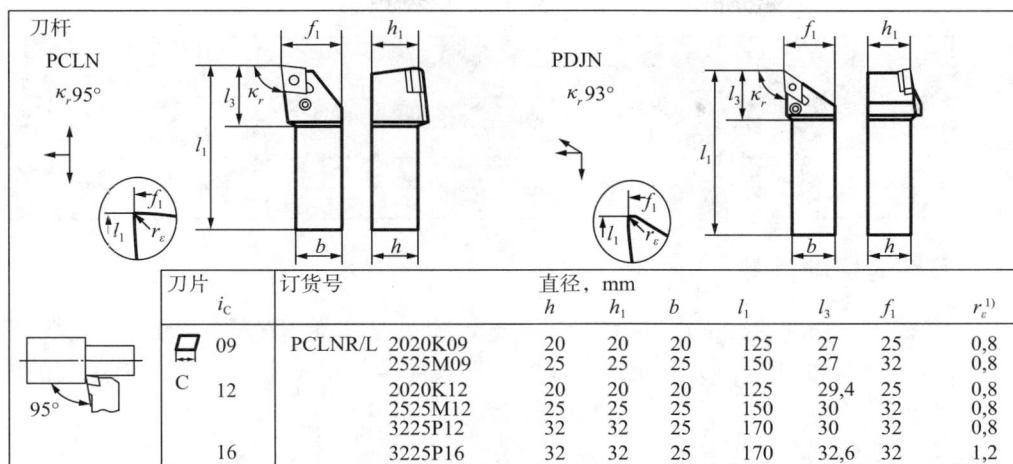

图 12-9　刀具样本的刀具参数

刀片 i_C		订货号	直径，mm						$r_\varepsilon^{1)}$
			h	h_1	b	l_1	l_3	f_1	
▢	09	PCLNR/L 2020K09	20	20	20	125	27	25	0,8
		2525M09	25	25	25	150	27	32	0,8
C	12	2020K12	20	20	20	125	29,4	25	0,8
		2525M12	25	25	25	150	30	32	0,8
		3225P12	32	32	25	170	30	32	0,8
	16	3225P16	32	32	25	170	32,6	32	1,2

4. 数控车刀的左右偏刀

如图 12-10 所示，以后置刀架的车削方向定义，向右车削的为 R 型（右偏）刀，向左车削的为 L 型（左偏）刀，左右均可以车削的为 N 型（直柄）刀。

5. 刀尖圆弧半径

大、小刀尖半径的加工效果不同。

用小刀尖半径时：在小切削深度的情况下有理想的加工效果，振动小，切削刃易损坏。

用大刀尖半径时：具有较强的进给率，较大的切削深度，较高的切削刃安全性。

刀尖半径和切削深度间的关系如下。

1）粗切削车刀刀尖圆弧半径主要从刀具因素考虑

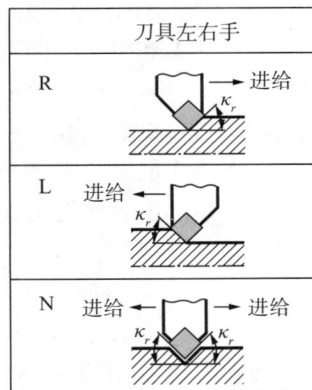

图 12-10　数控车刀的左右偏刀

粗切时，为提高切削刃的强度，尽可能使用较大的刀尖圆弧半径；在可能出现振动的切削中，选用较小的刀尖圆弧半径；在进给量较大时，选用较大的刀尖圆弧半径。

表 12-3　刀尖圆弧半径与最大推荐进给量

刀尖圆弧半径 r/mm	0.4	0.8	1.2	1.6	2.4
最大进给量 f/mm	0.25～0.35	0.4～0.7	0.5～1.0	0.7～1.3	1.0～1.8

粗切时，与刀尖圆弧半径相对应的最大推荐进给量如表 12-3 所示。一般情况下，最好选用 1.2～1.6mm 的刀尖圆弧半径。

2）精切削车刀刀尖圆弧半径主要从工件因素考虑

通常，表面粗糙度用 Ra 表示。由于 Ra 与 Ry 不存在数学关系，为了便于选用刀尖圆弧半径，表 12-4 给出了 Ra、Ry 与进给量 f 的对应关系，为了获得精加工所需的表面粗糙度，进给量应小些。

表 12-4　Ra、Ry、进给量 f 与刀尖圆弧半径的对应关系

表面粗糙度		刀尖圆弧半径 r/mm				
$Ra/\mu m$	$Ry/\mu m$	0.4	0.8	1.2	1.6	2.4
		进给量 $f/(mm\cdot r^{-1})$				
0.63	1.6	0.07	0.10	0.12	0.14	0.17
1.6	4	0.11	0.15	0.19	0.22	0.26
3.2	10	0.17	0.24	0.29	0.34	0.42

表面粗糙度		刀尖圆弧半径 r/mm				
Ra/μm	Ry/μm	0.4	0.8	1.2	1.6	2.4
		进给量 f/(mm·r^{-1})				
6.3	16	0.22	0.30	0.37	0.43	0.53
8	25	0.27	0.30	0.47	0.54	0.66
3.2	100				1.08	0.32

12.2.2 刀具的切削参数

在切削参数中，切削速度 v_c、进给量 f、背吃刀量 a_p 是切削用量的三要素，切削用量可参阅《金属切削手册》，也可参阅刀具生产厂家的《刀具样本》和《技术手册》，有关切削用量的常用计算公式，可参阅 11.3.3 节中"切削用量的选择"部分。

切削参数的选择对刀具的寿命有很大的影响。

（1）过高的切削速度 v_c 导致出现以下情况：①快速的后刀面磨损；②质量低下的表面粗糙度；③快速形成月牙洼；④塑性变形。

（2）过低的切削速度 v_c 导致出现以下情况：①积屑瘤；②不经济。

（3）过高的进给量 f 导致出现以下情况：①切屑控制不佳；②质量低下的表面光洁度；③月牙洼–塑性变形；④高功率消耗；⑤切屑焊粘；⑥切屑冲击。

（4）过低的进给量 f 导致出现以下情况：①产生细而不断的铁屑；②不经济。

（5）过大的背吃刀量 a_p 导致出现以下情况：①高功率消耗；②刀片崩裂；③增大的切削力。

（6）过小的背吃刀量 a_p 导致出现以下情况：①切屑控制不佳；②振动；③过热；④不经济。

12.3 数控车床编程指令

数控车床常用的功能指令有准备功能 G、辅助功能 M、刀具功能 T、主轴转速功能 S 和进给功能 F。表 12-5～表 12-10 给出了几种常用的典型数控车削系统的 G、M 功能（代码）含义。

表 12-5 FANUC 0i Mate 数控车床系统常用 G 代码表（本系统中车床采用直径编程）

代码	组别	功能	格式
G00	01	定位（快速）	G00 X __ Z __
G01		直线插补（切削进给）	G01 X __ Z __
G02		顺时针圆弧插补 CW	$\left.\begin{array}{l}G02\\G03\end{array}\right\}$ X___ Z___ $\left\{\begin{array}{l}R ___\\I ___ K ___\end{array}\right\}$
G03		逆时针圆弧插补 CCW	
G04	00	暂停	G04 [X|U|P] X、U 单位：s；P 单位：ms（整数）
G20	06	英寸输入	G20
G21		毫米输入	G21
G28	0	返回参考位置	G28 X（U）__ Z（W）__ ;
G32	01	螺纹切削（由参数指定绝对和增量）	G32 X（U）__ Z（W）__ F __（E）__ ; F 为公制螺纹的螺距，E 为英制螺纹的螺距
G40	07	刀具补偿取消	G40 G00（G01）X __ Z __ ;
G41		刀尖半径左补偿	G41 G00（G01）X __ Z __ ;
G42		刀尖半径右补偿	G42 G00（G01）X __ Z __ ;
G54	12	选择工作坐标系 1	G54
G55		选择工作坐标系 2	G55
G56		选择工作坐标系 3	G56
G57		选择工作坐标系 4	G57

代码	组别	功能	格式
G58	12	选择工作坐标系 5	G58
G59		选择工作坐标系 6	G59
G70	00	外圆精加工循环	G70 P_ns_ Q_nf_ ;
G71		外圆粗车循环	G71 U△d R△e ; G71 P_ns_ Q_nf_ U△u W△w F __ ;
G72		端面粗切削循环	G72 W△d R△e ; G72 P_ns_ Q_nf_ U△u W△w（F __ S __ T __ ）; △d：粗加工每次切深（半径值给定），无符号 △e：退刀量，本指定是状态指定 ns：精加工形状的程序段组的第一个程序段的顺序号 nf：精加工形状的程序段组的最后程序段的顺序号 △u：X轴方向精加工留量（直径值给定） △w：Z轴方向精加工留量
G73	00	多重车削循环	G73 U△i W△k R d; G73 P_ns_ Q_nf_ U △u W△w（F __ S __ T __ ）; △i：X轴方向的退出距离和方向，半径指定 △k：Z轴方向的退出距离和方向 d：粗切次数 △u：X轴方向精加工留量，半径指定 △w：Z轴方向精加工留量 ns：精加工形状的程序段组的第一个程序段的顺序号 nf：精加工形状的程序段组的最后程序段的顺序号
G90		外径/内径切削固定循环	G90 X（U）__ Z（W）__ F __ ;　直线切削循环 G90 X（U）__ Z（W）__ R __ F __ ;　锥形切削循环 R 为切削起点与切削终点的直径值之差除以 2
G92	01	螺纹切削循环	G92 X（U）__ Z（W）__ F __ ;　直螺纹切削循环 G92 X（U）__ Z（W）__ R __ F __ ;　锥螺纹切削循环 X（U）、Z（W）为螺纹终点坐标值； F 为螺纹导程（螺距为 L） R 为螺纹部半径差，即螺纹切削起点与终点的半径差
G94		端面车削循环	G94 X（U）__ Z（W）__ F __ ;　平端面格式 G94 X（U）__ Z（W）__ R __ F __ ;　锥端面格式
G96	02	恒线速度控制	G96
G97		恒线速度控制取消	G97
G98	05	每分钟进给量	G98（F __ ）;　　F 为 1min 进给量，mm/min
G99		每转进给量	G99（F __ ）;　　F 为主轴每转进给量，mm/r

表 12-6　FANUC 0i Mate 数控车床系统常用 M 指令表

M 代码	意义	M 代码	意义
M00	程序停止	M98	子程序调用，格式： 　M98 Pxxnnnn 调用程序号为 Onnnn 的程序 xx 次
M01	选择停止		
M02	程序结束		
M03	主轴正向转动开始	M99	子程序结束，格式： 　Onnnn 　… 　M99
M04	主轴反向转动开始		
M05	主轴停止转动		
M08	冷却液开		
M09	冷却液关		
M30	结束程序运行且返回程序开头		

表 12-7　华中世纪星 HNC-210/22T 数控车床系统 G 代码表

G 代码	组别	功能	G 代码	组别	功能
G00		定位（快速移动）	G57		选择工件坐标系 4
G01	01	直线插补	G58	11	选择工件坐标系 5
G02		顺时针圆弧插补	G59		选择工件坐标系 6
G03		逆时针圆弧插补	G65		调用宏指令
G04	00	暂停	G71		外径 / 内径车削复合循环
G20	08	英制输入	G72		端面车削复合循环
G21		公制输入	G73	06	闭环车削复合循环
G28	00	参考点返回检查	G76		螺纹车削复合循环
G29		参考点返回	G80		外径 / 内径车削固定循环
G32	01	螺纹切削	G81		端面车削固定循环
G36	17	直径编程	G82		螺纹车削固定循环
G37		半径编程	G90	13	绝对编程
G40		刀尖半径补偿取消	G91		相对编程
G41	09	刀尖半径左补偿	G92	00	工件坐标系设定
G42		刀尖半径右补偿	G94	14	每分钟进给
G54		选择工件坐标系 1	G95		每转进给
G55	11	选择工件坐标系 2	G96	16	恒线速度控制
G56		选择工件坐标系 3	G97		恒转速切削

表 12-8　华中世纪星 HNC-210/22T 数控车床系统 M 代码表

M 代码	功能	格式
M00	程序停止	
M02	程序结束	
M03	主轴正转启动	
M04	主轴反转启动	
M05	主轴停止转	
M30	程序结束并返回程序起点	
M98	调用子程序	M98 Pxxnnnn 调用程序号为 Onnnn 的程序 xx 次
M99	子程序结束	子程序格式： Onnnn … M99

表 12-9　SIEMENS 802D 数控车床系统 G 指令代码表

G 代码	功能	G 代码	功能
G0	快速移动	G500	取消零点偏置
G1	直线插补	G54	第一可设零点偏置
G2	顺时针圆弧插补	G55～G57	第二、三、四可设零点偏置
G3	逆时针圆弧插补	G53	按程序段方式取消可设定零点偏置
G5	中间点圆弧插补	G9	准确定位，单程序段有效
G33	恒螺纹的螺纹切削	G70	英制尺寸
G4	暂停时间	G71	公制尺寸
G74	回参考点	G90	绝对尺寸
G75	回固定点	G91	增量尺寸
G158	可编程的偏置	G94	进给率 F，单位：mm/min
G25	主轴转速下限	G95	主轴进给率 F，单位：mm/r
G26	主轴转速上限	G96	恒线速切削，F：mm/r，S：m/min
G18	Z/X 平面	G97	删除恒定切削速度
G40	刀尖半径补偿方式的取消	G22	半径尺寸
G41	调用刀尖半径左补偿	G23	直径尺寸
G42	调用刀尖半径右补偿		

表 12-10　SIEMENS 802D 数控车床系统 M 指令表

M 代码	功能	M 代码	功能
M0	程序暂停，按"启动"按钮加工继续	M40	自动变换齿轮集
M1	程序有条件停止	M41～M45	齿轮级 1～5
M2	程序结束	M8	冷却液开
M3	主轴顺时针转	M9	冷却液关
M4	主轴逆时针转	M17	子程序结束
M5	主轴停	M41	低速
M6	更换刀具	M42	高速

12.3.1　G 功能常用指令

1. 快速点定位（G00）

该指令命令刀具以点位控制方式从刀具所在点快速移动到目标位置，无运动轨迹要求，不需要特别规定进给速度。

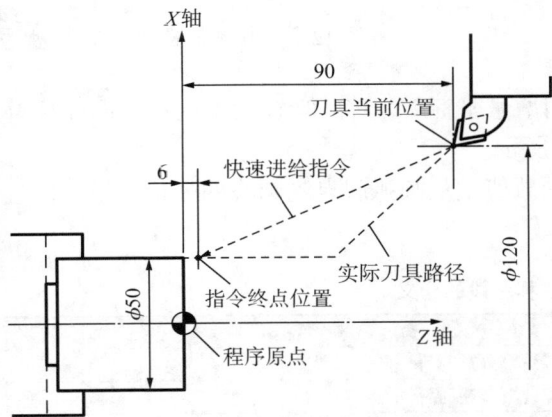

图 12-11　G00 快速进刀

指令格式：

```
G00 IP ;
```

式中，IP 为目标点的坐标，可以用 X、Z、C、U、W 或 H 表示；X（U）为坐标按直径值输入；";"为一个程序段的结束。

注意：为了便于阅读和理解，以下示例作如下约定。

（1）本章所有示例中均采用公制单位输入。

（2）在某一轴上相对位置不变时，可以省略该轴的移动指令。

（3）在同一程序段中，绝对坐标指令和增量坐标指令可以混用。

（4）G00 刀具移动的轨迹不是标准的直线插补（图 12-11）。

（5）图中符号 ◐ 代表程序原点。

例 12-1　如图 12-11 所示，G00 快速进刀程序如下：

```
G00 X50.0 Z6.0 ;
```

或

```
G00 U-70.0 W-84.0 ;
```

2. 直线插补（G01）

该指令用于直线或斜线运动，可使数控车床沿 X 轴、Z 轴方向执行单轴运动，也可以沿 X、Z 平面内任意斜率的直线运动。

指令格式：

```
G01 IP F ;
```

例 12-2　如图 12-12 所示，外圆柱切削程序如下：

```
G01 X60.0 Z-80.0 F0.3 ;
```

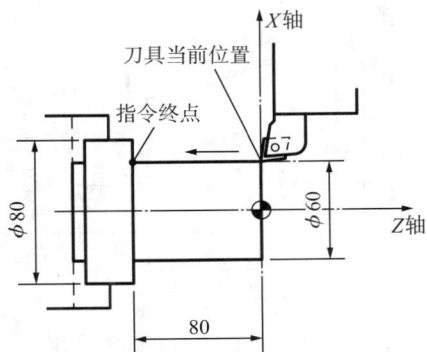

图 12-12　G01 指令切外圆柱

或

```
G01 U0 W-80.0 F0.3 ;
```

X0、U0 指令可以省略，X、Z 指令与 U、W 指令可在一个程序段内混用，程序可写为

```
G01 U0 Z-80.0 F0.3 ;
```

或

```
G01 X60.0 W-80.0 F0.3 ;
```

3. 圆弧插补（G02、G03）

该指令使刀具沿着圆弧运动，切出圆弧轮廓。G02 为顺时针圆弧插补指令，G03 为逆时针圆弧插补指令。

指令格式：

```
G02 X(U)__Z(W)__I__K__F__ ;
```

或

```
G02 X(U)__Z(W)__R__F__ ;
G03 X(U)__Z(W)__I__K__F__ ;
```

或

```
G03 X(U)__Z(W)__R__F__ ;
```

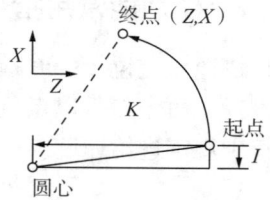

图 12-13　圆弧插补的 I、K 分量

指令中坐标可以用绝对坐标 X、Z，也可以用增量坐标 U、W，但 C 轴不能执行圆弧插补指令。G02、G03 程序段各指令的含义如表 12-11 所示。

注意：圆弧的圆心用 I、K 指定时，I、K 后的数值是从圆弧起点到圆心的矢量分量，而且总是以增量值指定，如图 12-13 所示。

表 12-11　G02、G03 程序段的含义

考虑的因素	指令	含义
回转方向	G02	刀具轨迹顺时针回转
	G03	刀具轨迹逆时针回转
终点位置	X、Z（U、W）	加工坐标系中圆弧终点的 X、Z（U、W）值
从圆弧起点到圆弧中心的距离	I、K	从圆弧起点到圆心的距离（经常用半径 R 指定）
圆弧半径	R	指圆弧的半径，取小于 180° 的圆弧部分

例 12-3　如图 12-14 所示，逆时针圆弧插补。

（I，K）指令：

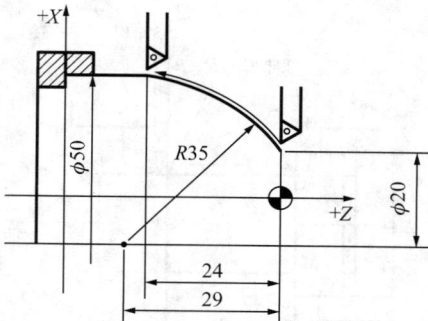

图 12-14　G03 逆时针圆弧插补

```
G03 X50. Z-24. I-20. K-29. F0.3;
```

或

```
G03 U30. W-24. I-20. K-29. F0.3;
```

（R）指令：

```
G03 X50. Z-24. R35. F0.3;
```

或

```
G03 U30. W-24. R35. F0.3;
```

注意：

（1）I、K（圆弧中心）也可用半径 R 指定。

（2）当 I、K 值均为零时，该代码可以省略。

（3）圆弧在多个象限时，该指令可连续执行。

（4）在圆弧插补程序段内不能有刀具功能（T）指令。

（5）进给功能 F 指令指定切削进给速度，并且进给速度 F 控制沿圆弧方向的线速度。

（6）使用圆弧半径 R 值时，应小于 180°。

（7）指定比始点到终点的距离的一半还小的 R 值时，按 180° 圆弧计算。

（8）当 I、K 和 R 同时被指定时，R 指令优先，I、K 值无效。

4. 暂停指令（G04）

该指令可以使刀具作短时间（几秒钟）无进给光整加工，主要用于车削环槽、盲孔以及自动加工螺纹等场合。

指令格式：

G04 X___；（秒）

G04 U___；（秒）

G04 P___；（毫秒）

G99 G04 U(P)___；//指令暂停进刀的主轴回转数

G98 G04 U(P)___；//指令暂停进刀的时间

注意：

（1）在 G98 进给模式中，G04 指令中输入的时间即为停止进给时间。

（2）在暂停指令同一语句段内不能指令进给速度。

（3）使用 P 的形式输入时，不能用小数点输入。

5. 自动原点复归指令（G28）

该指令使刀具自动返回机械原点，或经过某一中间位置再回到机械原点。图 12-15 是经中间点返回机械原点，图 12-16 是从当前位置返回机械原点。

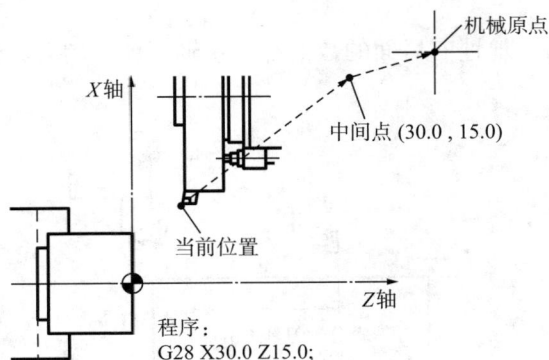

图 12-15　经过中间点返回机械原点

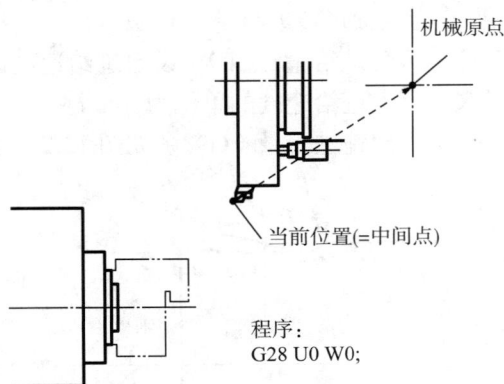

图 12-16　从当前位置返回机械原点

指令格式：

G28 X(U)___Z(W)___T00；

式中，X（U）、Z（W）为中间点的坐标，指令必须按直径值输入；T00 为刀具复位指令必须写在 G28 指令的同一程序段或该程序段之前。

该指令由 G00 快速进给方式执行。

6. 螺纹切削指令（G32）

G32 指令能够切削圆柱螺纹、圆锥螺纹、端面螺纹（涡形螺纹）。

指令格式：

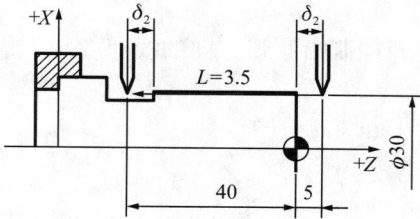

图 12-17 G32 圆柱螺纹切削

绝对坐标指令：

G32 X50. Z-35. F2;

相对坐标指令：

G32 U30. Z-40. F2;

锥螺纹螺距的确定方法如图 12-18 所示。

7. 每转进给量（G99）、每分钟进给量（G98）

指定进给功能的指令方法有两种。

（1）每转进给量（G99）如图 12-19 所示。

指令格式：

G99＿＿(F＿＿);

式中：F 为主轴每转进给量（mm/r）。

使用每转进给量（G99）设定进给速度以后，地址 F 后面的数值都以主轴每转一周刀具进给量来计算，进给速度的单位为 mm/r。

（2）每分钟进给量（G98）如图 12-20 所示。

G32 IP＿＿F＿＿＿;

式中，F 为螺纹的螺距。

例 12-4 图 12-17 的圆柱螺纹切削的程序如下：

绝对坐标指令：

G32 Z-40. F3.5;

相对坐标指令：

G32 W-45. F3.5;

例 12-5 图 12-18 的锥螺纹切削的程序如下：

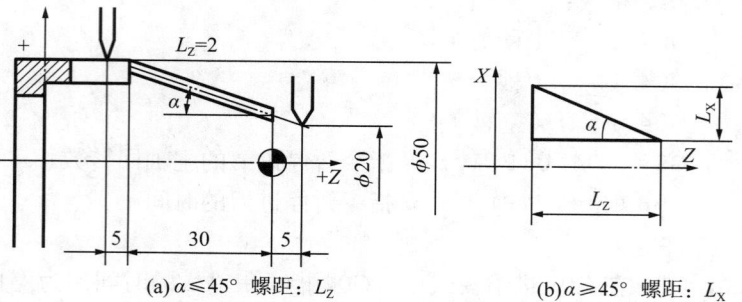

(a) $\alpha \leqslant 45°$ 螺距：L_Z (b) $\alpha \geqslant 45°$ 螺距：L_X

图 12-18 G32 锥螺纹切削

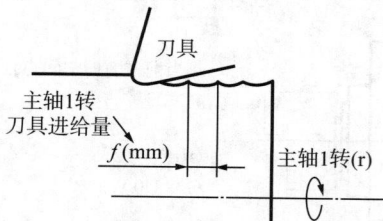

图 12-19 G99 每转进给量

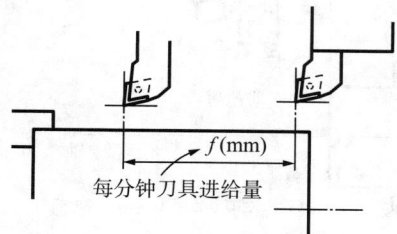

图 12-20 G98 每分钟进给量

指令格式：

G98＿＿(F＿＿);

式中，F 为 1min 进给量（mm/min）。

使用每分钟进给量（G98）设定进给速度以后，地址 F 后面的数值都以 1min 刀具进给量来计算，进给速度的单位为 mm/min。

（3）螺纹切削进给速度如图 12-21 所示。

指令格式：

(G32)IP＿＿F＿＿＿;

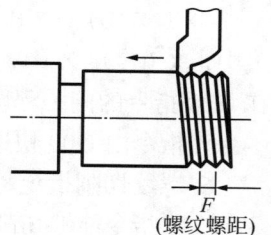

(螺纹螺距)

图 12-21 螺纹切削

(G76)IP__F__;

(G92)IP__F__;

式中，F 为指定螺纹的螺距，指令范围是 0.0001～500.0000mm/r。

注意：

（1）每转进给量切螺纹时，快速进给速度没有指定界限；

（2）接入电源时，系统默认为 G99 模式（每转进给量）。

8. 主轴功能（S 指令）和主轴转速控制指令（G96、G97、G50）

主轴功能（S 指令）是设定主轴转数的指令。

（1）主轴最高转速的设定（G50）。

指令格式：

(G50)__S__;

式中，S 为轴最高转速（r/min）。

（2）主轴恒转数指令（G97）：主轴速度用转数设定，单位是 r/min。

指令格式：

(G97)__S__;

式中，S 为设定主轴转数（r/min），指令范围是 0～9999。

G97 将取消主轴恒线速度 G96 功能。

（3）主轴恒线速度指令（G96）：主轴速度用线速度（m/min）值设定。

指令格式：

(G96)__S__;

式中，S 为设定主轴线速度（切削速度，m/min）。

G96 将取消主轴恒转速 G97 功能。

注意：

（1）在线速度恒定 G96 时，当工件直径变化时，主轴每分钟转数也随之变化，这样就可保证切削速度不变，从而提高了切削质量。

（2）在车铣中心上，主轴转速连续变化，M38 设定主轴在低速范围变化（粗加工），M39 设定主轴在高速范围变化（精加工）。

9. 刀具半径补偿功能（G40、G41、G42）指令

大多数全功能的数控车床都具备刀具半径（直径）自动补偿功能（以下简称刀具半径补偿功能），因此，只要按工件轮廓尺寸编程，再通过系统补偿一个刀具半径值即可。下面讨论数控车床刀具半径补偿的概念和方法。

1）刀尖半径和假想刀尖的概念

（1）刀尖半径：即车刀刀尖部分为一圆弧，构成假想圆的半径值，一般车刀均有刀尖半径，用于车外径或端面时，刀尖圆弧大小并不起作用，但用于车倒角、锥面或圆弧时，则会影响精度，因此在编制数控车削程序时，必须予以考虑。

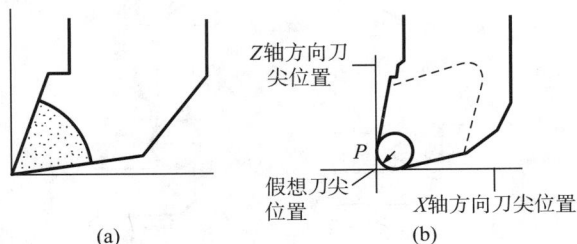

图 12-22　刀尖

（2）假想刀尖：所谓假想刀尖如图 12-22b 所示，P 点为该刀具的假想刀尖，相当于图 12-22a 尖头刀的刀尖点，假想刀尖实际上不存在。

用手动方法计算刀尖半径补偿值时，必须在编程时将补偿量加入程序中，一旦刀尖半径值变化时，就需要改动程序，这样很烦琐，刀尖半径（R）补偿功能可以利用数控装置自动计算补偿值，生成刀具路径，下面就讨论刀尖半径自动补偿的方法。

2）刀尖半径补偿模式的设定（G40、G41、G42 指令）

（1）G40（解除刀具半径补偿）：解除刀尖半径补偿 G41 或 G42 的指令，应写在程序开始的第一个程序段及取消刀具半径补偿的程序段。

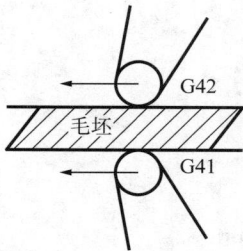

（2）G41（左偏刀具半径补偿）：面朝与编程路径一致的方向，刀具在工件的左侧，则用该指令补偿。

（3）G42（右偏刀具半径补偿）：面朝与编程路径一致的方向，刀具在工件的右侧，则用该指令补偿。

如图 12-23 所示为根据刀具与零件的相对位置及刀具的运动方向选用 G41 或 G42 指令。

刀尖半径补偿量可通过刀具补偿设定画面（图 12-24）设定，T 指令要与刀具补偿编号相对应，并且要输入假想刀尖位置序号。假想刀尖位置序号共有 10 个（0～9），如图 12-25 所示。

图 12-23 G41 与 G42 的选择

如图 12-26 所示为几种数控车床用刀具的假想刀尖位置。

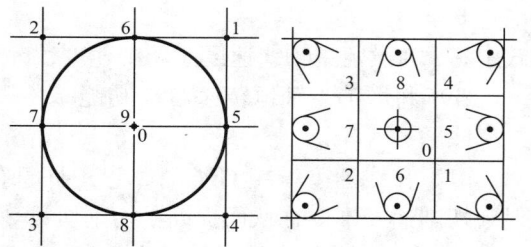

图 12-24 刀具补偿设定画面

图 12-25 假想刀尖位置序号

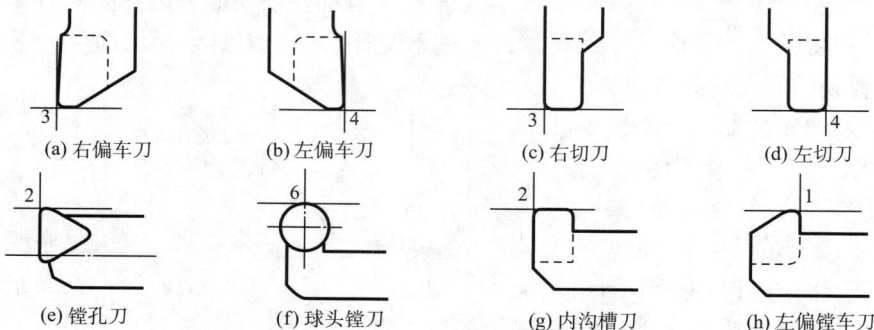

(a)右偏车刀　(b)左偏车刀　(c)右切刀　(d)左切刀

(e)镗孔刀　(f)球头镗刀　(g)内沟槽刀　(h)左偏镗车刀

图 12-26 数控车床用刀具的假想刀尖位置

3）刀尖半径补偿注意事项

（1）G41、G42 指令不能与圆弧切削指令写在同一个程序段，可以与 G00 和 G01 指令写在同一个程序段内，目标点在这个程序段的下一程序段始点位置，与程序中刀具路径垂直的方向线过刀尖圆心。

（2）必须用 G40 指令取消刀尖半径补偿，补偿取消点在指定 G40 程序段的前一个程序段的终点位置，与程序中刀具路径垂直的方向线过刀尖圆心。

（3）在使用 G41 或 G42 指令模式中，不允许有两个连续的非移动指令，否则刀具在前面程序段终点的垂直位置停止，且产生过切或欠切现象，如图 12-27 所示。非移动指令有 M 代码、S 代码、暂停指令（G04）、某些 G 代码（如 G50、G96…），移动量为零的切削指令，例如，G01 U0 W0 属于非移动指令。

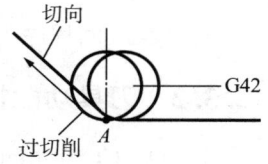

图12-27　过切

（4）切断端面时，为了防止在回转中心部位留下欠切削的小锥，如图 12-28 所示，在 G42 指令开始的程序段刀具应到达 A 点位置，且 $X_A>R$。

（5）加工终端接近卡爪或工件的端面时，指令 G40 为了防止卡爪或工件的端面被切，如图 12-29 所示，应在 B 点指令 G40 且 $Z_B>R$。

（6）如图 12-29 所示，在工件阶梯端面执行指令 G40 时，必须使刀具沿阶梯端面移动到 F 点，再执行指令 G40 且 $X_B>R$；在工件端面开始刀尖半径补偿，应在 A 点执行指令 G42，且 $Z_A>R$；开始切圆弧时，应从 B 点开始加入刀尖半径补偿指令，且 $X_A>R$。

（7）在 G74～G76、G90～G92 固定循环指令中不用刀尖半径补偿。

（8）在手动输入中不用刀尖半径补偿。

（9）在加工比刀尖半径小的圆弧内侧时，产生报警。

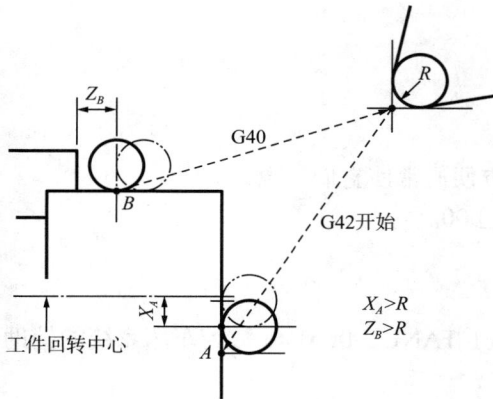

图 12-28　切端面

（10）如图 12-30 所示，在阶梯锥面连接处退刀时执行指令 G40，在指令 G40 的程序段里使用反映斜面方向的 I、K 地址来防止工件被过切。

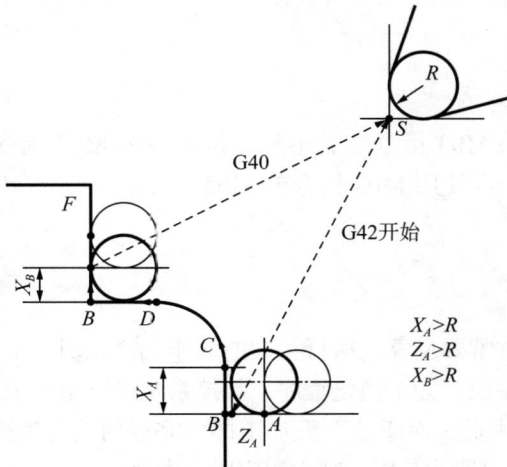

图 12-29　切阶梯端面

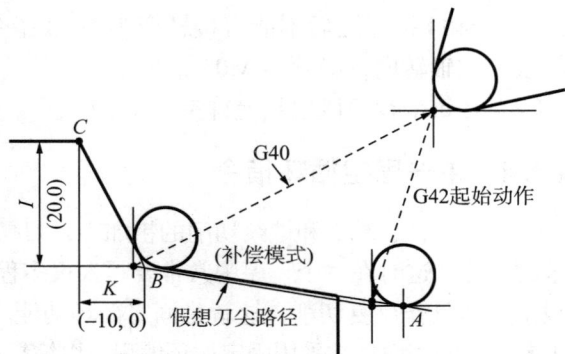

图 12-30　阶梯锥面连接处退刀

指令格式：

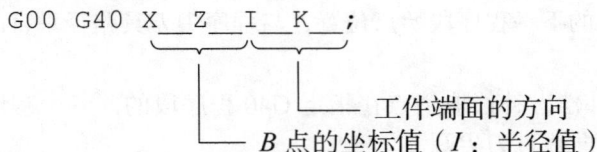

工件端面的方向
B 点的坐标值（I：半径值）

图 12-30 的程序为 G00 G40 X___Z___I20.0 K-10.0；

12.3.2　刀具功能指令

以 FANUC 0i Mate 数控车床系统为例，刀具指令功能（T 指令）可指定刀具及刀具补偿。地址符号为 T。

指令格式：

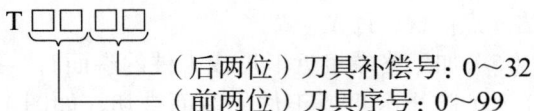

（后两位）刀具补偿号：0～32
（前两位）刀具序号：0～99

注意：

（1）刀具的序号可以与刀盘上的刀位号相对应；

（2）刀具补偿包括形状补偿和磨损补偿；

（3）刀具序号和刀具补偿序号不必相同，但为了方便通常使它们一致；

（4）取消刀具补偿，T 指令格式为 T □□ 或 T □□ 00。

12.3.3　辅助功能指令

M 指令设定各种辅助动作及其状态，表 12-6 给出了 FANUC 0i Mate 数控车床系统的辅助功能（M 指令）说明。

下面介绍几个常用 M 代码的使用方法。

M02：结束程序。

M03：主轴或旋转刀具顺时针旋转（CW）。

M04：主轴或旋转刀具逆时针旋转（CCW）。

M05：主轴或旋转刀具停止旋转。

M30：结束程序运行且返回程序开头。

注意：

（1）M04 指令之后不能直接转变为 M03 指令，M03 指令之后不能直接转变为 M04 指令，要想改变主轴转向，必须用 M05 指令使主轴停转，再使用 M03 指令或 M04 指令；

（2）在每个程序段内只允许有一个 M 代码。

12.3.4　单一固定循环指令

外径、内径、端面和螺纹切削的粗加工，刀具常常要反复地执行相同的动作，才能切到工件要求的尺寸，这时在一个程序中常常要写入很多程序段，为了简化程序，数控系统可以用一个程序段指定刀具作反复切削，这就是固定循环功能。因此，对于非一刀加工即可完成的轮廓表面、加工余量大的表面，常采用固定循环编程，以缩短程序段的长度，减少程序所占内存。

表 12-12 为单一固定循环（G90、G92、G94）和复合固定循环指令，复合固定循环在 12.3.5 节介绍。

表 12-12　单一固定循环和复合固定循环指令

单一固定循环	01组	G90	外径、内径切削循环，外径、内径轴段及锥面粗加工固定循环
		G92	螺纹切削循环，执行固定循环切削螺纹
		G94	端面切削循环，执行固定循环切削工件端面及锥面
复合固定循环	00组	G70	精加工固定循环，完成 G71、G72、G73 切削循环之后的精加工，达到工件尺寸
		G71	外径、内径粗加工固定循环，执行粗加工固定循环，将工件切至精加工之前的尺寸
		G72	端面粗加工固定循环，同 G71 具有相同的功能，只是 G71 沿 Z 轴方向进行循环切削，而 G72 沿 X 轴方向进行循环切削
		G73	闭合切削固定循环，沿与工件精加工相同的刀具路径进行粗加工固定循环
		G74	端面切削固定循环
		G75	外径、内径切削固定循环
		G76	复合螺纹切削固定循环

1. 外径、内径切削循环（G90）

1）切削圆柱面指令格式

G90 X(U)___Z(W)___(F___);

式中，X（U）、Z（W）为外径、内径切削终点坐标。

如图 12-31 所示，刀具执行 $1 \to 2 \to 3 \to 4$ 路径的循环操作。U 和 W 的正负号（+/-）在增量坐标程序里是根据 1 和 2 的方向改变的。在图示轨迹中，U、W 的符号都是负号。在单段循环方式中，按照 $1 \to 2 \to 3 \to 4$ 的切削加工，需要一次次地按循环启动按钮。

2）切削锥面指令格式（图 12-32）

G90 X(U)___Z(W)___R___(F___);

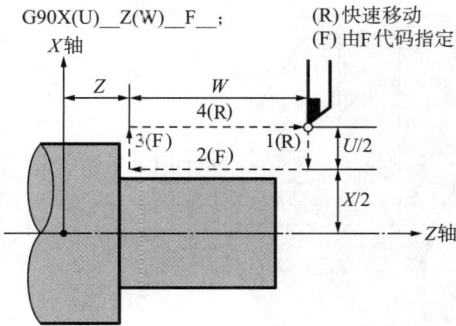

图 12-31　G90 指令循环动作

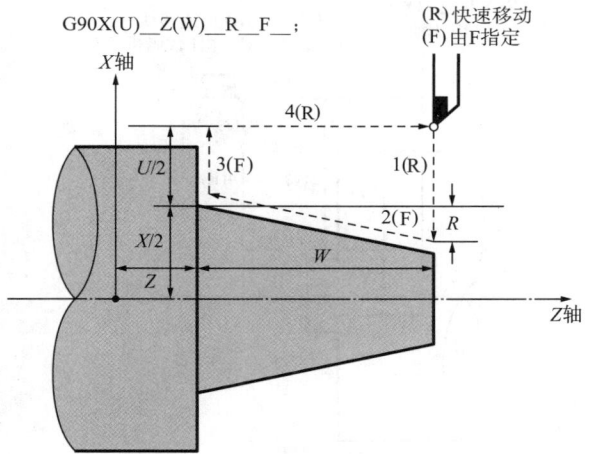

图 12-32　G90 指令锥面循环

式中，X（U）、Z（W）为外径、内径锥面终点坐标；R 为锥面径向尺寸半径差。

切削功能的用法与直线切削循环类似。使用该指令时，必须指定锥体的 R 值。

U、W 和 R 的正负与刀具运动方向有关，图 12-33 列出了正负的类型。

2. 端面切削循环指令（G94）

1）切削直端面输入格式（图 12-34）

G94 X(U)___Z(W)___(F___);

式中，X（U）、Z（W）为端面切削终点坐标。

在增量编程中，U、W 后的数值符号取决于 1 和 2 的轨迹方向，如果轨迹 1 的方向是在 Z 轴的负方向，则 W 值是负值。

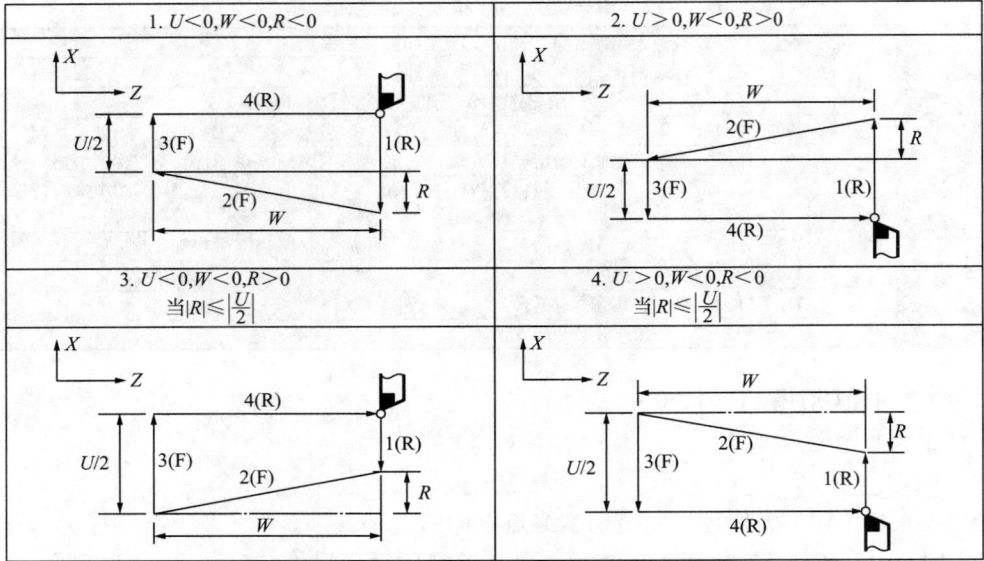

图 12-33 G90 循环锥面的方向

在单程序段方式中，1→2→3→4 的切削过程需要一次次地按循环启动按钮。

2）切削锥度端面输入格式（图 12-35）

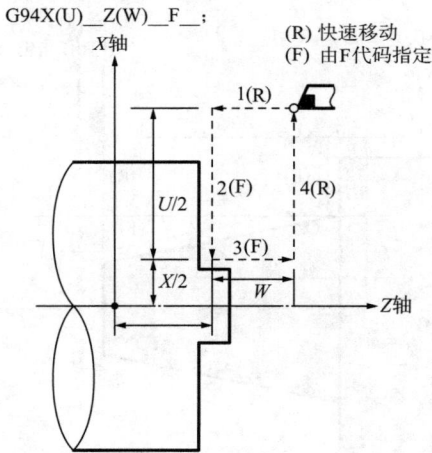

图 12-34 G94 指令循环动作

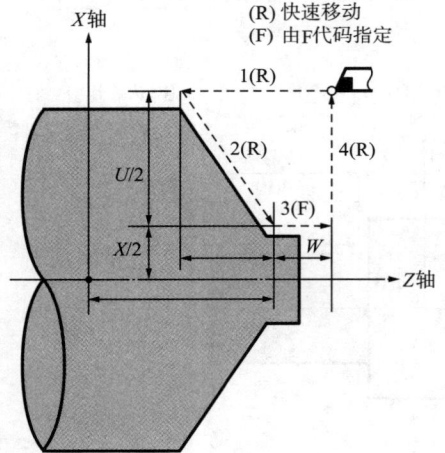

图 12-35 G94 指令切削锥面循环

G94 X(U)__Z(W)__R__(F__)；

式中，X（U）、Z（W）为锥度端面切削终点坐标；R 为端面切削的起点相对于终点在 Z 轴方向的坐标分量，当起点 Z 向坐标小于终点 Z 向坐标时 R 为负，反之为正。

在增量编程中，U、W 和 R 后的数值符号取决于轨迹方向，如图 12-36 所示。

3. 螺纹切削循环指令（G92）

该指令可以使切削螺纹以循环方式完成。

1）圆柱螺纹指令格式（图 12-37）

G92 X(U)__Z(W)__F__；

式中，X（U）、Z（W）为螺纹切削终点坐标；F 为螺纹的导程（单头螺纹）。

2）锥螺纹指令格式（图 12-38）

`G92 X(U)___Z(W)___R__F__ ;`

式中，X（U）、Z（W）为螺纹切削终点坐标；R 为螺纹部分半径之差，即螺纹切削起始点与切削终点的半径差；F 为螺纹的导程（单头螺纹）。

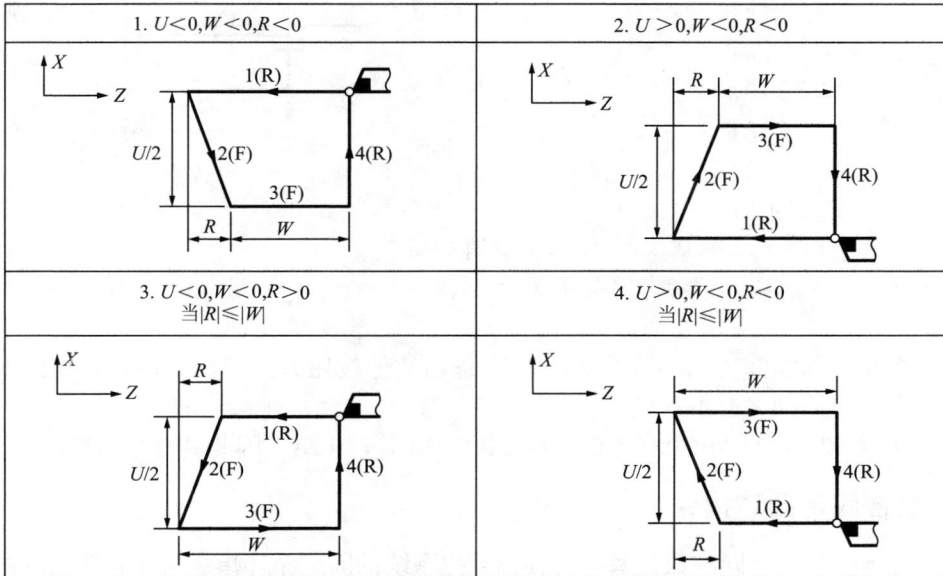

图 12-36　G94 循环锥面的方向

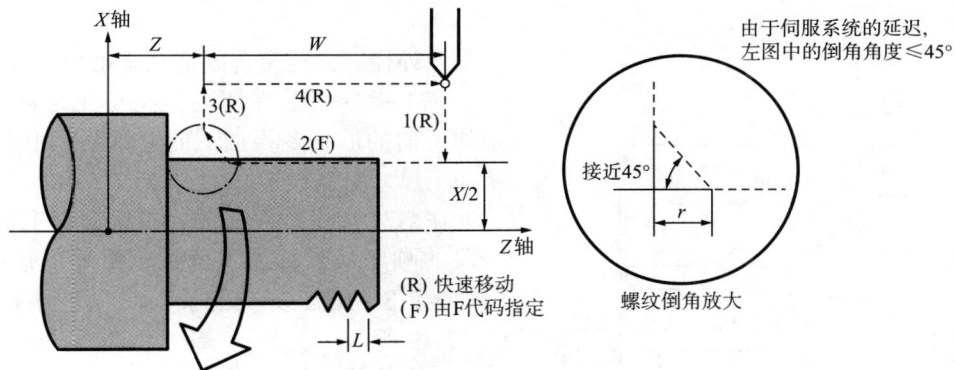

图 12-37　G92 车圆柱螺纹

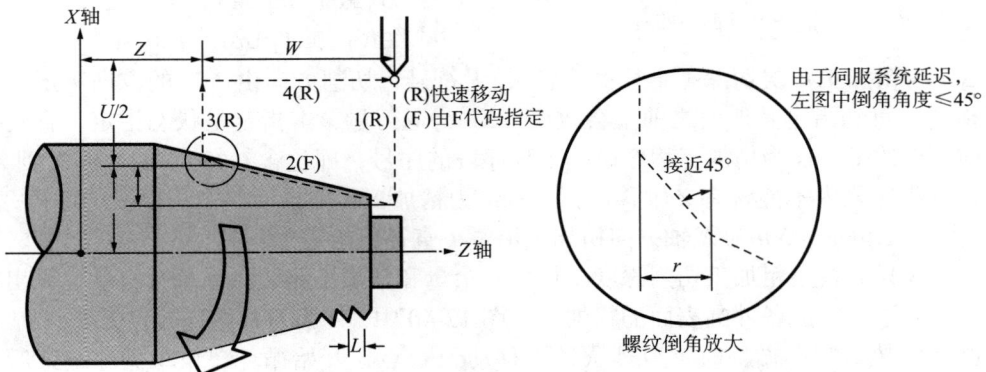

图 12-38　G92 车锥螺纹

例 12-6　用 G92 指令编程，如图 12-39 所示。

```
G00X40.0 Z5.0;
G92 X29.3 Z-42.0 F2.0;
X28.8;
X28.42;
X28.18;
X27.98;
X27.82;
X27.72;
X27.62;
G00 X150.0 Z200.0;// 取消 G92
```

G92 模式

图 12-39　程序例

螺纹切削的切入次数，请参考有关手册。

注意：

（1）在螺纹切削期间（循环阶段 2），按下进给暂停按钮时，刀具立即按斜线回退，然后先回到 X 起点，再回到 Z 起点；

（2）G90、G92、G94 与 G00、G01、G02、G03 同属 01 组，因此具有互锁功能。

12.3.5　复合固定循环指令

现代数控车床配置不同的数控系统，各类数控系统的固定循环指令格式和使用方法（主要是编程方法）相差很大，下面的复合固定循环指令（G70～G76）以 FANUC 0i Mate 数控车床系统为例介绍。

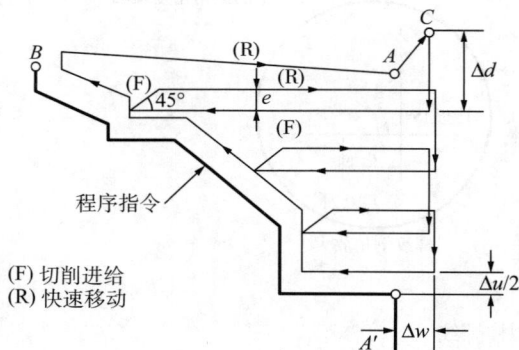

图 12-40　G71 指令刀具循环路径

1. 外径、内径复合固定循环指令（G71）

G71 指令将工件切削至精加工之前的尺寸，精加工前的形状及粗加工的刀具路径由系统根据精加工尺寸自动设定。

在 G71 指令程序段内要指定精加工工件的程序段的顺序号、精加工留量、粗加工每次切深、F 功能、S 功能、T 功能及刀具循环路径等，如图 12-40 所示。

指令格式：

```
G71 U(Δd) R(Δe);
G71 Pns Qnf UΔu WΔw (F__S__T__);
```

式中，Δd 为粗加工每次切深（半径值给定），无符号，切削方向由 AA' 的方向决定，本指定是状态指定，直到指定其他值之前不会改变；Δe 为退刀量，本指定是状态指定，直到指定其他值之前不会改变；ns 为精加工程序第一个程序段的序号，即包含 G00 或 G01 从 A 到 A′ 的刀具轨迹，本程序段内不能含有 Z 轴移动指令；nf 为精加工程序最后一个程序段的序号；Δw 为 Z 轴方向精加工留量；Δu 为 X 轴方向精加工留量（直径值给定）。

G71 指令只需指定粗加工切削深度、精加工余量和精加工路线，系统会自动计算出粗加工路线和加工次数，完成各外圆表面的粗加工。图 12-40 中，A 为刀具循环起点，$A \to A' \to B$ 为精加工路线。执行粗车循环时，刀具从 A 点移动到 C 点，开始循环，粗车循环结束后，刀具返回 A 点。ns～nf 的程序段不能调用子程序，在此之间指定的 F、S、T 指令无效。但在 G71

程序段中或之前指定的 F、S、T 指令有效。

2. 端面复合固定循环指令（G72）

G72 指令与 G71 指令类似，不同之处是刀具路径是按径向方向循环的，如图 12-41 所示。

指令格式：

G72 W(Δd) R(Δe)；

G72 Pns Qnf UΔu WΔw (F__S__T__)；

式中，Δd 为粗加工每次切深（半径值给定），无符号，切削方向由 AA′ 的方向决定，本指定是状态指定，直到指定其他值之前不会改变；Δe 为退刀量，本指定是状态指定，直到指定其他值之前不会改变；ns 为精加工程序第一个程序段的序号，即包含 G00 或 G01 从 A 到 A′ 的刀具轨迹，本程序段内不能含有 X 轴移动指令；nf 为精加工程序最后一个程序段的序号；Δu 为 X 轴方向精加工留量（直径值）；Δw 为 Z 轴方向精加工留量。

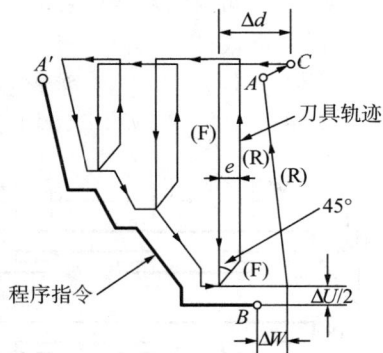

图 12-41 G72 指令刀具循环路径

3. 成型车削复合固定循环指令（G73）

G73 指令与 G71、G72 指令功能相同，只是刀具路径是按工件精加工轮廓进行循环的。例如，铸件、锻件等工件毛坯已经具备了简单的零件轮廓，这时粗加工使用 G73 循环指令可以省时，提高功效，如图 12-42 所示。

指令格式：

G73 UΔi WΔk Rd；

G73 Pns Qnf UΔu WΔw (F__S__T__)；

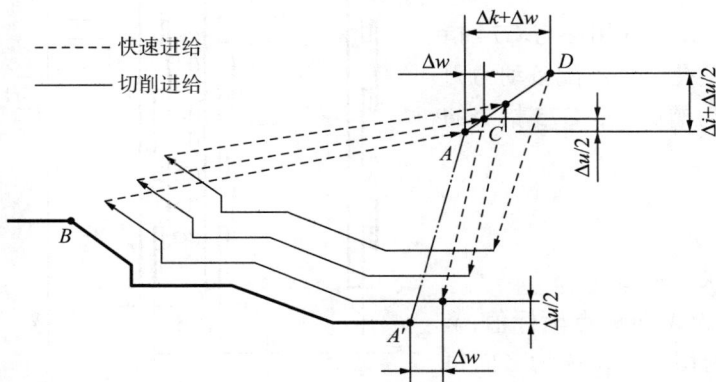

图 12-42 G73 指令刀具循环路径

式中，ns 为精加工程序第一个程序段序号；nf 为精加工程序最后一个程序段序号；Δi 为 X 轴方向的退出距离和方向，半径指定；Δk 为 Z 轴方向的退出距离和方向；Δu 为 X 轴方向精加工留量，半径指定；Δw 为 Z 轴方向精加工留量；d 为粗切次数。

4. 精加工循环指令（G70）

执行 G71、G72、G73 粗加工循环指令以后的精加工循环，在 G70 指令程序段内要给出精加工程序第一个程序段序号和精加工程序最后一个程序段序号。

指令格式：

G70 Pns Qnf；

式中，ns 为精加工程序第一个程序段序号；nf 为精加工程序最后一个程序序号。

5. 端面沟槽复合循环或深孔钻循环（G74）

该指令可实现端面深孔和端面槽的断屑加工，Z 向切进一定的深度，再反向退刀到一定的距离，实现断屑。指定 X 轴地址和 X 轴向移动量，就能实现端面槽加工；若不指定 X 轴地址和 X 轴向移动量，则为端面深孔钻加工。

（1）端面沟槽复合循环。

指令格式：

G74 R(e)

G74 X(u) Z(w) P(Δi) Q(Δk) R(Δd) F__

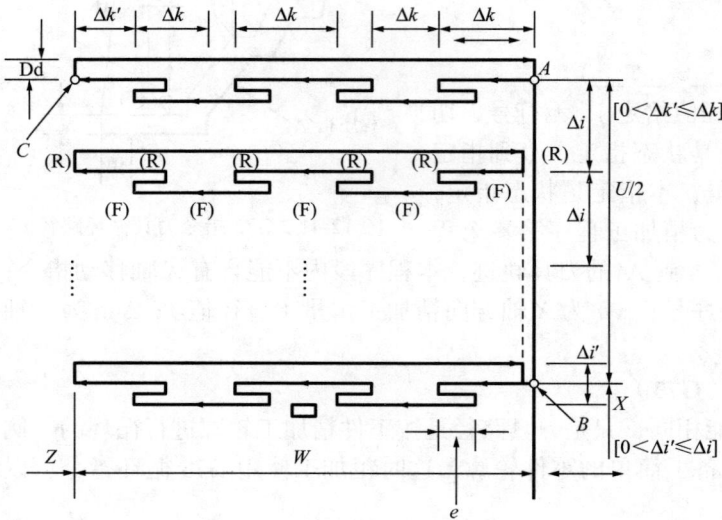

图 12-43　G74 的动作及参数

式中，e 为每次啄式退刀量；u 为 X 向终点坐标值；w 为 Z 向终点坐标值；Δi 为 X 向每次的移动量，不带符号，单位是 0.001mm；Δk 为 Z 向每次的切入量，不带符号，单位是 0.001mm；Δd 为切削到终点时的 X 轴退刀量（可以默认）。

（2）啄式钻孔循环（深孔钻循环）。

指令格式：

G74 R(e)

G74 Z(w) Q(Δk) F__

式中，e 为每次啄式退刀量；w 为 Z 向终点坐标值（孔深）；Δk 为 Z 向每次的切入量（啄钻深度）。

G74 的动作及参数如图 12-43 所示。

6. 外径沟槽复合循环（G75）

G75 指令用于内、外径切槽或钻孔，其用法与 G74 指令大致相同。当 G75 指令用于径向钻孔时，需配备动力刀具，这里只介绍 G75 指令用于外径沟槽加工，G75 指令的动作及参数如图 12-44 所示。

指令格式：

G75 R(e)

G75 X(u) Z(w) P(Δi) Q(Δk) R(Δd) F__

式中，e 为分层切削每次退刀量；u 为 X 向终点坐标值；w 为 Z 向终点坐标值；Δi 为 X 向每次的切入量；Δk 为 Z 向每次的移动量；Δd 为切削到终点时的退刀量（可以默认）。

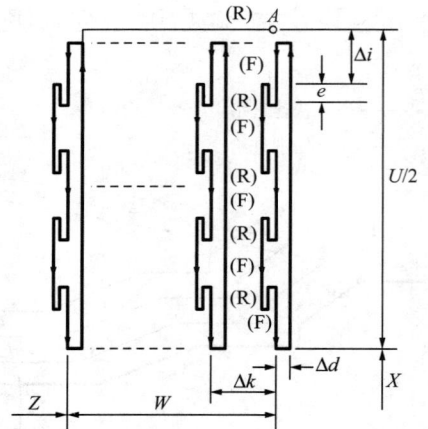

图 12-44　G75 的动作及参数

注意：利用 G74、G75 指令循环加工后，刀具回到循环的起点位置。切槽刀要区分是左刀尖对刀还是右刀尖对刀，防止编程出错。

7. 螺纹切削复合循环指令（G76）

指令格式：

G76 P(m) (r) (a) Q(Δd_min) R(d)

G76 X(u) Z(w) R(i) P(k) Q(Δd) F(f)

式中，m 为精加工重复次数（1～99），本指定是状态指定，在另一个值指定前不会改变；r 为倒角量，本指定是状态指定，在另一个值指定前不会改变（退刀角度一般为 45°）；a 为刀尖角度，可选择 80°、60°、55°、30°、29°、0°，只能用 2 位数指定，本指定是状态指定，在另一个值指定前不会改变（如加工梯形螺纹时，牙型角设定为 30°）；Δd_{min} 为最小切削深度（半径值），（当 n 次切削深度（$\Delta d\sqrt{n} - \Delta d\sqrt{n-1}$）小于 Δd_{min} 时，则切削深度设定为该值）本指定是状态指定，在另一个值指定前不会改变，单位为 0.001mm；d 为精加工余量（半径值），根据刀具、切削材料及螺距确定；i 为螺纹部分的半径差，如果 $i = 0$，为圆柱螺纹切削，但应注意正负值，对于加工外螺纹来说，顺锥时为负值，倒锥为正值，理解为进刀点在退刀点 X 轴负方向；k 为螺纹高度，这个值在 X 轴方向用半径值指定，螺纹高度要螺纹牙型角、螺距及有关计算公式来确定，单位为 0.001mm；Δd 为第一次的切削深度（半径值），第一刀切削与螺纹牙型角有关（如切削梯形螺纹，第一刀切深不宜太大，避免切削力过大或出现"啃刀"现象），单位为 0.001mm；f 为切削螺纹的螺距或者导程。

该螺纹切削循环指令是进行单边斜进切削，这样能减少刀具切削刃的切削长度和切削力，在第一次切削时，切削深度为 Δdmm，第 n 次的切削总深度为 $\Delta d\sqrt{n}$ mm。每次循环的切削深度为 $\Delta d(\sqrt{n} - \sqrt{n-1})$ mm。

当刀具空行程时，走刀速度为 G00 快速移动。

切削轨迹和有关参数如图 12-45 所示。

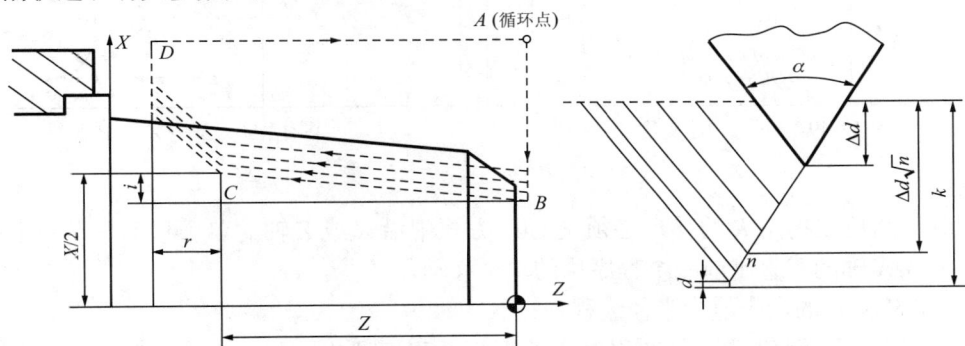

图 12-45　螺纹切削循环轨迹

12.3.6　倒角和拐角 R 指令

在两个相交成直角的程序块之间可以插入一个倒角或拐角。

（1）$Z \to X$ 的倒角，如图 12-46 所示。

（2）$X \to Z$ 的倒角，如图 12-47 所示。

格　式	刀具移动
G01 Z (W) _I(C)±i; 在右图中用一个绝对的或增量的命令指定从 a 点到 b 点的移动	

图 12-46　$Z \to X$ 的倒角

格　式	刀具移动
G01 X (U) _K(C)±k; 在右图中用一个绝对的或增量的命令指定从 a 点到 b 点的移动	

图 12-47　$X \to Z$ 的倒角

注意：

G01 Z（W）__ I ±i 和 G01 X（U）__ K ±k 为 45° 倒角；

G01 Z（W）__ C ±i 和 G01 X（U）__ C ±k 为任意角度倒角，C 的数值是从假设没有倒角的拐点距离倒角的始点或终点的距离。

例 12-7 如图 12-48 所示，从 X 方向到 Z 方向倒直角。

G01 X50 C10;

X100 Z-100;

（3）$Z \rightarrow X$ 的拐角 R，如图 12-49 所示。

（4）$X \rightarrow Z$ 的拐角 R，如图 12-50 所示。

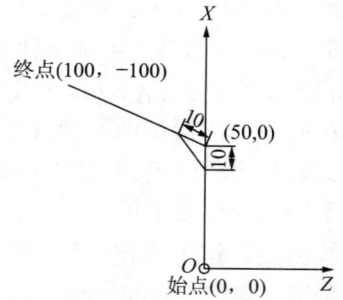

图 12-48　$X \rightarrow Z$ 倒角例

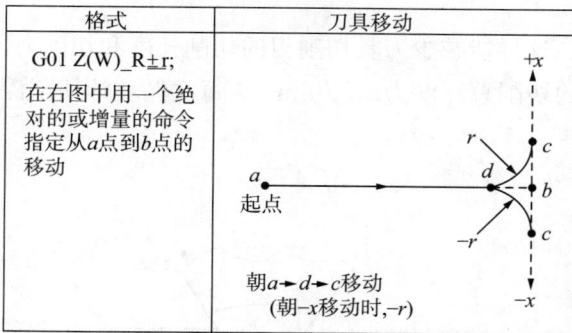

图 12-49　$Z \rightarrow X$ 倒 R 角

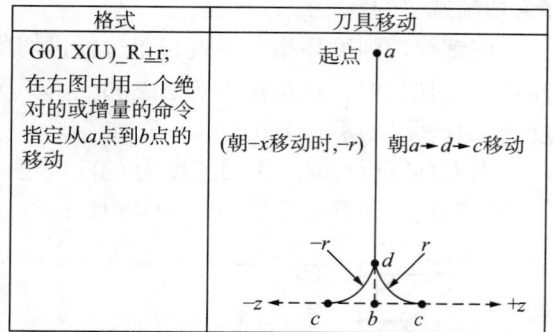

图 12-50　$X \rightarrow Z$ 倒 R 角

注意：

（1）对于倒角或拐角 R 的移动必须是 G01 方式中沿 X 或 Z 轴的单个移动。下一个程序块必须是沿 Z 或 X 轴的垂直于前一个程序块的单个移动。

（2）I 或 K 和 R 的命令值为半径编程。

（3）在跟着一个倒角或拐角 R 程序段的下一个程序段中，指定命令的始点不是图中的 c 点，而是 b 点。在增量程序中，指定从 b 点出发的距离。

例 12-8 如图 12-51 所示，带有倒角的程序段如下：

注意：

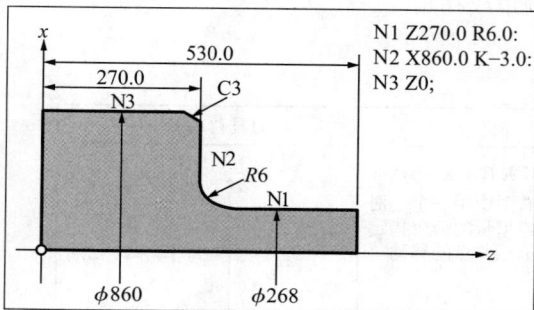

图 12-51　$Z \rightarrow X$ 倒 R 角示例

N1 Z270.0 R6.0:
N2 X860.0 K-3.0:
N3 Z0;

（1）下列命令会引起一个报警。

①当 X 和 Z 轴由 G01 指定时，指定了 I、K、R 其中之一时。（P/S 报警器（No.054）报警）

②在指定了倒角和拐角 R 的程序段中，X 或 Z 的移动距离小于倒角值和拐角 R 的值。（P/S 报警器（No.055）报警）

③在指定了倒角和拐角 R 的下一程序段中，没有与上一程序段相交成直角的 G01 命令。（P/S 报警器（No.051、052）报警）

④如果在 G01 中指定了多于一个的 I、K、R，则 No.053 报警。

（2）单独程序段停止点是图 12-49 和图 12-50 中的点 c，而不是点 d。

（3）在一个螺纹切削的程序段中，不能使用倒角和拐角 R。

（4）在一个不使用 *C* 作为一个轴名字的系统中，*C* 可以用来代替 *I* 或 *K* 作为倒角的地址。

（5）如果用 G01 在相同程序段中指定了 *C* 和 *R*，最后指定的那个地址有效。

（6）倒角和拐角 *R* 加工都不能以图纸尺寸直接输入的方式来指定。

12.4　数控车床程序的构成与特点

数控编程有标准化的编程规则和程序格式，国际上目前通用的有 EIA（美国电子工业协会）和 ISO（国际标准化组织）两种代码，代码中有数字码（0～9）、文字码（A～Z）和符号码。我国遵循 ISO 制定的一系列标准。

12.4.1　程序的构成

一个完整的程序由程序号、程序段和程序结束 3 部分组成。程序的结构如图 12-52 所示。

1. 程序号

程序号是程序开始的标记，供数控装置在存储器程序目录中查找、调用。在数控装置中，程序的记录是靠程序号来辨别的，调用某个程序可通过程序号来调出，编辑程序要首先调出程序号。

程序编号的结构如下：

O__ ；

└──用不多于 4 位数（1～9999）表示，不允许为 0

程序编号例子：

O3；

O003；

O103；

O1003；

O1234；

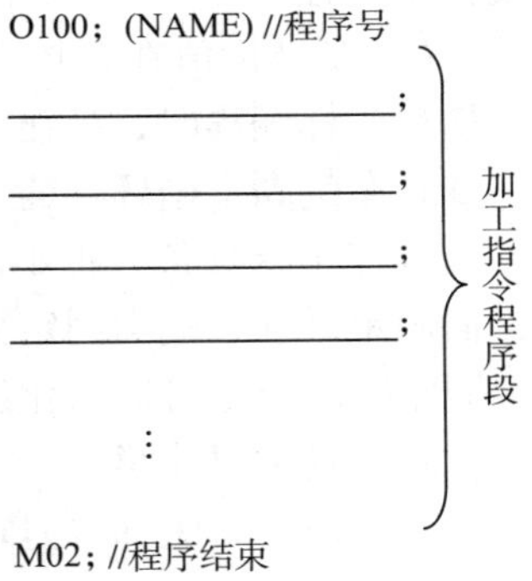

程序编号要单独使用一个程序段。

O100；(NAME) //程序号

—————————；

—————————；}加工指令程序段

—————————；

⋮

M02；//程序结束

图 12-52　程序的结构

2. 程序段

程序的内容是整个程序的主要部分，是由多个程序段组成的。每个程序段由若干字组成，每个字又由地址码和若干数字组成。指令字代表某一信息单元，它代表机床的一个位置或一个动作。程序段的格式如下：

N__ G__ X(U)__ Z(W)__ F__ M__ S__ T__ ；

该格式的特点是对一个程序段中的字排列顺序要求不严格，数据的位数可多可少，与上一程序段相同的字可以不写。

如有以下程序段：

N4 G01 X4.3 Z-4.3 F3.4 M08 S400 T0202；

其中，N4 为顺序号。为了区分和识别程序段，可以在程序段的前面加上顺序号，由 N 和 4 位数字组成，数字前面的 0 可以省略。N4 代表 4 号程序段。G01 表示准备功能（G 功能），由 G 和数字组成，G 功能的代号已经标准化。X4.3 为坐标字，由坐标地址符和数字组成，坐标可以用正负小数表示，小数点以前 4 位数，小数点以后 3 位数。F3.4 为进给功能 F，由进给地址符 F 和数字组成，进给速度可以用小数表示，小数点以前 3 位数，小数点以后 4 位数。M08 表示辅助功能（M 功能），由辅助操作地址符 M 和数字组成。S400 表示主轴功能（S 功能），由主轴地址符 S 和每分钟转速数值组成。T0202 表示刀具功能（T 功能），由选刀代码 T 和刀具号数字组成。";"表示一个程序段的结束。

在有些 CNC 中，在坐标指令和 F 指令中数据是可能带有小数点的，此时输入的数据有特殊意义，需要特别注意。例如：X3. ——数据表示 3mm；X3 ——数据表示 0.003mm；X1.32 ——数据表示 1.320mm。此外，4.32mm 的表示方法可以是 X4.32 或 X4320。

几种等效的表示方法：

N0012　G00　M08　X0012.340

↓　　　↓　　　↓　　　↓

N12　　G0　　M8　　X12.34

3. 程序结束

程序结束一般用辅助功能代码 M02（程序结束）或 M30（程序结束，返回起点）表示。

12.4.2　数控车床程序的特点

1. 坐标的选取及坐标指令

数控车床有它特定的坐标系，编程时可以按绝对坐标系或增量坐标系编程，也常采用混合坐标系编程。

U、X 坐标值在数控车床编程中以直径值输入，即按绝对坐标系编程时，X 输入直径值；按增量坐标编程时，U 输入的是径向实际位移值的 2 倍，并附上方向符号（正向省略）。

2. 车削固定循环功能

数控车床具备各种不同形式的固定切削循环功能，如内（外）圆柱面固定循环、内（外）锥面固定循环、端面固定循环、切槽循环、内（外）螺纹固定循环及组合面切削循环等，用这些固定循环指令可以简化编程。

3. 刀具位置补偿

现代数控车床具有刀具位置补偿功能，可以完成刀具磨损和刀尖圆弧半径补偿以及安装刀具时产生的误差的补偿。

12.5　数控车床典型零件的程序编制

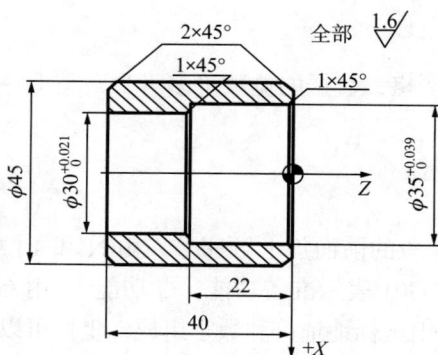

图 12-53　典型零件 – 阶梯孔

例 12-9　如图 12-53 所示，零件材料为 45 钢，毛坯为 $\phi 55 \times 70$ 棒料，编写零件的加工程序。

1）零件图分析

该零件有外圆，阶梯孔，内、外倒角等加工表面，表面粗糙度要求较高，应分粗、精加工。因孔的最小尺寸为 $\phi 30$，可用钻孔→粗镗孔→精镗孔的加工方式加工。其中 $\phi 35$、$\phi 30$ 孔有尺寸精度要求，取尺寸中值进行编程。由于棒料较长，可采用一次装夹工件完成多个表面的加工。

2）数值计算

对具有公差的尺寸计算如下：

编程尺寸 = 基本尺寸 +（上偏差 + 下偏差）× 0.5

$\phi 30$ 内孔尺寸 = 30 +（0.021 + 0）× 0.5 = 30.0105 ≈ 30.011

$\phi 35$ 内孔尺寸 $= 35 + （0.039+0）\times 0.5 = 35.0195 \approx 35.02$

3）工艺分析

数控车床为前刀台布局。用外圆刀手动车端面，钻中心孔，用 $\phi 28$ 钻头钻内孔；用镗刀粗、精镗阶梯孔；用外圆刀粗、精车外圆、倒角，换切刀，车左外倒角、切断。

4）选择刀具

（1）中心钻，$\phi 28$ 钻头（装在尾座上手动切削）。

（2）选硬质合金不通孔镗刀加工阶梯孔及内倒角，刀尖半径为 0.4mm，刀尖方位 $T=2$，置于 T01 刀位。

（3）选 93° 偏刀加工外圆及倒角，刀尖半径为 0.4mm，刀尖方位 $T=3$，置于 T02 刀位。

（4）选切刀（刀宽为 4mm），车左倒角、切断，置于 T03 刀位。

5）确定切削用量

镗孔加工，因镗孔刀杆较细，应选用较小的进给速度，选用切削用量如表 12-13 所示。

表 12-13　阶梯孔加工的切削用量

加工内容	背吃刀量 a_p/mm	进给速度 F/（mm·r^{-1}）	主轴转速 n/（r·min^{-1}）
粗镗 $\phi 35$ 内孔	1.5/1	0.15	500
内倒角	1	0.1	500
精镗 $\phi 35$、$\phi 30$ 内孔	0.5	0.1	800
粗车 $\phi 50$ 外圆	2	0.25	500
精车 $\phi 50$ 外圆	0.5	0.1	800
外倒角	2	0.1	500
切断	4	0.05	450

6）编写程序

```
O00028;
G21 G40 G97 G99;
T0101;                          //选镗孔刀
G00 X100.Z100.0 ;               //到换刀点
S500 M03;
M08;
G41 G00 X28.0 Z2.0;             //到镗孔起点
G90 X31.0 Z-22.0 F0.15;         //G90 切削循环指令
X34.0;                          //镗到 φ34，留 1mm 余量
G00 X29.0;                      //结束循环，到（29，2）点
G01 Z-40.0;                     //粗镗孔 φ29 深 40
G00 X28.0;                      //退刀
Z2.0;                           //退到镗孔起点
S800 M03;
G00 X37.02;
G01 Z0.0;                       //到倒角起点
X35.02 Z-1.0;                   //倒 φ35 孔的 1×45° 内倒角
Z-22.0 F0.1;                    //精镗 φ35 孔，深 22
X32.011;                        //到倒角起点
```

```
X30.011 W-1.0;              // 倒 φ30 孔的 1×45° 内倒角
Z-40.0;                     // 精镗 φ30 孔
G00 X28.0;                  // 退刀
Z2.0;                       // 到镗孔起点
G40 X100.0 Z100.0;          // 关刀补，到换刀点
T0202;                      // 选外圆刀
S500 M03;
G42 G00 X46.0 Z2.0;         // 开右刀补，到 φ46 起点
G01 Z-44.0 F0.25;           // 粗车外圆 φ46，长 44
G00 X48.0;                  // 退刀
Z2.0;                       // 到（48，2）点
X41.0;
G01 Z0.0 F1.0;              // 到倒角起点
X45.0 Z-2.0;                // 倒 φ45 孔的 2×45° 外倒角
S800 M03;
Z-40.0;                     // 精车外圆 φ45
X60.0;                      // 退刀
G40 G00 X100.0 Z100.0;      // 关刀补，到换刀点
T0303;                      // 选切断刀
S450 M03;
G00 X47.0 Z-44.0;           // 到 44mm 切断处
G01 X41.0 F0.05;            // 切槽到 φ41
X47.0;
G00 W2.0;                   // 到 −42 处
G01 X45.0;                  // 到倒角起点
X41.0 Z-44.0;               // 倒角 2×45°
X30.0;                      // 切断
X60.0;                      // 退刀
G00 X100.0 Z100.0;
M09;
M30;
```

例 12-10 如图 12-54 所示工件，毛坯尺寸 $\phi30 \times 70$ 棒料。用 G71 和 G70 编制加工程序，要求循环起点在 $A(38,3)$，出车的切削深度为 1.5mm（半径值），退刀量为 1mm，X 方向精加工余量（直径值）为 0.2mm，Z 方向精加工余量为 0.1mm。

图中双点画线部分为工件毛坯轮廓。

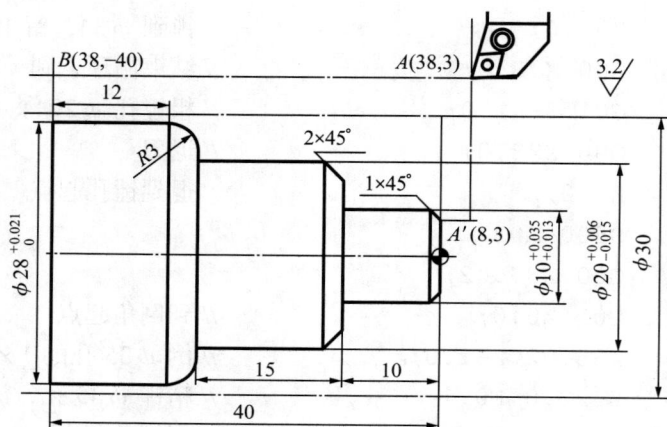

图 12-54 典型零件

1）工艺分析

（1）采用三爪自定心卡盘装夹，工件伸出卡盘 50mm；

（2）粗加工 ϕ28mm，ϕ20mm，ϕ10mm 外圆，按要求留精加工余量；

（3）精加工 ϕ28mm，ϕ20mm，ϕ10mm 外圆至尺寸。

加工前先对刀，设置编程原点在装夹工件的右端面轴线上。

2）数值计算

带有公差的尺寸有 3 个 $\phi28^{+0.021}_{0}$，$\phi20^{+0.006}_{-0.015}$，$\phi10^{0.035}_{0.013}$，编程时分别计算如下：

ϕ28 外圆尺寸 = 28 +（0.021 + 0）× 0.5 = 28.0105 ≈ 28.011

ϕ20 外圆尺寸 = 20 +（0.006 − 0.015）× 0.5 = 19.9955 ≈ 19.996

ϕ10 外圆尺寸 = 10 +（0.035 + 0.013）× 0.5 = 10.024

3）刀具的选择

T01：93° 硬质合金偏刀，粗、精加工用同一把刀，刀尖圆弧半径为 0.8mm，刀尖方位 T = 3。

4）程序如下

O0029;

G21 G99 G97;

T0101;

G00 X100.Z200.;　　　　　　// 到换刀点换刀

S800 M03;

G00 X38.Z3.;　　　　　　　　// 快速接近工件，到循环起点 A（38，3）

G71 U1.5 R1.0;　　　　　　　// 外圆粗车，吃刀 1.5mm，退刀 1mm

G71 P20 Q38 U0.2 W0.1 F0.25;　// X 向精加工余量 0.2mm，Z 向精加工余量 0.1mm

N20 G00 X8.0;　　　　　　　// 从 A 到 A′ 点，精加工轮廓起始行，到 1×45° 倒角起点

G01 Z0.;　　　　　　　　　　// 到工件端面

X10.024 Z-1.0;　　　　　　　// 倒 ϕ10 圆 1×45° 倒角

Z-10.0;　　　　　　　　　　 // 精车 ϕ10 外圆

X16.0;　　　　　　　　　　　// 到 2×45° 倒角起点

X19.996 Z-12.0;　　　　　　// 倒 ϕ20 圆的 2×45° 倒角

Z-25.0;　　　　　　　　　　 // 精车 ϕ20 外圆

X22.0;　　　　　　　　　　　// 到 R3 倒角起点

G03 X28.011 Z-28.0 R3.0;　　// 精车 R3 圆弧

G01 Z-40.0;　　　　　　　　 // 精车 ϕ28 外圆

N38 X38.0;　　　　　　　　　// 退刀到 B 点

S1000 M3;

G70 P20 Q38 F0.1;　　　　　// 外圆精车循环

G00 X100.0 Z200.0;　　　　　// 退出加工位置

M05;

M30;

第 13 章　数控铣削加工

温馨提示——安全规则

（1）每次开机前要检查一下机床后面润滑油泵中的润滑油是否充裕，切削液是否足够等。

（2）开机时，首先打开总电源，然后按下 CNC 电源中的启动按钮，把急停按钮顺时针旋转，等机床数控系统检测完所有功能后，分别按下机床操作面板上的 Z 轴、X 轴和 Y 轴复位按钮（如果带 C 轴功能，还要按下 C 轴复位键），使机床 Z、X 和 Y 轴分别回到参考点位置。

（3）在手动操作时，必须时刻注意，在进行 X、Y 方向移动前，必须使 Z 轴处于抬刀位置。移动过程中，不能只看 LED 屏幕中坐标位置的变化，而要观察刀具的移动，等刀具移动到位后，再看 LED 屏幕进行微调。

（4）在编程过程中，对于初学者来说，尽量少用 G00 指令，特别在 X、Y、Z 三轴联动中，更应注意。在空走刀时，应把 Z 轴的移动与 X、Y 轴的移动分开进行。

（5）在使用电脑进行串口通信时，要做到：先开机床、后开电脑；先关电脑、后关机床。避免机床在开关的过程中，由于电流的瞬间变化而冲击电脑。

（6）一般从电脑向加工中心传输的程序总字节数应小于 23KB。如果程序比较长，则必须采用由电脑到加工中心边传输程序边加工的 DNC 方法，但程序段号，不得超过 N9999。如果程序段超过 1 万个，可以把程序段号取消。

（7）加工中心出现报警时，要根据报警号查找原因，及时解除报警，不可关机了事，否则开机后仍处于报警状态。

13.1　数控铣削加工概述

13.1.1　数控铣削加工的主要对象

数控铣削加工主要用于平面和曲面轮廓的零件，还可以加工复杂型面的零件，如凸轮、样板、模具、螺旋槽等。同时也可以对零件进行钻、扩、铰、锪和镗孔加工。适于采用数控铣削的零件有平面类零件、直纹曲面类零件和立体曲面类零件。

1. 平面类零件

平面类零件是指加工面平行或垂直于水平面，以及加工面与水平面夹角为一定值的零件。这类零件的特点是，各个加工单元面是平面或可以展开成为平面。目前，在数控铣床上加工的绝大多数零件属于平面类零件。

2. 直纹曲面类零件

直纹曲面类零件是指加工面与水平面的夹角呈连续变化的零件。这类零件多数为飞机零部件，如飞机上的整体梁、框、椽条与肋等，此外还有检验夹具与装配型架等。图 13-1 为飞机上的一种变斜角梁椽条，当直纹曲面从截面①至截面②变化时，其与水平面间的夹角从 3°10′

均匀变化为 2°32′，从截面②到截面③变化时，又均匀变化为 1°20′，最后到截面④，斜角均匀变化为 0°。直纹曲面类零件的加工面不能展开为平面。

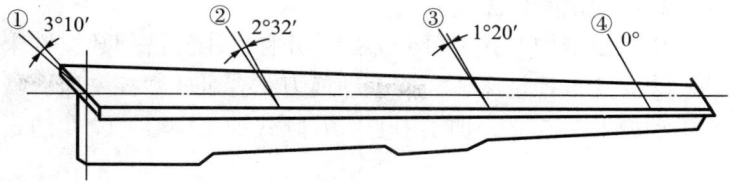

图 13-1　直纹曲面

当采用四坐标或五坐标数控铣床加工直纹曲面类零件时，加工面与铣刀圆周接触的瞬间为一条直线。这类零件也可在三坐标数控铣床上采用行切加工法实现近似加工。

3. 立体曲面类零件

立体曲面类零件是指加工面为空间曲面的零件。这类零件的加工面不能展成平面，一般使用球头铣刀切削，加工面与铣刀始终为点接触，若采用其他刀具加工，易于产生干涉而铣伤邻近表面。加工立体曲面类零件一般使用三坐标数控铣床，采用以下两种加工方法。

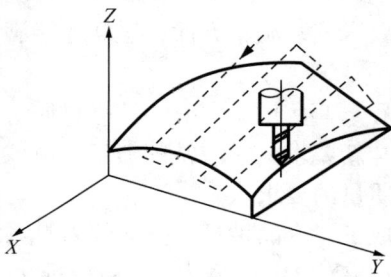

图 13-2　行切加工法

（1）行切加工法　采用三坐标数控铣床进行二轴半坐标控制加工，即行切加工法。如图 13-2 所示，球头铣刀沿 Y–Z 平面的曲线进行直线插补加工，当一段曲线加工完后，沿 Y 方向进给 ΔY，再加工相邻的另一曲线，如此依次用平面曲线来逼近整个曲面。相邻两曲线间的距离 ΔY 应根据表面粗糙度的要求及球头铣刀的半径选取。球头铣刀的球半径应尽可能选得大一些，以增加刀具刚度，提高散热性，降低表面粗糙度值。加工凹圆弧时的铣刀球头半径必须小于被加工曲面的最小曲率半径。

（2）三坐标联动加工　采用三坐标数控铣床三轴联动加工，即进行空间直线插补。如半球形可用行切加工法加工，也可用三坐标联动的方法加工。采用三坐标联动加工时，数控铣床用 X、Y、Z 三坐标联动的空间直线插补，实现球面加工，如图 13-3 所示。

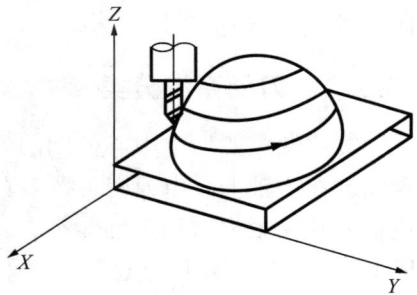

图 13-3　三坐标联动加工

13.1.2　数控铣削机床的组成与分类

1. 数控铣削机床的组成

数控铣削类加工机床主要包括数控铣床和加工中心两大类。它们具有相似的用途和工艺特点，两者均由如下几大构件组成。

（1）主轴箱：包括主轴和主轴传动系统，用于装夹刀具并带动刀具旋转，主轴转速范围和输出扭矩对加工有直接的影响。

（2）电气柜：用于安装强电、弱电电工电子元件和布线。

（3）CNC 装置：机床的运动控制中心，集成了用户控制机床的界面和各种控制按钮，属于机电一体化集成单元。

（4）机床基础件：通常是指底座、立柱、横梁等，是整个机床的基础和框架。

（5）辅助装置：如液压、气动、润滑、冷却系统和排屑、防护、进料等装置。

对于加工中心，还有刀库和自动换刀机构，用来执行自动换刀动作。

2. 数控铣削机床的分类

从机械结构形式上可分为以下几种：①经济型数控铣床，需要手动换刀，手动 Z 轴方向移动。②立式数控铣床，需要手动换刀。③卧式数控铣床，需要手动换刀。④龙门数控铣床，需要手动换刀。⑤立式加工中心。⑥卧式加工中心。⑦龙门式加工中心。

13. 2 数控铣削常用刀具

金属切削刀具，按其运动方式可分为旋转刀具（镗铣刀具）系统和非旋转刀具（车削刀具）系统。所谓旋转刀具系统，是指由刀柄、夹头和切削刀具所组成的完整的刀具体系，刀柄与机床主轴相连，切削刀具通过夹头装入刀柄之中。

与普通机床加工方法相比，数控加工对刀具提出了更高的要求，不仅需要刚性好，精度高，而且要求尺寸稳定，耐用度高，断屑和排屑性能好，同时要求安装调整方便，这样才能满足数控机床高精度、高效率的要求。

目前的铣削加工方式越来越多地采用高速切削、干切削（无冷却液）、硬切削（淬火材质），因此对刀具材质、刀具结构、刀具和主轴的连接方式等提出了全新要求。学习铣削加工，应该重点掌握旋转刀具和刀柄的应用，才能满足加工任务对效率和质量的要求。

旋转刀具系统非常庞大，不同的刀具类型和刀柄的结合构成了一个品种规格齐全的刀具系统。数控镗铣类刀具系统采用的标准为：国际标准 ISO 7388；ISO 12164（德国 HSK 标准）；德国标准 DIN 69871；日本标准 MAS 403（BT）；美国标准 ANSI/ASME B5.50（CAT）；中国标准 GB 10944。由于标准繁多，在使用机床时务必注意，所用刀具系统标准必须与所使用的机床相适应。

13. 2. 1 刀柄系统分类

数控铣床或加工中心使用的刀具通过刀柄与主轴相连，刀柄通过拉钉和主轴内的拉紧装置固定在主轴上，由刀柄夹持刀具传递转速和扭矩，如图 13-4 所示。刀柄的强度、刚性、制造精度和夹紧力对加工性能都有直接的影响。在我国，最常用的刀柄与主轴孔的配合锥面一般采用 7∶24 的锥度，这种锥度不自锁，换刀方便，与直柄相比有较高的定心精度和刚度。为保证刀柄与主轴的配合与连接，刀柄与拉钉的结构和尺寸均已标准化和系列化。我国应用最为广泛的是 BT40 和 BT50 系列刀柄和拉钉，其中 BT 表示采用日本标准 MAS 403 的刀柄系列，数字 40 和 50 分别代表 7∶24 锥度的大端直径为 ϕ44.45mm 和 ϕ69.85mm，如图 13-5 和表 13-1 所示。图 13-5 中，a、b、c 为 3 种不同型号的拉钉，具体型号由机床主轴的连接方式确定。

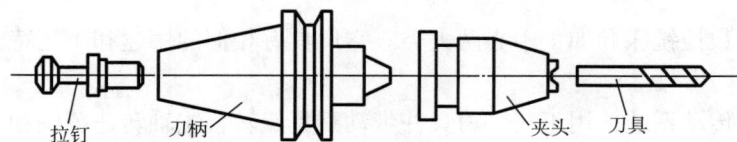

图 13-4 刀柄的结构

表 13-1 刀柄尺寸

型号	a	b	d_1	d_2	d_3	d_5	d_6	d_8	f_1	f_2	f_3	l_1	l_5	l_6	l_7
30	3.2	16.1	31.75	M12	13	59.3	50	45	11.1	35	19.1	47.8	15	16.4	19
40	3.2	16.1	44.45	M16	17	72.30	63.55	50	11.1	35	19.1	68.4	18.5	22.8	25
50	3.2	25.7	69.85	M24	25	107.35	97.50	80	11.1	35	19.1	101.75	30	35.5	37.7

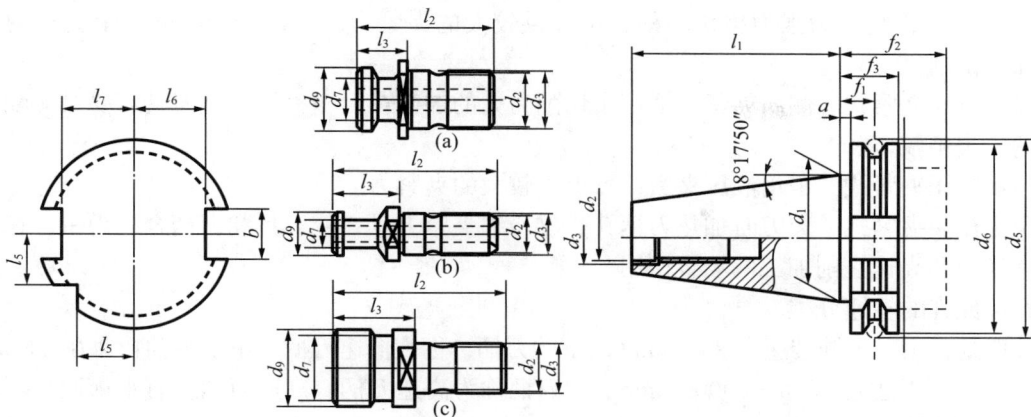

图 13-5　BT 系列刀柄与拉钉尺寸

1. 按刀柄的结构分类

（1）整体式刀柄　整体式刀柄直接夹紧刀具，刚性好，但针对不同刀具都要求配有一个刀柄，这样工具系统规格、品种繁多，给生产、管理带来不便，成本上升。

（2）模块式刀柄　模块式刀柄比整体式刀柄多出中间连接部分，装配不同刀具时，更换连接部分即可，但对连接精度、刚性、强度都有很高的要求。

2. 按刀柄与主轴连接方式分类

（1）一面约束　指刀柄以锥面与主轴孔配合。端面有 2mm 左右的间隙，7∶24 锥度的刀柄都属于一面约束。

（2）二面约束　指刀柄以锥面及端面分别与主轴孔及端面配合。二面限位能确保在高速、高精度加工时的可靠性要求，HSK 刀柄就是一种双面夹紧的结构。

HSK 短刀柄采用 1∶10 的锥度，椎体比标准的 7∶24 锥短，锥柄部分采用薄壁结构，锥度配合的过盈量较小，对刀柄和主轴端部关键尺寸的公差带要求非常严格。由于短锥柄严格的公差和具有弹性的薄壁，在拉杆轴向拉力的作用下，短锥有一定的收缩，所以刀柄的短锥和端面很容易与主轴相应接合面紧密接触，具有很高的连接精度和刚度。当主轴高速旋转时，尽管主轴端会产生扩张，但短锥的收缩得到部分伸张，仍能与主轴锥孔保持良好的接触，主轴转速对联结刚度影响小，拉杆通过楔形结构对刀柄施加轴向力，如图 13-6 所示。

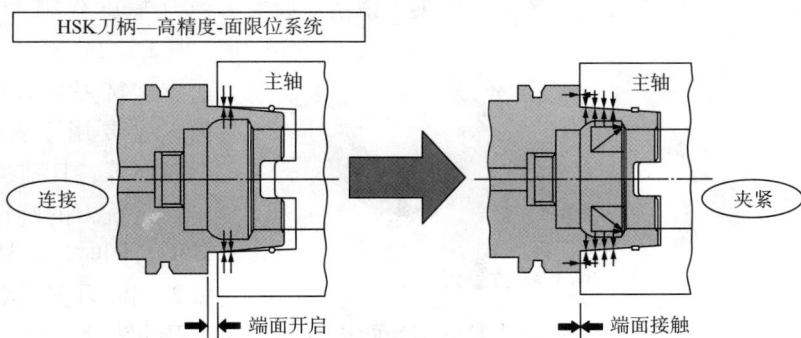

图 13-6　刀柄和主轴约束方式

HSK 刀柄制造精度要求较高，结构复杂，成本较高（是普通标准 7∶24 刀柄的 1.5～2 倍），对刀柄材料热变形要求严格，与一面约束的普通刀柄结构不同，因此互不兼容。

3. 按刀具夹紧方式分类

根据刀具夹紧方式的不同，刀柄可分为如下几类。

（1）弹簧夹头式　使用较多，使用 ER 型卡簧，适用于夹持 16mm 以下直径的铣刀；若采用 KM 型卡簧，则称为强力夹头刀柄，可提供较大的夹紧力，适用于 16mm 以上直径的铣刀进行强力铣削。

（2）侧向夹紧式　侧向夹紧式适用于切削力大的加工，但一种尺寸的刀具需要对应配备一种刀柄，规格较多。

（3）液压夹紧式　采用液压夹紧，可提供较大的夹紧力。

（4）热装夹紧式　装刀时加热刀柄孔，靠冷缩夹紧刀具，使刀具和刀柄合二为一，在不需要经常换刀和高速铣削加工的场合使用。

4. 按允许的转速分类

一般的，用于主轴转速在 8000r/min 以下的刀柄，称为低速刀柄；用于主轴转速在 8000r/min 以上（现在可以达到 8000～30000r/min）的刀柄称为高速刀柄。高速刀柄上有平衡调整环，使用前必须经动平衡检测。

5. 按所夹持的刀具分类

根据所夹持刀具的不同，刀柄可分为如下几类。

（1）圆柱铣刀刀柄　用于夹持圆柱铣刀。

（2）锥柄钻头刀柄　用于夹持莫氏锥度刀杆的钻头、铰刀等，刀柄带有扁尾槽及装卸槽。

（3）面铣刀刀柄　与面铣刀配套使用。

（4）直柄钻头刀柄　用于装夹直径在 13mm 以下的中心钻、直柄麻花钻等。

（5）镗刀刀柄　用于各种高精度孔的镗削加工，有单刃、双刃以及重切削等类型。

（6）丝锥刀柄　用于自动攻丝时装夹丝锥，一般具有切削力限制功能。

6. 特殊刀柄

特殊刀柄主要有增速刀柄、中心冷却刀柄（多为高速钻孔）、多刀刀柄、角度刀柄等。

13.2.2　常用刀具与刀柄的安装方法

1. 常用铣削刀具种类

数控铣削刀具主要包括面铣刀、立铣刀、球头铣刀、三面刃盘铣刀、环形铣刀等，除此以外还有各种孔加工刀具，如钻头（锪钻、铰刀、镗刀等）、丝锥等。

1）立铣刀

立铣刀是数控机床上用得最多的一种铣刀，主要用于立式铣床上加工平面、凹槽、台阶面等，其结构如图 13-7 所示。

立铣刀的圆柱表面和端面上都有切削刃，它们可同时进行切削，也可单独进行切削。立铣刀端面刃主要用来加工与侧面相垂直的底平

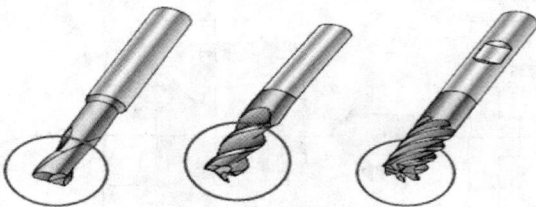

图 13-7　立铣刀

面。图 13-7 中的直柄立铣刀分别为两刃、三刃和四刃的铣刀。

针对不同的加工要求，立铣刀主要有键槽铣刀、端面立铣刀、球头立铣刀、环形铣刀。

（1）键槽铣刀　键槽铣刀主要用于立式铣床上加工圆头封闭键槽等。如图 13-8 所示，键槽铣刀有两

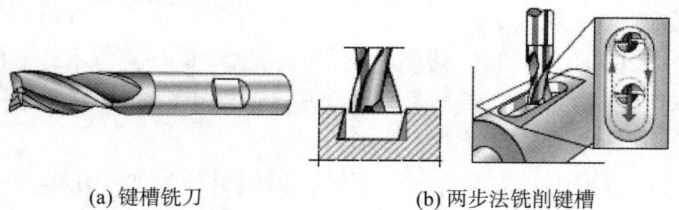

(a) 键槽铣刀　　　　(b) 两步法铣削键槽

图 13-8　键槽铣刀

个刀齿，圆柱面和端面都有切削刃，端面刀齿从外圆开至轴心，且螺旋角较小，增强了断面刀齿强度。键槽铣刀可以不经预钻工艺孔而轴向进给达到槽深，然后沿键槽方向铣出键槽全长。键槽铣刀的直径范围为 $\phi 2 \sim 65mm$。

（2）端面立铣刀 立铣刀的主切削刃分布在铣刀的圆柱面上，副切削刃分布在铣刀的端面上，且端面中心有顶尖孔，因此，铣削时不能沿铣刀轴向做进给运动，只能沿铣刀径向做进给运动。端面立铣刀有粗齿和细齿之分，粗齿齿数为 3～6 个，适用于粗加工；细齿齿数为 5～10 个，适用于半精加工。端面立铣刀的直径范围为 $\phi 2 \sim 80mm$。柄部有直柄、莫氏锥柄、7：24 锥柄等多种形式，如图 13-9 所示。

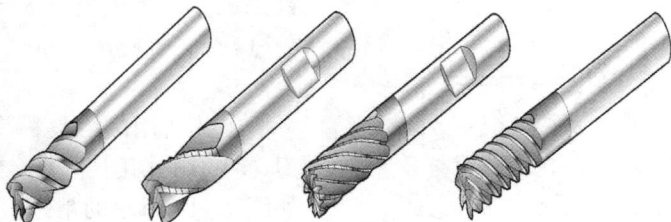

图 13-9 整体式端面立铣刀

（3）球头立铣刀 铣刀端面是带切削刃的球面，如图 13-10 所示。

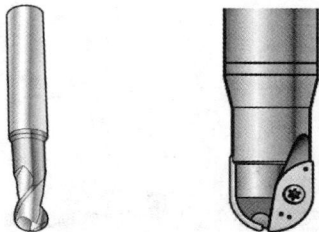

(a) 整体式球头立铣刀 (b) 可转位球头立铣刀

图 13-10 球头立铣刀

球头立铣刀主要用于模具产品的曲面加工，在加工曲面时，一般采用三轴联动，铣削时不仅能沿铣刀轴向做进给运动，也能沿铣刀径向做进给运动，而且球头与工件接触往往为一点，这样，该铣刀在数控系统的控制下，就能加工出各种复杂的成型表面。

（4）环形铣刀 又称 R 角立铣刀或牛鼻刀。如图 13-11 所示，形状类似于端面立铣刀，不同的是刀具的每个刀齿均有一个较大的圆角半径，从而使其具备了类似球头立铣刀的切削能力，同时又可加大刀具直径以提高生产率，并改善切削性能。

2）面铣刀

面铣刀主要用于立式铣床或立式加工中心上加工平面、台阶面、沟槽等。面铣刀的主切削刃分布在铣刀的圆柱面或圆锥面上，副切削刃分布在铣刀端面上。面铣刀按结构可以分为整体式、整体焊接式、机夹焊接式、可转位式等形式。随着刀片品种的系列化和标准化，可转位式面铣刀的应用越来越普及，如图 13-12 所示。

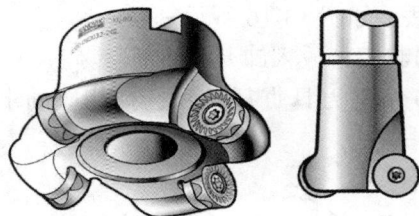

图 13-11 可转位环形铣刀

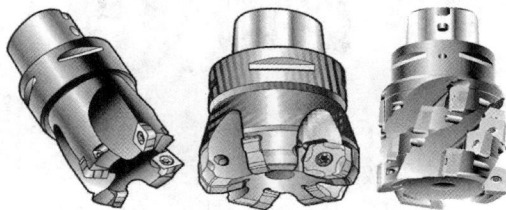

图 13-12 可转位面铣刀

3）三面刃盘铣刀

三面刃盘铣刀主要用于卧式铣床上加工槽、台阶面等。如图 13-13 所示，三面刃盘铣刀的主切削刃分布在铣刀的圆柱面上，副切削刃分布在两端面上。该铣刀按结构可分为直齿、错齿和镶齿 3 种形式。该铣刀的直

图 13-13 三面刃盘铣刀

径范围是 $\phi 50\sim200\mathrm{mm}$，宽度为 $4\sim40\mathrm{mm}$。

4）圆柱铣刀

圆柱铣刀主要用于卧式铣床加工平面，一般为整体式，铣刀材料为高速钢，主切削刃分布在圆柱上，无副切削刃。铣刀有粗齿和细齿之分，粗齿适用于粗加工，细齿适用于精加工。圆柱铣刀的直径范围是 $\phi 50\sim100\mathrm{mm}$，长度为 $50\sim160\mathrm{mm}$，齿数有 $6\sim14$ 个，螺旋角为 $30^\circ\sim45^\circ$。

5）镗刀

镗孔所用的刀具称为镗刀，镗刀切削部分的几何角度与车刀、铣刀的切削部分基本相同。加工中心常用的精镗孔刀具为如图 13-14 所示的精镗微调刀杆系统。

在加工中心进行镗削加工通常采用悬臂式加工，因此要求镗刀有足够的刚性和较好的精度。在镗孔过程中一般都是采用移动工作台（卧式）或立柱完成 Z 向进给，保证悬伸不变，从而获得进给的刚性。

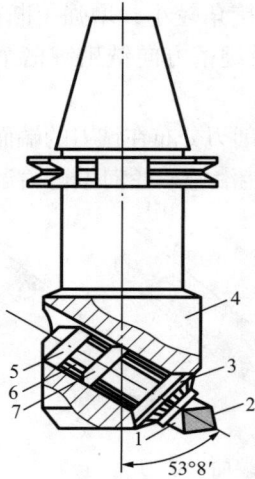

图 13-14 精镗微调刀杆系统

1- 刀体；2- 刀片；3- 微调螺母；4- 刀杆；

5- 螺母；6- 拉紧螺钉；7- 导向键

对于精度要求不高的几个同尺寸的孔，在加工时，可以用一把刀完成所有孔的加工后，再更换另一把刀加工各孔的第二道工序，直至换最后一把刀加工最后一道工序为止。

精加工孔则必须单独完成，每道工序换一次刀，尽量减少各个坐标的运动，以减少定位误差对加工精度的影响。

2. 铣削刀具的选择

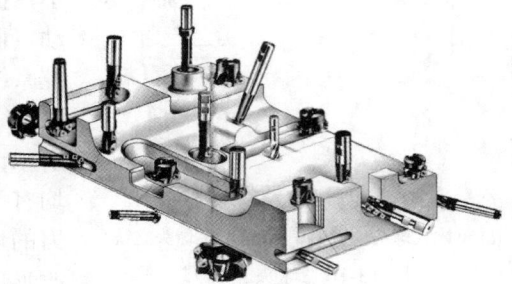

图 13-15 加工形状与铣刀的选择

如图 13-15 所示，首先可根据加工表面的特点和尺寸选择合适的刀具类型，其次根据工件材料和加工要素及加工效率选择刀片材料及尺寸，然后根据加工条件选择合适的刀柄类型。

(a) 弹簧夹头刀柄　(b) 卡簧　(c) 卸刀座

图 13-16 刀具与刀柄的安装

（3）将卡簧按入锁紧螺母。

（4）将铣刀装入卡簧孔中，并根据加工深度控制刀具伸出长度。

（5）用扳手顺时针锁紧螺母。

（6）检查，将刀柄装上主轴。

4. 选择切削参数

切削参数包括背吃刀量 a_p、主轴转速 n 或切削速度 v_c、进给速度 f_n。背吃刀量 a_p 和侧吃刀量 a_f 在数控加工中通常称为切削深度和切削宽度，如图 13-17 所示。

3. 刀具与刀柄的安装

以弹簧夹头刀柄为例，说明刀具与刀柄的安装方法，如图 13-16 所示。

（1）将刀柄放入卸刀座并锁紧。

（2）根据刀具直径尺寸选择相应的卡簧，清洁工作表面。

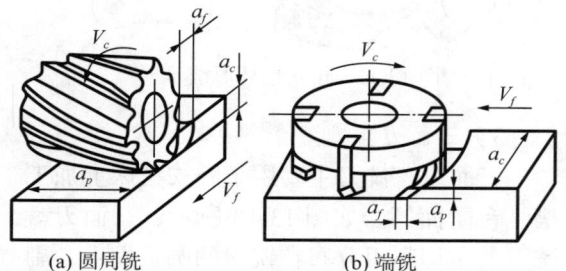

(a) 圆周铣　　　　　　(b) 端铣

图 13-17 铣削切削用量

有关切削参数的计算，可参看 11.3.3 节中"切削用量的选择"部分。

13.2.3 铣削加工中的工件定位与安装

1. 常用夹具

图 13-18 为应用广泛的平口钳、卡盘等常用夹具。

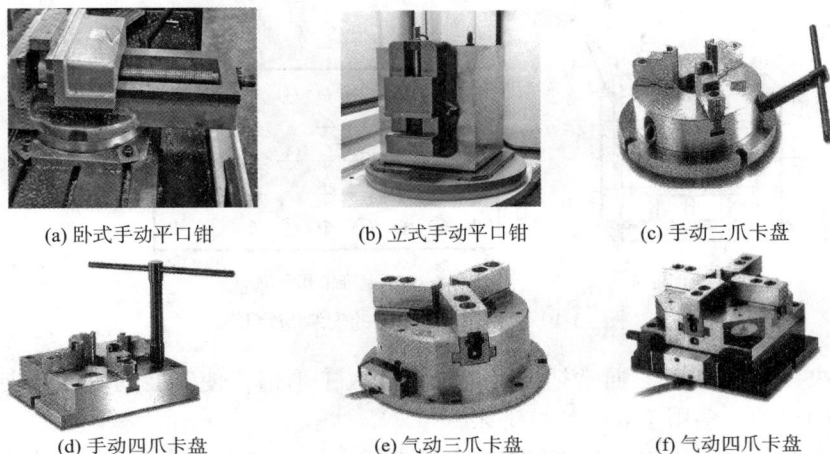

(a) 卧式手动平口钳　　　　(b) 立式手动平口钳　　　　(c) 手动三爪卡盘

(d) 手动四爪卡盘　　　　(e) 气动三爪卡盘　　　　(f) 气动四爪卡盘

图 13-18 铣削加工的通用夹具

在数控铣削加工中，还会经常用到组合夹具和专用夹具。

现代组合夹具的结构主要分为孔系与槽系两种基本形式，两者各自有其长处。槽系为传统组合夹具的基本形式，生产与装配积累的经验多，可调性好。

孔系为新兴的结构，结构刚性上比有纵横交错的槽更好。由于孔比槽易加工，孔系组合夹具制造工艺性好，组装中靠高精度的销孔定位，比需要费时测量的槽系组合夹具操作简单。

对批量较大，且周期性投产，加工精度要求较高的关键工序应设计专用夹具，以保证加工精度和提高装夹效率。

2. 工件的定位

在铣削加工时，把工件放在机床上（或夹具中），使它在夹具上的位置按照一定的要求确定下来，并将必须限制的自由度逐一予以限制，这称为工件在夹具上的"定位"；工件定位以后，为了承受切削力、惯性力和工件重力，还应夹牢，这称为"夹紧"，从定位到夹紧的整个过程叫做"安装"。工件安装情况的好坏，将直接影响工件的加工精度。

工件相对夹具一般应完全定位，且工件的基准相对于机床坐标系原点应有严格的确定位置，以满足能在数控机床坐标系中实现工件与刀具相对运动的要求。同时，夹具在机床上也应完全定位，夹具上的每个定位面相对数控机床的坐标原点均应有精确的坐标尺寸，以满足数控加工中简化定位和安装的要求。

数控铣床和加工中心的工作台是夹具和工件定位与安装的基础，因机床结构形式和工作台的结构差异有所不同，常见的有下面五种，如图 13-19 所示。

（1）以侧面定位板定位。利用侧面定位板可直接计算出工件或夹具在工作台上的位置，并能保证与回转中心的相对位置，定位安装十分方便。

（2）以中心孔定位。利用工件的外径或内径进行中心孔定位，能保证工件中心与工作台中心有较高的一致性。

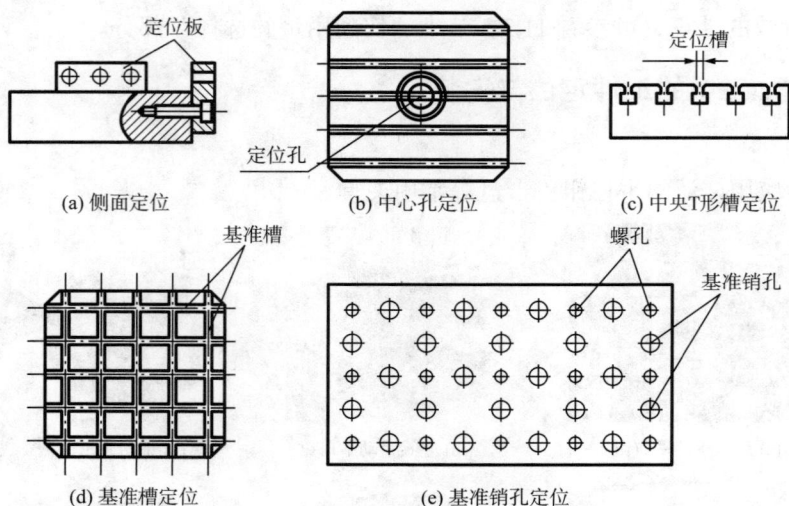

图 13-19 工件（夹具）的安装与定位

（3）以中央 T 形槽定位。通常把标准定位块插入 T 形槽，使安装的工件或夹具紧靠标准块，达到定位的目的，多用于立式数控铣床。

（4）以基准槽定位。通常在工作台的基准槽中插入标准定位块或止动块，作为工件或夹具的定位标准。

（5）以基准销孔定位。多在立式数控铣床辅助工作台上采用，适合多工件频繁装卸的场合。

选择定位方式时应注意下面五点：

（1）所选择的定位方式有较高的定位精度。

（2）无超定位的干涉现象。

（3）零件的安装基准最好与设计基准重合。

（4）便于安装、找正和测量。

（5）有利于刀具的运动和简化程序的编制。

3. 确定合适的夹紧方式

考虑夹紧方案时，夹紧力应力求通过和靠近中心点上，或在支持点所组成的三角区之内，应力求靠近切削部位，并在刚性较高的地方，尽量不要在被加工孔上方进行夹压。

4. 选择有足够的刚性和强度的夹具方案

夹具的主要任务是保证零件的加工精度，因此要求夹具必须具备足够的刚性和强度，还应具备以下五点要求：

（1）装卸零件方便，加工中易于观察零件的加工情况。

（2）压板、螺钉等夹紧元件的几何尺寸要适当，不能影响加工路线和刀具交换。

（3）因数控铣床主轴端面至工作台间有一最小距离，夹具的高度应保证刀具能下到待加工面。

（4）便于在机床上测量。

（5）夹具应能够满足只对首件零件对刀找正的条件下保证一批零件加工尺寸的一致性要求。

13.3 数控加工中心

加工中心是在普通数控铣削机床的基础上增加了刀库及自动换刀装置，并带有自动分度回转工作台或主轴箱（可自动改变角度）及其他辅助功能，从而使工件在一次装夹后，可以连续、自动完成多平面或多角度位置的钻、扩、铰、镗、攻丝、铣削等工序的加工，工序高度集中。

加工中心能自动改变机床主轴转速、进给量和刀具相对于工件的运动轨迹。由于加工中心具有上述功能，所以可以明显减少工件装夹、测量和机床的调整时间，减少工件的周转、搬运和存储时间，大大提高生产率，尤其是对于加工形状比较复杂、精度要求较高、品种更换频繁的零件，更具有良好的经济性。

加工中心的外形结构各异，但大体都由基础部件、主轴部件、数控系统、自动换刀系统（含刀库）和辅助装置等组成。按机床的形状，加工中心一般分为卧式加工中心、立式加工中心和复合加工中心等。

13.3.1　加工中心的主要功能

加工中心能实现三轴或三轴以上的联动控制，以保证刀具进行复杂表面的加工。加工中心除具有直线插补和圆弧插补功能外，还具有各种加工固定循环、刀具半径自动补偿、刀具长度自动补偿、加工过程图形显示、人机对话、故障自动诊断、离线编程等功能。加工中心与数控铣床的最大区别在于加工中心具有自动交换加工刀具的能力，通过在刀库上安装不同用途的刀具，可在一次装夹中通过自动换刀装置改变主轴上的加工刀具，实现多种加工功能。

立式加工中心的主轴垂直于工作台，主要适用于加工板材类、壳体类工件，也可用于模具加工。

卧式加工中心的主轴轴线与工作台台面平行，工作台大多为伺服电动机控制的数控回转台，在工件一次装夹中，通过工作台旋转可实现多个加工面的加工，适用于箱体类工件加工。

复合加工中心主要是指在一台加工中心上有立、卧两个主轴或主轴可作 90° 角转变，因而可在工件一次装夹中实现 5 个面的加工。

加工中心上如果带有自动交换的双工作台或多工作台，那么一个工作台在加工位置上进行工件加工的同时，另一个工件可在处于装卸位置的工作台上进行装卸，然后交换加工（装卸）位置，因而可大大缩短辅助时间，提高加工效率。

13.3.2　加工中心加工的主要对象

加工中心作为一种高效、多功能自动化机床，在现代化生产中扮演着重要角色。在加工中心上，零件的制造工艺与传统工艺以及普通数控机床加工工艺有很大不同，加工中心自动化程度的不断提高和工具系统的发展使其工艺范围不断扩展。现代加工中心功能的加强和工具系统的发展使其工艺范围不断扩大。使工件一次装夹后实现多表面、多特征、多工位的连续、高效、高精度加工，工序高度集中。

针对加工中心的工艺特点，加工中心适宜加工形状复杂、加工内容多、精度要求较高、需用多种类型的普通机床和众多的工艺装备，且经多次装夹和调整才能完成加工的零件，主要的加工对象有下列几种。

1. 既有平面又有孔系的零件

1）箱体类零件

箱体类零件是指具有一个以上孔系，内部有一定型腔，在长、宽、高方向有一定比例的零件。箱体类零件很多，如机床主轴箱、泵壳、变速器箱体等。箱体类零件一般都要进行多工位孔系及平面加工，精度要求较高，特别是形状精度和位置精度要求较严格，通常经过铣、钻、扩、镗、铰、锪、攻螺纹等工步，需要刀具较多，工装套数多，需多次装夹找正，手工测量次数多，因此，导致工艺复杂，加工周期长，成本高，在普通机床上加工难度大，精度不易保证。这类零件在加工中心上加工，一次安装可完成普通机床的 60%～95% 的工序内容，零件各项精度一致性好，质量稳定，生产周期短，成本低。对于加工工位较多，工作台需多次旋转角度才能完成的零件，一般选用卧式加工中心；当加工工位较少，且跨距不大时，可选用立式加工中心，从一端进行加工。在加工中心上加工箱体类零件时，应注意以下几点。

（1）应先铣面，后加工孔；在孔系加工中，先加工大孔，后加工小孔；待所有孔系全部完成粗加工后，再进行精加工。

（2）通常情况下，直径大于等于 30 的孔都应预制出毛坯孔。在普通机床上完成毛坯孔粗加工，预留余量为 4～6mm，再由加工中心进行半精加工和精加工。

（3）对于箱体上跨距较大的同轴孔，尽量采取调头加工，以缩短刀具、辅具的长径比，增加刀具的刚性，确保加工质量。

（4）一般情况下，在 M6～M20 范围内的螺纹可在加工中心上直接完成。直径在 M6 以下的螺纹，在加工中心上完成底孔加工，通过其他手段攻螺纹，因为在加工中心上攻螺纹不能随机控制加工状态，且小直径丝锥易折断。直径在 M20 以上的螺纹，可采用镗刀片镗削加工。

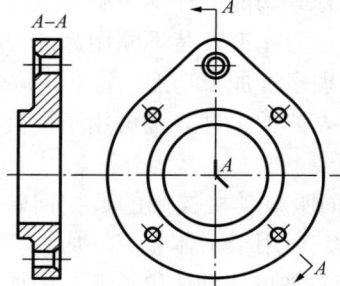

图 13-20　盘、套、板类零件示例

2）盘、套、板类零件

这类零件是指带有键槽或径向孔，后端面分布孔隙、曲面的盘套或轴类零件，如带法兰的轴套、带有键槽或方头的轴类零件等，还有具有较多孔加工的板类零件，如图 13-20 所示。

端面有分布孔系、曲面的盘、套、板类零件，宜选择立式加工中心加工；有径向孔的可选用卧式加工中心或车铣中心加工。

2. 结构形状复杂、普通机床难加工的零件

主要表面由复杂曲线、曲面组成的零件，加工时需要多坐标联动加工，这在普通机床上是无法完成的，加工中心是加工这类零件的最有效的设备，常见的典型零件有以下几类。

1）凸轮类

这类零件有各种曲线的盘形凸轮、圆柱凸轮、圆锥凸轮和端面凸轮等，加工时，可根据凸轮表面复杂程度，选用三轴、四轴或五轴联动的加工中心。

2）整体叶轮类

整体叶轮常见于航空发动机的压气机、空气压缩机、船舶水下推进器等，它除具有一般曲面难加工的特点外，还存在许多特殊的加工难点，如通道狭窄，刀具很容易与加工表面和邻近曲面产生干涉。如图 13-21 所示为压气机转子，它的叶面是一个典型的三维空间曲面，加工这样的型面，可采用四轴以上联动的加工中心。

图 13-21　压气机转子

3）模具类

常见的模具有锻压模具、铸造模具、铸塑模具及橡胶模具等。采用加工中心加工模具，由于工序高度集中，动模、静模等关键件的精加工基本上是在一次安装中完成全部机加工内容，尺寸积累误差及修配工作量小。同时，模具的可复制性强，互换性好。

3. 外形不规则的异形零件

异形零件是外形不规则的零件，大多需要点、线、面多工位混合加工，如支架、机座、样

板、靠模等。如图 13-22 所示为支架。异形
零件的刚性一般较差，夹压及切削变形难以
控制，加工精度也难以保证。这类零件由于
外形不规则，在普通机床上只能采取工序分
散的原则加工，需要工装较多，周期较长。
利用加工中心多工位点、线、面混合加工的
特点，可以完成大部分甚至全部工序内容。

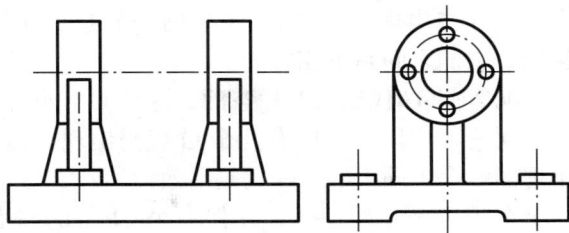

图 13-22 支架

实践证明，利用加工中心加工异形零件时，形状越复杂，精度要求越高，越能显示其优越性。

4. 特殊加工

在熟练掌握了加工中心的功能后，配合一定的工装和专用工具，利用加工中心可完成一些特殊
的工艺内容，如在金属表面刻字、刻线、刻图案。在加工中心的主轴上装上高频电火花电源，可
对金属表面进行线扫描，表面淬火；在加工中心装上高速磨头，可进行各种曲线、曲面的磨削等。

上述是根据零件特征选择的适合加工中心加工的几类零件，对于需要周期性投产的零件、
加工精度要求较高的中小批量零件、新产品试制中的零件等，也都是采用加工中心加工的范围。

13.3.3 加工中心编程

为运行机床而送到 CNC 的一组指令称为程序。按照指定的指令，刀具沿着直线或圆弧移
动，主轴电机按照指令旋转或停止。在程序中，以刀具实际移动的顺序来指定指令。

加工程序是由若干程序段组成的，一组单步的顺序指令称为程序段。一个程序段从识别程
序段的顺序号开始，到程序段结束代码结束。

一个完整的程序段包括一个或若干指令字，指令字代表某一信息单元；每个指令字由地址
符和数字组成，它代表机床的一个位置或一个动作，地址符由字母组成，每一个字母、数字和
符号都称为字符。

在本书中，用 " ; " 表示程序段结束代码 EOB（在 ISO 代码中为 LF，而在 EIA 代码中为 CR）。

需要说明的是，数控机床的指令格式在国际上有很多格式标准，在不同的数控系统之间，
程序格式存在一定的差异，在具体掌握某一数控机床时要仔细了解其数控系统的编程格式。

本章以 FANUC 0i Mate 系统为例，介绍常用编程指令。

1. FANUC 数控系统编程指令综述

1）可编程功能

通过编程并运行这些程序使数控机床能够实现的功能，称为可编程功能。一般可编程功能
分为两类。

一类用来实现刀具轨迹控制，即各进给轴的运动，如直线 / 圆弧插补、进给控制、坐标系
原点偏置及变换、尺寸单位设定、刀具偏置及补偿等，这一类功能被称为准备功能，以字母 G
以及两位数字组成，也被称为 G 代码。

另一类功能被称为辅助功能，用来完成程序的执行控制、主轴控制、刀具控制、辅助设备
控制等功能。在这些辅助功能中，Tx x 用于选刀，Sx x x x 用于控制主轴转速。其他功能由以
字母 M 与两位数字组成的 M 代码来实现。

2）准备功能

从表 13-2 可知，G 代码被分为不同的组，这是由于大多数的 G 代码是模态的，所谓模态
G 代码，是指这些 G 代码不只在当前的程序段中起作用，而且在以后的程序段中一直起作用，

直到程序中出现另一个同组的 G 代码为止，同组的模态 G 代码控制同一个目标，但起不同的作用，它们之间是不相容的。

00 组的 G 代码是非模态的，这些 G 代码只在它们所在的程序段中起作用。

同一程序段中可以有几个 G 代码出现，但当两个或两个以上的同组 G 代码出现时，最后出现的一个（同组的）G 代码有效。

在固定循环模态下，任何一个 01 组的 G 代码都将使固定循环模态自动取消，成为 G80 模态。

3）辅助功能

机床用 S 代码来对主轴转速进行编程，用 T 代码来进行选刀编程，其他可编程辅助功能由 M 代码来实现。

一般的，一个程序段中，M 代码最多可以有一个（0i 系统最多可有 3 个）。常用 M 代码见表 13-3。

表 13-2　FANUC 0i Mate-MC 的准备功能表

G 代码	分组	功能	G 代码	分组	功能
▼ G00	01	定位（快速移动）	G58	14	选用 5 号工件坐标系
▼ G01		直线插补（进给速度）	G59		选用 6 号工件坐标系
G02		顺时针圆弧插补	G60	00	单一方向定位
G03		逆时针圆弧插补	G61	15	精确停止方式
G04	00	暂停，精确停止	▼ G64		切削方式
G09		精确停止	G65	00	宏程序调用
▼ G17	02	选择 X–Y 平面	G66	12	模态宏程序调用
G18		选择 Z–X 平面	▼ G67		模态宏程序调用取消
G19		选择 Y–Z 平面	G73	09	深孔钻削固定循环
G20	06	英寸输入	G74		左螺纹攻丝固定循环
G21		毫米输入	G76		精镗固定循环
G27	00	返回并检查参考点	▼ G80		取消固定循环
G28		返回参考点	G81		钻削固定循环
G29		从参考点返回	G82		钻削固定循环
G30		返回第 2、3、4 参考点	G83		深孔钻削固定循环
▼ G40	07	取消刀具半径补偿	G84	09	攻丝固定循环
G41		左侧刀具半径补偿	G85		镗削固定循环
G42		右侧刀具半径补偿	G86		镗削固定循环
G43	08	正向刀具长度补偿	G87		反镗固定循环
G44		负向刀具长度补偿	G88		镗削固定循环
▼ G49		取消刀具长度补偿	G89		镗削固定循环
G52	00	设置局部坐标系	▼ G90	03	绝对值指令方式
G53		选择机床坐标系	▼ G91		增量值指令方式
▼ G54	14	选用 1 号工件坐标系	G92	00	工件零点设定或主轴最高转速
G55		选用 2 号工件坐标系	▼ G98	10	固定循环返回初始点
G56		选用 3 号工件坐标系	G99		固定循环返回 R 点
G57		选用 4 号工件坐标系			

注：标有 ▼ 的 G 代码是数控系统启动后默认的初始状态。对于 G01 和 G00、G90 和 G91 这两组指令，数控系统启动后默认的初始状态由系统参数决定。

表 13-3　常用 M 代码

M 代码	功能	M 代码	功能	M 代码	功能
M00	程序暂停	M05	主轴停止	M19	主轴定向
M01	条件程序暂停	M06	自动刀具交换	M29	刚性攻丝
M02	程序结束	M08	冷却开	M30	程序结束并返回程序头
M03	主轴正转	M09	冷却关	M98	调用子程序
M04	主轴反转	M18	主轴定向解除	M99	子程序结束返回 / 主程序中可重复执行

注意：即使指定了直线插补定位，在 G28 指令（从中间点到参考点之间的定位）和 G53 指令中仍然使用非直线插补定位，因此需小心确保刀具不会损坏工件。

2. 插补功能

1）快速定位（G00）

指令格式：

G00 IP__;

式中，IP__代表任意多个（最多 5 个）进给轴地址的组合，每个地址后面都会有一个数字作为赋给该地址的值，一般机床有 3 个进给轴（个别机床有 4~5 个进给轴），即 X、Y、Z，所以 IP__可以代表如 X12. Y119. Z-37. 或 X287.3 Z73.5 A45. 等内容。

G00 指令使刀具以快速的速率移动到 IP__指定的位置，被指定的各轴之间的运动是互不相关的，也就是说刀具移动的轨迹不一定是一条直线。G00 指令下，快速倍率为 100% 时，各轴运动的速度是机床的最快移动速度，该速度不受当前 F 值的控制。当各运动轴到达运动终点并发出位置到达信号后，CNC 认为该程序段已经结束，并转向执行下一程序段。

说明：可以用系统参数(例如, 0i 系统 No.1401 的第 1 位 LRP)选择 G00 指令的移动轨迹。

（1）非直线插补定位。刀具分别以每轴的快速移动速度定位。刀具轨迹一般不是直线。

（2）直线插补定位。刀具轨迹与直线插补（G01）相同。刀具以不超过每轴的快速移动速度，在最短时间内定位。

这两种插补方式的区别如图 13-23 所示。

2）直线插补（G01）

指令格式：

G01 IP__F__;

图 13-23　G00 指令移动方式

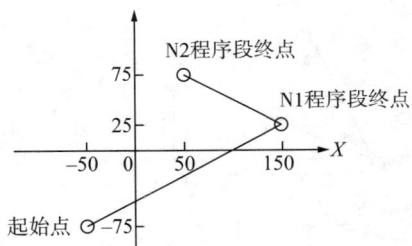

式中，G01 指令使当前的插补模态成为直线插补模态，刀具从当前位置移动到 IP 指定的位置，其轨迹是一条直线，F 指定了刀具沿直线运动的速度，单位为 mm/min（X、Y、Z 轴）。第一次出现 G01 指令时，必须指定 F 值，否则机床报警。

假设当前刀具所在点为 X-50. Y-75.，则下面的程序段将使刀具走出如图 13-24 所示轨迹。

例 13-1　执行以下代码：

N1 G01 X150. Y25. F100.;

N2 X50. Y75.;

可以看到，程序段 N2 并没有指令 G01，但由于 G01 指令为模态指令，所以 N1 程序段中的指令 G01 在 N2 程序段中继续有效，同样，指令 F100 在 N2 段也继续有效，即刀具沿两段直线的运动速度都是 100mm/min。

3）圆弧插补（G02/G03）

图 13-24　G01 指令移动轨迹

下面所列的指令格式可以使刀具沿圆弧轨迹运动。

在 X-Y 平面：

G17{G02/G03}X__Y__{(I__J__)/R__}F__;

在 X-Z 平面：

G18{G02/G03}X__Z__{(I__K__)/R__}F__;

在 Y-Z 平面：

G19{G02/G03}Y__Z__{(J__K__)/R__}F__;

上述指令中字母的解释如表 13-4 所示。

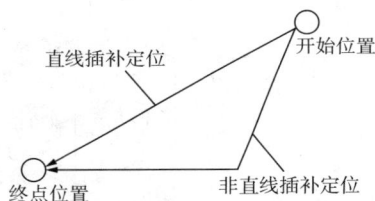

表 13-4 G02/G03 指令解释

序号	数据内容		指令	含义
1	平面选择		G17	指定 X—Y 平面上的圆弧插补
			G18	指定 X—Z 平面上的圆弧插补
			G19	指定 Y—Z 平面上的圆弧插补
2	圆弧方向		G02	顺时针方向的圆弧插补
			G03	逆时针方向的圆弧插补
3	终点位置	G90 模态	X、Y、Z 中的两轴指令	当前工件坐标系中终点位置的坐标值
		G91 模态	X、Y、Z 中的两轴指令	从起点到终点的距离（有方向的）
4	起点到圆心的距离		I、J、K 中的两轴指令	从起点到圆心的距离（有方向的）
	圆弧半径		R	圆弧半径
5	进给率		F	沿圆弧运动的速度

G02 和 G03 圆弧的观测方向（图 13-25）：

对于 X—Y 平面，是由 Z 轴的正向往 Z 轴的负向看 X—Y 平面所看到的圆弧方向；

对于 X—Z 平面，方向是从 Y 轴的正向到 Y 轴的负向看 X—Z 平面所看到的圆弧方向；

对于 Y—Z 平面，是由 X 轴的正向往 X 轴的负向看 Y—Z 平面所看到的圆弧方向。

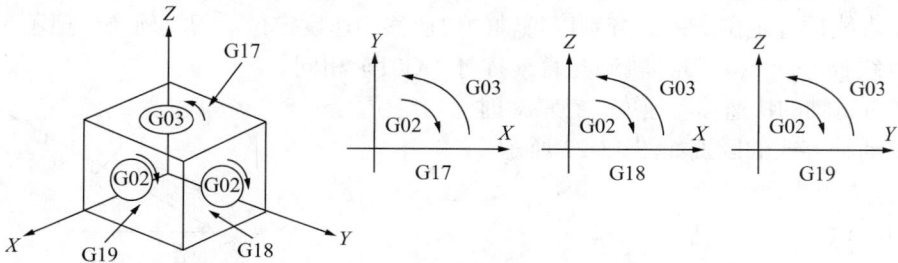

图 13-25 圆弧方向

圆弧的终点由地址 X、Y 和 Z 来确定。

在 G90 模态，即绝对值模态下，地址 X、Y、Z 给出了圆弧终点在当前坐标系中的坐标值；

在 G91 模态，即增量值模态下，地址 X、Y、Z 给出的则是在各坐标轴方向上当前刀具所在点到终点的距离。

圆弧的半径：用 I、J 和 K 分别指令 XP、YP 或 ZP 轴向的圆弧中心位置。I、J 或 K 的距离是从起点向圆弧中心方向的矢量分量，不管指定 G90 还是指定 G91，I、J 和 K 的值总是增量值，如图 13-26 所示。I、J 和 K 必须根据方向指定其符号（正或负）。

I0、J0 和 K0 可以省略。当 XP、YP 或 ZP 省略（终点与始点相同），并且中心用 I、J 和 K 指定时，移动轨迹为 360° 的圆弧（整圆）。例如：G02 I__；指令一个整圆。

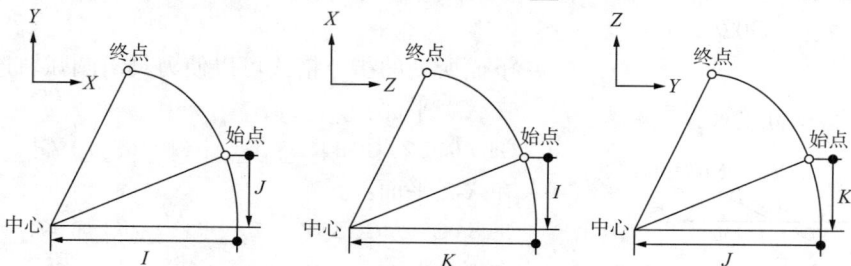

图 13-26 I、J、K 值的定义

如果在起点和终点之间的半径差在终点超过了系统参数（No.3410）中的允许值时，则机床报警（No.020）。

对一段圆弧进行编程，除了用给定终点位置和圆心位置的方法外，还可以用给定半径和终点位置的方法对一段圆弧进行编程，用地址 R 来指定半径值，替代给定圆心位置的地址。

如图 13-27 所示，在这种情况下，如果圆弧小于 180°，半径 R 为正值；如果圆弧大于 180°，半径 R 用负值指定。

例 13-2　执行以下两段代码：

圆弧①（小于 180°）：

G91 G02 X60.0 Y20.0 R50.0 F300.0;

圆弧②（大于 180°）：

G91 G02 X60.0 Y20.0 R-50.0 F300.0;

如果终点 XP、YP 或 ZP 全都省略，即终点和始点位于相同位置，并且指定 R 时，程序编制出的圆弧为 0°。

图 13-27　圆弧半径的正负

编程绘制一个整圆一般使用给定圆心的方法，如果必须要用 R 来表示，整圆必须打断为 4 个部分，每个部分小于 180°。例如：G02R__;（刀具不移动）

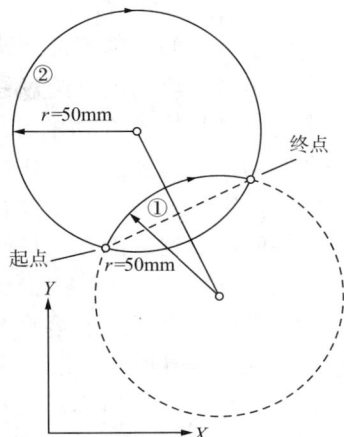

3. 进给功能

为切削工件，刀具以指定速度移动称为进给。指定进给速度的功能称为进给功能。

1）进给速度

数控机床的进给一般分为两类：快速定位进给及切削进给。

快速定位在指令 G00、手动快速移动以及固定循环时的快速进给和点位之间的运动时出现。快速定位进给的速度由机床参数给定，所以，快速移动速度不需要编程指定。用机床操作面板上的开关可以对快速移动速度施加倍率，倍率值为 F0，25，50，100%，其中，F0 表示由机床参数设定每个轴的固定速度。

切削进给出现在 G01、G02/03 以及固定循环中的加工进给的情况下，切削进给的速度由地址 F 在程序中指定。在加工程序中，F 是一个模态的值，即在给定一个新的 F 值之前，原来编程的 F 值一直有效。CNC 系统刚刚通电时，F 的值由机床参数给定，通常该参数在机床出厂时被设为 0。切削进给的速度是一个有方向的量，它的方向是刀具运动的方向，模（速度的大小）为 F 的值。参与进给的各轴之间是插补的关系，它们的运动的合成即是切削进给运动。F 的最大值也由机床参数控制，如果编程的 F 值大于此值，实际的进给切削速度将限制为最大值。切削进给的速度还可以由操作面板上的进给倍率开关控制，实际的切削进给速度应该为 F 的给定值与倍率开关给定倍率的乘积。

2）自动加减速控制

自动加减速控制作用于各轴运动的启动和停止的过程中，以减小冲击，并使得启动和停止的过程平稳，为了同样的目的，自动加减速控制也作用于进给速度变换的过程中。对于不同的进给方式，NC 使用了不同的加减速控制方式。

快速定位进给：使用线性加减速控制，各轴的加减速时间常数由机床参数控制（例如，522～525 号参数）。

切削进给：用指数加减速控制，加减速时间常数由机床参数控制（例如，530 号参数）。

手动进给：使用指数加减速控制，各轴的加减速时间常数也由机床参数控制（例如，601～604 号参数）。

3）切削方式（G64）

为了有好的切削条件，希望刀具在加工工件时要保持线速度的恒定，但是自动加减速控制只作用于每一段切削进给过程的开始和结束，那么在两个程序段之间的衔接处如何使刀具保持恒定的线速度呢？在切削方式 G64 模态下，两个切削进给程序段之间的过渡是这样的：在前一个运动接近指令位置并开始减速时，后一个运动开始加速，这样就可以在两个插补程序段之间保持恒定的线速度。可以看出，在 G64 模态下，切削进给时，NC 并不检查每个程序段执行时各轴的位置到达信号，并且在两个切削进给程序段的衔接处使刀具走出一个小小的圆角。

4）精确停止（G09）及精确停止方式（G61）

如果在一个切削进给的程序段中给出 G09 指令，则刀具接近指令位置时会减速，NC 检测到位置到达信号后才会继续执行下一程序段。这样，在两个程序段之间的衔接处刀具将走出一个非常尖锐的角，所以需要加工非常尖锐的角时可以使用这条指令。使用 G61 可以实现同样的功能，G61 与 G09 的区别就是 G09 是一条非模态的指令，而 G61 是模态的指令，即 G09 只能在它所在的程序段中起作用，不影响模态的变化；而 G61 可以在它以后的程序段中一直起作用，直到程序中出现 G64 为止。

5）暂停（G04）

指令格式：

G04 P___; 或 G04 X___;

作用：在两个程序段之间产生一段时间的暂停。

地址 P 或 X 给定暂停的时间，以秒为单位，范围是 $0.001 \sim 9999.999$s。如果没有 P 或 X，G04 在程序中的作用与 G09 相同。

4. 参考点

参考点是机床上的一个固定点，它的位置由各轴的参考点开关、撞块位置以及各轴伺服电动机的零点位置确定。用参考点返回功能，刀具可以非常容易地移动到该位置，参考点可用做刀具自动交换的位置。用机床参数可在机床坐标系中设定四个参考点。

1）自动返回参考点（G28）

指令格式：

G28 IP___;

该指令使主轴以快速定位进给速度经由 IP 指定的中间点返回机床参考点，中间点的指定既可以是绝对值方式的，也可以是增量值方式的，这取决于当前的模态。一般的，该指令用于整个加工程序结束后使工件移出加工区，以便卸下加工完毕的零件和装夹待加工的零件。

注意：为了安全起见，在执行该命令以前应该取消刀具半径补偿和长度补偿。

G28 指令中的坐标值将被 NC 作为中间点存储，另一方面，如果一个轴没有被包含在 G28 指令中，NC 存储的该轴的中间点坐标值将使用以前的 G28 指令中所给定的值。

例 13-3 执行以下代码：

```
N1  X20.0  Y54.0;
N2  G28  X-40.0  Y-25.0;     // 中间点坐标值（-40.0，-25.0）
N3  G28  Z31.0;             // 中间点坐标值（-40.0，-25.0，31.0）
```

该中间点的坐标值主要由 G29 指令使用。

2）从参考点自动返回（G29）

指令格式：

G29 IP___;

该命令使主轴以快速定位进给速度从参考点经由中间点运动到指令位置，中间点的位置由以前的 G28 或 G30 指令确定。一般来说，该指令用在 G28 或 G30 之后，被指令轴位于参考点或第二参考点的时候。

在增量值方式模态下，指令值为中间点到终点（指令位置）的距离。

3）参考点返回检查（G27）

指令格式：

G27 IP__；

该命令使主轴以快速定位进给速度运动到 IP 指令的位置，然后检查该点是否为参考点，如果是，则发出该轴参考点返回的完成信号（点亮该轴的参考点到达指示灯）；如果不是，则发出一个报警，并中断程序运行。

在刀具偏置的模态下，刀具偏置对 G27 指令同样有效，所以一般来说执行 G27 指令以前应该取消刀具偏置（半径偏置和长度偏置）。如果机床闭锁开关置上位时，NC 不执行 G27指令。

4）返回第二参考点（G30）

指令格式：

G30 IP__；

该指令的使用和执行都和 G28 非常相似，唯一不同的是 G28 使指令轴返回机床参考点，而 G30 使指令轴返回第二参考点。可以使用 G29 指令使指令轴从第二参考点自动返回。第二参考点也是机床上的固定点，它和机床参考点之间的距离由参数给定，第二参考点指令一般在机床中主要用于刀具交换。

注意：与 G28 一样，为了安全起见，在执行该命令以前应该取消刀具半径补偿和长度补偿。

5. 坐标系

通常编程人员开始编程时，并不知道被加工零件在机床上的位置，他所编制的零件程序通常是以工件上的某个点作为零件程序的坐标系原点编写加工程序，当被加工零件夹压在机床工作台上以后，再将 NC 所使用的坐标系的原点偏移到与编程使用的原点重合的位置进行加工。所以坐标系原点偏移功能对于数控机床来说是非常重要的。

编程指令可以使用下列 3 种坐标系。

（1）机床坐标系。

（2）工件坐标系。

（3）局部坐标系。

1）选用机床坐标系（G53）

指令格式：

(G90)G53 IP__；

该指令使刀具以快速进给速度运动到机床坐标系中 IP__指定的坐标值位置，一般的，该指令在 G90 模态下执行。G53 指令是一条非模态指令，也就是说它只在当前程序段中起作用。

机床坐标系零点与机床参考点之间的距离由参数设定，无特殊说明，各轴参考点与机床坐标系零点重合。

2）使用预置的工件坐标系（G54~G59）

在机床中，可以预置 6 个工件坐标系，通过在数控系统面板上的操作，设置每一个工件坐标系原点相对于机床坐标系原点的偏移量，然后使用 G54~G59 指令来选用它们，G54~G59都是模态指令，分别对应 1#~6#预置工件坐标系。举例如下，见表 13-5。

例 13-4　执行以下两段代码：

预置 1 # 工件坐标系 G54 原点偏移量：X–150.000　Y–210.000　Z–90.000。

预置 4 # 工件坐标系 G57 原点偏移量：X–430.000　Y–330.000　Z–120.000。

表 13-5　程序范例

程序段内容	终点在机床坐标系中的坐标值	注释
N1 G90 G54 G00 X50. Y50. ;	X–100, Y–160	选择 1 # 坐标系，快速定位
N2 Z–70. ;	Z–160	
N3 G01 Z–72.5 F100. ;	Z–162.5	直线插补，F=100
N4 X37.4 ;	X–112.6	X 轴直线插补
N5 G00 Z0 ;	Z–90	Z 轴快速定位
N6 X0 Y0 A0 ;	X–150, Y–210	
N7 G53 X0 Y0 Z0 ;	X0, Y0, Z0	选择使用机床坐标系
N8 G57 X50. Y50. ;	X–380, Y–280	选择 4 # 坐标系
N9 Z–70. ;	Z–190	
N10 G01 Z–72.5 ;	Z–192.5	直线插补，F=100（模态值）
N11 X37.4 ;	X–392.6	
N12 G00 Z0 ;	Z–120	
N13 G00 X0 Y0 ;	X–430, Y–330	G57 坐标系原点

从例 13-4 可以看出，G54～G59 指令的作用就是将 NC 所使用的坐标系的原点偏移到机床坐标系中的预置点。

在机床的数控编程中，插补指令和其他与坐标值有关的指令中的 IP_，除非有特指，都是指在当前坐标系中（指令被执行时所使用的坐标系）的坐标位置。绝大多数情况下，当前坐标系是 G54～G59 中的一个（G54 为上电时的初始模态），直接使用机床坐标系的情况很少。

3）可编程工件坐标系（G92）

指令格式：

(G90)G92　IP__ ;

该指令建立一个新的工件坐标系，使得在这个工件坐标系中，当前刀具所在点的坐标值为 IP__ 指令的值。G92 指令是一条非模态指令，但由该指令建立的工件坐标系却是模态的。实际上，该指令给出了一个偏移量，这个偏移量是间接给出的，它是新工件坐标系原点在原来的工件坐标系中的坐标值，从 G92 的功能可以看出，这个偏移量也就是刀具在原工件坐标系中的坐标值与 IP__ 指令值之差。如果多次使用 G92 指令，则每次使用 G92 指令给出的偏移量将会叠加。对于每一个预置的工件坐标系（G54～G59），这个叠加的偏移量都是有效的。

例 13-5　如表 13-6 所示预置下列参数。

预置工件坐标系 G54 原点偏移量：X–150.000　Y–210.000　Z–90.000。

预置工件坐标系 G57 原点偏移量：X–430.000　Y–330.000　Z–120.000。

表 13-6　程序范例

程序段内容	终点在机床坐标系中的坐标值	注释
N1 G90 G54 G00 X0 Y0 Z0 ;	X–150, Y–210, Z–90	选择 G54 坐标系，快速定位到坐标系原点
N2 G92 X70. Y100. Z50. ;	X–150, Y–210, Z–90	刀具不动，建立新坐标系，其原点偏移了 X–70, Y–100, Z–50，即刀具在新坐标系中当前点坐标值为 X70, Y100, Z50
N3 G00 X0 Y0 Z0 ;	X–220, Y–310, Z–140	快速定位到新坐标系原点
N4 G57 X0 Y0 Z0 ;	X–500, Y–430, Z–170	G57 坐标系，快速定位到坐标系原点（已被偏移）
N5 X70. Y100. Z50. ;	X–430, Y–330, Z–120	快速定位到原坐标系原点

4）局部坐标系（G52）

G52 可以建立一个局部坐标系，局部坐标系相当于 G54～G59 坐标系的子坐标系。

指令格式：

G52 IP__；

该指令中，IP__给出了一个相对于当前 G54～G59 坐标系的偏移量，也就是说，IP_给定了局部坐标系原点在当前 G54～G59 坐标系中的位置坐标，即使该 G52 指令执行前已经有一个 G52 指令建立了一个局部坐标系。取消局部坐标系的方法也非常简单，使用"G52 IP0；"即可。

6. 平面选择

一组指令用于选择进行圆弧插补以及刀具半径补偿所在的平面。

使用方法如图 13-30 所示。

G17 选择 X-Y 平面；

G18 选择 X-Z 平面；

G19 选择 Y-Z 平面。

关于平面选择的相关指令可以参考圆弧插补及刀具补偿等指令的相关内容。

7. 坐标值和尺寸单位

有两种指令刀具运动的方法：绝对值指令和增量值指令。

绝对值指令 G90：绝对值指令是刀具移动到"距坐标系零点某一距离"的点，即刀具移动到坐标值的位置。

增量值指令 G91：指令刀具从当前位置移动到下一个位置的位移量。

在绝对值指令模式下，指定的是运动终点在当前坐标系中的坐标值；而在增量值指令模式下，指定的则是各轴运动的距离。G90 和 G91 这对指令被用来选择使用绝对值或增量值模式。

8. 辅助功能

1）M 代码

在机床中，M 代码分为两类：一类由 CNC 直接执行，用来控制程序的执行；另一类由 PMC 来执行，控制主轴、ATC 装置、冷却系统。

（1）程序控制用 M 代码：

用于程序控制的 M 代码有 M00、M01、M02、M30、M98、M99，其功能如下。

M00——程序暂停。CNC 执行到 M00 时，中断程序的执行，按循环启动按钮可继续执行程序。

M01——条件程序暂停。CNC 执行到 M01 时，若 M01 有效开关置为上位，则 M01 与 M00 指令有同样效果，如果 M01 有效开关置下位，则 M01 指令不起任何作用。

M02——程序结束。遇到 M02 指令时，CNC 认为该程序已经结束，停止程序的运行并发出一个复位信号。

M30——程序结束，并返回程序头。在程序中，M30 除了起到与 M02 同样的作用外，还使程序返回程序头。

M98——调用子程序。

M99——子程序结束，返回主程序。在主程序中可重复执行。

（2）其他 M 代码：

M03——主轴正转。使用该指令使主轴以当前指定的主轴转速逆时针（CCW）旋转。

M04——主轴反转。使用该指令使主轴以当前指定的主轴转速顺时针（CW）旋转。

M05——主轴停止。

M06——自动刀具交换（参阅机床操作说明书）。

M08——冷却开。

M09——冷却关。

机床厂家往往将自行开发的机床功能设置为 M 代码（例如，机床开/关门），这些 M 代码请参阅机床自带的使用说明书。

2）T 代码

机床刀具库使用任意选刀方式，即由两位的 T 代码 T×× 指定刀具号，地址 T 的取值范围可以是 1～99 的任意整数，在 M06 之前必须有一个 T 码，如果 T 指令和 M06 出现在同一程序段中，则 T 码也要写在 M06 之前。

注意：刀具表一定要设定正确，如果与实际不符，将严重损坏机床，并造成不可预计的后果。

3）主轴转速指令（S 代码）

一般机床主轴转速范围是 20～6000r/min。主轴的转速指令由 S 代码给出，S 代码是模态的，直到另一个 S 代码改变模态值。主轴的旋转方向指令则由 M03 或 M04 实现。

9. 刀具补偿功能

1）刀具长度补偿（G43，G44，G49）

使用"G43（G44）H_；"指令可以将 Z 轴运动的终点向正或负向偏移一段距离，这段距离等于 H 指令的补偿号中存储的补偿值。G43 或 G44 是模态指令，H_ 指定的补偿号也是模态的。使用这条指令，编程人员在编写加工程序时，就可以不必考虑刀具的长度而只考虑刀尖的位置即可。刀具磨损或损坏后更换新的刀具时也不需要更改加工程序，直接修改刀具补偿值即可。

如图 13-28 所示，G43 指令为刀具长度补偿 + ，也就是说 Z 轴到达的实际位置为指令值与补偿值相加的位置；G44 指令为刀具长度补偿 −，也就是说 Z 轴到达的实际位置为指令值减去补偿值的位置。H 的取值范围为 00～200。H00 意味着取消刀具长度补偿值。取消刀具长度补偿的另一种方法是使用指令 G49。CNC 执行到 G49 指令或 H00 时，立即取消刀具长度补偿，并使 Z 轴运动到不加补偿值的指令位置。

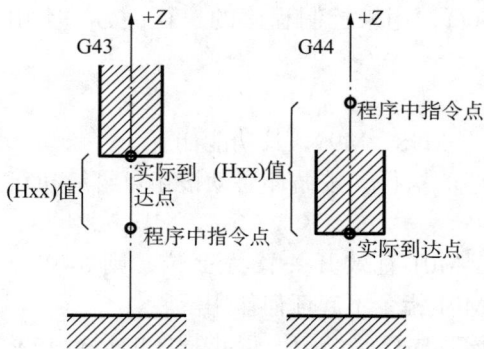

图 13-28　刀具长度补偿指令

执行刀具长度补偿指令格式：

$$\begin{Bmatrix} G43 \\ G44 \end{Bmatrix} \begin{Bmatrix} G00 \\ G01 \end{Bmatrix} \begin{Bmatrix} X\_\_Y\_\_ \\ X\_\_Z\_\_ \\ Y\_\_Z\_\_ \end{Bmatrix} Z\_\_H\_\_;$$

取消刀具长度补偿指令格式：

$$G49 \begin{Bmatrix} G00 \\ G01 \end{Bmatrix} Z\_\_;$$

由于刀具长度补偿值的取值范围是 −999.999～999.999mm 或 −99.9999～99.9999in（1in=2.54cm），通过补偿值正负号的改变，使用 G43 指令就可完成 G44 指令的工作，因而在实际编程中，一般仅使用 G43 指令。

例 13-6　如图 13-29 所示，设长度补偿 H02 = 200mm。

```
N1 G92 X0 Y0 Z0;          // 用 G92 设定当前点 O 为新坐标系程序零点
N2 G90 G44 G00 Z10.0 H02; // 由于加入了长度补偿值，实际坐标系 X′O′Z 在编程
```

// 坐标系 XOZ 之下 200mm，程序指定点 A，实到点 B

```
N3 G01 Z-20.0;        // 实到点 C
N4 Z10.0;             // 实际返回点 B
N5 G49 G00 Z0;        // 取消长度补偿后，实际返回点 O
```

注意：

（1）使用 G43、G44 相当于平移了 Z 轴原点。即将坐标原点 O 平移到了 O′ 点处，后续程序中的 Z 坐标均相对于 O′ 进行计算。使用 G49 时则又将 Z 轴原点平移回到了 O 点。

（2）在机床上有时可用提高 Z 轴位置的方法来校验运行程序。

2）刀具半径补偿（G41，G42，G40）

在进行数控轮廓铣削时，由于刀具半径的存在，刀具中心轨迹与工件轮廓不重合。

人工计算刀具中心轨迹编程，计算相当复杂，且刀具直径变化时必须重新计算，修改程序。

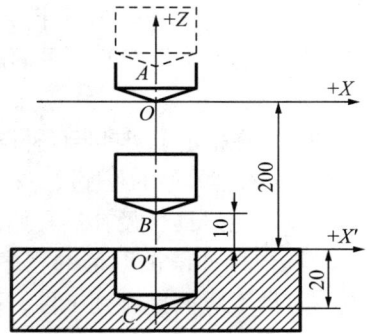

图 13-29　刀具长度补偿

当数控系统具备刀具半径补偿功能时，数控编程只需按工件轮廓进行，数控系统自动计算刀具中心轨迹，使刀具偏离工件轮廓一个半径值，即进刀具半径补偿。在机床上，这样的功能可以由 G41（左补偿）或 G42（右补偿）指令来实现。

执行刀具半径补偿指令：

$$\begin{Bmatrix} G17 \\ G18 \\ G19 \end{Bmatrix} \begin{Bmatrix} G41 \\ G42 \end{Bmatrix} \begin{Bmatrix} G00 \\ G01 \end{Bmatrix} \begin{Bmatrix} X\_\_Y\_\_ \\ X\_\_Z\_\_ \\ Y\_\_Z\_\_ \end{Bmatrix} D\_\_;$$

取消刀具半径补偿指令：

$$G40 \begin{Bmatrix} G00 \\ G01 \end{Bmatrix} \begin{Bmatrix} X\_\_Y\_\_ \\ X\_\_Z\_\_ \\ Y\_\_Z\_\_ \end{Bmatrix};$$

X、Y、Z 值是建立补偿直线段的终点坐标值。

（1）刀具半径补偿的过程分为 3 步，如图 13-30 所示。

刀补的建立：在刀具从起点接近工件时，刀心轨迹从与编程轨迹重合过渡到与编程轨迹偏离一个偏置量的过程。

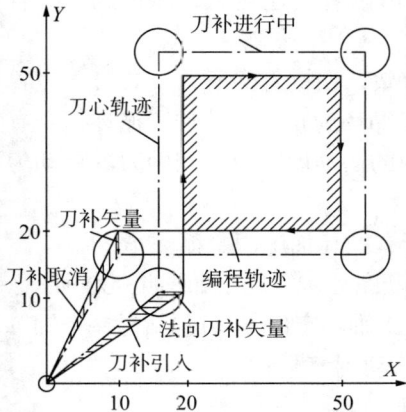

图 13-30　刀具半径补偿

刀补进行：刀具中心始终与变成轨迹相距一个偏置量，直到刀补取消。

刀补取消：刀具离开工件，刀心轨迹要过渡到与编程轨迹重合的过程。

（2）补偿向量。补偿向量是一个二维向量，由它来确定进行刀具半径补偿时，实际位置和编程位置之间的偏移距离和方向。补偿向量的模即实际位置和补偿位置之间的距离，始终等于指定补偿号中存储的补偿值，补偿向量的方向始终为编程轨迹的法线方向（图 13-31）。

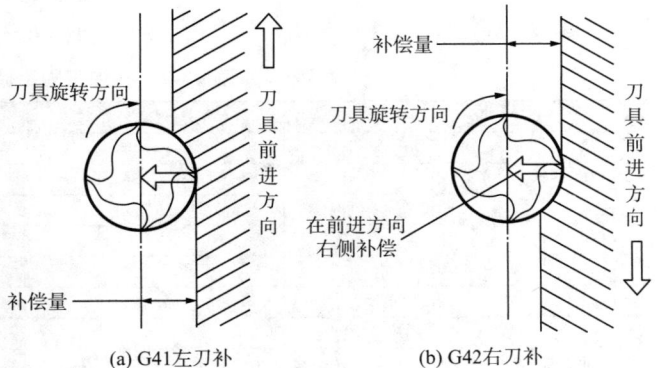

(a) G41 左刀补　　　(b) G42 右刀补

图 13-31　刀具补偿方向

该编程向量由 CNC 系统根据编程轨迹和补偿值计算得出，并由此控制刀具（*X*、*Y* 轴）的运动完成补偿过程。

（3）补偿值。在 G41 或 G42 指令中，地址 D 指定了一个补偿号，每个补偿号对应一个补偿值。补偿号的取值范围为 00～200，这些补偿号由长度补偿和半径补偿共用。和长度补偿一样，D00 意味着取消半径补偿。补偿值的取值范围和长度补偿相同。

（4）平面选择。刀具半径补偿只能在被 G17，G18 或 G19 选择的平面上进行，在刀具半径补偿的模态下，不能改变平面的选择，否则出现 P/S 报警。

注意：

（1）在指定了刀具半径补偿模态及非零的补偿值后，第一个在补偿平面中产生运动的程序段为刀具半径补偿开始的程序段，在该程序段中，不允许出现圆弧插补指令，否则 CNC 会给出 P/S 报警。

（2）在刀具半径补偿开始的程序段中，补偿值从零均匀变化到给定的值，同样的情况出现在刀具半径补偿被取消的程序段中，即补偿值从给定值均匀变化到零，所以在这两个程序段中，刀具不应该接触到工件，否则就会出现过切现象。

10. 固定循环指令

1）孔加工固定循环（G73，G74，G76，G80～G89）

数控加工中，某些加工工序有着固定的规律，例如，钻孔、镗孔的工序都是具有孔位平面定位、快速进给、工作进给、快速退回等一系列典型的加工动作，这样就可以预先编好程序，存储在内存中，并用一个 G 代码程序段调用，称为固定循环。固定循环可以有效地缩短程序代码，节省存储空间，简化编程。本章节主要讲解 FANUC 0i 的孔循环指令。

孔加工循环指令为模态指令，一旦某个孔加工循环指令有效，在接着的所有（*X*, *Y*）位置均采用该孔加工循环指令进行空加工，直到用 G80 取消孔加工循环为止。在孔加工循环指令有效时，（*X*, *Y*）平面内的运动即孔位之间的刀具移动为快速运动（G00）。

表 13-7 列出了所有的孔加工固定循环指令。

固定循环由 6 个顺序动作组成，如图 13-32 所示：

动作 1——*X* 轴和 *Y* 轴的定位（还可包括另一个轴）；

动作 2——快速移动到 *R* 点；

动作 3——孔加工；

动作 4——在孔底的动作；

动作 5——返回到 *R* 点；

动作 6——快速移动到初始点。

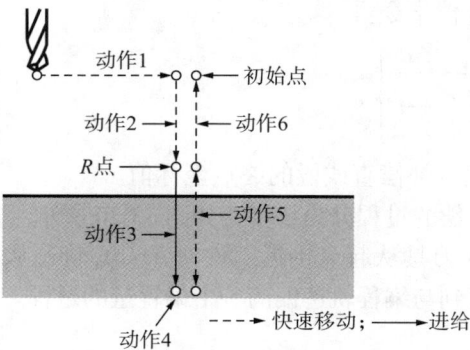

图 13-32 固定循环的 6 个动作

表 13-7 孔加工固定循环指令

G 代码	加工运动（*Z* 轴负向）	孔底动作	返回运动（*Z* 轴正向）	应用
G73	分次，切削进给		快速定位进给	高速深孔钻削
G74	切削进给	暂停—主轴正转	切削进给	左螺纹攻丝
G76	切削进给	主轴定向，让刀	快速定位进给	精镗循环
G80				取消固定循环
G81	切削进给		快速定位进给	普通钻削循环
G82	切削进给	暂停	快速定位进给	钻削或粗镗削
G83	分次，切削进给		快速定位进给	深孔钻削循环
G84	切削进给	暂停—主轴反转	切削进给	右螺纹攻丝
G85	切削进给		切削进给	镗削循环

G 代码	加工运动（Z 轴负向）	孔底动作	返回运动（Z 轴正向）	应用
G86	切削进给	主轴停	快速定位进给	镗削循环
G87	切削进给	主轴正转	快速定位进给	反镗削循环
G88	切削进给	暂停—主轴停	手动	镗削循环
G89	切削进给	暂停	切削进给	镗削循环

固定循环中的三个平面如下。

（1）初始平面：是为了安全下刀而规定的一个平面。初始平面到零件表面的距离可以任意设置在一个安全的高度上。

（2）R 平面：又叫 R 参考平面，这个平面是刀具下刀时从快进转为工进的高度平面，距工件表面的距离主要考虑工件表面尺寸的变化，一般可取 2~5mm。

（3）孔底平面：加工盲孔时孔底平面就是孔底的 Z 轴高度；加工通孔时，一般刀具还要伸出工件底平面一段距离，主要是要保证全部孔深都加工到尺寸；钻削加工时还应考虑钻头对孔深的影响。

对孔加工固定循环指令的执行有影响的指令主要有 G90/G91 及 G98/G99 指令。

图 13-33 示意了 G90/G91 对孔加工固定循环指令的影响。

在 G90 模式下：X、Y——孔位坐标；Z——孔底坐标；R——R 点的坐标。

在 G91 模式下：X、Y——加工起点到孔位的距离；Z——R 点到孔底的距离；R——初始点到 R 点的距离。

图 13-34 示意了 G98/G99 决定固定循环在孔加工完成后返回 R 点还是起始点，G98 模态下，孔加工完成后 Z 轴返回起始点；在 G99 模态下则返回 R 点。

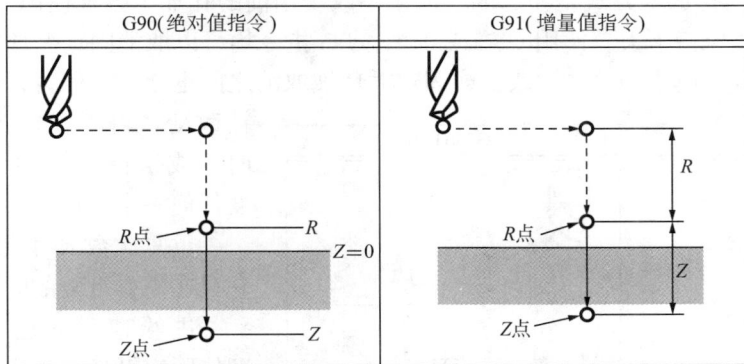

图 13-33　G90/G91 对孔加工固定循环指令的影响

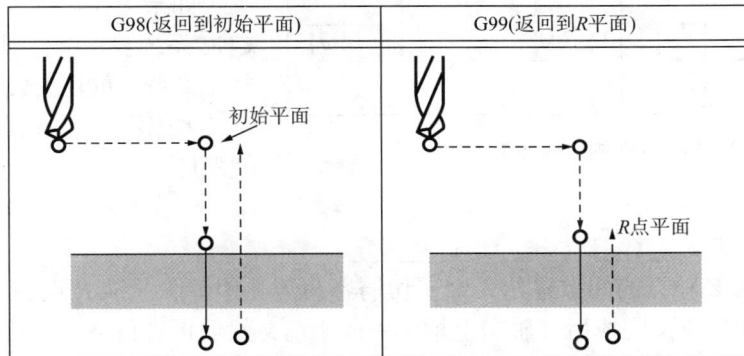

图 13-34　G98/G99 对孔加工固定循环指令的影响

一般的，如果被加工的孔在一个平整的平面上，可以使用 G99 指令，因为 G99 模态下返回 R 点进行下一个孔的定位，而一般编程中 R 点非常靠近工件表面，这样可以缩短零件加工时间，但如果工件表面有高于被加工孔的凸台或筋时，使用 G99 时非常有可能使刀具和工件发生碰撞，这时，就应该使用 G98，使 Z 轴返回初始点后再进行下一个孔的定位，这样就比较安全。

G73/G74/G76/G81～G89 指令格式：

Gxx X__Y__Z__R__Q__P__F__K__;

表 13-8 说明了各地址指定的加工参数的含义。

表 13-8 固定循环指令的参数

孔加工方式 G	加工参数的含义
被加工孔位置参数 X、Y	绝对值方式（G90）：孔位坐标 增量值方式（G91）：加工起点到孔位的距离
孔加工参数 Z	绝对值方式（G90）：指定沿 Z 轴方向孔底的位置坐标 增量值方式（G91）：指定从 R 点到孔底的距离
孔加工参数 R	绝对值方式（G90）：指定沿 Z 轴方向 R 点的坐标 增量值方式（G91）：指定从初始点到 R 点的距离
孔加工参数 Q	用于指定深孔钻循环 G73 和 G83 中的每次进刀量，精镗循环 G76 和反镗循环 G87 中的偏移量（无论 G90 或 G91 模态，总是增量值指令）
孔加工参数 P	用于孔底动作有暂停的固定循环中指定暂停时间，单位是 ms
孔加工参数 F	用于指定固定循环中的切削进给速率，在固定循环中，从初始点到 R 点及从 R 点到初始点的运动以快速进给的速度进行，从 R 点到 Z 点的运动以 F 指定的切削进给速度进行，而从 Z 点返回 R 点的运动则根据固定循环的不同，以 F 指定的速率或快速进给速率进行
重复次数 K	指定固定循环在当前定位点的重复次数，如果不指定 K，CNC 认为 K=1，如果指定 K=0，则固定循环在当前点不执行

由 Gxx 指定的孔加工方式是模态的，如果不改变当前的孔加工方式模态或取消固定循环，孔加工模态会一直保持下去。使用 G80 或 01 组的 G 指令均可以取消固定循环。

孔加工参数也是模态的，在被改变或固定循环被取消之前也会一直保持，即使孔加工模态被改变。可以在指令一个固定循环时，或执行固定循环中，指定或改变任何一个孔加工参数。

重复次数 K 不是一个模态的值，它只在需要重复的时候给出。

进给速率 F 是一个模态的值，即使固定循环取消后它仍然会保持。

如果正在执行固定循环的过程中 CNC 系统被复位，则孔加工模态、孔加工参数及重复次数 K 均被取消。

2）深孔钻削固定循环（G73）（图 13-35）

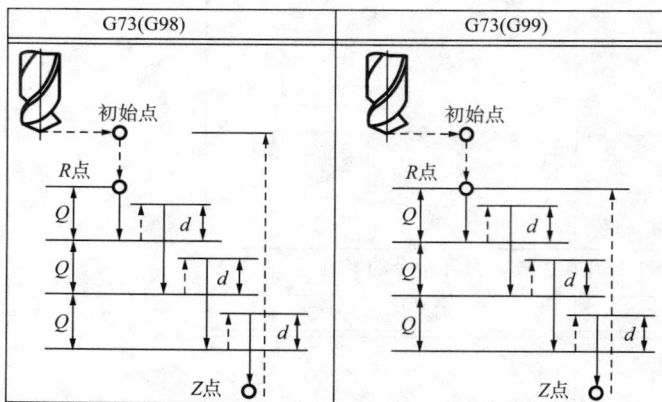

图 13-35 G73 固定循环指令

指令格式：

G98(G99)G73 X__Y__Z__R__Q__F__K__;

钻深孔循环沿 Z 轴方向间歇进给，金属切屑容易从孔中清除。从 R 点到 Z 点的进给是分段完成的，每段切削进给完成后 Z 轴向上抬起一段距离，然后再进行下一段切削进给，Z 轴每次向上抬起的距离为 d（退刀量），由机床参数（No.5114）设置。每次进给的深度由孔加工参数 Q 给定。该固定循环主要用于径深比小的孔（如 φ5，深 70）的加工，每段切削进给完毕后

*Z*轴抬起的动作起到了断屑的作用。

3）左螺纹攻丝固定循环（G74）（图 13-36）

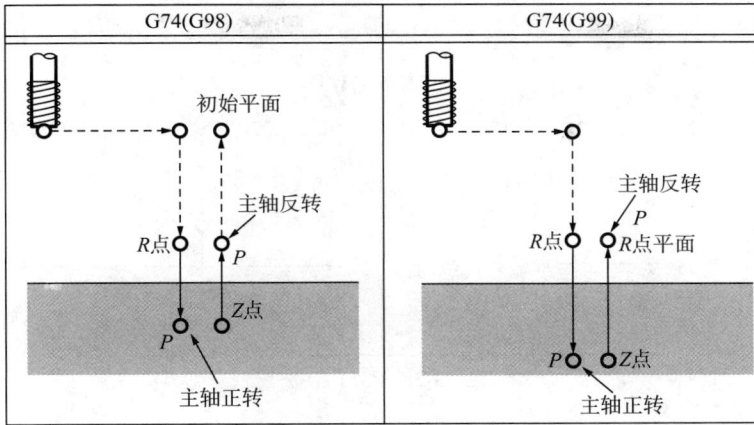

图 13-36　G74 指令

指令格式：

G98(G99)G74 X__Y__Z__R__P__F__K__;

在使用左螺纹攻丝循环时，循环开始以前必须给 M04 指令使主轴反转，并且使 *F* 与 *S* 的比值等于螺距。另外，在 G74 或 G84 循环进行中，进给倍率开关和进给保持开关的作用将被忽略，即进给倍率被保持在 100%，而且在一个固定循环执行完毕之前不能中途停止。

4）精镗固定循环（G76）（图 13-37）

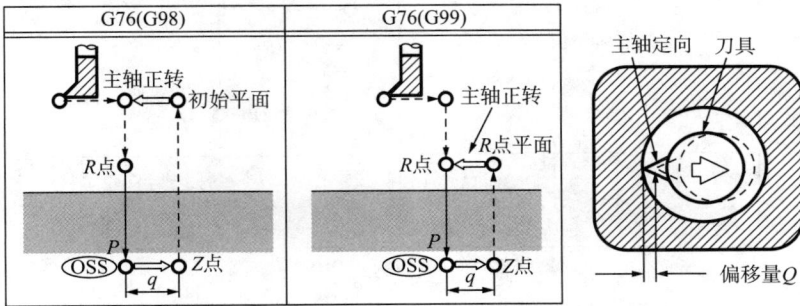

图 13-37　G76 指令

OSS—主轴定向停止；*Q*—孔底的位移量，mm；*P*—孔底的暂停时间，ms

G76 是精镗固定循环，退刀时主轴定向停止，并有让刀动作，避免擦伤孔壁，让刀值由 *Q* 设定（mm）。

指令格式：

G98(G99)G76 X__Y__Z__R__Q__P__F__K__;

注意：*Q*（在孔底的位移量）是在固定循环内保存的模态值，必须小心设定，因为它也作用于 G73 和 G83 的切削深度。

5）取消固定循环（G80）

指令格式：

G80

指令执行后，将取消所有固定循环，*R* 点平面和 *Z* 点也被取消。

另外 01 组的 G 代码（G00、G01、G02、G03）也会起到同样的作用。

6）钻削固定循环（G81）（图 13-38）

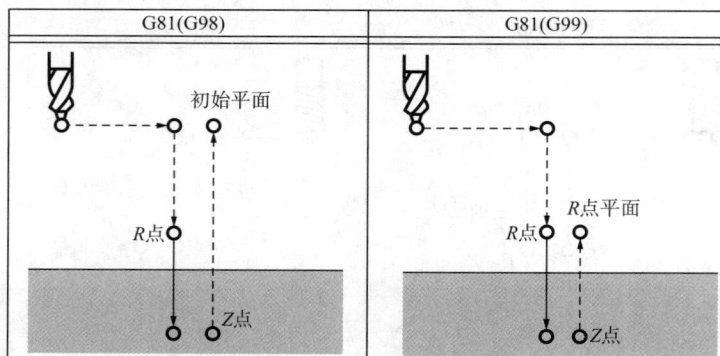

图 13-38　G81 指令

指令格式：

G98(G99)G81 X__Y__Z__R__F__K__;

G81 是最简单的固定循环，它的执行过程为：X、Y 轴定位，Z 轴快进到 R 点，以 F 速度进给到 Z 点，快速返回初始点（G98）或 R 点（G99），没有孔底动作。

7）钻削固定循环（G82）（图 13-39）

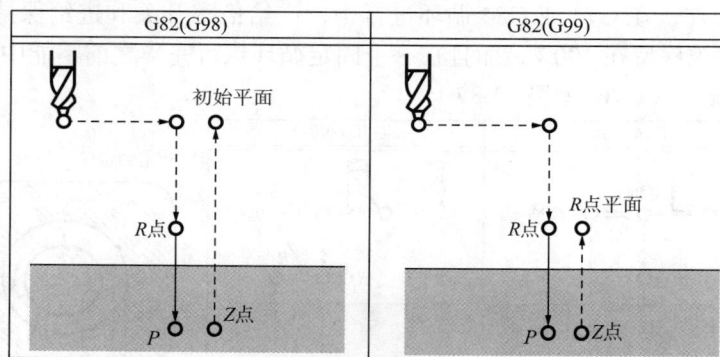

图 13-39　G82 指令

指令格式：

G98(G99)G82 X__Y__Z__R__P__F__K__;

G82 固定循环在孔底有一个暂停的动作，除此之外和 G81 完全相同。孔底的暂停可以提高孔深的精度。

8）深孔钻削固定循环（G83）（图13-40）

指令格式：

G98(G99)G83 X__Y__Z__R__Q__F__K__;

和 G73 指令相似，G83 指令下从 R 点到 Z 点的进给也分段完成，和 G73 指

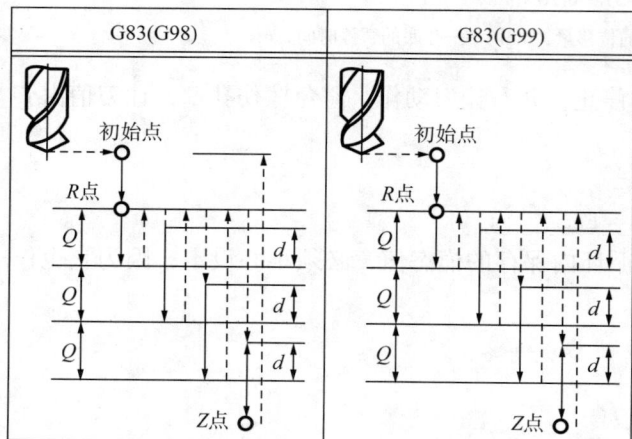

图 13-40　G83 指令

令不同的是，每段进给完成后，Z 轴返回的是 R 点，然后以快速进给速率运动到距离下一段进给起点上方 d 的位置开始下一段进给运动。

每段进给的距离由孔加工参数 Q 给定，Q 始终为正值，d 的值由机床参数（No.5115）给定。

9）攻丝固定循环（G84）（图 13-41）

指令格式：

`G98(G99)G84 X__Y__Z__R__P__F__K__;`

G84 循环需主轴顺时针旋转（右旋），其他与 G74 完全一样，在循环开始以前指令主轴正转。

10）镗削固定循环（G85）（图 13-42）

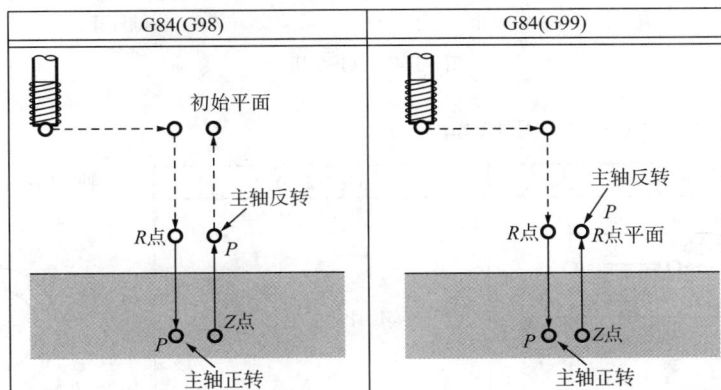

图 13-41　G84 指令

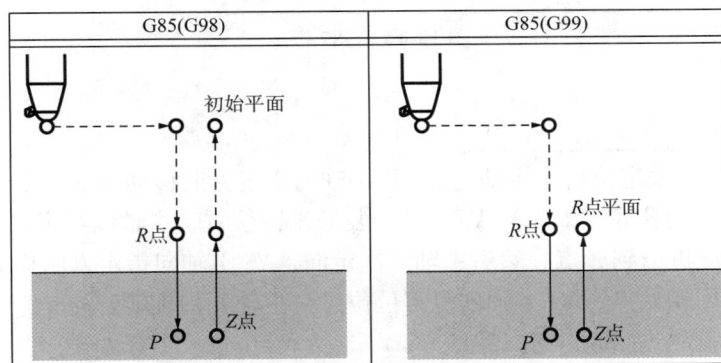

图 13-42　G85 指令

指令格式：

`G98(G99)G85 X__Y__Z__R__F__K__;`

该固定循环非常简单，执行过程如下：

X、Y 轴定位，Z 轴快速到 R 点，以 F 给定的速度进给到 Z 点，以 F 给定速度返回 R 点，如果在 G98 模态下，返回 R 点后再快速返回初始点。

11）镗削固定循环（G86）（图 13-43）

指令格式：

`G98(G99)G86 X__Y__Z__R__F__K__;`

该固定循环的执行过程和 G81 相似，不同之处是 G86 中刀具进给到孔底时使主轴停止，快速返回到 R 点或初始点时再使主轴以原方向、原转速旋转。

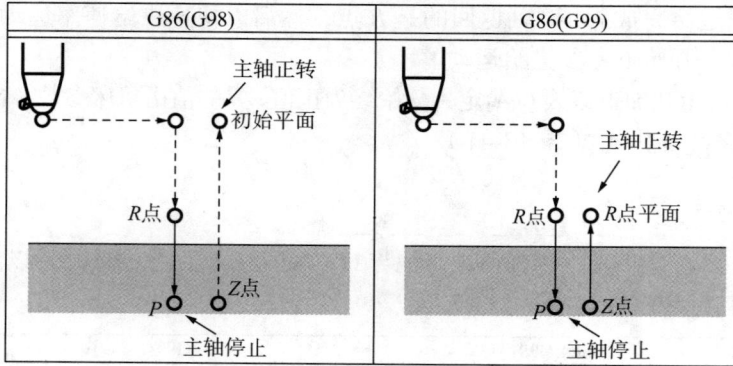

图 13-43　G86 指令

12）反镗固定循环（G87）（图 13-44）

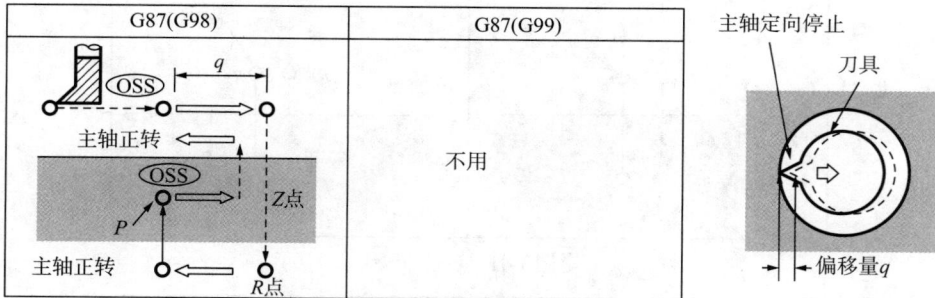

图 13-44　G87 指令

指令格式：

```
G98 G87 X__Y__Z__R__Q__P__F__K__;
```

G87 循环中，X、Y 轴定位后，主轴定向，X、Y 轴向指定方向移动由加工参数 Q 给定的距离，以快速进给速度运动到孔底（R 点），X、Y 轴恢复原来的位置，主轴以给定的速度和方向旋转，Z 轴以 F 给定的速度进给到 Z 点，然后主轴再次定向，X、Y 轴向指定方向移动 Q 指定的距离，以快速进给速度返回初始点，X、Y 轴恢复定位位置，主轴开始旋转。

13）镗削固定循环（G88）（图 13-45）

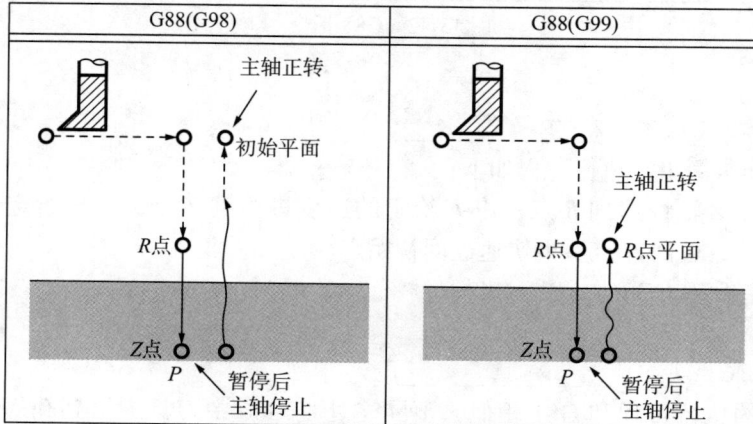

图 13-45　G88 指令

指令格式：

G98(G99)G88X__Y__Z__R__Q__P__F__K__;

固定循环 G88 是带有手动返回功能的用于镗削的固定循环。

14）镗削固定循环（G89）（图 13-46）

指令格式：

G98(G99)G89X__Y__Z__R__P__F__K__;

该固定循环在 G85 的基础上增加了孔底的暂停。

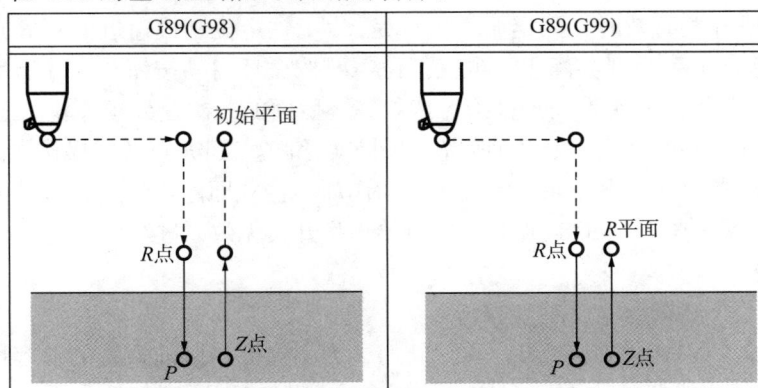

图 13-46　G89 指令

15）刚性攻丝方式

在攻丝固定循环 G84 或左螺纹攻丝固定循环 G74 的前一程序段指令 M29Sxxxx；则机床进入刚性攻丝模式。CNC 执行到该指令时，主轴停止，然后主轴正转指示灯亮，表示进入刚性攻丝模式，其后的 G74 或 G84 循环被称为刚性攻丝固定循环，由于刚性攻丝固定循环中，主轴转速和 Z 轴的进给严格成比例同步，所以可以使用刚性夹持的丝锥进行螺纹孔的加工，并且还可以提高螺纹孔的加工速度，提高加工效率。

使用 G80 和 01 组 G 代码都可以解除刚性攻丝模式，另外复位操作也可以解除刚性攻丝模式。

使用刚性攻丝循环需注意以下事项：

（1）G74 或 G84 中指令的 F 值与 M29 程序段中指令的 S 值的比值（F/S）即为螺纹孔螺距值。

（2）Sxxxx 必须小于 No.0617 参数指定的值，否则执行固定循环指令时出现编程报警。

（3）F 值必须小于切削进给的上限值 4000mm/min，即机床参数规定值，否则出现编程报警。

（4）在 M29 指令和固定循环的 G 指令之间不能有 S 指令或任何坐标运动指令。

（5）M29 指令必须写在 G74 或 G84 指令之前的程序段中。

（6）不能在取消刚性攻丝模式后的第一个程序段中执行 S 指令。

（7）不要在试运行状态下执行刚性攻丝指令。

16）使用孔加工固定循环的注意事项

（1）编程时需注意在固定循环指令之前，必须先使用 S 和 M 代码指令主轴旋转。

（2）在固定循环模式下，包含 X、Y、Z、A、R 的程序段将执行固定循环，如果一个程序段不包含上列的任何一个地址，则在该程序段中将不执行固定循环，G04 中的地址 X 除外。另外，G04 中的地址 P 不会改变孔加工参数中的 P 值。

（3）孔加工参数 Q、P 必须在固定循环被执行的程序段中被指定，否则指令的 Q、P 值无效。

（4）在执行含有主轴控制的固定循环（如 G74、G76、G84 等）过程中，刀具开始切削进给时，主轴有可能还没有达到指令转速。这种情况下，需要在孔加工操作之间加入 G04 暂停指令。

（5）由于 01 组的 G 代码也起到取消固定循环的作用，所以不能将固定循环指令和 01 组的 G 代码写在同一程序段中。

（6）如果执行固定循环的程序段中指定了一个 M 代码，M 代码将在固定循环执行定位时被同时执行，M 指令执行完毕的信号在 Z 轴返回 R 点或初始点后被发出。使用 K 参数指令重复执行固定循环时，同一程序段中的 M 代码在首次执行固定循环时被执行。

（7）在固定循环模态下，刀具偏置指令 G45～G48 将被忽略（不执行）。

（8）单程序段开关有效时，固定循环执行完 X、Y 轴定位、快速进给到 R 点及从孔底返回（到 R 点或到初始点）后，都会停止。也就是说需要按循环启动按钮 3 次才能完成一个孔的加工。3 次停止中，前面的两次是处于进给保持状态，后面的一次是处于停止状态。

（9）执行 G74 和 G84 循环时，Z 轴从 R 点到 Z 点和 Z 点到 R 点两步操作之间如果按进给保持按钮，进给保持指示灯会立即亮，但机床的动作却不会立即停止，直到 Z 轴返回 R 点后才进入进给保持状态。另外 G74 和 G84 循环中，进给倍率开关无效，进给倍率被固定在 100%。

11. 程序结构

1）程序基本结构

早期的 NC 加工程序是以纸带为介质存储的，为了保持与以前系统的兼容性，现在所用的 CNC 系统也可以使用纸带作为存储介质，所以一个完整的程序应包括由纸带输入、输出程序所必需的一些信息。一般应由下列几部分构成。

（1）纸带程序起始符（Tape Start）：该部分在纸带上用来标识一个程序的开始，符号是 %。在机床操作面板上直接输入程序时，该符号由 CNC 自动产生。

（2）前导（Leader Section）：第一个换行（ISO 代码下是 LF）或回车（EIA 代码下是 CR）前的内容被称为前导部分。该部分与程序执行无关。

（3）程序起始符（Program Start）：该符号标识程序正文部分的开始，ISO 代码为 LF，EIA 代码为 CR。在机床操作面板上直接输入程序时，该符号由 CNC 自动产生。

（4）程序正文（Program Section）：位于程序起始符和程序结束符之间的部分为程序正文部分，在机床操作面板上直接输入程序时，输入和编辑的就是这一部分。

（5）注释（Comment Section）：在任何地方，一对圆括号之间的内容为注释部分，CNC 对这部分内容只显示，在执行时不予理会。

（6）程序结束符（Program End）：用来标识程序正文的结束，ISO 代码用 LF，EIA 代码用 CR，在操作面板上为 EOB 键，屏幕上均显示为 "；"。

（7）纸带程序结束符（Tape End）：用来标识纸带程序的结束，符号为 %。在机床操作面板上直接输入程序时，该符号由 NC 自动产生。

一个加工程序由许多程序段构成，程序段是构成加工程序的基本单位。一个程序段的开头可以用一个可选的顺序号 N×××× 来标识该程序段，一般来说，顺序号有两个作用：一是运行程序时便于监控程序的运行情况，因为在任何时候，程序号和顺序号总是显示在显示器的右上角；二是在分段跳转时，必须使用顺序号来标识调用或跳转位置。必须注意，程序段执行的顺序只和它们在程序存储器中所处的位置有关，而与它们的顺序号无关。也就是说，如果顺序号为 N20 的程序段出现在顺序号为 N10 的程序段前面，也一样先执行顺序号为 N20 的程序段。

如果某一程序段的第一个字符为 "/"，则表示该程序段为条件程序段，即可选跳段开关在上位时，不执行该程序段，而可选跳段开关在下位时，该程序段才能被执行。

2）程序正文结构

在加工程序正文中，一个英文字母被称为一个地址，一个地址后面跟着一个数字就组成了一个词。每个地址有不同的意义，它们后面所跟的数字也因此具有不同的格式和取值范围，参见表 13-9。

表 13-9　地址符的取值范围

功能	地址	数字取值范围	含义
程序号	O	1～9999	程序号
顺序号	N	1～9999	顺序号
准备功能	G	00～99	指定数控功能
尺寸定义	X, Y, Z	−99999.999～99999.999mm	坐标位置值
	R		圆弧半径，圆角半径
	I, J, K	−99999.999～99999.999mm	圆心坐标位置值
进给速率	F	1～100000mm/min	进给速率
主轴转速	S	1～32000r/min	主轴转速值
选刀	T	0～99	刀具号
辅助功能	M	0～99	辅助功能 M 代码号
刀具偏置号	H, D	1～200	指定刀具偏置号
暂停时间	P, X	0～99999.999s	暂停时间（ms）
指定子程序号	P	1～9999	调用子程序号
重复次数	P, L	1～999	调用子程序次数
参数	P, Q	P 为 0～99999.999 Q 为 ±99999.999mm	固定循环参数

3）主程序和子程序

加工程序分为主程序和子程序，一般的，CNC 执行主程序的指令，但当执行到一条子程序调用指令时，CNC 转向执行子程序，在子程序中执行到返回指令时，再回到主程序。

当加工程序需要多次运行一段同样的轨迹时，可以将这段轨迹编成子程序，存储在机床的程序存储器中，每次在程序中需要执行这段轨迹时便可以调用该子程序。

当一个主程序调用一个子程序时，该子程序可以调用另一个子程序，这样的情况称为子程序的两重嵌套。一般机床可以允许最多达四重的子程序嵌套。在调用子程序指令中，可以指定重复执行所调用的子程序，可以指定重复最多达 999 次。

一个子程序应该具有如下格式：

```
O××××;              // 子程序号
…;                  // 子程序内容
M99;                // 返回主程序
```

在主程序中，调用子程序的程序段应包含如下内容：

```
M98 P××× ××××;
```

在这里，地址 P 后面所跟的数字中，前面的 3 位用于指定调用的重复次数，后面的 4 位用于指定被调用的子程序的程序号。

例 13-7　对比以下三行代码：

```
M98 P5 1002;        // 调用 1002 号子程序，重复 5 次
M98 P 1002;         // 调用 1002 号子程序，重复 1 次
M98 P5 0004;        // 调用 4 号子程序，重复 5 次
```

和其他 M 代码不同，M98 和 M99 执行时，不向机床发送信号，而当 CNC 找不到地址 P 指定的程序号时，发出 P/S 报警。

子程序调用指令 M98 不能在 MDI 方式下执行，如果需要单独执行一个子程序，可以在程序编辑方式下编辑如下程序，并在自动运行方式下执行。

× ×××;

M98 P××××;

M02（或 M30）;

在 M99 返回主程序指令中，可以用地址 P 来指定一个顺序号，当这样的一个 M99 指令在子程序中被执行时，返回主程序后并不是执行紧接着调用子程序的程序段后的那个程序段，而是转向执行具有地址 P 指定的顺序号的那个程序段。

例 13-8 子程序调用与返回。

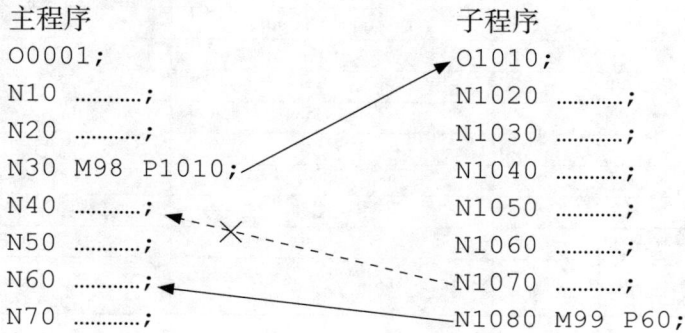

主程序	子程序
O0001;	O1010;
N10 ....;	N1020 ....;
N20 ....;	N1030 ....;
N30 M98 P1010;	N1040 ....;
N40 ....;	N1050 ....;
N50 ....;	N1060 ....;
N60 ....;	N1070 ....;
N70 ....;	N1080 M99 P60;

这种主—子程序的执行方式只有在程序存储器中的程序能够使用，当一边从电脑向数控机床传送程序，一边用数控机床执行加工程序的在线加工方式（即 DNC 方式）下不能使用。

如果 M99 指令出现在主程序中，执行到 M99 指令时，将返回程序头，重复执行该程序。这种情况下，如果 M99 指令中出现地址 P，则执行该指令时，跳转到顺序号为地址 P 指定的顺序号的程序段。

大部分情况下，将该功能与可选跳段功能联合使用。

例 13-9 查看以下代码

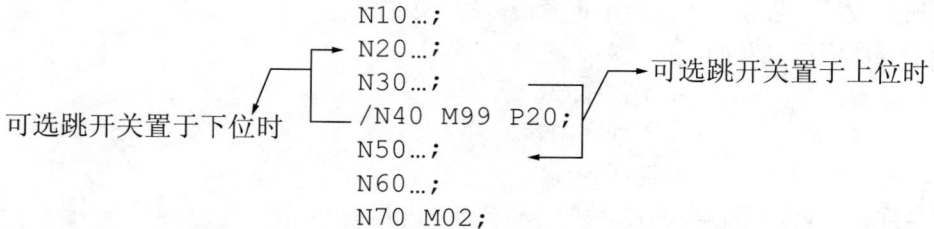

```
          N10...;
          N20...;
          N30...;
          /N40 M99 P20;       可选跳开关置于上位时
可选跳开关置于下位时
          N50...;
          N60...;
          N70 M02;
```

当可选跳段开关置于下位时，跳段标识符不起作用，M99 P20 被执行，跳转到 N20 程序段，重复执行 N20 及 N30（如果 M99 指令中没有 P20，则跳转到程序头，即 N10 程序段）。

当可选跳段开关置于上位时，跳段标识符起作用，该程序段被跳过，N30 程序段执行完毕后执行 N50 程序段，直到"N70 M02;"，结束程序的执行。

值得注意的一点是，如果包含 M02、M30 或 M99 的程序段前面有跳段标识符"/"，则该程序段不被认为是程序的结束。

13.4   数控铣削典型零件的程序编制

例 13-10   使用刀具长度补偿功能和固定循环功能加工如图 13-47 所示零件上的 12 个孔。

1）分析零件图样，进行工艺分析

该零件孔加工中，有通孔、盲孔，需钻、扩和镗加工，故选择钻头 T01、扩孔刀 T02 和镗刀 T03，加工坐标系 Z 向原点在零件上表面处。由于有 3 种孔径尺寸的加工，按照先小孔后大孔的加工原则，确定加工路线为：从编程原点开始，先加工 6 个 $\phi 6$ 的孔，再加工 4 个 $\phi 10$ 的孔，最后加工 2 个 $\phi 40$ 的孔。T01、T02 的主轴转数 $S = 600r/min$，进给速度 $F = 120mm/min$；T03 主轴转数 $S = 300r/min$，进给速度 $F = 50mm/min$。

2）加工工艺方案

如图 13-48 所示，T01、T02 和 T03 的刀具补偿号分别设为 H01、H02 和 H03。对刀时，以零件上表面为 Z 向零点，T01 为基准刀，即 H01 中刀具长度补偿值设置为零。对 T02，因其刀具长度与 T01 相比为 140–150 = –10，即缩短了 10mm，所以将 H02 的补偿值设为 –10。对 T03 进行同样计算，H03 的补偿值设置为 –50。即 H01 = 0，H02 = –10，H03 = –50。

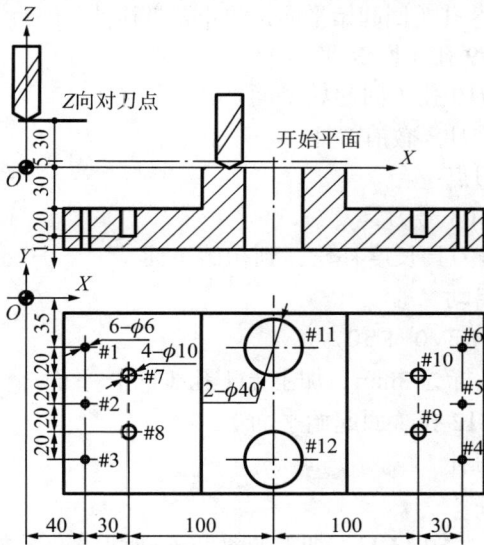

图 13-47   零件图样

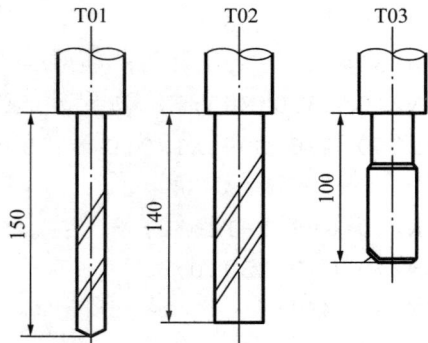

图 13-48   刀具图

根据零件的装夹尺寸，设置加工原点 G54：$X = –600$，$Y = –80$，$Z = –35$。

3）数学处理

在多孔加工时，为了简化程序，采用固定循环指令。这时的数学处理主要是按固定循环指令格式的要求，确定孔位坐标、快进尺寸和工作进给尺寸值等。固定循环中的开始平面为 $Z = 5$，R 点平面定为零件孔口表面 +Z 向 3mm 处。

4）编写零件加工程序

```
O1101;
N10 G90 G54 G00 X0 Y0 Z30.0;  //绝对值编程，进入 G54 坐标系
N20 T01 M06;                   //换用 T01 号刀具
N30 G43 G00 Z5.0 H01;          //T01 号刀具长度补偿，到初始平面
```

N40 S600 M03;   // 主轴启动
N50 G99 G81 X40.0 Y-35.0 Z-63.0 R-27.0 F120;
                                   // R 点坐标为 –27mm，加工 #1 孔（回 R 平面）
N60 Y-75.0;   // 加工 #2 孔（回 R 平面）
N70 G98 Y-115.0;   // 加工 #3 孔（回起始平面，防止刀具移动碰凸台）
N80 G99 X300.0;   // 加工 #4 孔（回 R 平面）
N90 Y-75.0;   // 加工 #5 孔（回 R 平面）
N100 G98 Y-35.0;   // 加工 #6 孔（回起始平面）
N110 G49 Z20.0;   // Z 向抬刀，撤销刀补
N120 G00 X500.0 Y0;   // 回换刀点
N130 T02 M06;   // 换用 T02 号刀
N140 G43 Z5.0 H02;   // T02 刀具长度补偿，到初始平面
N150 S600 M03;   // 主轴启动
N160 G99 G81 X70.0 Y-55.0 Z-50.0 R-27.0 F120;
                                   // R 点坐标为 –27mm，加工 #7 孔（回 R 平面）
N170 G98 Y-95.0;   // 加工 #8 孔（回起始平面，防止刀具移动碰凸台）
N180 G99 X270.0;   // 加工 #9 孔（回 R 平面）
N190 G98 Y-55.0;   // 加工 #10 孔（回起始平面）
N200 G49 Z20.0;   // Z 向抬刀，撤销刀补
N210 G00 X500.0 Y0;   // 回换刀点
N220 T03 M06;   // 换用 T03 号刀具
N230 G43 Z5.0 H03;   // T03 号刀具长度补偿，到初始平面
N240 S300 M03;   // 主轴启动
N250 G76 G99 X170.0 Y-35.0 Z-65.0 R3.0 F50;
                                   // R 点坐标为 3mm，加工 #11 孔（回 R 平面）
N260 G98 Y-115.0;   // 加工 #12 孔（回起始平面）
N270 G49 Z30.0;   // 撤销刀补
N280 M30;   // 程序停

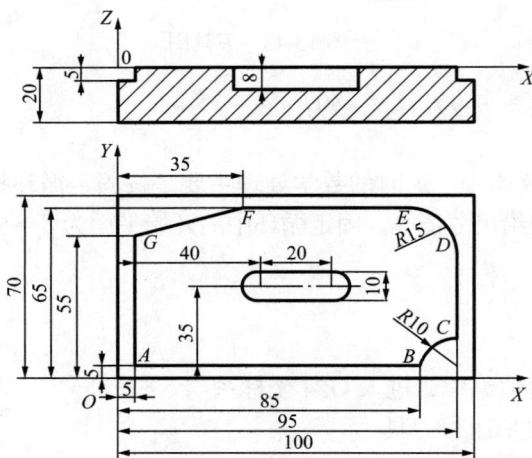

图 13-49　零件图样

例 13-11　加工如图 13-49 所示零件，材料为 45 钢。毛坯尺寸为 100mm × 70mm × 22mm，且底面和四周轮廓均已加工。

1）零件图分析与装夹方案确定

该零件的设计基准在工件表面的左下角，根据基准重合的原则将工件坐标系建立在如图 13-49 所示位置。根据零件特点，选取机用虎钳装夹。

2）制定加工工艺方案

（1）加工上表面：表面毛坯余量为 2mm，采用 $\phi 80$ 的面铣刀，分两次走刀，一次粗加工背吃刀量为 $a_p = 1.5$mm，一次精加工到位背

吃刀量为 a_p=0.5mm，刀具号为 T01。主轴转速 S = 300r/min。

（2）粗加工工件外轮廓：精加工余量留 0.5mm，使用 ϕ14 立铣刀，刀具号为 T02。主轴转速 S = 400r/min。

加工路线为 $A \rightarrow B \rightarrow C \rightarrow D \rightarrow E \rightarrow F \rightarrow G \rightarrow A$。

（3）精加工外轮廓：使用 T02 刀具，一次加工到图纸要求。主轴转速 S = 800r/min。

（4）加工键槽：使用 ϕ10 键槽铣刀，采用斜线下刀方法，刀具号为 T03，主轴转速 S = 800r/min。

3）加工程序

```
O1102;
N10 G28 Z0.;                          // 回参考点
N20 T01 M06;                          // 换 1 号刀（φ80 面铣刀）
N30 G90 G00 G54 X-50.0 Y35.0;
N40 G43 H01 Z20.0;                    // 1 号刀，开长度补偿，到起刀位置上方
N50 S300 M03;
M08;
N60 G00 Z5.0;
N70 G01 Z0.5 F50.;                    // 粗铣进刀到 Z=0.5，背吃刀量为 1.5mm（毛
                                         坯 2mm 厚）
N80 X150.0 F100.;                     // X 正向铣削平面
N90 Z0.0 F50.;                        // 为精铣进刀到 Z=0，背吃刀量为 0.5mm，
N100 X-50.0 F100.;                    // X 负向精铣平面
N110 Z5.0;                            // 退刀
N120 MC9;
M05;
N130 G28;
N140 T02 M06;                         // 换 2 号刀（φ14 立铣刀）
N150 G00 X-20.0 Y0.;                  // 到轮廓铣削起点
N160 G43 G00 Z50.0 H02;              // 2 号刀开长度补偿，到起刀位置上方
N170 S400 M03;                        // 粗铣轮廓转速 400 r/min
N180 M08;
N190 G00 Z5.0;
N200 G01 Z-5.0 F50.;
N210 G01 G42 X-10.0 D02 F100.;      // 开 2 号刀半径补偿，D02=7.5，留 0.5mm 精
                                         铣余量
N220 G01 X85.0;                       // 到 B 点
N230 G02 X95.0 Y15.0 R10.0          // 圆弧插补到 C 点
N240 G01 Y50.0                        // 直线插补到 D 点
N250 G03 X80.0 Y65.0 R15.0;         // 圆弧插补到 E 点
N260 G01 X35.0;                       // 直线插补到 F 点
N270 G01 X5.0 Y55.0;                 // 直线插补到 G 点
```

```
N280 G01Y-10.0;                      // 直线插补过 A 点之外
N290 G40 G01 X-20.0;                 // 关 2 号刀半径补偿
N300 G01 Y0.;
N310 S800;                           // 精铣轮廓转速 800 r/min
N320 G01 G42 X-10.0 D99 F100.;       // 开半径补偿，半径补偿值改为 D99=7.0
N330 G01 X85.0;                      // 到 B 点
N340 G02 X95.0 Y15.0 R10.0;          // 圆弧插补到 C 点
N350 G01 Y50.0;                      // 直线插补到 D 点
N360 G03 X80.0 Y65.0 R15.0;          // 圆弧插补到 E 点
N370 G01 X35.0;                      // 直线插补到 F 点
N380 G01 X5.0 Y55.0;                 // 直线插补到 G 点
N390 G01Y-10.0;                      // 直线插补过 A 点之外
N400 G40 G01 X-20.0;                 // 关 2 号刀半径补偿
N410 G01 Z5.0;                       // 退刀
N420 M05 M09;
N430 G28;
N440 T03 M06;                        // 换 3 号刀（ φ10 键槽铣刀）
N450 G43 G00 Z50.0 H03;              // 3 号刀开长度补偿，到起刀位置
N460 S800 M03;
N470 G00 Z5.0;                       // Z 向进刀
N480 G00 X40.0 Y35.0;                // 到键槽起刀点
N490 G01 Z0 F50.;                    // 到 Z0 上表面（X40，Y35，Z0）
N500 G01X60.0 Z-2.0;                 // 斜线下刀 2mm 到（X60，Y35，Z-2）
N510 X40.0 Z-4.0;                    // 斜线下刀 2mm 到（X40，Y35，Z-4）
N520 X60.0 Z-6.0;                    // 斜线下刀 2mm 到（X60，Y35，Z-6）
N530 X40.0 Z-8.0;                    // 斜线下刀 2mm 到（X40，Y35，Z-8）
N540 X60.0;                          // 铣削键槽底部到（X60，Y35，Z-8）
N550 Z5.0;                           // 退刀
N560 M05;                            // 停主轴
N570 G28;
N580 T01 M06;                        // 换回 1 号刀
N590 M30;
```

第14章 数控电火花线切割加工

14.1 电火花线切割加工概述

电火花线切割加工（Wire Cut Electrical Discharge Machining, Wire Cut EDM, WEDM）是在电火花加工基础上于 20 世纪 50 年代末发展起来的一种新工艺，是用线状电极（钼丝或铜丝）靠火花放电对工件进行切割，故称电火花线切割，简称线切割。

14.1.1 线切割加工的原理和特点

电火花线切割加工的基本原理是利用移动的细金属丝线（钼丝或铜丝）作为电极，并在金属丝和工件间通以脉冲电流，利用脉冲放电的腐蚀作用对工件进行切割加工。由于是利用线电极，所以只能作轮廓切割加工。如图 14-1 所示为高速走丝电火花线切割原理示意图。利用细钼丝或铜丝 6 作为工具电极进行切割，贮丝筒 9 使钼丝做正反向交替移动，加工能源由脉冲电源 4 供给。在电极丝和工件 3 之间浇注工作液，工作台在水平面两个坐标方向按预定的控制程序，根据火花间隙放电状态做伺服进给移动，从而合成各种曲线轨迹，把工件切割成形。

电火花线切割加工具有以下特点。

（1）加工以金属线为工具电极，不需要制造复杂的成形电极，大大降低了成形工具的设计

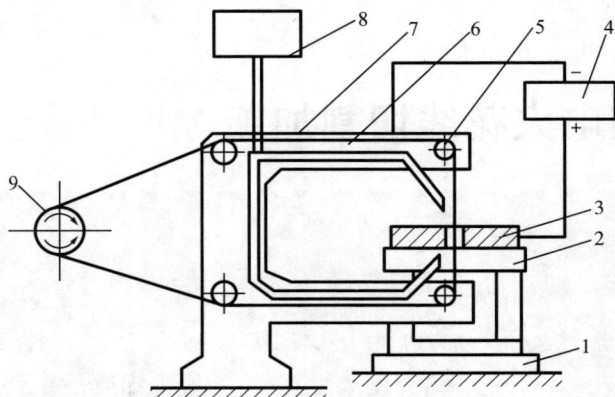

图 14-1　高速走丝电火花线切割加工原理示意图

1- 坐标工作台；2- 夹具；3- 工件；4- 脉冲电源；5- 导轮；

6- 电极丝；7- 丝架；8- 工作液箱；9- 贮丝筒

和制造费用，缩短了生产准备时间，加工周期短，成本低。

（2）除了金属丝直径决定的内侧角部的最小半径 R（金属丝半径 + 放电间隙）受限制外，任何微细、异形孔、窄缝和复杂形状的零件，只要能编制出加工程序就可以进行加工，其加工周期短、应用灵活，因而很适合小批量零件和试制品的加工。

（3）采用去离子水或水基工作液，不会引燃起火，容易实现安全无人运转。

（4）无论被加工工件的硬度如何，只要是导电体或半导电体的材料都能进行加工。由于加工中工具电极和工件不直接接触，没有像机械加工那样的切削力，因此，也适宜于加工低刚度工件及细小零件。

（5）由于电极丝比较细，切缝很窄，只对工件材料进行"套料"加工，实际金属去除量很少，轮廓加工时所需余量也少，故材料的利用率很高，能有效地节约贵重材料。

（6）依靠数控系统的线径偏移补偿功能，使冲模加工的凹凸模间隙可以任意调节。

（7）由于采用移动的长电极丝进行加工，单位长度电极丝的损耗较小，从而对加工精度的影响比较小，特别是在低速走丝线切割加工时，电极丝一次使用，电极损耗对加工精度的影响更小。

（8）采用四轴联动控制时，可加工上、下面异形体，形状扭曲的曲面体，变锥度和球形体等零件，自动化程度高，操作方便，劳动强度低。

14.1.2　电火花线切割的分类

电火花线切割机床按控制方式分为靠模仿形控制、光电跟踪控制、数字程序控制和微机控制等，其中前两种方法现已很少采用。

（1）按照加工尺寸范围分为大型机床、中型机床、小型机床和微型机床。

（2）按照加工特点分为平面加工、带锥度加工型（或回转坐标型）和二次切割加工等。

①平面加工　电极丝在加工过程中始终是严格垂直的，电极丝只在 X、Y 方向移动，进行二维平面形状的加工。

②锥度加工　在加工过程中，通过对 X、Y、U、V 轴的控制，实现上、下异形的立体加工。注意：在进行锥度加工时需要指定变量的值。

③二次切割加工　预先留出精加工余量进行第一次切割加工，然后针对留下的精加工余量，把加工条件改为精加工条件，分段缩小偏置量，再进行切割加工。一般可分为 1～5 次切割，称为二次切割加工法。

二次切割加工有如下目的：

一是可去掉第一次切割时在起始接头处留下的凸起部分。

二是可改善表面粗糙度。逐渐改变每次切割时的电条件，降低单个脉冲能量，改善加工表面粗糙度。

三是可提高尺寸精度。经过热处理的材料，内部会产生应力，这种应力在内部是处于稳定状态的，但经过线切割加工后，会破坏这种稳定状态，使内部应力释放，产生变形。

对粗加工后的工件，再进行 1～4 次精加工，可改善表面粗糙度，还能修正尺寸精度。

（3）按照脉冲电源形式分为 RC 电源、晶体管电源、分组脉冲电源、高低压复合脉冲电源、自适应控制电源等。

（4）按照走丝速度分为低速走丝方式（慢走丝电火花线切割）和高速走丝方式（快走丝电火花线切割）两类。电极丝走丝速度高于 7m/s 的是高速走丝，低于 0.2m/s 的是低速走丝。以前我国生产和使用的主要是高速走丝线切割，近年来我国也开始生产和使用低速走丝线切割。

①快走丝线切割机床的特点：

线电极运行速度较快（300～700m/min）；

可双向往复运行，即线电极可重复使用，直到线电极损耗到一定程度或断丝为止；

常用线电极为钼丝（ϕ0.1～0.2mm）；

工作液通常为乳化液或皂化液；

由于电极丝的损耗和电极丝运动过程中换向的影响，其加工精度要比慢走丝差，表面粗糙度高，尺寸精度为 0.015～0.02mm，表面粗糙度 Ra 值为 1.25～2.5μm；

高精度级线切割设备尺寸精度最高可达到 0.01mm，表面粗糙度 Ra 值为 0.63～1.25μm。

②慢走丝线切割机床的特点：

线电极运行速度较低（0.5～15m/min）；

线电极只能单向运动，不能重复使用，这样可避免电极损耗对加工精度的影响；

线电极有纯铜、黄铜、钨、钼和各种合金，直径一般为 0.1～0.35mm；

工作液为去离子水、煤油；

尺寸精度为 ±0.001mm，表面粗糙度为 Ra = 0.3μm。

14.1.3　电火花线切割的应用

线切割加工为新产品试制、精密零件加工、模具和工具的制造开辟了一条新的工艺途径。

（1）模具加工：适用于各种形状的冲模，如齿轮模（图 14-2），也可以加工挤压模、粉末冶金模、塑料模等，并可以加工带锥度的模具。

（2）加工电火花成形加工用的电极、成形工具、样板等。

（3）特殊形状零件的加工：二维直纹曲面加工，如平面凸轮（图 14-3）；三维直纹曲面加工，如双曲面加工（图 14-4）。

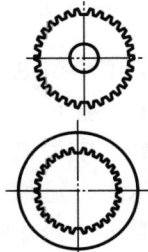

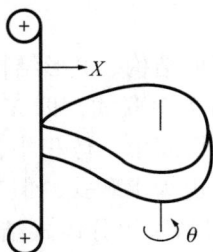

图 14-2　齿轮模具　　　　图 14-3　平面凸轮　　　　图 14-4　双曲面加工

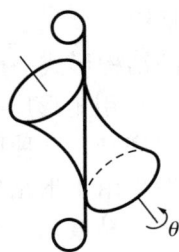

（4）高硬度材料零件加工以及稀有贵金属的切割等。

14.2　线切割加工机床的组成

电火花线切割加工设备主要由机械部分（床身、坐标工作台、走丝机构）、电气部分（脉冲电源、控制系统）、工作液循环系统和机床附件（锥度切割装置、夹具等）4 部分组成。图 14-5 和图 14-6 分别为高速和低速走丝线切割加工设备组成示意图。

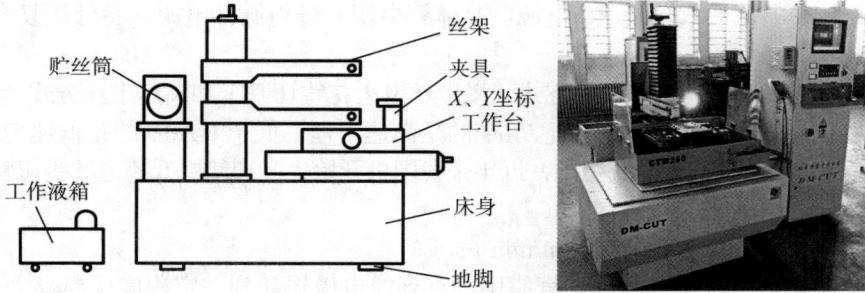

图 14-5　高速走丝线切割加工设备组成

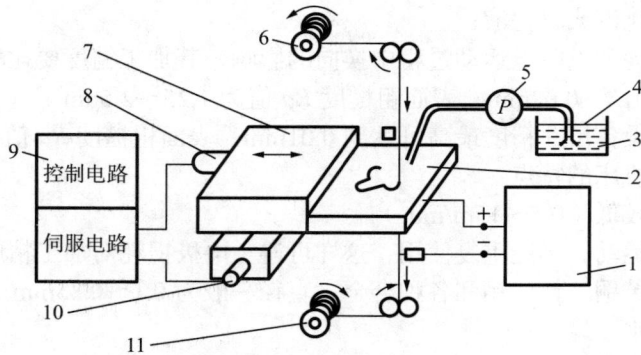

图 14-6　低速走丝线切割加工设备组成

1- 脉冲电源；2- 工件；3- 工作液箱；4- 去离子水；5- 泵；6- 放丝筒；

7- 工作台；8-X轴电动机；9- 数控装置；10-Y轴电动机；11- 收丝筒

14.2.1　线切割机械部件构成

机械部分由床身、坐标工作台、走丝机构、丝架、工作液循环系统等几部分组成。

1. 床身

床身是坐标工作台、运丝机构、丝架的支撑和固定基础，应有足够的刚度和强度，一般采用箱体式结构。

床身的结构形式一般分为 3 种：矩形结构、T 形结构和分体式结构。中小型电火花线切割机床一般采用矩形床身，坐标工作台为串联式，即 X、Y 坐标工作台上下叠在一起，工作台可以伸出床身，这种形式的特点是结构简单，体积小，承重轻，精度高。中型电火花线切割机床一般采用 T 形结构，坐标工作台也为串联式，但工作台不能伸出床身，这种形式的特点是承重大，精度高。大型电火花线切割采用分体式结构，X、Y 坐标工作台为并联式，分别安装在两个相互垂直的床身上，其特点是承重大，制造简单，安装运输方便。

2. 坐标工作台

工作台由工作台面、上滑板和下滑板组成，如图 14-7 所示。坐标工作台的上滑板和下滑板是沿着导轨往复移动的，对导轨的精度、刚度、耐磨性有较高的要求。

3. 走丝机构

在电火花线切割加工时，电极丝是不断往复移动的，这个运动是由走丝机构完成的。走丝系统使电极丝以一定速度运动并保持一定的张力。在高速走丝机床上，一定长度的电极丝平整地卷绕在贮丝筒上，丝张力与排绕时的拉紧力有关，为提高加工精度，防止断丝，近年来研制出了恒张力装置，如图 14-8 所示。贮丝筒通过联轴器与驱动电极相连。为了重复使用电极丝，电动机由专门的换向装置控制做正反向交替运动。走丝速度等于贮丝筒周边的线速度，通常为 7～10m/s。在运动过程中，电极丝由丝架支撑，并依靠导轮保持电极丝与工作台垂直或保持一定的几何角度。

图 14-7　坐标工作台

1- 坐标工作台面；2- 上滑板；

3- 下滑板；4- 导轨

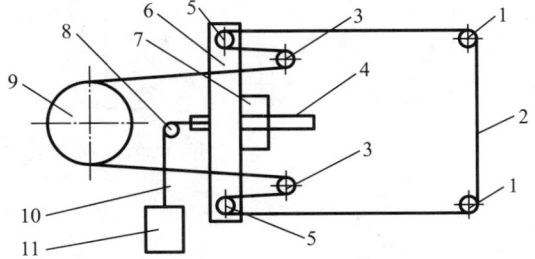

图 14-8　自动张紧式线切割走丝机构

1- 主导轮；2- 电极丝；3- 辅助导轮；4- 直线导轨；5- 张紧导轮；

6- 移动板；7- 导轨滑块；8- 定滑轮；9- 贮丝筒；10- 绳索；11- 重锤

低速走丝系统如图 14-6 所示。自放丝筒 6 到收丝筒 11，使金属丝以较低的速度（<0.2m/s）移动。为了实现断丝时能自动停车并报警，走丝系统中通常装有断丝检测微动开关。为了减轻电极丝的振动，应使丝架跨度尽可能小（按加工工件厚度调整），通常在工件的上下采用蓝宝石 V 形导向器或圆孔金刚石导向器，其附近装有引电部分，工作液一般通过引电区和导向器再进入加工区，这样可使全部电极丝的通电部分冷却。

4. 工作液循环系统

在线切割加工过程中，工作液对加工工艺指标的影响很大，如对切割速度、表面粗糙度、加工精度等都有影响。工作液的种类很多，有煤油、乳化液、去离子水、蒸馏水、洗涤液、酒精等。低速走丝线切割机床大多采用去离子水作为工作液，只有在特殊精加工时才采用绝缘性能较高的煤油。高速走丝线切割机床使用的工作液一般是专业乳化液。

由于线切割切缝很窄，及时排除电蚀产物是极为重要的问题，因此工作液的循环与过滤装置是线切割加工不可缺少的部分。其作用就是充分地、连续地向加工区提供足够、合适的工作液，及时从加工区排除电蚀产物，对电极丝和工件进行冷却，以保持脉冲放电过程能稳定而顺利地进行。工作液循环系统一般由工作液泵 2、工作液箱 1、过滤器 9、管道 10、流量控制阀 4 等组成，如图 14-9 所示。对高速走丝机床，通常采用浇注式供液方式，而对低速走丝机床，近年来有些采用浸泡式供液方式。

5. 锥度切割装置

为了切割某些有锥度（斜度）的内外表面，有些线切割机床具有锥度切割功能。实现锥度切割的装置主要有两类：偏移式丝架和双坐标联动装置。偏移式丝架主要用在高速走丝线切

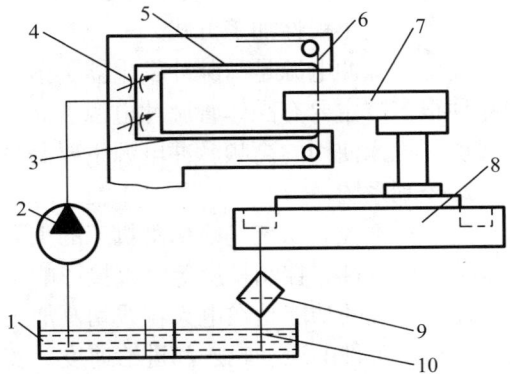

图 14-9　电火花线切割工作液循环系统组成

1- 工作液箱；2- 工作液泵；3- 下流道；4- 流量控制阀；

5- 上流道；6- 电极丝；7- 工件；8- 工作台；9- 过滤器；10- 管道

割机床上实现锥度切割。其工作原理如图 14-10 所示。

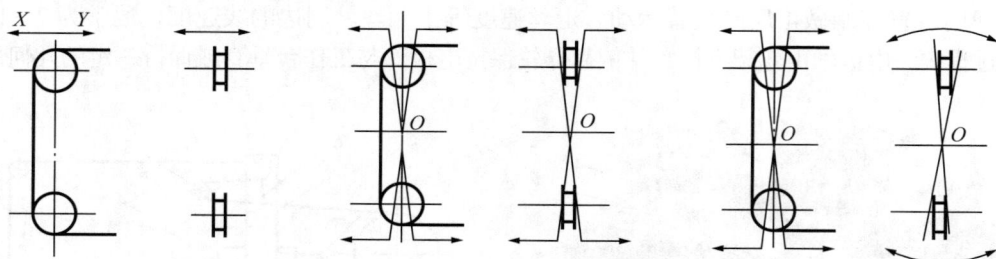

图 14-10　偏移式丝架实现锥度加工的方法

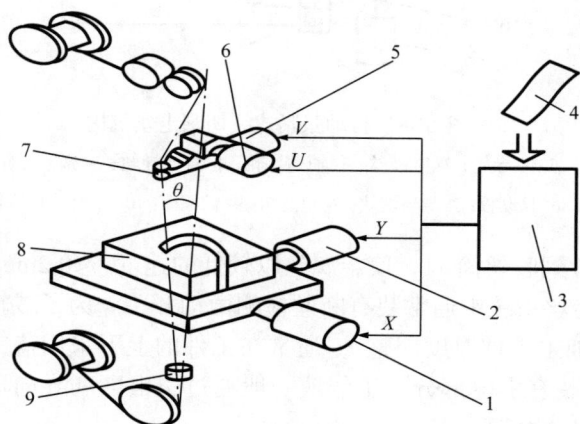

图 14-11　四轴联动式锥度加工装置

1-*X* 轴驱动器；2-*Y* 轴驱动器；3- 数控装置；4- 数控程序；5-*V* 轴控制器；
6-*U* 轴控制器；7- 电极丝上导轨；8- 工件；9- 电极丝下导轨

在低速走丝线切割机床上广泛采用双坐标联动装置，其原理是主要依靠上导向器，亦能作为纵横两轴（*U*、*V*）驱动，与工作台的（*X*、*Y*）轴一起构成数控四轴同时控制，如图 14-11 所示。

14.2.2　电气部件构成

电火花线切割机床的电气部分由脉冲电源和数字程序控制系统组成。

1. 脉冲电源

电火花线切割机床的脉冲电源通常又称为高频电源，是数控电火花线切割机床的主要组成部分，也是影响线切割加工工艺指标的主要因素之一。

受电极丝直径的限制（一般为 0.08～0.2mm），脉冲电源的脉冲峰值电流不能太大。与此相反，由于工件具有一定的厚度，欲维持加工稳定，放电峰值电流又不能太小，否则加工将不稳定或者无法加工，放电峰值电流一般在 5～25A 范围内变化。为获得较高的加工精度和较小的表面粗糙度，应控制单个脉冲放电能量，尽量减小脉冲宽度，一般为 0.5～64 μs。所以，线切割加工总是采用正极性加工方式。

线切割脉冲电源是由脉冲发生器、推动极、功放及直流电源 4 部分组成。脉冲电源的形式和品种很多，主要有晶体管脉冲电源、高频分组脉冲电源、并联电容型脉冲电源等。目前电火花线切割机床使用的高频脉冲电源主要是晶体管脉冲电源。

2. 控制系统

数字程序控制系统是线切割机床的重要组成部分，是机床工作的指挥中心。控制系统的技术水平、稳定性、控制精度等将直接影响工件的加工工艺指标。

控制系统的功能是在电火花线切割加工过程中，根据工件的形状和尺寸要求，自动控制电极丝相对于工件的运动轨迹和进给速度，实现对工件的形状和尺寸加工。

电火花线切割加工机床控制系统的主要功能包括轨迹控制和加工控制。

（1）轨迹控制　精确控制电极丝相对于工件的运动轨迹，加工出需要的工件形状和尺寸。

（2）加工控制　主要包括对伺服进给速度、脉冲电源、运丝机构、工作液循环系统的控制。

目前电火花线切割加工机床普遍采用数字程序控制，并已发展到微型计算机直接控制阶段。数字程序控制器就是一台专用的小型电子计算机，由运算器、控制器、译码器、输入回路和输出回路五部分组成。高速走丝电火花线切割机床的控制系统大多采用比较简单的步进电动机开环控制系统，低速走丝线切割机床的控制系统则大多采用伺服电动机加码盘的半闭环控制系统，也有一些超精密线切割机床上采用了伺服电动机加光栅尺的全闭环控制系统。

14.3　电火花线切割加工工艺

数控电火花线切割加工，一般是工件尤其是模具加工中的最后工序。要达到加工零件的精度及表面粗糙度要求，应合理控制线切割加工时的各种工艺参数（电参数、切割速度、工件装夹等），同时应安排好零件的工艺路线及线切割加工前的准备加工。

在电火花线切割加工中应注意以下工艺问题。

1. 工件材料内部残余应力对加工的影响

对热处理后的坯件进行电火花线切割加工时，由于大面积去除金属和切断加工，会使材料内部残余应力的相对平衡状态受到破坏，从而产生很大的变形，破坏零件的加工精度，甚至在切割过程中，材料会突然开裂。

为了减少这些情况，应选择锻造性能好、淬透性好、热处理变形小的材料，如以线切割为主要工艺的冷冲模具，应尽量选用 CrWMn、Cr12Mo、GCr15 等合金工具钢，并要正确选择热加工方法和严格执行热处理规范。

另外，在电火花线切割加工工艺上也要作合理安排。例如，要选择合理的切割路线，如图 14-12 所示，其中图 14-12a 的切割路线是错误的，按此加工，切割完第一道工序，继续加工时，由于原来主要连接的部位被割离，余下的材料与夹持部分连接少，工件刚度大为降低，容易产生变形，而影响加工精度。按图 14-12b 的切割路线加工，可减少由于材料割离后残余应力重新分布而引起的变形。所以，一般情况下，最好将工件与其夹持部分分割的线段安排在切割总程序的末端。

如图 14-13 所示的由外向内顺序的切割路线，通常在加工凸模类零件时采用，但坯件材料被切割，会在很大程度上破坏材料内部应力的平衡状态，使材料发生变形。图 14-13a 是不正确的方案，图 14-13b 的安排较为合理，但仍存在变形。因此，对于精度要求较高的零件，最好采用图 14-13c 的方案。

切割孔类工件时，为减少变形，可采用两次切割法，如图 14-14 所示。第一次粗加工形孔，诸边留量为 0.1～0.5mm，以补偿材料原来的应力平衡状态受到的破坏，第二次切割为精加工，这样可以达到较满意的效果。

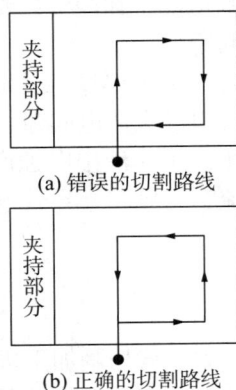

图 14-12　切割路线的确定

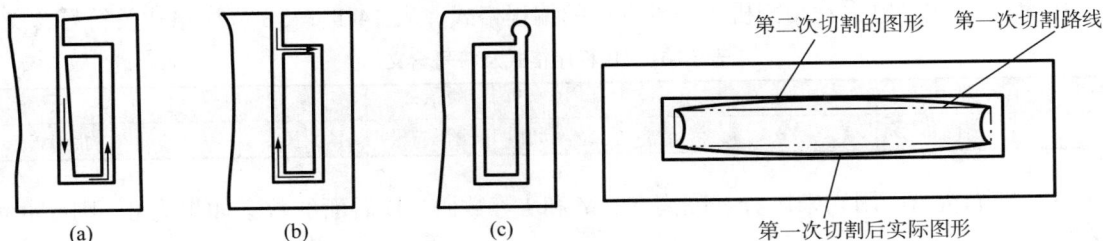

图 14-13　切割起点与切割路线安排

图 14-14　两次切割法图例

2. 电极丝初始位置的确定

在线切割加工中，需要确定电极丝相对工件的基准面、基准线或基准孔的坐标位置。对加工要求较低的工件，可直接目测来确定电极丝和工件的相互位置，也可借助 2～8 倍的放大镜进行观测。还可采用火花法，即利用电极丝与工件在一定间隙下发生放电的火花，来确定电极丝的坐标位置。

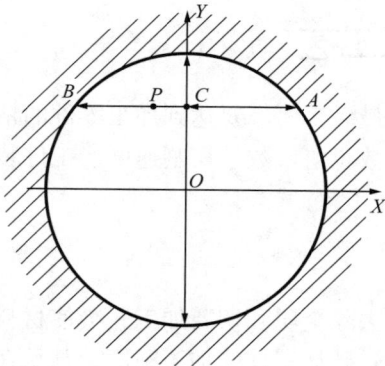

图 14-15　电极丝自动对中心原理

对加工要求较高的零件，可采用电阻法，利用电极丝与工件基面由绝缘到短路接触的瞬间，两者间电阻突变的特点来确定电极丝相对工件基准的坐标位置。

微处理器控制的数控电火花线切割机床，一般具有电极丝自动找中心坐标位置的功能，其原理如图 14-15 所示。设 P 为电极丝在穿丝孔中的起始位置，先向右沿 X 坐标进给，当与孔的圆周在 A 点接触后，立即反向进给并开始计数，直至和孔周边的 B 点接触时，再反向进给 1/2 距离，移动至 AB 间的中点位置 C 点；然后再沿 Y 坐标进给，重复上述过程，最后在穿丝孔的中心 O 点停止。

3. 电规范的选择

由于线切割加工一般都选用晶体管高频脉冲电源，用单脉冲能量小、脉宽窄、频率高的电参数进行正极性加工。要求获得较好的表面粗糙度时，所选的电规范要小；若要求获得较高的切割速度，脉冲参数要选大一些，但加工电流的增大受到电极丝截面积的限制，过大的电流将引起断丝。

加工大厚度工件时，为了改善排屑条件，宜选用较高的脉冲电压、较大的脉宽和峰值电流，以增大放电间隙，帮助排屑和工作液进入加工区。在容易断丝的场合（如切割初期加工面积小、工作液中电蚀产物浓度过高，或是调换新钼丝时），都应增大脉冲间隙时间，减小加工电流，否则将会导致电极丝被烧断。

14.4　线切割手工编程

数控线切割加工机床的控制系统是按照人的"命令"控制机床进行加工的。因此，必须先将要加工工件的图形用机器所能接受的"语言"编好"命令"，并输入控制系统。这项工作称为线切割编程，简称编程。

数控电火花线切割机床所用的程序格式有 3B、4B、5B、ISO 和 EIA 等。目前高速走丝线切割机床一般采用 3B 格式和 ISO 格式，少数扩充为 4B、5B 格式，而低速走丝线切割机床通常采用 ISO 或 EIA 格式。

1. 3B 程序格式及编程方法

3B 程序格式是电火花切割机床一种常用的编程格式，表 14-1 是 3B 程序格式及符号含义。

表 14-1　3B 程序格式及符号含义

程序格式	B	X	B	Y	B	J	G	Z
符号含义	分隔符号	X 坐标值	分隔符号	Y 坐标值	分隔符号	计数长度	计数方向	加工指令

（1）分隔符 B。用它来区分、隔离 X、Y 和 J 等数码，B 后面的数字如果为 0，则此 0 可以省略。

（2）坐标值 X、Y 为直线终点或圆弧起点坐标的绝对值，单位为 μm。

（3）计数长度 J 是指加工轨迹（如直线、圆弧）在规定的坐标轴上（计数方向上）投影的总和，以 μm 为单位，以前系统在编程时，机床计数长度 J 应补足 6 位，例如，计数长度 J 为 1120μm，应写成 001120。现在的微机控制器不必用 0 填满 6 位数。

（4）计数方向 G 是计数时选择作为投影轴的坐标轴方向。

①加工直线段的计数方向，取直线段终点坐标（X_e，Y_e）绝对值比较，选取绝对值较大的坐标轴为计数方向，当坐标绝对值相等时，计数方向可任选 G_X 或 G_Y。即 $|X_e| > |Y_e|$ 时，取 G_X；$|Y_e| > |X_e|$ 时，取 G_Y；$|X_e| = |Y_e|$ 时，取 G_X 或 G_Y 均可。

②加工圆弧时的计数方向，根据圆弧终点坐标（X_e，Y_e）绝对值选取，选取坐标绝对值较小的坐标轴为计数方向，当坐标绝对值相等时，计数方向可任选 G_X 或 G_Y，即 $|X_e| > |Y_e|$ 时，取 G_Y；$|Y_e| > |X_e|$ 时，取 G_X；$|X_e| = |Y_e|$ 时，取 G_X 或 G_Y 均可。

（5）加工指令 Z 是用来确定轨迹的形状、起点或终点所在象限和加工方向等信息的，如图 14-16 所示。直线加工用 L 表示，后面的数字表示该线段所在的象限。对于与坐标轴重合的直线段，正 X 轴为 L_1，正 Y 轴为 L_2，负 X 轴为 L_3，负 Y 轴为 L_4，因此，直线加工指令有 4 种。圆弧加工指令有 8 种，分别用 SR 表示顺圆，NR 表示逆圆，字母后的数字表示该圆弧起点所在象限。

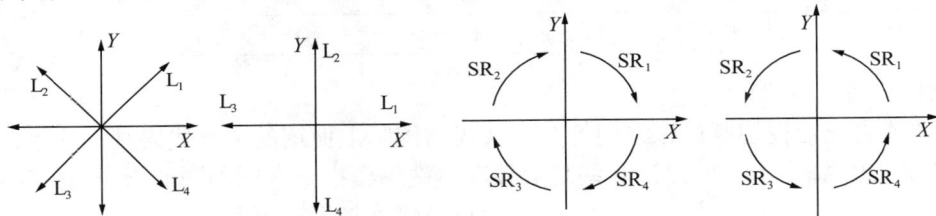

图 14-16　加工指令

2. 3B 编程实例

设要切割如图 14-17 所示的轨迹，该图形由三条直线段和一条圆弧组成，需要分成四段来编写程序（不考虑切入路线）。

（1）加工直线段 AB　以起点 A 为坐标原点，AB 与 X 轴重合，程序为

B40000BB40000$G_X L_1$

（2）加工斜线段 BC　以 B 点为坐标原点，则 C 点对 B 点的坐标为 $X = 10mm$，$Y = 90mm$，程序为

B1B9B90000$G_Y L_1$

（3）加工圆弧 CD　以该圆弧圆心 O 为坐标原点，经计算，圆弧起点 C 对圆心的坐标为 $X = 30mm$，$Y = 40mm$，程序为

B30000B40000B60000$G_X NR_1$

（4）加工斜线段 DA　以 D 点为坐标原点，终点 A 对 D 点的坐标为 $X = 10mm$，$Y = -90mm$，程序为

B1B9B90000$G_Y L_4$

因此，整个图形的加工程序单如下：

B40000BB40000$G_X L_1$

B1B9B90000$G_Y L_1$

B30000B40000B60000$G_X NR_1$

B1B9B90000$G_Y L_4$

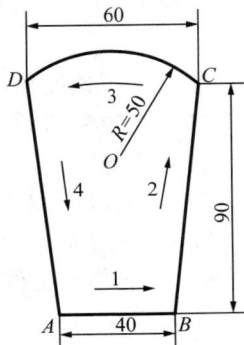

图 14-17　加工工件图形

3. 4B 格式程序编制

所谓 4B 格式，就是直线和圆弧、圆弧和圆弧相交时仍要加过渡圆，而直线和直线相交时不加过渡圆，只在前面增加一个参数 R 形成 4B 指令。这种格式具有刀具间隙自动补偿功能，可用于一些不适合在直线间加过渡圆的工件加工。

4B 格式比 3B 格式多一个圆弧半径值和图形曲线形式的信息符号，故增加一个分隔符号。

指令格式：

BXBYBJBRGD(DD)Z

式中，B、X、Y、J、G、Z 与 3B 格式相同；R 表示所要加工圆弧的半径，对于加工图形的尖角一般取 R = 0.1mm 的过渡圆弧编程，半径增大为正补偿，减小为负补偿；D（DD）表示曲线形式，凹圆弧为 D，凸圆弧为 DD，它决定补偿方向。

4. ISO 代码程序编制

ISO 代码为国际标准化组织制定的用于数控的一种标准代码，与数控车、数控铣 ISO 代码一致，采用 8 单位补编码。

1）程序格式

一个完整的程序由程序名、程序段和程序结束指令组成。其格式如下所示：

运动指令	坐标方式指令	坐标系指令	补偿指令	M 代码	镜像指令	锥度指令	坐标指令	其他指令

2）ISO 代码及编程

我国快速走丝数控切割机床常用的 ISO 代码与国际上使用的标准代码基本一致，如 G00、G01、G02 和 G03 指令。下面讨论一些与数控车、铣编程指令有所不同的指令——G50、G51、G52 锥度加工指令。

此方法可加工带锥度工件，例如，模具中的凹模漏料孔加工，如图 14-18 所示。

指令格式：

G51　A__；

G52　A__；

G50　（单列一段）

式中，G51 为锥度左偏指令；G52 为锥度右偏指令；G50 为取消锥度指令。

在进行锥度加工时，还需输入工件及工作台参数，如图 14-18 所示，图中各参数含义如下。

A：定义所要加工的锥度。

Z1：程序面高度。

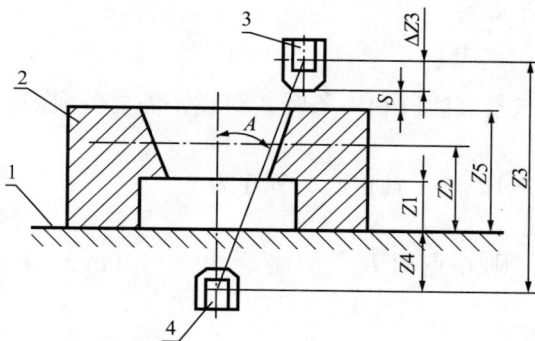

图 14-18　锥度加工参数意义

1- 工作台上表面；2- 工件；3- 上导嘴；4- 下导嘴

Z2：加工速度显示面高度。

Z3：上导嘴到工作台上表面距离（$\Delta Z3+S+Z5$）。

Z4：下导嘴到工作台上表面距离，该参数在设备安装调试后由系统自动测定。

Z5：与程序面对应的非程序面高度。

$\Delta Z3$：用于确定 Z3 的参数，该参数在设备安装调试后由系统自动测定。

S：上导嘴与工件上表面间隙，在工件装夹完毕后用塞尺测出，一般取 0.1～0.2mm 为宜。

第 15 章　特种加工技术

15.1　激 光 加 工

15.1.1　激光加工概述

光学是一门既古老又年轻的科学。人们一直在研究光的产生、本性和与物质间的相互作用，对光的认识和利用也越来越深入。随着光的经典理论向量子理论的过渡和完善，人们对光的认识也从光线、光波发展到波粒二象性。光的现代量子理论（也就是光子学说）认为：光是一种以光速 c 运动的光子流。激光（Laser）是指受激辐射过程中产生的光放大（Light Amplification by Stimulated Emission of Radiation）。光子理论的发展奠定了激光的概念和理论基础。

建立在量子力学理论基础之上的激光技术是 20 世纪 60 年代发展起来的一门新兴学科。1960 年，美国休斯公司发明了世界上第一台红宝石激光器；从此，人们对激光的特性和应用进行了研究。1961 年贝尔实验室发明了第一台氦 - 氖激光器，1962 年研制出第一台工作在液氮温度下的脉冲半导体激光器，接着在 1964 年发明了第一台 CO_2 激光器，1965 年贝尔实验室又发明了第一台 YAG 激光器。

20 世纪 80 年代以后，YAG 激光器和 CO_2 激光器的性能进一步提高。由于广泛采用多级放大的结构，目前单棒激光器的输出功率最大可达 500W，多级放大后输出功率可达几千瓦。同时 CO_2 激光器多采用快速轴流结构，输出功率已达几千瓦甚至上万瓦。这样的激光器已在激光表面改性处理、激光切割与焊接中取得广泛应用。到了 90 年代，新的泵浦源激光二极管的发展为固体激光器的发展开辟了崭新的领域。二极管泵浦源固体激光器体积大大减小，光束质量高，寿命长，泵浦效率远远超过灯激励等传统的激励方式，它将在很大范围内代替原有的工业应用激光器。近年来，一种新型激光器"准分子激光器"进入激光加工领域。准分子激光器工作在紫外波段，它与材料的作用以激光化学反应为主，其作用过程主要借助于高能密度光子引发或控制化学反应而进行。

1961 年，我国研制出第一台红宝石激光器，1963 年成功研制出了激光打孔机。1965 年正式在拉丝模和手表宝石轴承上采用激光打孔，以后相继采用 CO_2 激光器、钕玻璃激光器、YAG 激光器等对不同材料、不同零件进行打孔。1976 年，中国科学院长春光学精密机械与物理研究所与中国第一汽车制造厂等单位合作开发了 SJ-2500 型 500W 直管式数控激光切割机，用于红旗轿车车身薄板的切割，1978 年开始系统地进行激光热处理研究和工业应用。到目前为止，我国在激光打孔、激光毛化、激光切割、激光焊接、激光热处理、激光打标、激光快速三维立体成形等方面已有许多非常成功的应用范例，激光合金化和熔覆、激光制备新材料等都开始进入实用化阶段。

15.1.2　激光加工的应用

1. 激光表面处理技术

激光表面处理是材料表面局部处理工艺的一种新技术。它通过激光与材料表面相互作用，使材料表层发生所希望的物理、化学、力学性能的变化，从而改变材料表面的组织、结构或成分，以获得工业应用上的许多优良性能。

作为一种精密可控的高能量密度热源的激光，可以对金属表面进行多种加工处理，包括激光强化、激光毛化、激光标记、激光清除等。

金属制品表面的激光强化是一项高新技术。通过激光强化可以显著地提高硬度、强度、耐磨性、耐蚀性和高温性能等，从而大大提高产品的质量，延长产品使用寿命，降低成本。

激光毛化是采用特殊调制的高重复频率、高能量的脉冲激光技术对材料的表面进行毛化，形成均匀分布（或可控分布）的微坑。激光毛化技术的成功应用实例是对冷轧薄板的轧辊表面进行处理。冷轧辊表面毛化后，辊面硬度高，毛化均匀，使用寿命长，粗糙度可控，能有效提高轧制速度，并能克服薄板退火粘连现象。轧出的钢板或其他金属板的板型优良，伸长率和涂镀性都大大提高。激光毛化技术还可以用于记录磁盘的生产制造过程，以提高存储量和使用寿命。

激光打标是在各种不同的物质表面上用激光束打上永久的标记。打标效应是通过表层物质的蒸发露出深层物质，或者是通过光能导致表面物质的化学或物理变化而"刻"出痕迹，或者是通过光能烧掉部分物质，显示出所刻蚀的图案、文字。

激光标记加工具有普通激光加工技术的优点，而且还具有许多独特的优点：

（1）能标记数字、字符、条形码、图案等；

（2）标志线宽窄（12μm），深度浅（10μm），可以对毫米级尺寸的零件进行加工；

（3）不会对加工区以外的材料产生烧蚀和热变形；

（4）标志质量好，不会损伤产品，标志是永久性的，不会自然消退；

（5）加工效率高，能方便地实现计算机自动控制；

（6）加工成本低。

激光清除技术是利用激光与材料相互作用过程中的气化过程来清除掉工件表面上锈斑、氧化物、毛刺和飞边等冗余的无用或有害部分，实质上就是烧蚀掉工件表面上不需要的和影响工件在机器设备运行中或加工中正常作用的冗余部分。激光清除技术可以精确地清除掉不需要的部分而不损伤其他正常部位的表面，这一点是一般清除技术（机械清除、化学清除）很难做到的。

2. 激光焊接

激光焊接是将高强度激光束直接照射到材料表面，通过激光与材料的相互作用，使材料局部熔化而粘结在一起。虽然波长为 10.6μm 的 CO_2 激光和波长为 1.06μm 的 YAG 激光作用于金属表面时大部分被反射，吸收率较低，但当金属达到熔化状态时，吸收率急剧上升，这给激光焊接提供了有利条件。

激光焊接可以采用连续激光束和脉冲激光束两种方式得以实现。脉冲输出的红宝石激光器和钕玻璃激光器适用于点焊，脉冲点焊主要用于微小型金属器件的精密焊接。而连续输出的 CO_2 激光器和 YAG 激光器适用于缝焊，激光缝焊广泛用于多种元器件的加工，如用激光封装焊接继电器外壳、锂电池和钽电容外壳、集成电路封装等都是很有效的方式。氩离子激光器适用于集成电路的引线焊接，因为它的波长是 488nm 的蓝色可见光，便于观察调节。

激光焊接的应用领域之所以迅速扩展，是因为激光焊接有如下优点。

（1）激光照射时间短，焊接过程极为迅速。这不仅有利于提高生产率，而且可以减小热影响区范围，变形小，被焊接材料不易氧化。

（2）激光焊接没有焊渣和氧化膜产生，宜用于微型精密仪表中的焊接。

（3）激光不仅能焊接高导热系数（铜、银）和高熔点的材料，而且还可以实现不同材料的焊接，甚至还可以实现金属与非金属材料间的焊接。例如，用陶瓷做基体的集成电路，由于陶瓷熔点很高，且很脆，不宜施加压力，采用其他焊接方法很困难，而激光焊接是比较方便的。

（4）可焊接难以接近的部位，能够实施非接触远距离焊接，具有很大的灵活性。

3. 激光打孔

激光打孔是最早达到实用化的激光加工技术，也是激光加工的重要应用领域之一。随着现代工业和科学技术的迅速发展，硬度大、熔点高的材料使用得越来越多，而传统的切削加工无法满足这些材料的加工工艺要求。如火箭发动机和柴油机的燃料喷嘴加工、化学纤维喷丝板打孔、钟表及仪表中的宝石轴承打孔，金刚石拉丝模加工等。随着激光技术的不断发展和完善，利用激光束进行加工成为最佳选择。

激光束是能量密度极高，空间相干性很好，时间特性可控的光束，它以极小的发散度在空间传播。一般用于打孔的激光束发散角为几毫弧度。经过光学系统的整理、聚焦和传输之后，在焦点处得到一个直径为几微米至十几微米的细小光斑，其能量密度高达 $10^5 \sim 10^7 W/cm^2$，能使各种材料熔化或气化。因此可作为一个高强度热源对材料进行加工处理。

4. 激光切割

激光切割原理与激光打孔原理基本相同，都基于聚焦后的激光具有极高的功率密度而使工件材料瞬时气化蚀除。所不同的是，在激光切割中，工件与激光要做相对运动以形成切缝，常用连续的或高重复率的大功率 YAG 和 CO_2 激光器；有时还用带有气体喷口的切割机，所用的气体一般为惰性气体或氧气，惰性气体主要为防止工件燃烧或氧化，喷射氧气可以加快切割速度，并能保护光学系统不被气化的材料所污损。

激光切割是激光加工中发展最为成熟、采用最广的一种工艺。目前的激光切割机已能切割几厘米厚的钢板，切割速度是线切割速度的几十倍。而且切割无噪声，很容易使用数控方法进行 $50\mu m$ 以下的高精度切割，对细缝以及复杂曲线的切割特别有利。如喷丝头的型孔加工，精密零件的窄缝切割等。激光也可以切割非金属材料，如聚丙烯、纸张、木材、纺织品等。

激光切割具有以下优点：

（1）可同样方便地切割易碎、脆、软、硬材料，也可以多层层叠切割纤维织物。

（2）切缝窄，节省切割材料，还可以切割不穿透的盲槽。

（3）切割速度快，生产效率高。

（4）无显著切削力，热影响区小，工件不变形。

（5）无刀具磨损，不需要更换刀具。

（6）切口可向任意方向进行，并可在任意位置开始切割或停止切割。

（7）可以实现多工位操作，易于数控或计算机控制。

（8）噪声低，无公害。

（9）切割边沿质量好，无毛刺，无切割残渣。

但激光切割也存在一些缺点：切割深度有限，设备昂贵，一次性投资较大。

15.2　快速成形制造技术

15.2.1　快速成形技术概述

制造业是一个国家的重要基础产业，为人类社会创造了大量的物质财富。从 20 世纪 60 年代开始，全球制造业几乎每隔 10 年就经历一场制造战略的变迁。制造业的发展战略从 20 世纪

60 年代"如何做得更多"（强调产品的生产规模）、70 年代"如何做得更便宜"（强调产品的生产成本）、80 年代"如何做得更好"（强调产品的质量）发展到 90 年代的"如何做得更快"（强调市场响应速度）。随着计算机技术的迅速普及和 CAD/CAM 技术的广泛应用，制造领域产品的开发周期、生产周期以及更新周期越来越短。同时，全球市场环境也发生了巨大变化：一方面表现为消费者需求日益主体化、个性化和多样化；另一方面则是产品制造商都着眼于全球市场的激烈竞争。面对市场，不但要迅速地设计出符合人们消费需求的产品，而且还必须快速地生产制造出来，抢占市场。因此，面对一个迅速变化且无法预料的买方市场，以往传统的大批量生产模式对市场的响应就显得越来越迟缓与被动。快速响应市场需求，已成为制造业发展的重要走向。为此，近年来工业化国家一直在不遗余力地开发先进的制造技术，以提高制造工业的发展水平。计算机、微电子、信息、自动化、新材料和现代化企业管理技术的发展日新月异，产生了一批新的制造技术和制造模式。制造工程与科学取得了前所未有的成就。

快速成形（Rapid Prototyping，RP）也称为快速原型技术，就是在这种背景下逐步形成并得以发展的。该技术借助计算机、激光、精密传动和数控等现代手段，将计算机辅助设计（CAD）和计算机辅助制造（CAM）集成于一体，根据在计算机上构造的三维模型，以逐层累积的建造方式在很短时间内直接制造产品样品，无须传统的机械加工机床和模具。该项技术创立了产品开发的新模式，使设计师以前所未有的直观方式体会设计的感觉，感性而迅速地验证和检查所设计的产品结构和外形，从而使设计工作进入了一种全新的境界，改善了设计过程中的人机交流，缩短了产品的开发周期，加快了产品更新换代的速度，降低了企业投资新产品的风险，加强了企业引导消费的力度。

快速成形技术制作的模型或样品可用于新产品的评价和装配检验以及性能评估等，也可用于制造硅橡胶模具的母模和熔模铸造模具的消失型等，从而批量生产塑料件及金属零件。用这种方法制造样品较传统方法的显著优点是，制造周期大大缩短。由几周、几个月缩短为若干小时，成本也大大降低。

而以 RP 原型做母模来翻制模具的快速模具制造技术（Rapid Tooling，RT），进一步发挥了快速成形制造技术的优越性，可在短期内迅速推出满足用户需求的一定批量的产品，大幅度降低了新产品开发研制的成本和投资风险，缩短了新产品研制和投放市场的周期，在小批量、多品种、改型快的现代制造模式下具有强劲的发展势头。

15.2.2 快速成形技术原理及特点

1. 快速成形技术原理

RPM 技术是集 CAD 技术、数控技术、材料科学、机械工程、电子技术和激光等于一体的综合技术，是实现从零件设计到三维实体原型制造的一体化系统技术，它采用软件离散 - 材料堆积的原理实现零件的成形过程，其原理如图 15-1 所示。

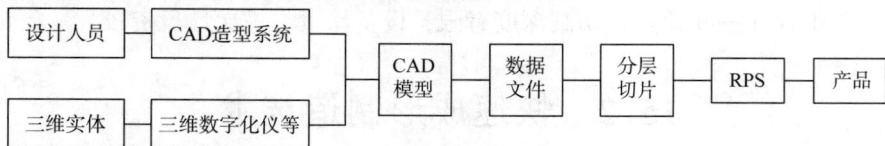

图 15-1　快速成形制造作业过程

（1）零件 CAD 数据模型的建立　设计人员可以应用各种三维 CAD 造型系统，包括 Solidworks、Solidedge、UG Ⅱ、Pro/E、Ideas 等进行三维实体造型，将设计人员所构思的零件概念模型转换为三维 CAD 数据模型。也可通过三坐标测量仪、激光扫描仪、核磁共振图像、实体影像等方法对三维实体进行反求，获取三维数据，以此建立实体的 CAD 模型。

（2）数据转换文件的生成 由三维造型系统将零件 CAD 数据模型转换成一种可被快速成形系统接受的数据文件，如 STL、IGES 等格式的文件。目前，绝大多数快速成形系统采用 STL 格式文件，因 STL 文件易于进行分层切片处理。STL 格式文件即为对三维实体内外表面进行离散化所形成的三角形文件，所有 CAD 造型系统均具有对三维实体输出 STL 文件的功能。

（3）分层切片 分层切片处理是将三维实体沿给定的方向切成一个个二维薄片的过程，薄片的厚度可根据快速成形系统制造精度在 0.05～0.5mm 范围内选择。

（4）快速堆积成形 快速成形系统根据切片的轮廓和厚度要求，用片材、丝材、液体或粉末材料制成所要求的薄片，通过一片片地堆积，最终完成三维形体原型的制备。

随着 RPM 技术的发展，其原理也呈现多样化，有自由添加、去除、添加和去除相结合等多种形式。目前，快速成形概念已延伸为包括一切由 CAD 直接驱动的原型成形技术，其主要技术特征为成形的快捷性。

快速成形技术的出现，开辟了不用刀具、模具制作原型和各类零部件的新途径，也改变了传统的机械加工去除式的加工方式，而采用逐层累积式的加工方式，带来了制造方式的变革。从理论上讲，添加成形方式可以制造任意复杂形状的零部件，材料利用率可达 100%。因此，快速成形制造技术被认为是近 20 年来制造领域的一次重大突破，其对制造业的影响可与 20 世纪 50～60 年代的数控技术相比。

2. 和其他先进制造技术相比，快速成形技术具有的特点

（1）自由成形制造 自由成形制造是快速成形技术的另外一个用语，其含义有两个方面：一是指无须使用工具和模具而制作原型或零件，由此可以大大缩短新产品的试制周期，并节省工具和模具费用；二是指不受形状复杂程度的限制，能够制作任意复杂形状与结构、不同材料复合的原型或零件。

（2）制造过程快速 从 CAD 数模或实体反求获得的数据到制成原型，一般仅需要数小时或十几小时，速度比传统成形加工方法快得多。该项技术在新产品开发中改善了设计过程的人机交流，缩短了产品设计与开发周期。以快速成形为母模的快速模具技术，能够在几天内制作出所需材料的实际产品，而通过传统的钢制模具制作产品，至少需要几个月的时间。该项技术的应用，大大降低了新产品的开发成本和企业研制新产品的风险。

随着互联网的发展，快速成形技术也更加便于远程制造服务，能使有限的资源得到充分的利用，用户的需求也可以得到最快的响应。

（3）添加式和数字化驱动成形方式 无论哪种快速成形制造工艺，其材料都是通过逐点、逐层以添加的方式累积成形的。无论哪种快速成形制造工艺，都是通过 CAD 数字模型直接或者间接地驱动快速成形设备系统进行原型制造的。这种通过材料添加制造原型的加工方式是快速成形技术区别于传统的机械加工方式的显著特征。这种由 CAD 数字模型直接或者间接地驱动快速成形设备系统的原型制作过程也决定了快速成形的制造快速和自由成形的特征。

（4）技术高度集成 当落后的计算机辅助工艺规划（Computer Aided Process Planning，CAPP）一直无法实现 CAD 与 CAM 一体化的时候，快速成形技术的出现较好地填补了 CAD 与 CAM 之间的缝隙。新材料、激光应用技术、精密伺服驱动技术、计算机技术以及数控技术等的高度集成，共同支撑了快速成形技术的实现。

（5）突出的经济效益 快速成形技术制造原型或零件，无须工具和模具，也与原型或零件的复杂程度无关，与传统的机械加工方法相比，其原型或零件本身制作过程的成本显著降低。此外，由于快速成形在设计可视化、外观评估、装配及功能检验以及快速模具母模的功用，能够显著缩短产品的开发与试制周期，也带来了显著的时间效益。也正是因为快速成形技术具有突出的经济效益，才使得该项技术一经出现，便得到了制造业的高度重视和迅速而广泛的应用。

（6）广泛的应用领域　除了制造原型外，该项技术也特别适合于新产品的开发、单件及小批量零件制造、不规则或复杂形状零件制造、模具设计与制造、产品设计的外观评估和装配检验、快速反求与复制，也适合于难加工材料的制造等。这项技术不仅在制造业具有广泛的应用，而且在材料科学与工程、医学、文化艺术以及建筑工程等领域也有广阔的应用前景。

在产品设计和制造领域应用快速成形技术，能显著缩短产品投放市场的周期，降低成本，提高质量，增强企业的竞争能力。一般而言，产品投放市场的周期由设计（初步设计和详细设计）、试制、试验、征求用户意见、修改定型、正式生产和市场推销等环节所需的时间组成。由于采用快速成形技术之后，从产品设计的最初阶段开始，设计者、制造者、推销者和用户都能拿到实实在在的样品（甚至小批量试制的产品），所以可以及早充分地进行评价、测试及反复修改，并且能对制造工艺过程及其所需的工具、模具和夹具的设计进行校核，甚至用相应的快速模具制造方法做出模具，因此可以大大减少失误和不必要的返工，从而能以最快的速度、最低的成本和最好的品质将产品投入市场。

15. 2. 3　几种常用的快速成形技术

快速成形技术及其系统有许多不同的形式和原理，但每种快速成形设备及其操作原理都是基于逐层制造（逐层增加或逐层去除）的过程的。所谓逐层增加法是随着制作过程的进行，形成一层新的材料，同时将形成的材料层附着在前一层上。而逐层去除法则是在一开始便将整层首先粘在上一层上，然后切除多余的非零件部分。目前快速成形技术的典型工艺有立体光造型（Stereo Lithography Apparatus）、分层实体制造（Laminated Object Manufacturing）、选区激光烧结（Selective Laser Sintering）、熔融沉积成形（Fused Deposition Modeling）和三维印刷（Three Dimensional Printing）等。

1. 立体光造型

立体光造型（SLA）也称立体光刻，简称 SL，由美国的 C. Hall 于 1983 年研制成功，1984 年获得美国专利。1988 年美国的 3D System 公司推出了世界上第一台 RP 商品化样机 SLA-1。

立体光造型是通过一定波长（325nm 或 355nm）的紫外激光照射液态光敏树脂使其固化。液态光敏树脂是一种高分子聚合物，通过吸收激光中的光子引发聚合反应，使单体聚合成为大分子，随着分子之间距离的缩短，分子间剪切强度增强，液体变为固体。因此，树脂受到激光照射后的单元固化形状与照射形式、光强分布、材料特性都有关系，而最终零件的精度还决定于堆积的方式和堆积顺序。

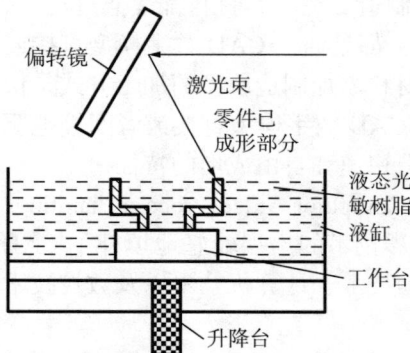

图 15-2　立体光造型工作原理

如图 15-2 所示，液缸中盛满液态光敏树脂，偏转镜可以任意转动角度，激光器发出的激光束在可控制转向的偏转镜作用下，在液态光敏树脂表面扫描。扫描的轨迹及光线的有无都是由计算机控制的。光束照射到的地方，液态光敏树脂就固化。未被照射的地方仍是液态光敏树脂。当液态光敏树脂在工作台上固化一层后，升降台带动工作台沿 Z 方向下移一个工作距离，在已成形的表面上又布满一层液态光敏树脂，然后在先固化的一层上再固化新的一层，新固化的一层牢固地粘在前一层上，如此反复进行，最终完成立体零件的制造。

从立体光造型的工作原理可以看出：零件整体的面形精度取决于每一层的制造精度及堆积

的精度。

立体光造型也可以采用灯光代替激光，采用灯光的立体造型的光束是通过漏光板上设置的光孔使液态光敏树脂感光固化，当一层固化后，工作台沿 Z 方向下降一个工作距离，然后交换新的漏光板，在先固化的一层上再固化新的一层，重复多次便制造出一个立体零件。灯光立体造型虽然设备成本低，但制造效率和立体零件的精度及表面粗糙度都较差。

SLA 是目前应用最广泛、研究最深入、零件精度（可达 0.1mm）和表面质量比较高而且稳定的 RP 工艺。但这种方法也有自身的局限性，如需要支撑、树脂收缩导致精度下降、树脂材料的机械性能有限、光敏树脂具有一定的毒性等。

2. 分层实体制造

分层实体制造也称积层造型，由美国 Helisys 公司的 Michael Feygin 于 1986 年研制成功。

积层造型法是先把制作零件从图纸上分层，然后分层制造，最后连接成形。一般来说，快速成形积层造型法制作零件的过程都是从零件的 CAD 开始的。利用 CAD/CAM 系统进行三维几何造型，产生数据文件，然后将其内外表面用小三角平面离散化。每个平面由其 3 个顶点和 1 个指向体外的法向矢量描述，得到的数据便是目前所有快速成形系统普遍采用的默认为工业标准的立体光刻（Stereo Lithography，STL）格式。在零件离散化前需在 CAD 系统上对零件模型定位。同时设计支撑结构，接着用 CAM 软件对离散化的零件模型用数学方法分层，形成一系列平行的水平截面。最后对每个截面利用扫描线算法产生制作的最佳路径，包括截面的轮廓路径和内部的扫描路径。切片信息及生成的路径信息存储在 SLI（Stereo Lithography Interface）文件中。SLI 文件是控制成形机的命令文件。这些指令控制成形机固化或粘结材料。

LOM 工艺采用薄片材料，如纸、塑料薄膜等，事先在片材的一面涂上一层热熔胶。工作原理如图 15-3 所示。加工时，热压辊热压片材，使之与下面已成形的工件粘结；用 CO_2 激光器按计算机数控系统所给出的信息指令，在刚粘结的新层上切割出零件截面轮廓和工件外框，并在截面轮廓与外框之间多余的区域内切割出上下对齐的网格；激光切割完成后，工作台带动已成形的工件下降一个距离，与带状片材分离；供料机构转动收料轴和供料轴，带动料带移动，使新层移到加工区域；工作台上升到加工平面；热压辊热压，工件的层数增加一层，高度增加一个料厚；再在新层上切割截面

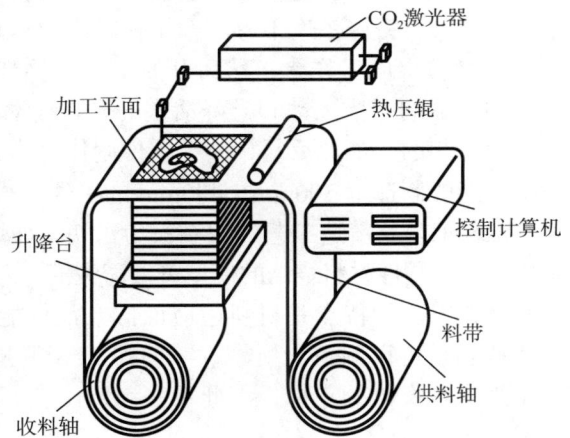

图 15-3　积层造型工作原理示意图

轮廓。如此反复进行，逐层粘结、切割，直至所有截面粘结、切割完，最终得到积层制造的实体零件。

目前这种方法已可做 812.8mm × 558.8mm × 508mm 的工件，采用 25W、40W、50W 的激光器，原料片层最小为 0.0127mm，精度可达 0.23mm。

LOM 与其他快速成形工艺的差别主要在于扫描路径的区别，一是填充区域不同，二是填充方式不同。即 SLA、SLS 扫描的是模型实体内部区域，LOM 扫描的是实体外部区域。SLA、SLS、FDM 等扫描方式一般是单向；LOM 一般为双向切割。LOM 工艺过程实质是实体内部间断加热粘结，外部切割去除。

LOM 工艺只需在片材上切割出零件截面的轮廓，而不用扫描整个截面。因此成形厚壁零

件的速度较快，宜于制造大型零件。工艺过程中不存在材料的相变，因此，不易引起翘曲变形，零件的精度较高（公差小于 0.15mm）。工件外框与截面轮廓之间多余材料在加工中起到了支撑作用，所以 LOM 工艺无须加支撑。但是在实际制造中由于加工时间、材料性能和制造工艺等因素的影响，片材层厚不可能无限小，现有的成形工艺中，层厚最小为 0.05mm。因此用柱体单元近似表达光滑曲面是分层制造的基本特点，这一特点决定了分层中不可避免地存在几何失真。而几何失真性与分层制造的方法、工艺、设备无关，纯粹是由数学上的近似处理引起的。因此，合理地选取分层方向，对提高制造精度有重要作用。

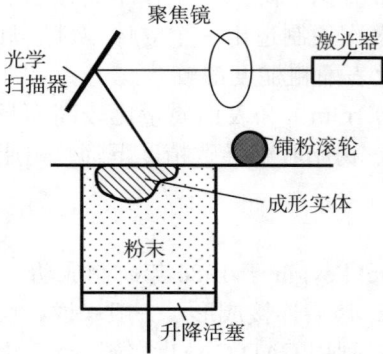

图 15-4　SLS 成形原理示意图

3. 选区激光烧结

选区激光烧结法于 1989 年由美国得克萨斯大学研制成功，由美国 DTM 公司商品化。如图 15-4 所示，成形系统的主体结构由激光器、聚焦镜、光学扫描器、铺粉滚轮和升降活塞组成。

一般采用 $50\sim100W$ 的 CO_2 或 YAG 激光器为能量源，通过红外激光束使塑料、蜡、陶瓷和金属或它们复合物的粉体烧结形成实体零件。成形过程开始，铺粉滚轮将粉末原料均匀地铺在烧结成形工作台上。激光束在计算机的控制下通过扫描器以一定的速度和能量密度在选定区域进行扫描。激光束的关与开和待成形零件层信息相关。激光束扫过之后，粉末烧结成一定厚度的实体片层，未扫过的地方仍然是原来的粉末，可回收再利用。这样零件的第一层就制造出来了。这时，升降活塞下移一个工作距离，这个距离与设计零件的切片厚度一致，供料器滚筒将新的微粒推向工作台，然后开始下一个循环，新形成的片层与下面已成形的部分粘结在一起。扫描器的扫描运动和升降活塞的升降运动都是由计算机根据零件的 CAD 模型分层切片数据进行控制的。如此反复，整个零件制作完毕，这样一个三维实体就制造出来了。目前国内的设备已能够制造 $\phi 300mm \times 400mm$ 的工件。烧结层厚为 $0.1\sim0.25mm$。定位精度为 $\pm0.1mm$。

SLS 工艺与铸造工艺的关系极为密切，如烧结的陶瓷可以作为铸造的型壳、型芯，蜡型可做蜡模，热塑性材料烧结的模型可做消失模。

SLS 工艺的特点是材料适应面广，不仅能制造塑料零件，还能制造陶瓷、蜡等材料的零件。特别是可以制造金属零件，使得 SLS 工艺颇具吸引力。此外，SLS 成形过程中，粉体本身作为成形实体的支撑，因此不必制造工艺支架，可以成形几乎任意形状的实体模型，特别适合制造复杂结构的零件。

4. 熔融沉积成形

熔融沉积成形（FDM）工艺由美国于 1988 年研制成功，并由美国 Stratasys 公司推出多种商品化产品。

FDM 的材料一般是热塑性塑料，如蜡、ABS、尼龙等，以丝状供料。加工时，材料在喷头内被加热熔化。数控喷头沿零件截面

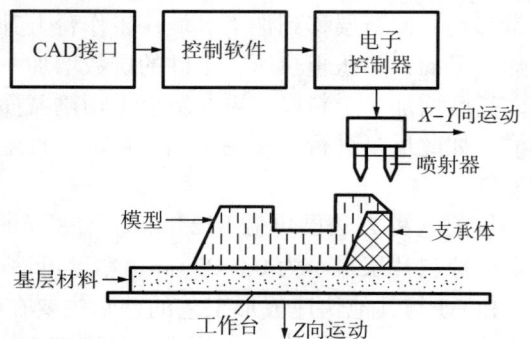

图 15-5　熔融沉积成形示意图

轮廓和填充轨迹运动，同时将熔化的材料挤出；材料迅速凝固，并与周围的材料凝结，随后工作台下降一个层厚高度，接着挤喷第二层，如此反复，直至工件成形（图 15-5）。目前国内设

备能加工 260mm×60mm×60mm 的工件，层厚为 0.05～0.8mm，层宽为 0.3～2mm，模型精度为 ±0.2mm。

　　FDM 工艺不用激光器件，因此设备简单、成本低。用蜡成形的零件原型，可以直接用于熔模铸造。用 ABS 制造的原型因具有较高强度而在产品设计、测试与评估等方面得到广泛应用。由于以 FDM 工艺为代表的熔融材料堆积成形工艺具有显著优点，所以发展极为迅速。

5. 三维印刷工艺

　　三维印刷（3DP）工艺是 1989 年美国麻省理工学院研制的，并申请了专利。3DP 工艺与 SLS 工艺类似，采用粉末材料成形，如陶瓷粉末、金属粉末。所不同的是，材料粉末不是通过烧结连接起来的，而是通过喷头用粘结剂（如硅胶）将零件的截面"印刷"在材料粉末上面。用粘结剂粘结的零件强度较低，还需后续处理。先烧掉粘结剂，然后在高温下渗入金属，使零件致密化，提高强度。

　　如图 15-6 所示为 3DP 工艺原理，具体工艺过程如下：上一层粘结完毕后，成形缸下降一个距离（等于层厚 0.013～0.1mm），供粉缸上升一高度，推出若干粉末，并被铺粉辊推到成形缸，铺平并被压实。喷头在计算机控制下，按下一建造截面的成形数据有选择地喷射粘结剂建造层面。铺粉辊铺粉时多余的粉末被集粉装置收集。如此周而复始地送粉、铺粉和喷射粘结剂，最终完成一个三维粉体的粘结。未被喷射粘结剂的地方为干粉，在成形过程中起支撑作用，且成形结束后，比较容易去除。

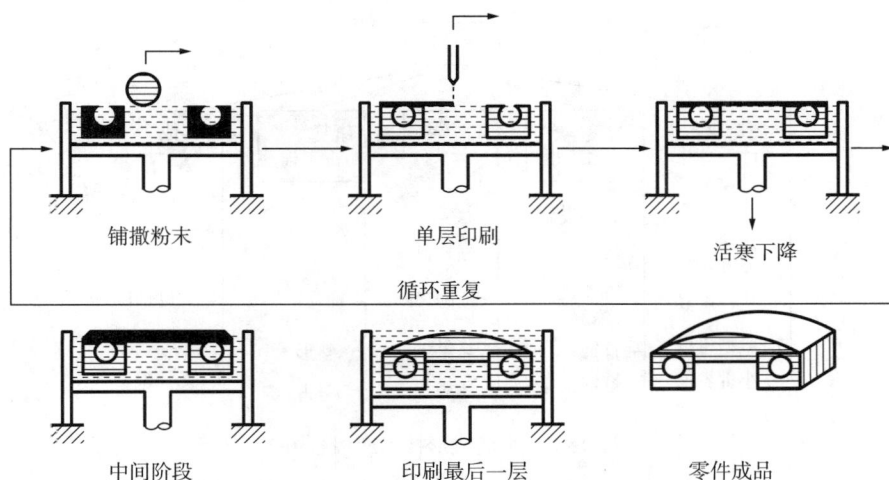

图 15-6　3DP 工艺原理

　　该工艺的特点是成形速度快，成形材料价格低，非常适合做桌面型的快速成形设备。并且，可以在粘结剂中添加颜料，可以制作彩色原型，如图 15-7 所示。这是该工艺最具竞争力的特点之一，有限元分析模型和多部件装配体非常适合用该工艺制造。缺点是成形件的强度较低，只能做概念性使用，而不能做功能性试验。

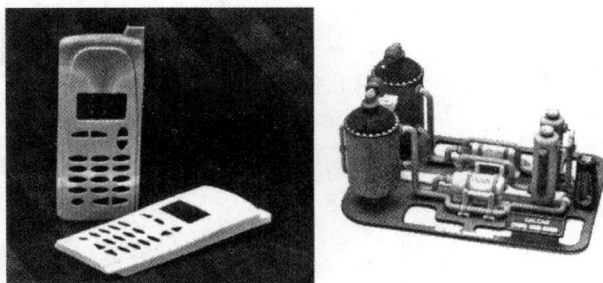

图 15-7　3DP 工艺制造的彩色原型

15.2.4 快速成形技术的应用领域

由以上各种工艺的原理可以看出，快速成形技术有一个共同的特点，即先将产品零件作分层处理，然后再一层层地叠加。

成本几乎与零件的复杂程度和生产批量无关，因此快速成形制造技术适合于小批量零部件，尤其是一些独特的零部件。

由于快速成形技术的特点，它一经出现就得到了广泛应用。目前已广泛应用于汽车、机械、电子、电器、航空航天、医学、建筑、玩具、工艺品等许多领域。

快速成形制造的第一类用途是最早应用于机械零件或产品整体设计效果的直观物理效果实现，只是用来审查最终产品的造型、结构和装配关系等。因此造形材料要求较低。

快速成形的第二类用途是制造用于造形的模型，如陶瓷型精铸模、熔模铸造模、冷喷模和电铸模等。

第三类用途则为最终产品，如采用金属粉直接成形机械零件和压力加工模具等。

最近，快速成形技术因其不可比拟的优势而被用来进行组织工程材料的人体器官诱导成形研究。这一技术将为人们的健康提供更强有力的保证。

快速成形技术应用总图如图 15-8 所示。快速成形技术经过十几年的发展，成功实现了 CAD/CAM 的集成，该项技术因其不可比拟的优势而成为 21 世纪占有重要地位的先进制造技术。

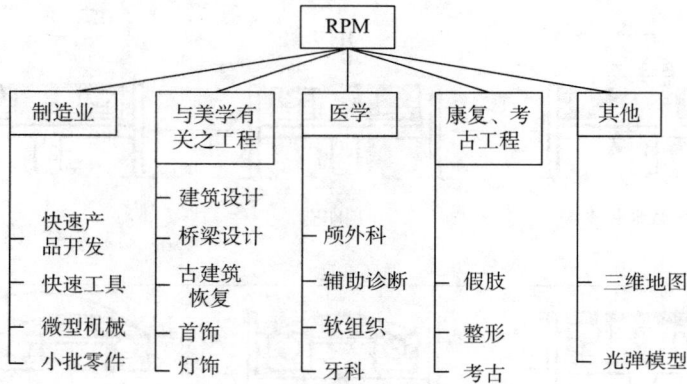

图 15-8 快速成形技术应用总图

第四篇 工程创新启迪

第16章 创新基本理论

创新是人类最伟大的实践活动，是推动社会进步和经济发展的强大动力。一部人类文明史，就是一部人类创新活动的历史。正是因为有了创新，人类才发明了劳动工具，脱离了动物界；创新使人类走出了茹毛饮血的原始蒙昧时代；创新使人类由原始人进化到现代人，成为地球的主宰。在科学技术高速发展的今天，创新更加显示出不可估量的伟大作用，产生着层出不穷的神话般的奇迹，使人类生活在琳琅满目、丰富多彩的物质文明和精神文明的世界中。

16.1 概 述

1. 创新的概念

所谓创新，就是制造新的事物。顾名思义，创新是指在前人或他人已经发现或发明成果的基础上，能够做出新的发现，提出新的见解，开拓新的领域，解决新的问题，创造新的事物，或者能够对前人、他人的成果做出创造性的运用。创新按其实质大致可分为两种：发现式创新和发明式创新。

发现式创新，是指经过探索和研究从而认识的客观存在，如事物发展的趋势、规律、本质或重要事实等，并且这一客观存在是未被前人或他人认识的。

发明式创新，是指创造出以前不存在，并经实践验证可以应用的新事物、新技术、新工艺、新理论或新方法等。

一般来说，发现式创新属于认识世界的范畴，发明式创新属于改造世界的范畴，其共同特点都是为了创造新的世界。

1）创造

创造与创新的内涵没有太大的差别，两者都具有首创性特征。但创造与创新的首创性特征的含义并不完全相同。创造是指新构思、新观念的产生，创造的"首创性"是指"无中生有"，着重于一个具体的结果。创新的含义要广泛得多，创新的"首创性"不仅指"无中生有"，更多的是指"推陈出新"，是事物内部新的进步因素通过矛盾斗争战胜旧的落后因素最终发展成为新事物的过程，是一切事物向前发展的根本动力。

2）发现

在《新华词典》中，"发现"被解释为经过探索研究找出以前还没有认识的事物规律。它指的是人们对客观事物自身的状况、性质及其发展规律的认识，有了新突破、新进展，获得了新知识。如牛顿发现了万有引力，科学家发现地球本身自转一周为一天，围绕太阳公转一周为一年（365天）等。

发明是指获得人为性的创造成果。发明成果并非天然存在，而是由人在发现的基础上进一步按照一定的目的调整和改变对象以获得新的事物、新的状况或新的结果。如瓦特发明了第一台蒸汽机，人类发明了第一艘宇宙飞船以及进入太空飞行等。

单纯的发明创造不能被称为创新，因为发明创造是指研究活动本身或它的直接结果，发明加上成功的开发才可以称为创新。付诸实践的创新也不一定必然是任何一种发明，创新是把发明创造应用于生产经营活动中的一个过程，过程的起始应该是发明创造。有了发明创造出来的新理论、新产品、新工艺和新技术，创新也就有了起始点。小的发明有时可以引发大的创新，如集装箱的出现算不上大的发明，甚至谈不上技术上的发明创造，但它引发了世界运输革命，使航运业的效率增加了3倍，因此被认为是重大创新。

如果只改进已有的某些工艺技术、局部材料或生产设备，但缺乏对市场的根本性突破，一般只能称之为革新，革新中也隐含着创造性因素。

2. 创新能力

创新能力是指一个人（或群体）通过创新活动、创新行为而获得创新性成果的能力，是人的能力中最重要、层次最高的一种综合能力。创新能力包含多方面的因素，如探索问题的敏锐力、联想能力、侧向思维能力和预见能力等。

曾任哈佛大学校长的陆登庭认为：一个人是否具有创造力，是一流人才和三流人才的分水岭。美国著名学者道格拉斯·洛顿也曾经预言说："孕育着创造发明能力的中小学毕业生，远远比被扼杀了创造发明能力的哈佛大学毕业生有更多的成功机会。"对于在校就读的学生而言，创新能力是求职、就业、创业乃至其一生事业发展过程中的一种通用能力。

我国的核心能力标准确定为8种，即创新能力、交流表达能力、数字运算能力、自我提高能力、与人合作能力、解决问题能力、信息技术能力和外语应用能力。创新能力位居8大能力之首，具有内核功能。

创新能力体现在各个方面，无时不有、无处不在。创新能力在创新活动中，主要是提出问题和解决问题这两种能力的合成。提出问题包括发现问题和创造问题，首要的是发现问题的能力。发现问题的能力是指从外界众多的信息源中，发现自己所需要的、有价值的问题的能力。发现问题是科学研究和发明创造的开端。相对于解决问题，提出问题在创新活动中占有更重要的地位。

在创新活动中，创新思维是创新能力的核心因素，是创新活动的灵魂。

16.2 创新的特性

创新具有以下主要特性。

1. 首创性

创新是解决前人没有解决的问题，因此创新必然具有首创性。创新要求人们要敢于积极进取、标新立异。一件创新产品应该具有时代感和新颖性。

创新并不一定是全新的东西，旧的东西以新的方式结合或以新的形式出现也是创新。一般认为某些模仿也是创新，模仿已成为创新传播的重要形式之一。模仿可分为创造性模仿和简单模仿。现实中的模仿大多属于简单模仿，对原产品进行了进一步的改进，带有一定的创造性。没有创造性的产品属于低级重复性产品。在经济发展不均衡的地区，不排除这种产品会有一定的市场，但这种市场往往表现出很大的局限性和暂时性。这种产品的制造与销售，多数人认为不能称为创新。

2. 综合性

创新不是凭空设想。一项创新活动需要广泛的知识和深厚的科技理论功底。在学习的时候，人们往往是一个学科、一门课程地分开学习，但如果把思想仅仅束缚在某一门课程的知识范围内就很难进行创新。创新需要把各相关学科的知识加以综合利用，融会贯通。

作为一个完整的产品创新活动，需要完成由产品发明到开发直至市场化的过程。在这个过程中，除了需要发明者的科技知识，还需要各有关方面具体创新执行者的密切配合，主要是生产工作者和经营管理者的密切配合，创新才能成功。

创新过程每个阶段的工作往往不是仅凭一个人的能力就能完成的。不同的人在其中所起的作用不同，但一项创新产品的成功必然是众多参与者集体智慧的结晶。创新的综合性就表现在创新活动的产品是众多人的共同努力、多学科知识交叉融会及多种行业协调配合的成果。

3. 实践性

创新活动自始至终都是一项实践活动。创新初期，产品类型的确定是建立在社会需要的基础之上的。在创新过程中，产品的构思阶段和制造阶段中都显示出或隐含着大量实践性经验的因素。一项新产品产生后，能否被称为完整意义上的创新最终还要经过市场实践的检验。

4. 风险性

倘若一项新产品出现后不符合社会的需求，就意味着这项创新的失败。由于创新活动涉及众多的相关因素，使得创新成果呈现出不确定性。统计表明，即使在科学技术发达的美国，企业新产品开发成功率也只有 20%～30%。

创新具有风险性的原因主要有两方面。一是信息的不对称性，即创新者仅知道自己的创新内容，而很难了解到其他创新者正在从事的创新活动。在投入了巨大人力、财力之后，才发现自己的创新产品在技术性能上落后于他人开发的产品，或同样性能的产品已由他人抢先推出，自己已经失去了市场。虽然随着信息传输手段的发展，这类风险相对小些，但造成信息不对称性的主要原因往往不是传输手段的落后，而是各创新者或单位的技术保密规则不完善。二是技术、市场及利润回报等众多因素的不确定性。创新需将大量的人力、财力投入到不成熟的技术和待开发的市场，如果遇到社会不稳定或政策上的某些变更，很可能导致巨大的投入不能取得预期的回报。

5. 能动性

任何人不能脱离社会而存在，只有人类才具有创新思维和创新能力，是创新推动了社会的发展。创新的能动性是指创新对客观世界强大的推动力。创新的能动性对于个人来说，最关键的就是养成创新的习惯，成为创新型人才，用创新的思维统帅知识。创新能够改变未来，改变一个人一生的命运。人的社会竞争能力的大小，已不取决于骨骼和肌肉是否强壮，而取决于他的思维力量。

知识和创新的能力本身已逐渐取代了资本的要素，成为第一要素，成为经济增长的主要动力，也成为企业兴衰的决定性因素。当企业决策人安于现状、不求进取、拒绝创新时，慢性的"死亡"过程也就开始了。用这个观念审视企业的兴衰存亡，就觉得一切都在运动规律之中。

人类的创新就是不断继承、不断批判、不断发展的历史过程，自从人类发明了文字和符号，人类的继承性得到了快速发展，从而使人类进入文明社会。网络化、数字化，纳米技术和激光技术等，使人类创新成果的继承和发展达到人类历史上空前的高度。知识创新的继承与发展已成为人类获取财富和文明进步的主要动力和源泉。

16.3　创新思维的一般方法

何谓"思维"？仅就字面而言，"思"就是思考，"维"就是方向或次序。思维是人类特有的心理现象，是人脑对客观事物的概括和反映，是人类把握事物本质和规律的一种高级认识形式。创新思维是人们在实践经验的基础上，通过主动地、有意识地思考，产生独特新颖的认识成果的心理活动过程，是人类认识世界和把握世界的基本方式。因此，创新思维应该是突破性思维、独立性思维和辨证性思维。

任何事情都有诀窍或窍门，在进行创新思维活动时，同样存在许多技巧和窍门。掌握了有关创新思维的一般方法，许多问题就会迎刃而解。在产品开发中运用不同的思维方式，可以开发出许多新产品。

心理学家阿曼贝尔认为，创造力是个人的认识能力、工作态度和个性特征的综合表现。认识能力是理解事物复杂性的能力，以及在解决问题时打破旧规则、旧方法的束缚，寻求新规则的能力。创新思维能力是创造力的核心，它的产生是人脑的左脑和右脑的同时作用和默契配合的结果。其简单定义是：通过发现和应用事物的规律。创新思维具有流畅性、灵活性、独创性、精细性、敏感性和知觉性的特征，它的思维方法有许多，包括发散性思维、质疑思维、逆向思维、直觉思维、灵感思维、横向思维和纵向思维等。

例如，法国的青年化学家波拉德在实验中通过质疑思维，从海藻灰中发现了溶液中的碘元素。爱迪生等发明家在进行发明创造活动中经常使用发散性思维、直觉思维、逆向思维等，从而达到发明创造的目的。实际上，进行发明创造的过程通常是这些思维方法的综合运用。

1. 发散性思维

在人们的日常生活中，某些人在思维过程中跨度很大，能够进行广泛的联想，但是有些人缺少了一定的思维广度，只能在一个问题的圈子中绕来绕去，思路总是有很大的局限性。从进行创新活动的角度来说，一定要具有足够的思维广度，在许多场合下，把思维广度拓展一下，便会产生许多奇妙的创意，也就是需要具备发散性思维。

1）发散性思维的形式和特点

发散性思维是指沿着不同的方向、不同的角度思考问题，从多方面寻找解决问题的答案的思维方式。这种思维方式的最根本的特点是，多方面、多思路地思考问题，而不是局限于一种思路、一个角度、一种方法。对于发散性思维来说，当一种方法、一个方面不能解决问题时，它会主动地否定这一方法、方面，而向另一方法、另一方面跨越。它不满足于已有的思维成果，力图向新的方法、领域探索，并力图在各种方法、方面中寻找一种更好的方法、方面。如发明家爱迪生在试制灯泡丝时，他使用了3000多种不同的材料，直到最后找到碳化丝才宣告成功。从中可见，发散性思维体现了思维的开放性、创造性，是事物普遍联系在头脑中的反映。发散性思维有多向思维和侧向思维。

多向思维是发散性思维最重要的形式。多向思维要求从尽可能多的方面考虑同一问题，即发挥思维的活力和创造性，使思维不要局限于一种模式、一个方面。例如，要求用6根火柴组成4个等边三角形，许多人都会局限于二维空间，在平面的范围内寻找答案，结果他们都失败了。但只要把思维的视角放开，即只要从三维空间即立体的角度考察，把6根火柴搭成一个四面体，每一面都是等边三角形，问题就可以解决了。

侧向思维是发散性思维的另一种形式，它与正向思维是相对的。正向思维是局限于本领域内考虑问题、寻找问题解决答案的思维方式。通常说某人干自己的本行非常熟练，而对本行之外的事情很生疏，就是一种正向思维能力强的人，而侧向思维要求把自己研究领域与别的领域交叉起来，把自己的专业同别的专业结合起来，并从别的领域和专业获得思维上的启发，用来解决本领域、本专业范围内问题的思维方式。牛顿从苹果落地得到启示，得到了地心引力定理所用的就是一种侧向思维。阿基米得从教堂内灯的摆动得到了单摆定理，鲁班从草割破手指得到启发并发明了锯等，都是侧向思维的表现和运用。侧向思维表明世间的万事万物本来是互相联系的。

发散性思维具有许多特点，其中突出的有流畅性、变通性和独特性。

（1）流畅性　流畅性是指发散性思维用于某一方面时，能够举一反三，迅速地沿这一方向发散，形成同一方向的丰富内容。例如，在考虑石头的用处时，发散性思维的思维过程是：石头可以做家私，然后进一步发散开来，石头可以做茶几、桌子、椅子、饭桌；再进一步发散开来，石头可以做建筑材料、装饰品，甚至可以做黑板和铁路路基等，这样对石头的用处的思考就转到了其他方向。

（2）变通性　变通性就是发散性思维能从思维的某一方向跳到其他许多方向，使方向越来越多，有更多的方向、方面可供选择和考虑，从而形成立体性的思维。变通性使发散性思维沿着不同的方向和方面进行扩散，表现出其丰富性、多样性和多方面性。变通的过程就是克服人们头脑中某种自己设置的僵化的思维框架和陈旧的观念，按照某一新方向思索问题的过程。思维的变通过程就是变革头脑中某些僵化的思维模式，从新的角度及方面思考。

（3）独特性　独特性就是通过发散性思维形成自己与众不同的、独特的见解。独特性是发散性思维的最高目标，是在流畅性和变通性基础上形成的发散性思维的最高层次，没有发散性思维的流畅性和变通性，就没有它的独特性。实际上，要达到思维的流畅和变通，就需要广博的知识，多方面的生活经验。知识和经验为发散性思维的独特性创造了条件。实践证明，凡在历史上作出贡献的人，他们都具有思维的流畅性和变通性的特点。

总之，发散性思维是多方向性和开放性的思维方式，它同单一、刻板和封闭的思维方式相对立，它承认事物的复杂性、多样性和生动性，在联系和发展中把握事物。

2）成功运用发散性思维的案例

思维对象的联系是复杂的、网络化的，因此发散性思维就是扩大所思考对象的广度。从思维的方位方面来说，确定了一个思维对象，当然要围绕着这个对象思考。但是，这个对象和哪些别的因素有联系，就要求在思考过程中破除各种思维定式，增加各种可采取的视角，扩大范围，把对象放在更为广阔的背景里进行考察，以发现其更多的属性。

例如，把气象预测纳入企业经营的思考范围，观风察雨也能使企业获利。有一位企业家说过："靠气象发财也是一门学问，市场的经营者应该掌握温度的上升和下降与产品销量增减之间的函数关系。"例如，日本经营空调器的厂商都有研究和测算气象的专门机构，他们搜集了大量的数据，得出了气温变化与产品销售额浮动之间的关系：在盛夏 30℃ 以上温度的天气，每延续 1 天，空调的销售量就能增加 4 万台。

第 23 届奥运会在美国的洛杉矶举行，由美国奥委会主席彼得·尤伯罗斯主持，这届奥运会首次摆脱了负债的阴影，盈利达 2 亿美元。后来《华盛顿邮报》记者采访尤伯罗斯时问他为什么取得了成功。他回答说，主要归功于 1975 年他在美国佛罗里达州听了英国专家德波诺博士关于创造性思考方法的演讲，学会了发散性思考的方法。

他首先把如何克服奥运会负债的危机分为"节流"和"开源"两方面。从"节流"方面来讲，可以从以下几方面着手。

（1）体育场馆的建设费用十分高昂，那么是不是一定要建设新的体育场馆呢？回答是否定的，可以充分利用洛杉矶已有的体育场馆。

（2）以往各国运动员住在奥运村，奥运村的建设需要花费巨额资金，那么是否一定要建设新的奥运村？经过反复研究，可以利用该市三所大学放假期间的学生宿舍。

（3）游泳池的建设需要费用，那么有没有公司愿意出资呢？尤伯罗斯经过和当地麦当劳连锁快餐店谈判，以允许在指定场地营业和做广告为条件，说服了对方出资 400 万美元兴建了一座华丽的游泳池。

（4）新建一个自行车场需要费用，尤伯罗斯通过同样的方法将这一"任务"交给了当地的商店。

从"开源"方面来讲，可以从以下几方面着手。

（1）赞助商是经济来源的一个渠道，因此他们选择了 30 家赞助奥运会的厂商，这些厂商共出资 1.17 亿美元。

（2）举办奥运会必然有不少商机，因此尤伯罗斯找来了 50 家供应商，从杂货店到废物处理公司一应俱全，这些供应商每家至少需捐助 400 万美元。

（3）广播电台转播奥运会的体育新闻需要交费，尤伯罗斯将广播转播权以 7500 万美元的高价出售给了美洲、欧洲和澳洲一些国家的广播电台。

（4）将门票提前 1 年发售，这样就能够获得一笔利息。

（5）让美国的三大电视网争夺奥运会的独家转播权，原估计最多只能要价 1.5 亿美元。尤伯罗斯采取"只出价 1 次"的竞赛投标方法，结果美国广播公司花了 2.25 亿美元才取得了独家转播权。

（6）尤伯罗斯还想出了出售火炬传递接力权的办法，全程 15 000km，火炬传递接力权以每千米 3000 美元出售。

（7）将奥运会的吉祥物标志作为一种专利商品出售，以获得利润。

由于尤伯罗斯通过发散性思维的方式采取了以上方法，结果创造了首届获得利润的奥运会。可见，发散性思维在进行创新思维和活动中具有极其重要的作用。

3）如何加强发散性思维

加强发散性思维就意味着要扩展思维的广度，也就是说，要在数量上增加思维的结果，增加思维的对象。从实际的思维结果上看，数量上的"多"能够引出质量上的"好"，数量越大，可供选择的方案就越多，产生好的创意就越容易。

从思维的对象来看，发散性思维具有无穷多属性，因此使得思维广度可以无穷扩展，永远达不到尽头。也许有人认为，观察和思考某一对象，就应该全力集中在这个对象上，不应该扩大观察和思考的范围，以免分散注意力。但是实际情况并非如此。科学研究表明，光、声、味、嗅等感觉，对于创新思维能够起到促进作用。人们发现，儿童在回答创意测验题时，喜欢用眼睛扫视四周，试图找到某种线索。线索丰富的环境能够给被测试者良好的思维刺激。因此，培养发散性思维，观察和思考的范围都不能过于狭窄。

通过强制的方式，采取某种不合常规的方法，强制自己的头脑转换思考方向，可以强化发散性思维。例如，将打算创新的事物与某些它所不具有的属性联系起来，再思索二者之间的关系，从中找出新的方向。

例如，设计一种新型灯，可以想到：灯可以美化房间，灯可以显示时间，灯可以治病，灯可以杀虫，灯可以写字。以上是通过发散性思维获得的结果，从这些可以获得启示，设计开发出新颖的灯来。

①灯可以美化房间：可以制作出各种具有艺术特色的台灯、壁灯、射灯和落地灯等。

②灯可以显示时间：可以将灯和钟表结合起来，做成具有报时功能的灯具。

③灯可以治病：蓝光灯能够治疗婴儿的黄疸病（也许其他光也能够治病），因此可以设计这种灯，从而设计出其他新颖的灯具。

④灯可以杀虫：飞蛾具有趋光性，因此可以设计能够杀飞蛾的灯。

⑤灯可以写字：激光能够在纸上留下痕迹，因此可以设计出利用灯光写字的笔。

发散性思维有功能扩散、结构扩散、形态扩散、组合扩散、方法扩散、因果扩散和关系扩散等。

（1）功能扩散：以某种事物的功能为扩散点，设想出获得该功能的各种可能性。例如，尽可能多地设想水的用途，尽可能多地想出使脏衣服去污的办法等。

（2）结构扩散：以某种事物的结构为扩散点，设想出利用该结构的各种可能性。例如，尽可能多地列举具有立方体结构的东西，尽可能多地列举具有旋钮式结构的东西等。

（3）形态扩散：以事物的形状、颜色、音响、味道、明暗等为扩散点，设想出利用某种形态的可能性。例如，尽可能多地设想利用红光可以做什么或办什么事，尽可能多地设想利用辣味可以做什么或办什么事等。

（4）组合扩散：从某一事物出发，尽可能多地设想与另一事物（或一些事情）联结成具有新价值（或附加价值）的新事物的各种可能性。例如，尽可能多地说出钢笔可以同哪些东西组合在一起，尽可能多地说出电视机可以同哪些东西组合在一起等。

（5）方法扩散：以解决问题或制造物品的某种方法为扩散点，设想出利用该方法的各种可能性。例如，尽可能多地设想用"钻"的方法可以办成哪些事或解决哪些问题，尽可能多地设想用"爆炸"的方法可以解决哪些问题或办成哪些事情。

（6）因果扩散：以某个事物发展的结果作为扩散点，推测造成此结果的各种原因，或以某个事物发生的起因作为扩散点，推测可能发生的各种结果。例如，尽可能多地设想造成空调不制冷的原因，随便扔出一块石头，尽可能多地设想可能发生的结果等。

（7）关系扩散：以某一事物作为扩散点，尽可能多地设想与其他事物的各种联系。例如，尽可能多地说出某人与其他人的关系，尽可能多地说出电与人类的关系等。

2. 质疑思维

1）质疑思维的客观基础

质疑是人类思维的精髓，善于质疑就是凡事问几个为什么。用怀疑和批判的眼光看待一切事物。既敢于肯定，也敢于否定。对每一种事物都提出疑问，是许多新事物、新观念产生的开端，也是创新思维的最基本思维方式之一。

著名哲学家笛卡儿在《谈谈方法》和《形而上学沉思录》两本著作中，详细地描述了自己对于万事万物的质疑，以及从质疑中所得出的创新结论。每个正常的人都具有思考的能力，这种能力在人与人之间是没有差别的。但是为什么在日常生活中，人与人之间在思维和知识方面会产生明显的差距呢？这是因为有些人没有正确地运用自己的思维能力，他们犯了方法上的错误。方法错了，思维的路径就错了，在错误的道路上越努力，离真理就越远。要获得真理，方法是十分重要的，正确的方法首先要充分发挥质疑思维，审查一下头脑中已经拥有的知识和观念是否正确。

如果仔细审查，也许会发现头脑中原有的一些知识、观念是靠不住的，值得怀疑的。首先，头脑中的各种理论知识，绝大部分不是通过自己独立思考得来的，它们主要来自老师和权威，老师和权威的知识又是通过他们的老师和权威得来的，代代相传，这中间也许存在歪曲，掺入了谬误。其次，那些来自自己经验的东西同样是靠不住的，因为经验往往具有欺骗性。例如，温度相同的两桶水，如果两只手的温度不同，分别插进两只桶内，往往会感到水的温度不一样。在若干同心圆中一个圆上作一条切线，会觉得这条直线是曲线，这是视觉造成的偏差。这些都充分证明了感觉经验是值得怀疑的，有些甚至能感觉到的、"眼睁睁看着"的事实，也需要大打折扣。例如，看到某个人在闭着眼睛，那么很难判断他是在睡觉，还是在闭着眼睛思考。

通过这样的反思和审查，人们会发现以前许多认为想当然的事情都需要打一个问号，头脑中的东西是不能完全信赖的。这就是说对世间万事万物都需要持怀疑态度。实际上，创新思维是以发现问题为起点的。爱因斯坦说过，系统地提出一个问题往往比解决问题重要得多，因为解决这个问题或许只需要数学计算或实验技巧。当年哥伦布看出了"地心说"的问题才有"日心说"的产生。爱因斯坦找出了牛顿力学的局限才诱发了"相对论"的思考。所有科学家、思想家可以说都是"提出问题和发现问题的天才"。

一个人若没有一双发现问题的眼睛，就意味着思维的钝化和故步自封。因此，外国许多科研机构都非常重视培养研究人员提出问题、发现问题的能力，常常拿出 1/3 以上的时间训练其提出问题的技巧。

2）如何加强质疑思维

培养创新思维，就要敢于对前人的想法加以怀疑，对前人的著作，提出自己的疑问，才能够发现前人的不足之处，找出前人的错误之处，才能够增长自己的新观点。如果对自己所学的知识不加以怀疑，全盘接受，提不出疑问，那么实际并没有真正懂得这门知识，也不可能把这门知识很好地运用到实际生活当中，不加以怀疑，很容易形成书本型思维定式、权威型思维定式和经验型思维定式。

当在学习中、在实际生活中能够善于质疑，找出其中的疑点时，就说明具有独立思考的能力。正如前文所说，发现问题比解决问题更重要。首先要怀疑，才能提出问题，在提出问题的基础上，才能够解决问题，才能够发现新的观念。

3）发现问题的价值

1912 年，美国钢铁大王安德鲁·卡内基以 100 万美元年薪，聘请了查理·斯瓦伯为该公司的第一任总裁。一天，斯瓦伯到一家钢产量落后的生产车间巡视。他发现这里管理松弛，也没有什么有效的激励机制。到了交接班的时间，斯瓦伯问领班炼了几吨钢，领班的回答是 6 吨。结果斯瓦伯用粉笔在地上写了个很大的"6"字，然后就不做声地离开了。

夜班工人接班后，看到"6"字好奇地问是什么意思。日班工人说："总裁今天来过了。"第二天，斯瓦伯又来到了工厂，他看到昨天地上的"6"字已经被夜班工人改写为"7"。再后来，日夜班工人展开了竞赛。不久，该厂产量竟跃升为公司所有钢铁厂之首。钢铁大王卡内基听到这件事，对他的家人说："这就是我为什么要花 100 万美元聘请斯瓦伯的理由，他有一双善于发现问题的眼睛，这比什么都重要，因为未来的一切都是从今天的问题开始起步的。"

20 世纪 20 年代初，美国福特公司一台巨型电动机出了故障，怎么修也修不好，最后只好请德国电动机专家施坦敏茨"会诊"。施坦敏茨两天两夜待在电动机旁，这儿听听，那里看看，还经常停下来进行计算，最后他在电动机顶部画了一条线，让修理工把电动机打开，将画线的地方减少 16 圈，结果机器故障排除了，为此他向福特公司索要 1 万美元。有人认为要价太高，施坦敏茨说，用粉笔画线 1 美元，知道在哪里画 9999 美元。

3. 逆向思维

逆向思维又叫反向思维，严格来说，逆向思维属于发散性思维的一种特殊形式。由于逆向思维在创新思维活动中的重要性，所以在本书中将其单独列出来进行讨论。逆向思维是从原有的思维方式的相反或相对的角度出发，也就是说反其道而行之。如果说思维方式带有演绎的性质，那么逆向思维这种创造性思维方法就是从对立统一规律出发，从反方向上思考问题，这并不一定会破坏事物的矛盾统一体。

不论是社会变革、经济管理，还是科技发明，有许多成果都是逆向思维的成果。例如，电动机的产生就是逆向思维的成果，英国科学家法拉第从电产生磁得到启示，经过逆向思维认为磁也能够生电。在众多科学家的努力下，他于 1821 年制成世界上第一台电动机。

逆向思维的方式有许多，包括过程逆向、条件逆向、方式逆向、作用逆向和结果逆向。

1）过程逆向

过程逆向是指将事物的作用过程进行颠倒，使得人们对它的认识和态度产生改变。事物起作用的过程具有确定的显著的方向性，显示着事物的某种发展趋势。当事物的发展趋势发生了方向性的改变时，人们对它的认识和态度也就自然需要随之作相应的调整，因此在进行创新思考的过程中，如果将问题的原发展过程倒过来，便有可能引发和促成头脑中产生与问题的新发展趋势相适应的想法。

如挖隧道，传统的做法是，先挖洞，挖好了后用木桩支撑一段，一段一段地连接起来，便成了隧道。要是碰到土质松软的地带，这种挖法就会有很大的困难，有时还会造成由于洞壁坍塌而将挖好的隧道堵住。美国有一位工程师对这种隧道的挖掘方法进行了改进，先按照洞的形状和大小，挖一系列的小隧道，然后朝这一系列小隧道里浇灌混凝土，使它们围成一个大管子，这样便形成了隧道的洞壁。有了洞壁以后，接下来再采用打竖井的办法挖洞。这样先筑洞壁后挖洞的隧道修筑法，不仅可以避免洞壁坍塌，而且可以从隧道的两头同时挖掘，节省了工时。

2）条件逆向

条件逆向是指由于事物和问题都依赖于一定的内外条件，其中某个重要的条件一旦逆转，必将引起事物和问题发生相应的改变，这样就有可能获得对事物的新认识，想出解决问题的新办法。

在日本曾有过十分突出的条件逆向的事例。日本兵库县有一个小村子叫丹波村，当日本全国普遍都已逐渐富裕起来的时候，这里依然很穷，因为这里的土地贫瘠，什么出产都没有，交通又闭塞，既没有铁路，也没有公路。村里人虽然很想摆脱贫困，但是没有人想出办法。后来他们从东京请来了一位专家。这位专家按照"要出售得多，才能换回得多"的正向思维思考，怎么也想不出一个有效的脱贫办法。后来他倒过来想：这个村子既然什么出产都没有，只有贫穷落后，那么就设法出售它的贫穷落后，于是他向村民提出，要想富起来，就只有出售村民的贫穷落后。从现在起，村民要披树叶、兽皮，就像几千年前的老祖宗那样生活，这样城里的人就会来参观、旅游，村子就可以富起来了。开始，村民认为十分荒唐，后来在这位专家的解释和说服下，大家最后只好同意试一试。经过记者的一番报道，很快便引来了大批好奇的旅游者，这个村子很快就富起来了。

3）方式逆向

事物都有自己的"起作用的方式"，也是事物的一种基本属性。事物起作用的方式，同事物本身的性质、特点与作用有机地密切联系。如果从人类活动的需求出发，采取一定的措施，使某一事物起作用的方式进行逆向，就有可能引起该事物的性质、特点或作用相应的产生改变。

例如，火箭本来是以"往上发射"的方式起作用，苏联工程师米海依尔却进行方式的逆向，终于在 1968 年设计、研制成功了"往地下发射"的钻井火箭。后来他在此基础上与人合作，又研制了穿冰层火箭、穿岩石火箭等。人们把这些向下发射的火箭统称为钻地火箭。这些钻地火箭的质量只有一般起同样作用的钻地机械质量的1/17，能耗减少2/3，效率却能够提高5~8倍。

法国微生物学家巴斯德通过研究和实验，证实了细菌可以在高温下被杀死，食物可以煮沸以后保存。英国科学家汤姆孙利用方式逆向的思维方式，推想细菌也可能在低温下被杀死或使其停止活动，食物也可以通过冷却过程进行保存，通过研究后他发明了冷藏工艺。

4）作用逆向

任何事物都能起各种各样的作用，就一个事物对另一个事物来说，既可以起到积极的作用，又可以起到消极的作用。就事物对人的利害关系来说，既有有利的作用，也有不利的作用。人通过采取一定的措施能够改变事物所起的作用，其中也包括能够通过使事物某方面的性质、特点发生改变，从而起到同原有作用正好相反的作用，例如，使事物的对人不利的作用变为对人有利的作用。基于这样的原理，进行作用逆向思维有可能想出更好的利用该事物或与其相关事物的新设想、新主意。

例如，格德约是加拿大一家公司的普通职员，有一天他在办公室里不小心碰翻一个瓶子，瓶子里装的液体泼在了一份正待复印的重要文件上。格德约着急起来，心想这一下可闯祸了，文件上被污染的文字可能看不清了。他拿起文件发现文字依然可见，但是当他拿去复印时，又一个意外出现了，就是被液体污染过而字迹依然清晰可见的部分竟变成了漆黑的一团。正在他为如何消除文件上黑斑绞尽脑汁却又一筹莫展时，他通过作用逆向的思维方式，认为这种液体正好可以防止文件被盗印，这样就可以将这种液体的不利作用变为有利作用，而研制出一种特殊的能够防止盗印文件的特殊液体。自从他有了这一想法后，经过一段时间的努力，他最后推向市场的不是一种液体，而是一种深红色的防影印纸。这种纸能够吸收复印机里的灯光，因此复印出来的文件是看不见字的，但是这种纸写字或打印又一点都不受影响。

5）结果逆向

结果逆向是指对具有因果关系的事物之间，从作为结果的事物出发，倒回去思考作为原因的事物，以及思考作为结果的事物产生发展的过程。

这种思维方式就是美国奥斯本提出的人们公认的创造发明技法之母的检核表法（对照表中提出的项目，逐一检查、核对）。各国许多学者相继总结出了各种各样的创造技法。在众多的创造技法中，有一条共通的基本要求和基本做法，就是将见到的大的东西反过来想想，把它变成小的怎么样？见到长的东西反过来想，把它变成短的怎么样？见到空心的东西反过来想，变成实心的会怎么样？科技界普遍认为，这是创造发明常用的一种简便易行的方法。

英国化学家戴维根据化学能可以转换为电能，通过结果逆向的思维方式，认为电能也能够转化成化学能，从而发现了很多化学元素，包括钾、钠、钙、镁、锶等。19 世纪初，科学家伏特研制成功世界上第一个电池，科学家发现，电流能使水分解，一端出现氧气，另一端出现氢气。戴维通过结果逆向的思维方式认为，电能也能够分解苛性钾和苛性钠。经过反复实验，他终于得到了钾元素和钠元素。后来他利用同样的方法，得到了其他元素，在化学领域取得了丰硕的成果。

4. 横向思维和纵向思维

纵向思维与横向思维都属于比较思维，都是以比较为特点的。由于比较的角度不同，就形成了纵向思维和横向思维两种不同的思维活动。纵向思维侧重于从时间和历史的角度思维，横向思维则截取历史的某一横断面展开比较。

1）纵向思维及其特点

纵向思维是一种历时性的比较思维，是从事物自身的过去、现在和将来的分析比较中，发现事物在不同时期的特点及前后联系，从而把握事物及其本质的思维过程。

事物发展的过程性是纵向思维得以形成的客观基础。任何一个事物都不会无中生有，它本身有一个萌芽、成长、壮大、发展和衰亡的过程，并且在这个发展过程中可捕捉到事物的规律性。纵向思维就是对事物发展过程的反映。所以，纵向思维是日常生活、形势分析、科学研究中经常用到的方法。

纵向思维具有历时性、同一性和预测性。历时性揭示了事物的发展过程，对于那些周期性重复的事物，历时性考察尤为重要。同一性是指历时性所考察的事物必须是同一事物，具有自身的稳定性和可比性，而不可将被考察对象在某一阶段（如现在和将来阶段）进行交换，否则将使思维结果失真。既然纵向思维是由过去到现在，再由现在推断将来，因此它具有预测性。

2）横向思维及其特点

横向思维与纵向思维不同，它是一种共时性的横断思维。横向思维截取历史的某一横断面，研究同一事物不同环境中的发展状况，并通过同周围事物的相互关系和相互比较，找出事物在不同环境中的异同的一种思维活动。

横向思维具有同时性、横断性和开放性的特点。所谓同时性，就是把时间概念的范围确定下来，再研究在这个同时过程中的各方面的相互关系。只有从时间上作了限定之后，才可以展开横向的比较和研究。横断性的特点就是把研究的客体放到事物联系中间，放到"关系"中进行考察。横断性可以充分展开事物各方面的相互关系，从而能揭示出纵向思维过程中不易觉察的问题。横向思维的开放性指要求把自己置于越来越多的事物、关系的比较中思考问题，参与比较的关系、方面越多，发现自己的优点和缺点也就越充分，所以横向思维总是处于不断开放的过程中，总是希望不断扩大自己同外界的联系，不断地输入、输出和转换，使自己增强活力，得到提高。

3）如何加强横向思维

横向思维和纵向思维是沿不同方向思考的比较。但由于客观事物本身既有历史、现在和将来的发展过程，同时又有与周围事物发生横向联系的特点，所以作为这种客观事实的反映的横向思维和纵向思维是统一的。

在实际思维过程中，需要人们交替地使用横向思维和纵向思维两种方式。一般来说，可以先用横向思维的方式找出合适的方案方法，再采用纵向思维的方式进行深入思考。创新思维活动中，横向思维具有十分重要的作用，如果只是限于一个问题领域，往往会阻碍自己的创新思维活动，很容易滑入思维定式的泥潭，这时就需要跳出来，开动自己的横向思维活动。

一位思维训练专家曾经作过一个形象的比喻，一位将军要求士兵挖一口水井，费了很大的力气挖了很深，但仍不见水，怎么办？对于大部分人来说，放弃十分可惜，于是只有继续把这口井挖得更深更大。如果更深更大之后仍不见水，那么他由于已经投入了如此多的时间和精力，就更加不愿意放弃。这时如果这位将军开动横向思维，从不同的角度思索问题，然后确定并找出解决问题的办法，例如他可以首先考虑井的位置是否正确，如果由于井的位置不正确而不出水，应当果断放弃。

那么如何加强横向思维呢？首先要扩展自己的知识领域，并将这些领域的某些资料材料综合应用起来。创造性发明常常需要人们了解不同领域事物之间的关系，这些关系起初看起来也许并不相关，但是也许这些正是进行发明创造的关键技术。

同时，要有意识地进行横向思维，把由外部世界观察到的刺激强制性地与正在考虑的问题建立起联系，使其结合。也就是将多种多样的或不相关的要素捏合在一起，以期获得对问题的不同看法。

加强横向思维的另外一个途径是把两个或多个并列的事物交叉起来思考，从而把两者的特点结合在一起，使之构成一个新事物。利用目录的办法可以把两事物交叉起来，即把目录上两个以上的产品联系起来，从而产生独特的设想，把看起来毫无关系的两个产品联系起来，跳跃性很大，能克服经验的束缚，产生新的设想，开发出新产品。

例如，美国加利福尼亚州的生物学家将机枪和播种机联系在一起，发明了机枪播种方法。弹丸壳是可溶解的胶囊，含有一定成分的肥料、杀虫剂，内装优良的种子，飞机掠过田地，机枪将种子子弹射入土地，解决了地面人工机具播种慢、空中播种只能在泥土表面的难题。

5. 灵感思维

1）灵感思维的客观基础和特点

灵感思维是一种特殊的思维现象，是一个人长时间思考某个问题得不到答案，中断了对它的思考以后，却又会在某个场合突然产生对这个问题的解答的顿悟。灵感现象自古以来曾使无数人觉得惊异、玄妙和神奇，灵感问题一直是对人类具有巨大诱惑力的研究课题。当然它也是唯物主义与唯心主义观点长期争论的焦点。

灵感包含多种因素、多种功能，有其多侧面的本质属性和多样化的表现形态。灵感也是人脑对信息加工的产物，是人的认识的一种质变和飞跃，但是由于其对信息加工的形式、途径和手段的特殊性，以及思维成果表现形态的特殊性，使灵感成为一种令人难识真面目的极其复杂、玄妙而又神奇的特殊思维现象。

从心理的角度来看，灵感产生的过程是这样的：当一个人长时间地思考着某个问题得不到解决而去干别的事情的时候，特别是从事某项轻松愉快的活动的时候，这时人们的显思维就不再去思考这一问题了，但是潜思维开始启动或者继续思考。潜思维能从比显思维的信息库大得多的潜思维信息库中反复地检索和提取有关信息，进行信息加工，以极高的速度反复尝试进行各种各样的组合，因此能够获得显思维所不能获得的成果。当潜思维对问题的思考有了一定的结果后，便立即与显思维沟通，将结果输送给显思维，此时就表现为灵感。

从生理的角度来看，目前有几种不同的解释。从不同的学科角度看，能使人们在现有的科学水平条件下对灵感的生理原理有正确的认识。创新思维的实质是将人们大脑中的知识进行重新组合，从生理机制方面看，也就是大脑皮层的细胞建立新的联系。当一个人长期思考某一问题时，就会在大脑皮层中形成优势中心区，而一旦这个优势中心区被抑制，就会自发地引起这个中心区外围皮层细胞的兴奋，这时常规思路外围的知识和经验就能够被激发出来，从而打破常规。而一些创造性课题的答案本来就不在常规的思路范围内，因此打破了常规思维的信息的闪现，就有可能恰好把思路引向问题的答案。

另外，长时间思考某个问题会使大脑中的血液缺氧，使思维变得迟钝，这时停止思考而让大脑轻松一下，或使思考转到另外的问题上，大脑血液中的含氧量会增加，思维就会变得敏捷，因此容易产生灵感。

灵感思维具有以下一些特征。

（1）突发性。灵感的产生往往具有不期而至、突如其来的特点。这主要是由于灵感的产生是潜思维的结果传递到显思维而产生的，在此之前，思考者并不能察觉到潜思维的进行，而是认为已经停止了对问题的思考，因此就使人觉得灵感到来得突然。无论哪一种形式的灵感，都具有一定的突发性，只是在程度上有所不同。

灵感的突然降临，不同于一般的某个念头突然在头脑中的出现，忽然想起了某件事或某个人，这不是灵感。灵感总是针对思考某个问题的需要而出现的。反复思考某个问题，或反复回想某件事，老是想不出结果，过了一段时间，却又突然得到解决办法才是灵感。

（2）兴奋性。灵感的出现是意识活动的爆发式的质变、飞跃，令人豁然开朗，是思想的火花的瞬间出现，是神经活动突然进入的一种高度兴奋状态，因此，灵感出现以后必然出现情绪高涨，身心舒畅，甚至如醉如痴的状态。

俄国生物学家、免疫学创始人之一的梅契尼科夫，在谈到他头脑中突然出现的关于细胞的吞噬作用的想法时说："非常兴奋，我在房中走来走去"。

（3）不受控制性。灵感的出现时间和场合不可能预先准确地作出规定和安排。德国哲学家费尔巴哈说过：灵感是不为意志所左右，是不由钟点所左右，是不由钟点来调节的，是不会依照预定的日子和钟点迸发出来的。

（4）瞬时性。灵感是潜思维将其思维成果突然在瞬间输送给显思维，灵感的来去是无影无踪的，它出现在人脑中只有很短的时间，也许只有半秒钟或者几秒钟，经常只是使人稍有所悟，当人们还没有清晰地反应过来的时候它便已经离开了，就像在黑夜中突然看见亮光一闪就不见了。

（5）粗糙性。灵感提供的思维成果并不都是完整成熟的，精确清晰的。灵感提供的往往只是零碎片段，模糊不清的，甚至会完全错误，它们一般都还有待于再经过逻辑思维或形象思维的进一步加工整理。如果是科学研究中的一个新设想，那么它往往只是一种方向或途径，还需要再付出艰苦的劳动，才能做到在科学研究上有所突破。如果是解决某个实际问题的一种方法，它则往往只能提供一种启示或线索，还需要再加以补充和修正，才能使其成为真正有价值的成果。

（6）不可重现性。不可重现性是指即使遇到了相同的情景，也难以再现各个细节都完全相同的同一个灵感，而不是说灵感的同一内容不可能在不同的情景下再次或多次出现。

2）灵感思维的几种方式

（1）自发灵感。自发灵感是指对问题进行较长时间思考的执著探索过程中，需随时留心和警觉所思考问题的答案或者启示，以及有可能某一时刻在头脑中突然闪现的成果。要做到善于抓住头脑中的自发灵感，不仅要对灵感出现有一种敏感和警觉，而且要有意识地让潜思维尽量发挥作用。在对一个问题进行反复思考时，潜思维也是在启动状态，如果对问题的解答不是急于求成，而是有紧有松，有张有弛，在该休息的时候就停止思考，转做其他事情或进行娱乐活动，这样就能为头脑中的潜思维加强活动创造有利条件，就能为它提供良好的环境。

美国有一位制造农业机械的厂商西拉斯·马克米克，他为了使公司的业绩有突破性的发展，着手研究各种谷物收割机，一年到头他都在想这方面的技术改造和创新意念。一天，他到理发店理发，好久没有这样轻松了，他舒适地躺在理发椅上，漫不经心地听着理发推子的声音，就在这个时候，一个新鲜的念头突然闪现在他的脑海里："把理发推子的原理运用到收割机上，这不就好了？我早该想到这个道理呀！"他立刻把这个创意付诸实践，不久就制造出了第一台收割机并将它商品化，公司很快成了全国知名的企业。

这种"将理发推子原理运用到收割机上"的思考结果是突然由潜思维输送给显思维的，于是便表现为一种自发灵感。这种灵感是在思考者的头脑中逐步形成以后，在一定的时机自然成熟的。

瓦特发明蒸汽机也是自发灵感的结果。一开始，瓦特在这个项目上辛苦工作了整整两年，毫无进展。后来，在一个晴朗的午后，在他漫不经心地散步的时候，潜意识才将答案交给了显意识。瓦特在一篇文章中说:"那时我已步入绿地,越过老洗衣机房,脑子里装的是洗衣机的事。不知不觉中,我来到了牧场附近,一些思想涌进了我的脑海:由于蒸汽具有弹性,它会自动冲进真空部位,若能在汽缸和正在抽空的部位之间建立某种联系,蒸汽就会冲入真空,这样或许无须冷却汽缸,蒸汽就会冷凝,走到高尔夫球场我就折了回来。此时此刻,事物的整个面貌在我心中清清楚楚,井井有条。"

瓦特也是由于"工作了两年",所以才有"不知不觉中……一些思想涌进了我的脑海……",此时潜意识已经将思维结果突然交给了显思维,直到"事物的整个面貌在我心中清清楚楚,井井有条",这时自发灵感思维已经完成,显思维已经开始进一步工作。因此,这一事例也是自发灵感的成果。

(2)诱发灵感。诱发灵感是指思考者根据自身生理、爱好和习惯等诸方面的特点,采取某种方式或选择某种场合,有意识地促使所思考的问题的某种答案或启示在头脑中出现。

下面将介绍一些诱发灵感的方式,当然它们只是可能,并不是一定能产生诱发灵感。

卧床思索:人一生中呆在床上的时间最长,当然躺在床上是为了休息,但在熟睡之前或在醒了之后,人们还习惯于利用这段时间想一些事情,以求获得灵感。第二次世界大战期间,一个名叫欧文的工程师,在一天清晨想出了用金属条编成席铺在地上的办法,一夜之间就在某地建成了大批应急机场。

散步:散步能够活动身体,有益于大脑中氧的供给,从而有助于诱发灵感思维。

听音乐:听音乐有利于身心放松,促进右脑活动,从而有助于灵感的产生。日本著名的发明家松义郎在讲到"发明的大步骤"中谈到要善于捕捉灵感时说,他在自己的公寓里专门开辟了两个房间,一间是"静室",墙上挂满了各种绘画作品,另一间是"动室",摆了一些音响装置。他每天要在这两个房间呆两三个小时,经常一边听音乐一边思考自己的发明方案。

阅读书籍报刊:在长时间的紧张思考过程中,尤其是在思考受阻的时候,暂时停下来翻看一下书报,往往能够起到诱发灵感的作用。

法国化学家别涅迪克在 20 世纪初的一次实验中,不小心将烧杯掉在了地上,这只烧杯虽然摔裂了,但是没有碎,他想真是一只奇怪的烧杯,是什么原因他一时也不明白,也不知道有什么用途。一天他在翻看当天的报纸时,报上登了一条消息:一辆公共汽车由于撞在了电线杆上,车上的玻璃被撞得粉碎,玻璃割破了司机的手臂,由于玻璃扎进了许多乘客的身体而造成伤害。于是别涅迪克马上想到了那只摔不碎的烧杯,如果用这种玻璃做成车窗就不会造成玻璃伤人事件。于是他进行了细心的研究,发现是硝酸纤维素的作用,这样就制造出了汽车上用的安全玻璃。

其他特殊方式:有些特殊方式因人而异,是适合于个别人的方式。例如,现代物理学家杨振宁教授说他在早上刷牙的时候最容易诱发出灵感;普鲁斯特写作时要在房间里摆一排软木塞;约翰逊工作时喜欢身边有一只猫,还有橘子皮和茶叶。

(3)触发灵感。触发灵感是指在对问题已经进行较长时间思考而未能得到解决的过程中,接触到某些相关或不相关的事物或感官刺激,从而引发所思考问题的某种答案或启示在头脑中的突然出现。

根据许多人的经验,同人交谈,经常都能起到触发灵感的作用。因为每个人的年龄、身份、文化程度、知识结构、理解能力等各不相同,思考问题的方式、特点和思路也会互有差异。在相互的交谈中,不同的思路、不同的思考方式和特点互相融会、交叉、碰撞或冲突,就能打破和改变各人原有的思路,使思想产生某种突然启发,产生触发灵感。

20 世纪中叶,日本的一位企业家鬼冢喜八郎曾不止一次地听到篮球运动员说:"现在的运动鞋很容易打滑，止步不稳，影响投篮的准确性。"他决心开发出一种克服这一缺点的新产品。他还曾和篮球运动员一起打篮球，亲身体验运动鞋的这一缺点。他连续在许多日子里，整天想如何才能克服运动鞋容易打滑的现象。有一次，他在吃鱿鱼时发现，鱿鱼的触足上长着一个个吸盘。他顿时想到，如果把运动鞋也做成吸盘的形状就可以防止打滑。于是他把运动鞋平常的平底改成了凹底，试验结果表明，穿凹底鞋比穿平底鞋在止步时要稳定很多。

（4）逼发灵感。逼发灵感是指在紧张的情况下，通过冷静思考，或者在情急中产生解决面临问题的某种答案或解决问题的某种启示，此时有可能在头脑中突然闪现。

奥斯本曾经说过：舒适的生活常使我们创造力贫乏，而苦难的磨炼却能使之丰富；在感情紧张的状态下，构想的涌出多数比平时快……当一个人面临危机之际，想象力就会发挥最高效用。他还说过：谁被逼到角落里，谁就会有出奇的想象。

1840 年，美国青年亨特向他的恋人郝斯达求婚，郝斯达的父亲最初坚决不同意，后来被他的真情所感动，表示愿意让步，但提出一个条件：为了不让郝斯达跟着受穷，亨特必须在 10 天内赚到 1001 美元。亨特听了这话，吃了一惊，半晌说不出话来，连 50 美元都拿不出来的他，10 天之内到哪儿弄这么多钱呢？亨特被未来岳父逼到了墙角。

只许成功不能失败的强烈信念使亨特的思维处于高度兴奋的状态，他要求 10 天之内自己要发明出东西来。亨特日思夜想，终于想到了一件东西：每逢重大的喜庆日子，人们都要在胸前佩戴缎花，这种缎花一般用大头针别在衣服上，不仅不容易别住，而且常常会刺伤手，于是亨特想设计出一种更安全好用的别针。于是亨特立即动手，边想边做，只用了 3 个小时，便成功发明了至今仍为全世界普遍使用的安全别针。

亨特将此设计带到花店，老板当即表示愿意购买这一设计，提出先付 500 美元，以后按销售额让他提取 3% 的专利费。但是亨特毫不犹豫地提出只要 1000 美元。

当然，并不是任何人在紧张、急迫、危难的情况下都能逼出灵感，逼出奇迹来。有科学家统计，当灾害发生时，只有约 12%～20% 的人能够保持头脑清醒，果断地采取行动；75% 左右的人会茫然失措或表现精神性麻木；10%～25% 的人则会出现惊恐、焦急和严重的行为慌乱，从而使灾害造成更大的损失。

逼发灵感取决于一定的条件，首先要做到临危不乱，保持镇静，同时要冷静地思考。因为灵感毕竟是通过显思维和潜思维共同"想"出来的，而并非"急"出来的。

很多人的经验表明，对必须早日完成的某件事情，定下一个在一般情况下看来很难完成的最后期限，这样将有利于逼发灵感。时间安排得过于松散一般会造成大量时间的浪费。奥斯本说："多数有创造力的人，其实都是在期限的逼迫下从事工作的……决定了期限，就会产生对失败的恐惧感，因此工作时加上感情的力量，会使得工作更加完美。"

3）如何把握灵感

灵感思维在人们头脑中普遍存在，同时它也是一种人人都能够自觉加以利用的创新思考方法。有些人说自己从未出现过灵感，这主要是因为还不能够掌握灵感的规律和特点，因此即使头脑中出现了灵感，也往往感受不深或把握不住。在灵感思维的过程中，很容易出现极端情况，一种是认为灵感很容易，作用也很大，对它的评价很高；另一种是觉得它似有若无，无足轻重。其实，只要对灵感的机制、特点等规律有所了解，并有一定的捕捉和利用灵感的精神准备与敏感，那么每个人都有可能会发现灵感离我们并不远。

但是如何把握灵感思维，需要满足以下条件。

（1）要有需要进行创新思考的课题。思考总是从问题开始的，没有问题当然就谈不上灵感思维。创新思考的题目来自思考者主观的好奇心、求知欲，或者来自客观上的实践需要。一般来说，创新思考课题都是客观时间需要和主观探索精神相结合的产物。

（2）要有必需的相关经验和知识。灵感的出现虽然具有突发性和偶然性，但是其产生的原因是必然的。经验和知识的积累是灵感产生的基础，一般来说，思考者所拥有的经验和知识的丰富程度与获得灵感的可能性、内容和水平是相关的。一个人经验和知识越丰富，思考问题时产生灵感的可能性越大。同时，思考者头脑中经验、知识结构与所产生的灵感的内容是密切联系的。要有某种类型的经验和知识结构，才可能产生某种灵感。例如，只熟悉科学技术，对文艺毫无兴趣的人绝不会迸发出"艺术灵感"。

（3）要对问题作长时间的思考并思考受阻。很多事例说明，灵感出现时往往是思考者经过反复思考并思考受阻。实际上，灵感是辛勤劳动的结果，是经过多次无效的有意识的努力后才产生的。

（4）要具有强烈的解决问题的愿望。对所思考的问题具有强烈的解决欲望，将极大地推动显思维和潜思维积极进行试探性思维。

（5）在一定时间的思考之后主动调节身心。经过一定时间的思考，大脑皮层处于兴奋状态，这时转而从事轻松愉快的活动，使显思维暂时松弛下来，有助于潜思维更活跃、更积极地继续思考问题，更好地发挥作用。

（6）要时刻准备迎接灵感的到来。由于灵感的出现具有瞬时性，而且是模糊的，如果没有足够的心理准备和物质准备，也许就会失去灵感。

相信如果具有以上条件，可能就会尝到灵感的甜头。

6. 直觉思维

1）直觉思维及其特点

直觉是洞察事物的一种特殊思维活动，是指人们对事物或问题不经过反复思考的一种直接洞察。人们会有这样的体会，在读一篇文章时，觉察到某个语句有问题，往往并没有对这个句子进行语法分析，而是通过"语感"觉察出有问题。这种觉察与感官的"感觉"有所区别，它是一种思维活动，但是与逻辑推理是不同的，"觉察出问题"只是凭借读者的语言感觉，觉察出句子的毛病。这种觉察往往"知其然而不知其所以然"，尽管评价正确，但是说不出理由。

直觉具有总体性、瞬间性、顿悟性、潜思维的参与性、间断性和猜测性的特点。

（1）直觉思维是从总体上观察、认识事物后，便对它作出某种断定，而不像逻辑思维，先分析认识事物的各个局部，然后综合认识事物的全局和整体。

（2）直觉思维往往是问题的出现和解决同时出现，令人感到是同时发生的。

（3）直觉思维表现为思想上的"顿悟"，豁然开朗。

（4）运用直觉思考问题时，究竟怎样在一瞬间看出问题的实质而作出判断是思考者自己并不知道的。思考者头脑中可能有潜思维参与了思维过程，直觉思维的成果可能是潜思维和显思维共同作用的产物。

（5）直觉思维的结果并非一定正确，它具有猜测性和试探性。

2）直觉思维的成功案例

英国物理学家卢瑟福在思考 α 射线本质的时候，一天他忽然想到如果 α 射线的本质是氦原子核流，它的性质便很容易说明。虽然已是深夜，他却立即抓起电话，叫醒了他的助手索第，一口气把自己的想法告诉了他。半夜索第被喊起来，问道："为什么？"卢瑟福回答："理由还没有，只是直觉。"后来，实验证明，卢瑟福的直觉是对的，由此卢瑟福建立了他的理论体系来说明他的理论。

关于无线电波的传送距离也有过由直觉思维取得进步的案例。马可尼当年在提高了无线电装置的功率后，产生了向大西洋彼岸发送信号的想法。专家对此嗤之以鼻，因为无线电波像光一样直线传播，不能顺着地球的曲面行进，最后会射向宇宙空间。马可尼不相信这些，只相信自己的直觉，固执己见，按照他的想法，坚持实验，终于获得成功。当时，无论是马可尼还是科学家都不知道在大气层上有一个电离层，电离层反射回来的无线电波，意外地帮了马可尼的忙。

19 世纪末，法国物理学家贝克勒尔发现的放射现象引起了居里夫人的极大兴趣，她决定研究放射线及其来源，初步实验已表明，放射性同化合情况以及温度无关。面对这样的事实，居里夫人凭直觉作出了两个判断：第一，她断定放射性不是化合分子的性质，而是原子的特性；第二，她断定这种射线不一定只有铀才具有，其他元素也可能具有。

根据这样的判断，没过多久她就发现了另一种放射性元素——钍。后来她在一种沥青铀矿中，又发现比铀和钍的放射性更强的放射现象。于是她凭直觉作出判断：在这种沥青铀矿中，还含有比铀和钍的放射性强的未知元素。她在给布罗尼雅的信中说："我不能解释的那种放射作用，是一种不知道的化学元素产生的，这种元素一定存在，只要找出来就行了。"

她还为这种未知元素取名为镭。4 年后，即在 1898 年，人们测出了这种元素的原子量，证实了居里夫人的判断。

3）把握直觉思维

直觉思维是在一瞬间就进行和完成的复杂推理过程，实际上，直觉思维是人们的潜思维的结果。潜思维是不能直接加以控制的，而它却能独立地进行信息加工和整合的思维活动。

要善于运用直觉思维，必须要有丰富的有关知识和经验，实际上，具有所思考问题的有关知识和经验是直觉思维的依据和基础。同时，还要充分估计到，直觉思维所提供的思维成功常常是不可靠的。在许多情况下，特别是在形势紧急需要当机立断的情况下，运用直觉思维有其必要性和重要作用，但不可轻率地相信它所提供的成功，对其成功还需要通过逻辑证明和实践活动认真严格地加以检验。

大部分有创意的人都懂得直觉思维的重要性，他们先处理一些明显无用的信息后，面对有矛盾的地方，往往通过直觉下结论。

16.4　创新设计技法

创新设计技法是人们通过生产实践，基于基础知识，应用创新原理，激发创新思维，产生新观念、新思想、新方法，用以解决创新设计问题的手段和技巧。创新设计的基本原则是突破思维定式，营造环境条件，辅助启发激励，促成创新结果。通常，不同性质的问题可以采用不同的创新设计技法加以解决；反之，多种创新设计技法用于同一问题，也会产生新的、更好的结果。创新活动的开展，将使创新设计技法不断发展和完善。这里只对常用创新设计技法加以介绍。

1. 智力激励技法

人们由于社会背景不同，个人经历不同，兴趣爱好不同，特别是性格特征和思维方式的不同，在创新设计过程中，每个人对待问题的看法和解决问题的方法都或多或少地存在片面性和不足。为更好地提出问题和解决问题，最简单的办法就是集中大家的智慧，调动大家的才能。智力激励技法有时又称为集思广益法，由美国一个广告商奥斯本总结提炼而成的，在国外也被称为头脑风暴法（Brain Storming），形象地表达了人们在应用这个技法时自由奔放、突破传统思维的状态。

由于智力激励技法强调的是群体智慧的结晶，所以智慧和才能的提炼应遵循如下原则。

1）自由发挥原则

一个创新的设想或点子，总是有与前人或他人不同的地方。因此，各人应该尽可能地解放思想，畅所欲言，无拘无束地思考问题，要求突破传统思维惯例，从正面、反面、侧面发挥想象、寻求创意，自由发挥创新思维。

例如，有人提出如何捕捉老虎的问题。经过自由发挥思考，人们提出了很多想法。例如，设计一个特殊的笼子，采用某种方式罩住老虎，这是传统的方法；也有人提出，捉住老虎是为了观赏，可以画一幅老虎的图画，便可以每天欣赏了，这是浪漫的艺术手法；还有人提出，捉住老虎关在笼子里欣赏很困难，何不将人自己关在笼子里，将笼子置于老虎出没的野外，从笼子里向外观看老虎，也相当于老虎在笼子里被欣赏，这是拓扑学的观点和方法。正是这种创新的想象，出现了野生动物园中有人坐在装有栏杆的汽车中欣赏动物的方式。

2）事后评判原则

创新设想一般要经过环境的诱发、灵感的出现、思维的深入到设想的形成等一系列的发展、完善过程。通常，最初的想法比较浅显、无序，甚至会不合逻辑和自相矛盾，但这些想法可能会包含较大的启发性和创造性，或者成为其他创新设想的诱发因素。过早地进行评判或批评，很有可能终止设想的发展，扼杀具有创造性的灵感方案和启发性的诱导火花。

事后评判是指设想和畅谈结束后再组织人员评判畅想的方案。不作事前评判，包括对他人设想的评判和自己设想的评判两方面，前者有助于营造一个良好的创新激励氛围，后者有助于鼓励自己解放思想、勇于大胆提出设想。另外，评判还包括肯定评判和否定评判两种，前者容易造成限定思维框框，后者容易造成扼杀思维发展。因此，不论任何种类的评判，最好在事后进行。

3）追求数量原则

事物的发展过程总是遵循从量变到质变、螺旋上升、循序渐进的过程。设想的方案越多，思维也就越活跃，产生创意的可能性就越大。通常，较佳的创意总是在后期提出和产生的，较多的创意思维也为后续的选择和总结提供了基础和条件。

例如，举办创意大赛就是为了对某种主题收集更多的好主意、好点子。实践证明，创意大赛后，总有部分新的思想、新的方法产生。

4）综合提升原则

综合提升是指鼓励人们在他人设想的基础上，进一步发散思维，互相启发，互相激励，总结提高，不断完善，综合多人设想，并加工整理、变换和改进，从而提升出更完善的方案和设想。

智力激励技法的信息可直接传递，信息数量多，相互激励强度大，易形成创新环境气氛，有利于创新设想的形成。智力激励可通过会议、书面、信函等多种形式加以实施，其中以会议形式直接交流的方式进行效果最好。

2. 分析列举技法

分析是人们处理复杂事物的手段，是一种演绎和推理，是从已知到未知、从无到有的过程，列举是人们对已有的观点、现象、方法、内容等属性进行全面陈述，逐一罗列，充实和弥补感知的不足，并以此为发展要素的起点，展开思考、想象，达到改进、提高的目的，或者形成新思想、新创意。从实施过程来看，分析和列举属于同一种技法，前者注重对事物特点、属性的分析，后者注重对事物优点、缺点的判断。

分析列举是人们常用的正向思维方式之一，通常包括以下几种手段。

1）优点列举法

优点是事物反映出来的正向的、积极的一面，是具体产品表现出来的优于其他产品的方面，表现在功能、性能、造型等多个方面，是人们需求心理的一种反映，也是人们欲达到某种目的的推动力。思维从社会需求或个人愿望出发，以列举事物的优点为目标，通过正向思维和发散思维，有助于发现和揭示创新的方向和目标，有利于寻找解决矛盾、达到目标的途径和方法。将优点目标转化为实施的具体措施，便完成了创新设计的创造过程，这是优点列举法的基本方法和基本原理。

优点列举是一种主动型的正向思维活动，围绕优点目标寻找突破，或从市场用户方面寻找人们愿意接受的优点，提出创新设想。因此，该方法常常应用于新产品的开发上。

2）缺点列举法

缺点是事物反映出来的逆向的、消极的一面，是具体产品表现出来的不符合人们需求心理的地方。按照辩证的观点，任何事物不可能十全十美，总存在缺点和不足。根据创新思维的方法和要求，有意识地列举出事物的缺点，也成为人们提出改进设想、实施改革手段的推动力。只有发现问题，才能解决问题。与优点列举法相似，以列举的缺点为目标，寻找克服缺点的方法和手段，并将其应用于实际生产和生活中。因此，缺点列举法也是一种创新和创造。

缺点列举是在对象客观存在与人们意愿相矛盾时采纳的，分析对象的缺点及存在的条件，改变条件，使缺点成为优点，或者在原有条件下，改缺点为优点。因此，该方法常常应用于旧产品的改造中。

3）特点列举法

任何事物都有其自身的特点和属性，改进某一产品或开发某一产品，通常直接从整体出发，往往无从下手。如果眉毛胡子一把抓，结果可能什么都没有抓住。没有重点、没有方向的劳动是徒劳，更谈不上创新了。将事物的特点分解出来，并加以列举，将问题化整为零，逐个解决，或针对其中某一个特点加以改进、改造，会收到意想不到的效果。这是特点列举的基本原理。特点有多个方面，部分的改变会带来整体的改变，特点的突破会带来创新的思想突破。同样，特点列举也是一种创新的思维方式。特点列举法是由美国创造学家克拉福德教授总结归纳出来的，并经过研究应用，产生了许多发明创造。

特点列举法的运用步骤是：选择需要改进的对象，并将对象组成部分按其特点分解，分析其中各个特点之间的关系，找出其中部分有可能突破的特点并进一步分析研究，采用取代、替换、增加、简化、组合等方法，融入创新思想，加以改进或重新设计。

首先，分析列举技法涉及面广，能够在发散性思维的创新过程中，将事物的所有属性列举出来，系统地思考、分析和解决问题；其次，分析列举技法规范性好，所有的属性都是按照规范而不是随机列举出来的，使解决问题有明确的系统和方向；最后，分析列举技法针对性强，目标明确，可以提高创新的成功率和缩短创造发明的时间。

3. 联想类比技法

联想是从一个概念到另一个概念，从一个事物到另一个事物的一种心理活动或思维方式，是不同事物、不同现象之间有机联系的桥梁；类比是对不同概念、不同事物进行对比，找出两者之间的相同或相似之处。类比是一种推理，它根据两个对象在一系列属性上相同或相似的特点，而且已知其中的一个对象其他方面的属性，由此类比得出另一个对象同样具有相同或相似属性的结论。

联想可以从一个事物的概念得到另一个事物新的概念，类比也可以从一个事物的属性得到另一个事物新的属性，均具有创新的特性。因此，联想类比技法符合创新设计技法范畴。

1）联想法

联想是创新思维的重要表现形式。联想可以在无意识的状态下产生，也可以在有意识的状态下产生，分别称为无意联想和有意联想。联想创新要求无拘束地由一个事物自由地联想到另一个事物，产生新联系，激发新思路。将某些看似无关的事物联系在一起，并加入特定的时间条件和空间条件进行创新性联想，可以得到对立的或类似的另一事物，也可以得到从属的或相关的另一事物。

无意联想是在人们无意识的状态下产生的，因此，相互联系的两个事物必定有部分相同的属性或共同的特征，如果对其属性或特征加以放大、缩小或转换，其特性将发生变化，产生新的创新特性。无意联想包含相似联想、接近联想等表现形式，是有意联想的基础。

有意联想是在人们有意识的状态下产生的，是人们将客观存在的、习以为常的、表面看上去没有联系的事物联系起来，组合形成新的属性和特点，形成创新和创造。有意联想包含对比联想、强制联想等表现形式，是无意联想的发展。

无意联想和有意联想之间并没有严格的界限，两者是对立的统一。仿生联想就是其中的一种主要表现形式。仿生联想可以实现在原理上仿生，如模仿鸟类的飞行器、模仿乌贼的喷水推进船舶；也可以实现在结构上仿生，如模仿苍蝇和青蛙复眼结构的复眼透镜照相机、模仿人类行走方式的足式机器人；还可以实现在外形上仿生，如模仿海豚体形的流线型船体、模仿生物外形的异形建筑等。

2）类比法

类比是以比较为基础，以熟知的和已知的事物为前提，通过启发思路、触类旁通、相互比较，得出新的结论、新的方法。

例如，美国曾经从我国移植过去不少优良品种植物，其中有我国南方的特产浙江黄岩柑橘，它能被移植引种于美国加利福尼亚州，就是因为对两地的自然环境和气候条件进行类比后得出两地环境条件相似的结论。又如，惠更斯提出的光的波动说，就是通过光与水波、声波类比之后创造性地得出的；英国医生詹纳发现种牛痘可以预防天花，是受到挤奶女工感染了牛痘而不患天花的启发，相互类比而得出的结果。我国古代著名的工匠鲁班，有一次上山砍树，不慎手指被野草的嫩叶划伤，他发现这些叶子的边缘上有许多锋利的小齿，于是就想到在竹子上制作许多相似的小齿也许能割开树木，经过反复的试验和改进，最后他在铁片上制作了许多小齿，发明了人们沿用至今的伐木工具锯条。

联想类比技法要求人头脑中的信息要多，知识面要广，积极参加社会实践，熟知客观事物的发展变化规律，同时掌握联想类比规律，实现创新发明设想。

4. 组合创新技法

创新和创造有多种形式。如果采用新技术、新方法得到新的结论，是新的发明；如果采用已有的技术经过重新排列组合得到新的结论，同样也是新的发明。前者通常称为独立创新性发明，后者便是组合创新性发明。

组合创新是组织者将两个及两个以上的技术因素组合起来，根据市场需求分析比较，得到有创新性的新的技术产物的过程。由于技术的日新月异，现有技术不但数量众多，而且日益完善，为组合创新创造了良好的技术基础，也为组合创新提供了可靠的应用前提。目前，组合创新已经成为一种主要的创造发明方式。

　　由于技术的属性不同，组合创新的种类和方法也有多种不同的形式。通常，技术因素包括技术原理、技术手段、控制方式、控制过程、工艺方法、工艺流程、材料选择、动力选择等。组合的方式也根据技术因素的不同而分为功能组合、材料组合、原理组合、技术组合等。

　　下面简单介绍各种组合方式。

　　1）功能组合

　　功能组合是将具有不同功能的技术手段或产品组合到一起，形成多功能的技术系统的一种创新方法。

　　随着计算机技术的迅速发展，以计算机技术手段为代表，组合其他技术形成的新产品、新系统成为组合创新的典型代表。例如，1979 年诺贝尔生理学、医学奖获得者豪斯菲尔德发明的 CT 扫描仪，就是计算机技术和 X 射线照相技术合理组合，实现医学理想的典范；又如，加工中心的发明也是将车床技术、铣床技术、钻床技术等多种机械切削加工机床的功能和数控技术加以组合的结果；目前大多数家用电器都有多项功能，电视遥控接收器同时具备收音机的功能；我国远洋科学考察船"大洋一号"使用的电视抓斗，是将电视技术和起货技术合理组合，实现海底摄像连续观测，使调查效率迅速提高。

　　2）材料组合

　　材料组合是将不同种类即不同性能的材料组合在一起，形成具有新功能材料的一种创新方法。

　　新技术的发展带动了新材料工业的革命，如纺织布料的不断更新产生的涤棉产品。由于全棉布料洗涤后容易变形，有时使用不便，化纤产品又由于透气性差穿着不适而不被人们接受。将两种材料组合在一起，形成涤棉产品，兼顾两者的优点，面世以来，受到了广泛欢迎，目前成为布料的主流；再有，汽车制动片的无石棉材料是由棉麻、玻璃纤维和铜丝压制而成的，大大提高了制动片的强度和车辆制动力，同时又保持了制动片的柔韧性。

　　3）原理组合

　　原理组合是将两种以上的技术原理组合成复合的技术系统，形成解决新问题的新技术手段的创新方法。

　　将燃油燃烧产生的热能通过涡轮叶片转化为输出轴的转矩输出，是燃气轮机技术；将其与喷气技术相组合，便形成了喷气式发动机技术，目前被广泛应用在航空工业中；同样，柴油机磁化节油技术，是柴油机技术与电磁技术相结合而形成的节能技术；将电视技术与通信技术相组合，便可形成电视会议系统；将电视技术与网络技术相结合，又可形成实时点播系统等。

　　把已有的或成熟的技术合理组合，可以创造新系统，使其更加形式多样、经济有效、适合广大的市场需求。总之，组合创新技法可以使不同技术领域的技术相关属性互相渗透，形成边缘学科，甚至形成新的学科。

5. 设问探求技法

　　泛泛的思考往往不一定能解决问题。有针对性地对事物提出一些相关问题，并对提出的问题分析思考，作深入的研究，通常会有突破和进展。设问探求就是以某种方式有针对性地提出问题，突破传统思维束缚，诱导和激发人们扩展思路，达到解决问题的目的。

　　提出问题有助于促进人们深入思考和自由想象，激发人们的创造力，扩展创新思维。有创意的问题本身就是一种创新。只要敢于提问，善于提问，就一定能够找到问题，并能解决问题。

　　通常，提出问题基于以下基本原理：任何人工产品都存在缺点和不足，任何已有产品都可以被改进和提高。下面介绍两种常用的设问探求方法。

1）5W2H 法

针对需要解决的问题考察研究对象，从七个方面提出疑问，从中启发创新设想，有利于归纳问题，抓住本质。以设计新产品或改革现有产品为例，5W2H 法主要通过以下问题或提问来检查课题的合理性与可行性。

Why——为什么设计该产品？为什么需要革新？采用何种总体布局？

What——什么是革新的对象？产品需要有什么功能？是否需要创新？

Who——谁来承担革新任务？谁来承担设计任务？谁是最终用户？

When——什么时候完成革新或设计？各个设计阶段时间如何划分？

Where——从什么地方开始着手？产品用于什么地方？产品在什么地方生产？

How to do——怎样实施？如何设计？形状如何？结构如何？材料如何？

How much——要求达到怎样的水平？要求单件生产还是批量生产？

如果对以上问题存在疑问，说明存在需要改进的地方，或有改进提高的余地。不断改进，直至无懈可击，才认为方案是可取的。5W2H 法适用于任何工作或课题，但对不同的工作或课题，提问的具体内容不同，可以有意识地突出其中任何一个问题，也可以对某一问题提出不同方面的具体内容，以求得创新构思。

2）设问法

设问法主要采用的是发散性思维，针对问题从不同的角度提出疑问，并将其归纳成几方面进行启发，以期出现创新成果。设问法主要从以下几个问题开始。

（1）转化——产品能否稍作改动或不改动而移作他用，或改变环境而产生新的用途？

这是一种先有方法，然后寻找目标的创新途径，即对产品功能进行发散性遐想，破除思维定式、经验定势和权威定势，突破现有产品功能和用途的专一性，可以产生许多新的用途和创新设想。例如，利用风扇吹风的功能，对外形稍作改变，可制成鼓风机、电吹风；改变电动机转向，可制成排风机、吸尘器；改变叶片形状，可制成搅拌器、收割机。

（2）引申——能否借用别的经验从该产品中引申和发明出其他产品，或用其他产品模仿该产品实现相同的功能？

这是一种功能转换或产品转换的方法，利用产品的某种性能、原理或结构应用到其他相关产品上，实现新的构想。例如，将苍蝇的复眼结构引申到照相机镜头上，实现多成像镜头照相机，扩展了照相机的功能。

（3）变动——能否对产品进行某些改变？如运动轨迹改变、结构特点改变、产品造型改变、加工工艺改变、使用材料改变。

这是一种在产品原有基础上将某一属性或部分属性加以改变实现新属性的方法。例如，利用可食用包装纸包装食品，改变食品包装方法，即可使食品包装更具艺术性，同时食用也更加方便，减少包装纸丢弃造成的环境污染。

（4）放大——该产品放大后如何？如尺寸加大、时间延长、频度增加、功能扩展、强度提高等，性能有什么改变？

这是一种累加的创新方法，在原来产品功能特性的基础上扩张、放大其功能特性。例如，电视机是常用的家用电器，将屏幕的几何尺寸扩大、再扩大，可使电视从室内发展到室外，提高了影视效果。目前出现的电视幕墙成为最佳的公众传媒工具。

（5）缩小——该产品缩小后如何？能否小型化、微型化，能否单一化、简单化？缩小了的属性对产品而言会有哪些变化？

　　这是一种分割压缩式的创新方法。例如，同样是电视技术，在功能不减少的基础上，将屏幕的几何尺寸缩小、再缩小，出现了移动式电视和便携式电视。目前通过移植，已经出现了掌上电视和利用手机屏幕的手机电视，真正实现了移动梦想。

　　（6）颠倒——能否正反颠倒使用、上下颠倒使用、前后颠倒使用、正负颠倒使用？颠倒使用后，结果如何？效果如何？

　　这是一种逆向思考、逆向使用的创新方式，通常是将产品的使用功能颠倒，使用过程颠倒。例如，电池是向外界供应电能的，反其道而行之，向电池供电，便发明了充电电池和充电器。

　　（7）替代——该产品能否用其他产品替代？能否被部分替代？包括使用材料、加工工艺、所选动力等。

　　这是一种转换型的创新思维，通过实物的替代，实现属性的变化。例如，从传统的发动机到陶瓷发动机，就是用陶瓷材料替代金属材料实现的新产品。我国已成为第五个拥有陶瓷发动机的国家，革命性地去除了冷却系统，简化了发动机结构，并使热效率大大提高。

　　（8）重组——零件能否互换？顺序能否调整？改变后的结果会怎样？

　　这是一种换位思考方法，通过属性的调整，实现功能的改变或新功能的增加。例如，飞机螺旋桨的功能为产生驱动力，通常安装于头部或尾部，若将螺旋桨的位置调整为顶部，便成了直升飞机，如果螺旋桨轴线可调，便成了可垂直升降飞机；同样，船舶螺旋桨具有产生驱动力功能，通常安装于尾部，若调整为侧面，便成了侧推器，为船舶离靠码头增加了机动性和灵活性，如果螺旋桨轴线可调，便成了全回转推进装置，应用于拖轮推进，可实现原地旋转，工作性能和效率大大提高。

　　（9）组合——现有几个产品能否组合成一个产品？实现部件组合、功能组合、方案组合、材料组合，组合后产品属性发生了哪些变化？

　　这是一种技术与技术、功能与功能或原理与原理叠加的方法，可产生属性的叠加或改变。例如，传统的内燃机技术，虽然不断改进和完善，但其定时的控制和调节都是通过调节凸轮的轮廓线和初始角来实现，机械传动结构复杂，噪声大，精度低，且工况变化后定时不易调节，MAN B&W 公司和 Suizer 公司开发的新型智能化内燃机，就是将微机控制原理与内燃机原理组合形成的新型内燃机，彻底改变了燃油喷射系统、气阀控制系统的工作原理，改变了两系统的机械结构，并使总效率大大提高。

　　设问探求技法具有鲜明的特点，可以从不同的角度提出问题，也可以从同一个角度层提出问题，并可以补充扩展问题，逐一检查，使具体问题得到创新。

第 17 章　产品方案设计

机电产品设计一般要经过市场调研、产品规划、方案论证，进而进行方案设计、技术设计、施工设计等多个阶段。方案设计最能集中体现产品创新思想，方案设计就是针对产品规划中该产品所应具有的功能进行创造性的设计构思，然后提出原理方案，最后对产品的原动系统、传动系统、执行系统和测控系统进行方案性设计，并以机构运动简图及电路图等形式表示出来。

产品方案设计前，首先要对机电产品进行可行性分析，根据合理性要求、经济性要求、先进性要求等指标，拟定出机械产品的功能目标，同时设定具体的性能参数和技术指标，作为产品设计的依据。根据产品的功能目标和限定条件，开始机械方案设计和运动方案设计。依据创新原理，采用创新设计技法，通过创新思维和方案探求，优化筛选出满足初始条件和边界条件的最佳机械方案，并对产品的动力功能系统、运动功能系统、控制功能系统等进行初步设计，以确定产品的主体结构、加工工艺、成本组成、性能指标，实现机械产品的最终产品水平和竞争能力。

1. 方案设计简述

1）方案设计的主要内容

方案设计主要是原理方案的设计和系统的选型，这是整个设计的重要环节，它从质的方面决定了产品的水平，因为机电产品的功能是通过其机构运动的动作和轨迹加以实现的。

（1）原理方案设计：首先要从产品的功能分析入手，根据产品目标要求，确定机电产品工作原理，然后进行工艺动作的构思和设想，最后决定实施工艺动作的构件，同时协调各构件之间的相互关系，最终完成整个运动的封闭循环。

（2）机构的选型和组合：应根据确定的工作原理方案，选择合适的机构类型，并对机构进行合理的组合，进行机械运动方案的设计。在机械运动方案的设计中，要求充分考虑机构的种类、数量以及机构的材料、组合对运动方案的影响等因素。

（3）方案创新设计的评价：针对工作原理方案设计与机构选型和组合对机械产品的功能性、可靠性、经济性等目标函数的影响，作出客观的评价及确定评价方法。

2）方案设计的基本要求

整个机电产品的运动是复杂和多维的，方案设计要分清主次，抓住重点，以主要运动为对象，兼顾辅助运动和整体运动的相互关系，并且要求符合科学的基本规律和科学的发展观。

（1）注重用新的工作原理代替旧的工作原理，使传统机械在功能实现上和运动实现上发生根本的变化，本质的变化将产生创新的结果。

（2）注重引入新技术、新工艺，注重选用新材料、新方法，注重采用新概念、新构思，注重应用计算机技术和信息技术。

（3）注重系统工程原理和系统工程手段的应用，将机械产品作为一个整体来研究，分析系统中各部分之间的关系，分析产品系统与外界环境之间的关系。

（4）注重环节与环节之间运动的联系。机械产品的整体运动应该是封闭的运动链，在满足运动功能的前提下，在不破坏运动链的前提下，尽量简化运动，缩短运动链，保持运动的简捷。相互运动的部件之间总是存在运动间隙的，过长的运动链会造成运动精度下降，造成产品可靠性的降低。

（5）注重运动传递的顺序和比例。任何运动都有主从之分，确定主动与从动，确定运动放大与缩小的比例，有利于运动合理、结构紧凑。

（6）注重产品的综合效率和整体优化。

3）方案设计的创新

机械运动方案设计是实现机械产品特定功能的主要过程，设计的本质是求新、求异、选优。要充分发挥设计者的创造力，不受传统设计思想和常规思维惯例的约束，掌握创新设计原理和创新设计技法，多方面、多角度、多层次地寻求解决问题的途径。不断进行多解比较和多解评优，真正在多解中发现新产品，创造新产品。

2. 机械功能原理设计

机械功能原理设计通常具有以下特点。

（1）原理方案设计具有多解性的特点。即实现某一功能目标可以采用多种不同的工作原理。如采用物理学、化学、热学、光学、电学、磁学等基础学科揭示的普遍科学原理，实现产品的功能目标。

例如，计时工具的计时方法采用纯机械的物理摆工作原理，可以实现传统的机械计时功能；采用石英振荡工作原理，可制成石英电子计时器。

（2）原理方案设计具有综合性的特点。即实现某一功能可以综合多种不同的工作原理和方法，采用不同学科或综合学科的一般科学原理，如采用静电学、光电学、机电学等，通过机构加以实现。

例如，数控机床的工作原理是综合采用了机械学工作原理实现机构的运动，采用微机工作原理实现机构的精确定位，采用控制学工作原理实现各机构之间的协调，机械加工中心更是多项综合技术共同作用的结果。

（3）原理方案设计具有发展的特点。即实现某一功能可以不断采用现代科技发展的新原理、新技术，包括电磁技术、激光技术、射流技术、微波技术、超声技术等，使产品更具现代特征。例如，声音信号的记录方法，早期人们采用的是机械振动的工作原理，将声音振动转换为唱针的机械振动直接记录声音信号；随着社会的发展，人们利用电磁技术的原理，将声音振动转换为电信号，再将电信号转换为磁信号，出现了录音磁带，使声音记录方式向前迈进了一大步；随着科技的不断发展，声音记录的工作原理也不断得到发展，光电技术工作原理被引入到其中后，出现了激光光盘，并且正不断发展和完善。

原理方案设计中采用的工作原理不同，机构的选型便有所不同，实现产品运动的机构工艺轨迹也将有所不同，最终产品的性能、功能，以及产品的可靠性、经济性等各方面的指标都将有所变化。因此，原理方案设计是一种创造性的工作，最终方案的确定需要各方面的综合知识。总之，应该积极参与创新实践活动，在实践中多思考、多动手、多总结、多应用，综合各种物理效应、技术手段和科学原理，在原理方案设计中掌握创新基础原理和创新设计技法，加强创新训练，保持创新冲动，只有这样才能提高产品品质和产品价值。

实现机械功能原理设计，要做好以下工作。

1）有效描述对象功能

这是产品或系统的工作目标，工作原理是围绕功能选择展开的，因此要求功能的描述明确、简洁、合理，这样有利于针对具体的功能要求选择适合的工作原理，也有利于开阔思路，抓住本质，有的放矢，更有利于开拓创新，激发创造性思维。

2）积极进行工作原理构思

根据原理方案设计具有多解性的特点，为实现对象某一功能，可采用多种方案和手段，运用各种科学原理和技术方法，突破思维定式，实现创新构思。

例如，物流系统中物料的输送问题，可以采用传送带运动而物料相对静止的方法，也可以采用传送带静止（工作平台）而物料运动的方法。而物料运动又可以选择推动物料前进和拖拉物料前进的方法。如果思维进一步发散，还可以采用传送带和物料同时运动或传送带原振动的方法，同时传送带运动又可以分为支撑物料和悬挂物流两种方法等。这些都是目前工业生产流水线针对不同物料选择的丰富多彩的运动方式。因此，积极运用多项思维和联想思维，依据传统、经验、方法，从不同的侧面展开联想和想象，才能有创新的结果。

3）合理实施机构运动分解

工作原理只是从初始条件和边界条件到功能目标的实现方法，具体运动的实现还需要通过机构的动作来完成。机构的动作又是按时间序列由转动、摆动、平动等基本运动构成的，在四维空间内运动，每个单一机构完成一组基本动作。因此，运动的分解至关重要。运动分解合理，机构的选择、设计就可以简单、有效，反之，机构设计复杂、庞大，有时甚至是无法实现的。

4）确定机构运动链

任何机械运动都是由多个基本运动所组成的，任何方案也都是由多个机构所组成的，各机构互相协调，互相制约，在时间序列上形成完整的运动链。确定机构运动链就是保持机构协调配合，按照一定的运动节拍保持在时间上、位置上的准确、统一。在周期性的自动流水生产线上，运动链的合理安排至关重要。

3. 机构选型组合设计

机构是实现功能原理的具体表现，选择合适有效的机构类型，并将其合理组合，是机械运动方案设计的关键过程。

1）机构选型原则

按照各种基本机构的功能划分，使用归纳法的思维方式，选择实现功能原理运动形式的机构，并进一步比较研究，组合成最佳的机构形式。

（1）按生产技术要求选择机构。

（2）按生产效率要求选择机构。

（3）按简单可靠要求选择机构。

（4）按加工精度要求选择机构。

（5）按驱动动力要求选择机构。

（6）按控制方便要求选择机构。

2）机构选型方法

机构选型通常从运动性能、结构性能、工作性能、动力性能、控制性能、经济性能等方面加以考虑，采用列举现有的和常用的机构，判断是否有可以改革创新的机构，分类不同工作方式的机构，选择符合工作原理、能够实现功能要求的机构，最后在多种可行机构中进行比较选优。

3）机构组合要求

机构组合是在机构选型的基础上进行的，对所选择的机构经过不同组合，以达到功能要求为目标，有时会得到创新的构型。

例如，采用纯机械传动工作原理实现内燃机工作的机构选择，动力传递可选择曲柄连杆机构，燃油供给系统可采用凸轮、凸轮轴机构，配气系统可采用凸轮、凸轮轴、挺杆、摇臂机构；

而采用微机控制工作原理实现智能化内燃机工作的机构选择，除了动力传递可选择曲柄连杆机构外，燃油供给系统和配气系统同时简化为液压控制的液压泵、液压阀组合。

对于同样采用纯机械传动工作原理实现内燃机工作的机构选择，也可以有多种不同的机构选型和组合。动力传递可以选择往复式单向曲柄连杆机构，机构简单，技术完善，但也存在明显的不足——活塞的往复运动产生了较大的往复惯性力，产生了强烈的振动和噪声，而且随着转速的增加，不足之处更加明显；若动力传递选择旋转式活塞机构，回转机构采用内啮合齿轮，将有效解决振动、噪声问题，结构也将更加合理。

4. 方案评价

机电产品设计是复杂多解的问题，通常需要经过立项—分析—综合—创新—评价—改进—决策等评价过程。立项是根据社会需要选择的目标，有了目标，也就有了立题；分析是对所列课题运动形式的判断、归类，是方案选择和机构选择的根据；综合是工作原理、工作机构的选择，是立项课题的实施过程；创新是在综合的基础上提出突破传统的新的设想，要求具备创新原理知识，掌握创新设计技法；评价是对多个设计方案的价值进行比较和评定，包括科学的、客观的、量化的评价；改进是对评价选定的方案进一步修改完善，得出最优方案的过程；决策是通过专家系统或综合评价指标体系，根据目标要求选定最佳方案。

1）评价目标

产品设计可以进行阶段评价，以利于逐步优化，也可以进行最终评价，以指导最终方案的决策。评价目标通常包括以下几方面的内容。

（1）技术目标——包括技术性能、技术规范、工艺性能、可靠性能、自动化程度等方面。

（2）安全目标——包括产品自身的安全、产品对人的安全、产品对环境的安全等方面。

（3）经济目标——包括投资成本、生产成本、风险成本、效益利润、市场寿命等方面。

（4）社会目标——包括国家政策、国际惯例、资源利用、能源消耗、生态环保等方面。

2）评价方法

影响产品评价结果的评价目标内容有许多，通常要根据具体产品选择其中有关联的或重要的目标内容进行评价，以防止指标过多反而影响主要功能的评价。另外，不同的指标对同一产品影响程度也不一定相同，为突出重点，可采取加权评价的方法。

评价方法通常有以下三种。

（1）评分法：是指选择出来的对产品有影响的指标在一定范围内进行评分，所选范围可以是相关专家，也可以是用户群，或根据规则指定人群，将评价后的评分值进行算术平均，可得到最终评价结果。为保证评分的准确可靠，所选范围要求有一定的代表性，所选人要求有一定的数量。

（2）加权法：是指在上述评分法的基础上，针对不同指标对产品影响程度不同的情况，选择不同的加权系数，将最终的评分值进行加权平均，得出最终评价结果。

（3）模糊法：是指当评价目标为多目标时，评价结果有可能会出现离散现象，即出现某产品部分指标偏优，而部分指标偏差的现象，造成两种方案无法比较。因此，在评分法和加权法的基础上，通过采用计算各指标的优劣度对综合评价指标裁决度的方法，求出最佳决策方案。

附录　复习思考题

第2章

（1）机械加工的主运动和进给运动指的是什么？在某机床的多个运动中，如何判断哪个是主运动？试举例说明。

（2）什么是切削用量三要素？试用简图表示刨平面和钻孔的切削用量三要素。

（3）刀具材料应具备哪些性能？硬质合金的耐热性远高于高速钢，为什么不能完全取而代之？

（4）常用的量具有哪几种？试选择测量下列尺寸的量具。未加工：$\phi 50$mm；已加工：30mm，$(\phi 25 \pm 0.2)$mm，$(\phi 22 \pm 0.01)$mm。

（5）游标卡尺和百分尺测量的准确度是多少？怎样正确使用？能否测量铸件毛坯？

（6）在使用量具前为什么要检查它的零点、零线或基准？应如何用查对的结果来修正测得的读数？

（7）常用什么参数来评定表面粗糙度？它的含义是什么？

（8）形状公差和位置公差分别包括哪些项目？如何标注？

（9）机床上常用的机械传动方式有哪些？各举1~2个应用实例。

（10）什么是工件的定位和夹紧？机床夹具一般有哪些组成部分？

第3章

（1）型砂是怎样配制的？旧砂为什么必须经过适当处理才能回用？

（2）什么是假箱造型？假箱造型有何优点？

（3）如附图1所示的四种套筒类铸件都是单件生产，试确定它们的造型方法，画出分型面的位置。

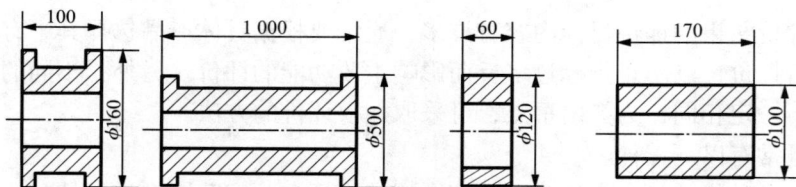

附图1　第（3）题图

（4）如附图2所示的铸件在单件小批量生产和多件大批量生产的情况下，各宜选用什么造型方法？

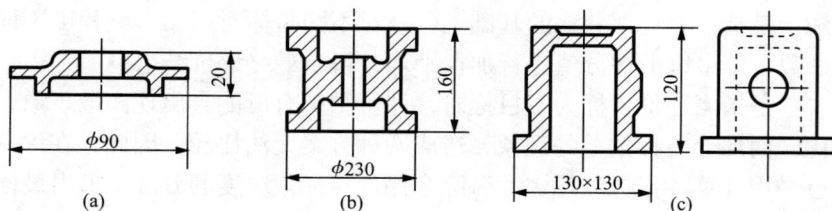

附图2　第（4）题图

（5）浇铸系统由哪几部分组成？各起何作用？

（6）冲天炉熔炼时所用炉料有哪些？各起何作用？

（7）什么是铸型？一般砂型由哪几部分组成？

（8）常用手工造型方法有哪些？各适用于哪种生产批量？

（9）冒口的作用是什么？冒口应安置在铸件的什么位置？

（10）开设内浇道时应注意什么问题？

（11）熔炼铸造有色合金一般采用何种熔炼设备？

（12）检验铸件缺陷常用方法有哪些？

（13）特种铸造和砂型铸造相比各有何优缺点？

（14）结合工程训练实习中出现的缺陷和废品，分析产生的原因并提出防止方法。

第4章

（1）锻造前毛坯加热的目的是什么？

（2）什么叫始锻温度、终锻温度和锻造温度范围？低碳钢和中碳钢的始锻温度和终锻温度各为多少？

（3）冲孔方法有哪几种？如何选用？

（4）冲模由哪几部分组成？各部分的作用是什么？

（5）冲模有几种类型？其结构特点是什么？

（6）常见的锻造加热炉有哪几种？各有何优缺点？

（7）什么叫自由锻？其工艺特点如何？

（8）自由锻的基本工序有哪些？

第5章

（1）焊接的实质是什么？

（2）常用的焊接接头形式有哪些？对接接头中常见的坡口形式有哪几种？

（3）焊缝的空间位置有哪些？为什么尽可能安排在平焊位置施焊？

（4）焊条电弧焊的焊接工艺参数有哪些？如何选择焊条直径和焊接电流？

（5）什么是气焊？其原理如何？

（6）常见的焊接缺陷有哪些？可以用哪些方法检验焊缝内部缺陷？

第6章

（1）C6136车床所能加工零件的最大回转直径是多少？

（2）尖刀、弯头刀和偏刀的用途有什么异同？

（3）C6136车床有哪三个箱体？它们的主要作用各是什么？

（4）工件安装、拆卸完毕后必须随手取下卡盘扳手，为什么？

（5）在方刀架上安装车刀要注意什么？

（6）采用偏移尾架法车锥面有什么局限性？

（7）怎样在车床上加工中心孔？

（8）车床主轴变速是否需要停车？

（9）试切的目的是什么？有哪些步骤？

（10）车床上可以完成哪些工作？

第7章

（1）X6132型铣床由哪些主要部分组成？

（2）铣床能加工哪些表面？各用什么刀具？

（3）铣床的附件主要有哪些？各有何功用？

（4）铣床上工件的装夹方法主要有哪些？

（5）在轴上铣键槽，可选用什么机床和刀具？

（6）在铣床上用什么方法加工齿轮？此方法有何特点？

（7）拟铣一齿数为30的直齿圆柱齿轮，试用简单分度法计算出每铣一齿，分度头手柄应转过多少孔距？

（8）铣床的主运动是什么？进给运动是什么？

第8章

（1）牛头刨床主要由哪几部分组成？各有何功用？

（2）刨削前，牛头刨床需作哪些方面的调整？怎样调整？

（3）在牛头刨床上，刀具和工件如何运动？与车削相比，刨削的运动有什么特点？

（4）刨刀与车刀相比有何特点？

（5）简述刨水平面的一般步骤。

（6）刨削与水平面成60°角的斜面时，刀架如何调整？

（7）龙门刨床的结构有何特点？它适用于加工哪些工件？

（8）插削与刨削相比有何异同？

第9章

（1）磨削加工的特点是什么？

（2）试述常用磨床的种类及各自的用途。

（3）万能外圆磨床由哪几部分组成？各有何作用？

（4）外圆磨削时工件有几种安装方法？各适用于哪类工件？

（5）外圆磨削时，工件和砂轮需作哪些运动？

（6）外圆纵磨法和横磨法各有何特点？各应用于什么场合？

（7）内圆磨削有什么特点？

（8）平面磨削常用的方法有哪几种？应如何选用？

（9）砂轮的特性由哪些因素决定？如何选择砂轮的磨料和硬度？

（10）磨床为什么采用液压传动？

第10章

（1）钳工加工的特点是什么？

（2）划线的作用是什么？

（3）划线前需要做哪些准备工作？

（4）什么叫划线基准？如何选择划线基准？

（5）如何选择和安装锯条？

（6）交叉锉、顺锉和推锉法各适宜什么场合？

（7）常用钻床有哪几种？它们的结构和用途有何不同？

（8）说明麻花钻各部分的名称和作用。

（9）攻丝时如何确定底孔直径尺寸？

（10）扩孔和铰孔的用途是什么？

（11）铰刀与扩孔钻在结构上有何不同？

（12）装配前和拆卸前各需要做哪些准备？

第11章

（1）什么是数控机床？

（2）CNC 机床由哪些部件组成？

（3）简要说明数控机床坐标轴和运动方向是如何定义的。

（4）在数控机床上常用哪些坐标系？

（5）对刀点、换刀点的概念是什么？

（6）切削用量包括哪些参数？

第 12 章

（1）数控车床的加工原理是什么？

（2）数控车床由哪些部分组成？各有什么作用？

（3）数控系统的主要功能有哪些？

（4）什么是模态代码与非模态代码？举例说明。

（5）采用圆弧插补时，圆心坐标常采用哪几种编程方法？

（6）圆弧加工中如何选择 G02、G03 ？

（7）固定循环指令的作用是什么？

（8）刀具半径补偿功能的作用是什么？

（9）用外圆表面定位的常用机床夹具有哪几种？

第 13 章

（1）数控铣削刀具都包括哪些？

（2）铣削加工的夹具都包括哪些？

（3）加工中心刀具的选用原则是什么？

（4）加工中心可分为哪几类？其主要特点有哪些？

（5）加工中心的编程与数控铣床的编程主要有何区别？

第 14 章

（1）简述线切割加工的工作原理。

（2）什么是快走丝和慢走丝线切割机床？试说明它们的特点有何不同。

（3）电火花线切割加工的零件有何特点？

第 15 章

（1）快速成形技术的特点有哪些？

（2）快速成形技术与传统的切削技术有何不同之处？

（3）SLS 技术的工作原理是什么？制造时是否需要支撑？ SLS 可以采用什么材料成形？

（4）简述快速成形技术的工艺过程。

第 16 章

（1）什么是创新？创新能力包括哪些方面？如何提高创新能力？

（2）简要说明创新思维的基本原理。

（3）常用创新设计的技法有哪些？各有何特点？

（4）应用创新理论和技法，尽量列举出玻璃的新用途。

（5）应用创新理论和技法，构思和设计一种新型自行车。

第 17 章

（1）叙述方案设计的一般步骤和基本要求。

（2）通过人类洗涤衣物的发展过程，并利用功能原理设计方法，试设计新型洗衣机，并简述其原理。

参 考 文 献

傅水根，李双寿.机械制造实习.北京：清华大学出版社，2009.

郭术义.金工实习.北京：清华大学出版社，2011.

谷春瑞，韩广利，曹文杰.机械制造工程实践.天津：天津大学出版社，2009.

黄明宇，徐忠林.金工实习（下册）.2 版.北京：机械工业出版社，2009.

李孟群，庞学慧，王凡.先进制造技术导论.北京：国防工业出版社，2005.

林鸿溢.纳米技术最新进展.北京：中国青年出版社，2003.

刘秉义，陈书乔，祝小军，等.金工实习（上册）.北京：机械工业出版社，2009.

宋放之.数控工艺培训教程（数控车部分）.北京：清华大学出版社，2003.

王广春.快速原型技术及其应用.北京：化学工业出版社，2006.

王军红.数控加工工艺与编程.北京：北京大学出版社，2008.

吴波，陈琪.工程创新设计与实践教程.北京：电子工业出版社，2009.

杨伟群.数控工艺培训教程（数控铣部分）.北京：清华大学出版社，2006.

袁名伟，王明川，谭斌.数控机床及操作.北京：北京航空航天大学出版社，2010.

袁名炎，周桂莲，刘政，等.工程训练.南昌：江西人民出版社，2009.

张辽远.现代加工技术.北京：机械工业出版社，2002.

FANUC Series 0i Mate-MC 操作说明书.北京 FANUC 公司.

FANUC Series 0i Mate-MODEL C 参数说明书.北京 FANUC 公司.

FANUC Series 0i Mate-MODEL C 维修说明书.北京 FANUC 公司.

FANUC Series 0i Mate-TC 操作说明书.北京 FANUC 公司.

SANDVIK Coromant 刀具主样本.SANDVIK 公司，2009.

SANDVIK Coromant 技术手册.SANDVIK 公司，2010.

Sinumerik 840D-840Di-810D 高级编程手册.西门子（中国）有限公司，2006.

Sinumerik 840D-840Di-810D 高级操作手册.西门子（中国）有限公司，2008.